赣江下游入湖三角洲水道演变机理与整治

白玉川　徐海珏　邹大胜　宋晓龙　等　著

科 学 出 版 社

北　京

内 容 简 介

本书以赣江下游入湖三角洲水道为研究对象，利用历年河床底质资料、卫星遥感资料、水文泥沙资料及特殊洪水资料等，通过河床演变分析、数值模拟、模型和机理实验，探讨分析赣江下游河道历史演变特性、三角洲水道成因和延伸发展特性、赣江尾闾整治工程效果等，揭示了赣江下游河道洪水演进、水道分流、滩槽冲淤、水道重整及三角洲形态演变等机理和规律，构建了基于阻力参数和活动指标的三角洲水道系统分类方法、三角洲形成的动力演变理论模型及赣江尾闾工程泥沙数学模型，提出了河岸、滩槽演变模拟方法、三角洲模拟的实验设计方法和三角洲区域水道整治方法。这些研究成果推动和完善了短流程河流下游河道演变、入湖三角洲模拟与预测的理论与技术，对冲积河流及入湖三角洲的保护与治理具有重要的参考价值和指导意义。

本书可供从事河流演变、湖区生态及流域规划与管理等方面的科研人员及高等院校有关专业师生参考。

图书在版编目（CIP）数据

赣江下游入湖三角洲水道演变机理与整治 / 白玉川等著 . —北京：科学出版社，2022.6

ISBN 978-7-03-072218-8

Ⅰ . ①赣…　Ⅱ . ①白…　Ⅲ . ①赣江－下游－三角洲－河道整治－研究　Ⅳ . ① TV882.856

中国版本图书馆 CIP 数据核字（2022）第 077540 号

责任编辑：朱　瑾　习慧丽 / 责任校对：赫甜甜
责任印制：吴兆东 / 封面设计：无极书装

科学出版社 出版
北京东黄城根北街 16 号
邮政编码：100717
http://www.sciencep.com

北京中科印刷有限公司 印刷

科学出版社发行　各地新华书店经销

*

2022 年 6 月第　一　版　开本：787×1092　1/16
2022 年 6 月第一次印刷　印张：15　1/4
字数：362 000

定价：238. 00 元

（如有印装质量问题，我社负责调换）

前　言

鄱阳湖位于江西省内，是我国最大的淡水湖，汇集赣江、抚河、信江、饶河、修河五河之水，经湖口汇入长江。其中，赣江是鄱阳湖流域内第一大河，发源于江西与福建交界的武夷山区，由南向北流经赣州、吉安、樟树等县（市、区），至南昌市分为西（主）、北、中、南（东）四支分别汇入鄱阳湖。

赣江下游尾闾地区的入湖三角洲水道，受到水沙条件及人类活动等的多方面影响，产生强烈的不平衡输沙，河道冲淤演变复杂，特别是随着社会经济的发展和城镇化进程的加快，赣江下游尾闾地区近年水生态和水安全问题日益严重，主要表现为以下几个方面：①河湖水面不断萎缩，水系连通性变差；②水体封闭，交换能力和自净能力下降，水质恶化；③枯水期赣江河道水位持续下降，水面面积锐减，水景观效果变差，水资源利用困难；④河湖生态功能日渐退化，水环境恶化趋势明显，水资源、水环境承载力日渐降低等。因此，赣江下游入湖三角洲河道的水沙演变机理与系统整治措施研究，对促进区域整体生态保护和高质量发展具有重要意义。

首先，从赣江下游实测资料与遥感资料入手，对赣江下游河段水流、泥沙特性，暴雨、洪水特性，河床冲淤、岸滩演变及相关机理进行研究。基于外洲水文站（简称“外洲站”）测绘资料，采用断面地形法计算外洲河段冲淤量，分析冲淤演变特征，该段断面近年表现出明显的冲刷趋势，右岸边滩演化为深槽，2012 年后冲刷趋势得到控制；基于尾闾断面地形资料进行断面分析，并结合水位资料进行河道特征值分析，结果表明，下游各支断面冲淤特征类似，近年来总体表现为冲刷，河道下切，受人为因素影响较为明显，上游段冲刷比下游段更显著；利用遥感技术，绘制河道演变图，分析干流及各支流河道演变特征，干流主要表现出岸线后移、江心洲萎缩的冲刷状态，下游支流整体冲刷，下游入湖段略有淤积，其中主支变化最为显著，其次为北支，相对而言南支最为稳定；结合河道演变规律与河道来水来沙情况，综合自然因素与人为因素影响，分析赣江下游河道演变的内在机理，结果表明，赣江下游河道演变与来水来沙条件有关，近年来整体表现出冲刷状态，河道下切，河漫滩受冲刷，岸线后移，主要原因是受万安水库截流与人为采砂的共同影响。

然后，针对入湖三角洲水道系统演变过程进行深入的理论和实验研究。基于阻力规律，以一种使用分类阈值函数对河流形态进行分类的新方法为切入点，考虑水流含沙对其与床面作用的影响，提出了计算三角洲水道活动指标的方法，并据此对三角洲水道系统进行分类；基于射流边界层理论，建立了入湖三角洲初始段平面射流理论模式；设计完成了不同因素影响下的入湖三角洲水道系统演变实验，记录实验现象，以实验数据为基础对比总结单一因素对系统演进的影响；以赣江三角洲为研究对象，设计完成了探究入湖三角洲阶段性演变规律的物理实验，记录各阶段实验现象，依据实验数据总结水道演进及水沙冲淤的阶段性特点，将其与赣江三角洲年内演化特点进行对比，二者在相应阶段表现出相似的演变规律。

最后，为了研究赣江尾闾河段拟建工程的整治效果，通过分析该河段历年水沙特性的变化规律，建立了该区域的平面二维水流泥沙数学模型。选取了1992年、2002年和2004年的水沙数据作为典型的水沙边界条件，对不同工况下的尾闾河段进行了数值模拟计算。并分别探讨了不同整治方案下赣江尾闾综合整治工程、洲头控导工程和主支河道整治工程的整治效果。进而通过对比不同工况下的洪枯水位变化、分流比变化、航道冲淤变化及滩地利用等情况对拟建工程效果进行了评价，得出赣江尾闾整治方案一效果更好，能够缓解尾闾河道的防洪压力，提升枯期水位，改善水景观水环境，稳定分流比，提高滩地的利用率，促进区域水运经济发展。

博士后冀自青、黄哲，博士研究生辛玮琰，硕士研究生胡皓、罗恒、胡晓、薛晨飞等，先后参加了本书的研究工作或以不同方式为本书的完成做出了贡献，在此对他们表示由衷的感谢。本书相关研究和出版得到了国家自然科学基金面上项目（51879182）的资助，在此表示感谢。此外，限于作者的水平，书中难免出现不足，敬请读者批评指正。

2022年5月于北洋园

目　　录

第 1 章　赣江下游河道特性与整治概述

1.1　赣江下游河道特性

1.1.1　概述

鄱阳湖是我国最大的淡水湖，也是我国第二大湖。它位于江西省境内，汇集赣江、抚河、信江、饶河、修河五河之水，经湖口汇入长江。由于河道流速小、水流分散，流域来沙在尾闾主河道及水网区分支分汊口、入湖扩散区淤积，减小了湖区的库容，使得鄱阳湖调蓄能力下降，同时泥沙的淤积使得入湖河流尾闾的河床逐渐抬高，对湖滨及五河的防洪产生了影响。

赣江是鄱阳湖水系第一大河，也是长江八大支流之一，它发源于江西与福建交界的武夷山区，自南向北流经赣州、吉安、樟树等地，至南昌市分四汊注入鄱阳湖。

1. 地理位置

赣江是长江流域鄱阳湖水系的第一大河流，位于长江中下游南岸，地理位置为24°29′～29°11′N、113°30′～116°40′E。流域东部与抚河分界，东南部以武夷山脉与福建省分界，南部连广东省，西部接湖南省，西北部与修河支流潦河分界，北部通鄱阳湖，在湖口连接长江。流域东西窄、南北宽，略似斜长方形。赣江干流纵坡平缓，流域内盆地发育，人口和耕地较多。赣江上游与各主要支流之间多山，山间与河侧盆地发育。流域北有九岭山，南有大庾岭、九连山，东有广昌、乐安、南丰山地，东南有武夷山，西有罗霄山脉、诸广山。流域边缘及南部多为山地，一般海拔在400m左右，主峰约在1000m以上，中部为丘陵与盆地相间，较大的盆地有吉泰盆地，北部以冲积平原为主，为赣抚平原。

2. 河道概况

赣江发源于江西、福建两省交界处的石城县石寮岽，自东向西流经瑞金市、会昌县，在会昌县城附近支流湘水汇入后称贡水，至会昌县庄口镇洛口村于左岸纳入濂水，至于都县城上游约2km纳入梅江，至赣县区先后纳入平江、桃江，至赣州市章水汇入后始称赣江；河流出赣州市后，折向北流，经万安县城，于罗塘附近纳入遂川江，至泰和县马市镇纳入蜀水，经泰和县城，于吉安县纳入孤江；吉安市上游约5km纳入禾水后，再经吉安市区，在吉水县城上游接纳乌江，至樟树市上游约4km纳入袁河，过丰城市至南昌县纳入锦江后，流经南昌市，然后分西（主）、北、中、南（东）四支注入鄱阳湖，其中主支在永修县吴城镇与修河汇合后注入鄱阳湖。

赣江流域水系发达，支流众多，集水面积为 100 ～ 1000km^2 的河流有 209 条，1000 ～ 3000km^2 的有 11 条，3000km^2 以上的有 11 条。赣江干流自赣州市而下，至南昌市外洲水文站（简称“外洲站”），沿江两岸有集水面积大于 1000km^2 的遂川江、蜀水、孤江、禾水、乌江、袁河、锦江和肖江等 8 条大支流汇入。赣江流域面积为 8.28 万 km^2，约占江西省总面积的 50%。

赣州市以上为上游，贡水为主河道，习惯上称为东源，流域面积为 27 095km^2，河段长 312km，平均比降 0.22‰ ～ 0.52‰，多为山地。上游河段，河道多弯曲，水浅流急，流经变质岩区，山岭峻峭。赣江上游属山区性河流，多深涧溪流，落差较大，水力资源丰富。沿途注入主要支流有湘水、濂水、梅江、平江、桃江、章水等。

赣江自赣州市至新干县为中游，河段长 303km，比降 0.15‰ ～ 0.28‰，为山区和丘陵谷地，河宽 400 ～ 800m，东岸有孤江、乌江，西岸有遂川江、蜀水及禾水。干流水流一般较为平缓，河床中多为粗沙、细沙及红砾石岩，部分穿切山丘间的河段则多急流险滩。赣州市至万安县的河段长 90km，多为山地，河道较窄，河宽一般为 400 ～ 500m，因流经变质岩山区，河床深邃，水急滩险，以“十八险滩”著称，素为舟师所忌。自万安县城以南 2km 处建造大型水电站以来，险滩均被淹没，现已不复存在。万安县至新干县河段河宽一般为 600 ～ 900m。出吉安市后赣江穿流于低谷之间，江中偶有浅滩，其中有段河谷格外束狭，遂称“峡江”。

赣江自新干县以下为下游，河段长 208km，比降 0.06‰ ～ 0.10‰，河宽约 1000m，东岸无较大支流汇入，西岸有袁河、锦江汇入。江水流经辽阔的冲积平原，地势平坦，河面宽阔，两岸傍河筑有堤防。赣江自南昌市以下河谷开阔，河道与支汊纵横交错，形成了复杂的水网，进入尾闾地区。

3. 鄱阳湖概况

鄱阳湖是我国第一大淡水湖，也是我国第二大湖，位于江西省北部、长江中下游南岸，距南昌市东北部 50km，隶属于上饶市，介于 28°22′ ～ 29°45′N、115°47′ ～ 116°45′E，跨新建、进贤、余干、鄱阳、都昌、湖口、庐山、德安和永修等县（市、区）。鄱阳湖为过水性吞吐型湖泊，上承赣江、抚河、信江、饶河、修河五大河流及博阳河、漳田河、潼津河等河流之水，下接我国第一大河——长江。在正常的水位情况下，鄱阳湖面积有 3914km^2，容积达 300 亿 m^3。松门山作为鄱阳湖的分界线将湖区分为南北两个区域，松门山西北为北鄱阳湖，该湖面呈狭窄状，实际上它是一条与长江相通的通港道，长 40km，大多宽 3 ～ 5km，最窄处约 2.8km；松门山东南为南鄱阳湖，该湖面宽大广阔，为鄱阳湖的主体，长 133km，最宽处达 74km。湖面在平水位时略高过长江的水面，湖水北向流向长江。因为鄱阳湖的调节，赣江、信江等河流的洪峰能减弱 15% ～ 30%，从而也降低了长江洪峰对两岸的威胁发生率。

鄱阳湖流域水资源丰富，经湖口站出湖入江的多年平均水量为 1436 亿 m^3。流域径流量年内分配不均匀，汛期 4 ～ 9 月的径流量占全年的 75% 左右，其中主汛期 4 ～ 6 月的径流量占 50% 以上，10 月至次年 3 月仅占全年的 25% 左右，其中 10 ～ 12 月仅占全年的 9%。鄱阳湖流域各河多年平均悬移质含沙量为 0.07 ～ 0.73kg/m^3，湖口站含沙量为 0.076kg/m^3。各河多年平均年入湖输沙量 1860 万 t，通过湖口注入长江的多年平均年输沙量为 938 万 t，多年平均年淤积量达 922 万 t。

鄱阳湖流域和信江流域均属亚热带湿润季风气候。春雨、梅雨明显，四季更替分明。鄱阳湖多年平均气温 16.2 ～ 19.7℃，极端最低气温为零下 18.9℃，极端最高气温 44.9℃。冬春多偏北风，夏秋多偏南风，偶有台风侵袭，多年平均风速 1.0 ～ 3.8m/s，最大风速 37.1m/s；多年平均相对湿度 75% ～ 83%；多年平均无霜期 241 ～ 304d，由南向北递减；流域多年平均年降水量 1596mm，各地年平均降水量一般为 1400 ～ 1900mm，降水量年内分配不均，4 ～ 9 月降水量占全年的 73%，年际变化幅度大；流域多年平均年水面蒸发量 800 ～ 1200mm，山区小于丘陵，丘陵小于平原，中部大于周围，东部略大于西部。

1.1.2 自然条件

1. 地质地貌

赣江流域呈现山地丘陵为主体的地貌格局，山地丘陵占流域面积的 64.7%（其中山地占 43.9%，丘陵占 20.8%），低丘（海拔 200m 以下）岗地占 31.4%，平原、水域等仅占 3.9%。赣江流域西部为罗霄山脉，构成赣江水系与湘江水系的分水岭，由一系列北东向山脉构成，自北向南依次有九岭山、武功山、万洋山、诸广山等，海拔多在 1000m 以上；南端地处南岭东段，主要山地有大庾岭和九连山，大致走向为东西向，构成赣江水系与珠江水系的分水岭；东端主要由若干北北东向山地构成，其南端为武夷山，系赣江水系与闽江水系的分水岭；北端为雩山，系赣江水系与抚河水系的分水岭；流域南部为花岗岩低山丘陵区，并且其间夹有若干规模较小的红岩丘陵盆地，中部为吉泰红岩丘陵盆地，北部则为赣江下游，是一种以山地、丘陵为主体兼有低丘岗地和少量平原的地貌组合类型。

这种地貌格局自南向北沿着赣江的流向呈阶梯状分布，流域上游区山地丘陵面积占 83.0%，低丘岗地占 15.5%，平原仅占 1.5%；中游区山地丘陵面积占 56.7%，低丘岗地占 38.1%，平原占 5.2%；下游区山地丘陵面积占 37.0%，低丘岗地占 55.9%，平原占 7.1%。很明显，山地丘陵依次减少，低丘岗地则依次增多，河谷平原面积相应扩大。

2. 气候状况

赣江流域地处南岭以北、长江以南，属亚热带湿润季风气候区，气候温和，雨量丰沛，四季分明，光照充足，春雨、梅雨明显，夏秋间晴热干燥，冬季阴冷，但霜冻期较短。赣江流域南北纬度跨越 4°，干流天然落差达 937m，导致南北气候出现差异，这些差异主要表现在以下几个方面。

（1）气温：根据 1959 ～ 2004 年气象部门的统计，赣江流域南北年平均气温相差 3℃左右，流域平均气温为 16.3 ～ 19.5℃，以于都县 19.7℃为最高，南高北低；相应

≥ 10℃的积温，上游区＞ 6000℃，中游区＞ 5500℃，下游区＜ 5500℃，同样无霜期南部比北部长。但由于南北地势不同，南部山地多，北部低丘岗地多，南北年平均最低气温和最高气温均差别不大。

（2）降水量：受地理位置、地形和气候条件的影响，流域内降水量分布很不均匀，大小相差悬殊，其分布特点是山区多于河谷盆地，形成以罗霄山脉南端及九岭山脉为中心的两个高值区，以吉泰盆地和赣州为中心的低值区。全流域 1956 ～ 2000 年平均降水量为 1400 ～ 2000mm，西部山区年降水量普遍在 1700mm 以上，河谷盆地年降水量均小于 1500mm。年平均降水量最大的站为处于九岭山脉的院前站，降水量达 2077mm，最小的为处于赣州的长村站，降水量仅 1372mm。流域内年平均最大降水量与最小降水量比值为 1.51。

（3）蒸发量：受气候变化影响，赣江流域水面蒸发量的地域分布总的趋势是山区小于丘陵，丘陵小于盆地、平原。全流域年蒸发量为 800 ～ 1200mm，以南昌为最大，其次为赣州，蒸发量均大于 1200mm，以罗霄山脉井冈山为中心低值区，蒸发量普遍小于 800mm。流域各站年蒸发量最大为 1307mm，最小为 707mm，其比值为 1.85。蒸发量年内变化较大，夏季气温高，蒸发量大；冬季气温低，蒸发量小。全流域月最大蒸发量绝大多数出现在 7 月，其蒸发量占年蒸发量的 22% 左右；月最小蒸发量出现在 1 月，其蒸发量占年蒸发量的 5.5% 左右。

3. 流域水利资源

赣江流域自然资源丰富，为农业生产提供了优越的自然条件。流域内外洲站以上流域面积为 80 948km^2，占全省面积的 48.5%，耕地面积占全省耕地面积的一半，居住人口也占全省人口的一半。流域水能理论蕴藏量为 364 万 kW，占鄱阳湖水系的 60%，可开发的水能资源为 364 万 kW。流域内已建 2.5 万 kW 以上水电站 4 座（即万安、江口、上犹江、白云山等水电站），其中万安水利枢纽装机容量 50 万 kW，是流域内最大的水利工程，4 座水电站总库容约 40 亿 m^3，总装机容量 63.52 万 kW，年发电量 19.4 亿 kW · h。其他大中小型水利工程数以千计，基本建成了蓄、引、提、排、挡相结合，防洪、排涝、灌溉、发电、航运、供水、水土保持兼顾，大中小型并举的一个比较完善的水利工程体系。

1.1.3 水沙特性

外洲站地处赣江尾闾入口处，为主要的入口边界控制站，这里重点以外洲站的历年实测资料分析赣江尾闾的水沙特性。

1. 历年流量

通过对 1950 ～ 2014 年连续 65 年实测流量资料分析（外洲站实测流量变化见

图 1.1），外洲站控制流域内径流丰富，多年平均径流深 829.8mm，多年平均流量 2130m^3/s，最大年均流量 3640m^3/s（1973 年）是最小年均流量 750m^3/s（1963 年）的 4.85 倍。

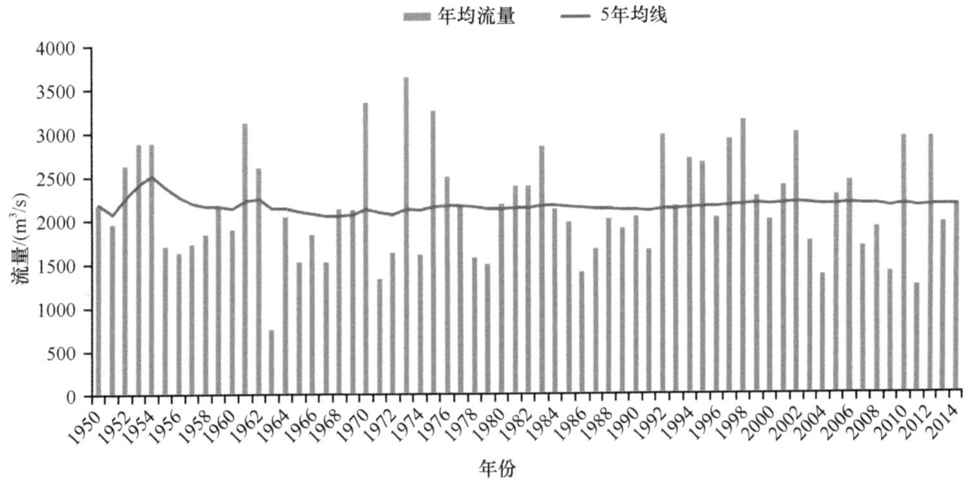

图 1.1　外洲站实测流量变化

2. 历年含沙量及输沙率

统计外洲站历年年均含沙量和年均输沙率变化，分别如图 1.2 和图 1.3 所示。可以看出，外洲站历年年均含沙量的变化可以分成三部分：①前期即 1956～1989 年，这一期间年均含沙量的变化虽有波动，但始终维持在一个稳定的区间内；②中期即 1990～2000 年，这一期间含沙量呈逐年减小的趋势；③后期即 2001～2013 年，这一期间年均含沙量变化不大，始终维持在 0.03kg/m^3 左右。而对于外洲站历年年均输沙率，自 1980 年有统计资料以来至 2013 年，呈现减小的趋势。

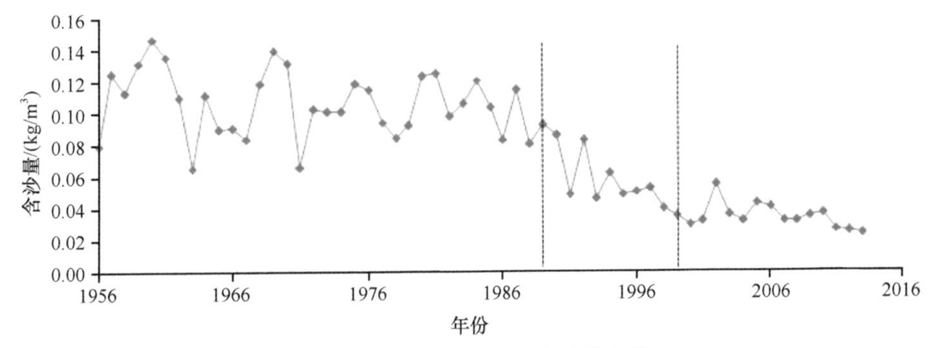

图 1.2　外洲站历年年均含沙量变化

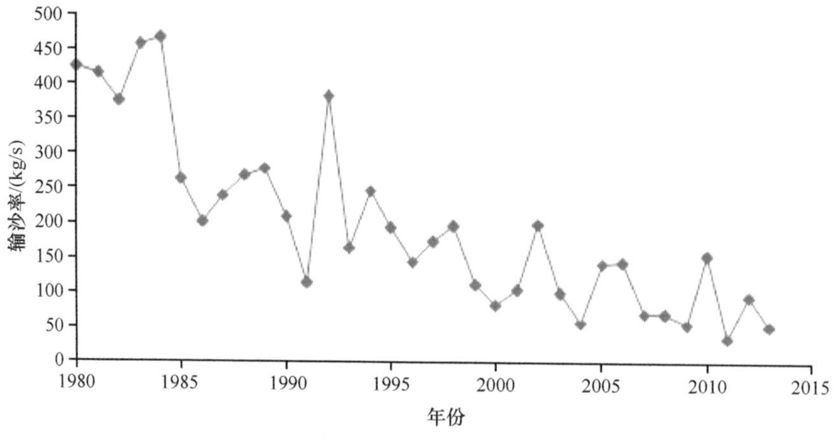

图 1.3 外洲站历年年均输沙率变化

3. 水沙年内分配

统计外洲站 1956 ~ 2013 年月均流量变化，如图 1.4 所示。可以看出，赣江下游段径流年内分配很不均匀，汛期连续 4 个月（4 ~ 7 月）流量占全年流量的比重达 59.66%，其中 6 月月均流量最大，为 4805m^3/s，占全年流量的 18.97%；最枯 5 个月（10 月至次年 2 月）平均流量为 993m^3/s，流量仅占全年流量的 19.11%，其中 12 月最小，月均流量仅为 821m^3/s，占全年流量的 3.21%；实测最大月均流量 9150m^3/s（1975 年 5 月）是最小月均流量 271m^3/s（1963 年 10 月）的 33.76 倍。

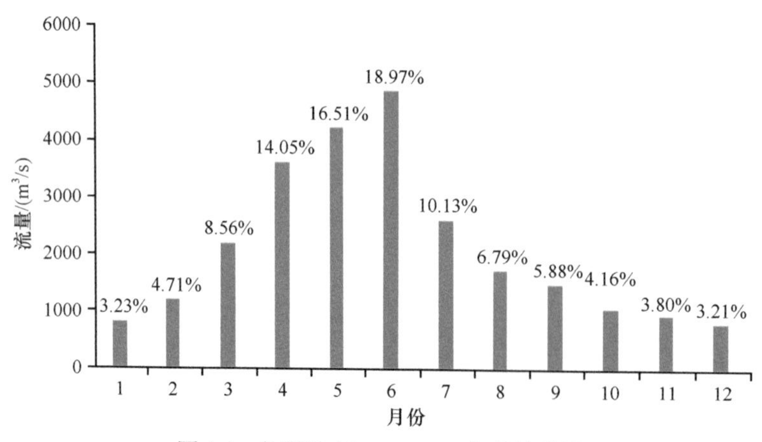

图 1.4 外洲站 1956 ~ 2013 年月均流量

统计外洲站 1956 ~ 1989 年、1990 ~ 2000 年、2001 ~ 2013 年的月均含沙量变化和 1980 ~ 2013 年的月均输沙率变化，分别如图 1.5 和图 1.6 所示。可以看出，虽然不同时期内的年均含沙量有着不同的变化规律，但在年内的分配规律始终保持一致，而月均输沙率的年内分配则与之同步。

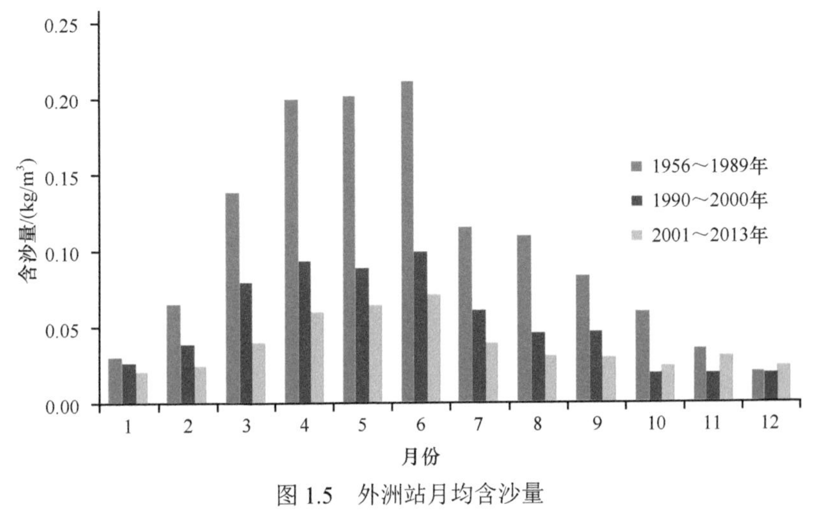

图 1.5　外洲站月均含沙量

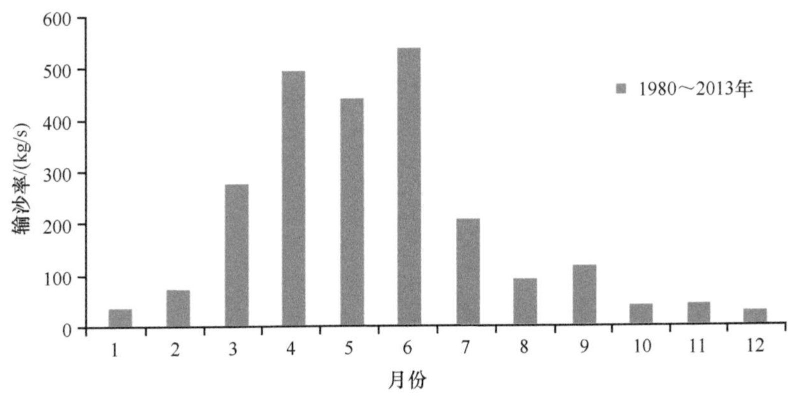

图 1.6　外洲站月均输沙率

综上所述，赣江下游尾闾流域的年内流量、含沙量和输沙率分配都不均匀，都呈“单峰型”分布，而略有不同的是含沙量和输沙率的分布峰值较流量稍稍靠前，为 3 ～ 7 月。

4. 水位流量关系

外洲站从 1956 年开始具有实测流量成果。依据实测资料分别绘制了外洲站 1956 年、1982 年、1998 年、2003 年、2010 年和 2012 年共计 6 个代表年的水位流量关系图（图 1.7）。很明显可以看出，外洲站由于地处赣江尾闾河段，水位受赣江来水和鄱阳湖水位顶托双重影响，水位流量关系在中低水位部分呈现扫把状，高水位部分受洪水涨落率影响；而且，外洲站大断面存在逐年下切趋势，尤其是近 10 年较为明显，下降深度达到 2.0m 左右，如实测资料对比显示，外洲站 2012 年 6 月 27 日实测流量 13 600m³/s（对应水位为 19.32m），1982 年 6 月 17 日实测流量 13 300m³/s（对应水位为 21.48m），两实测流量相差仅 2%，对应水位却下降了 2.16m。

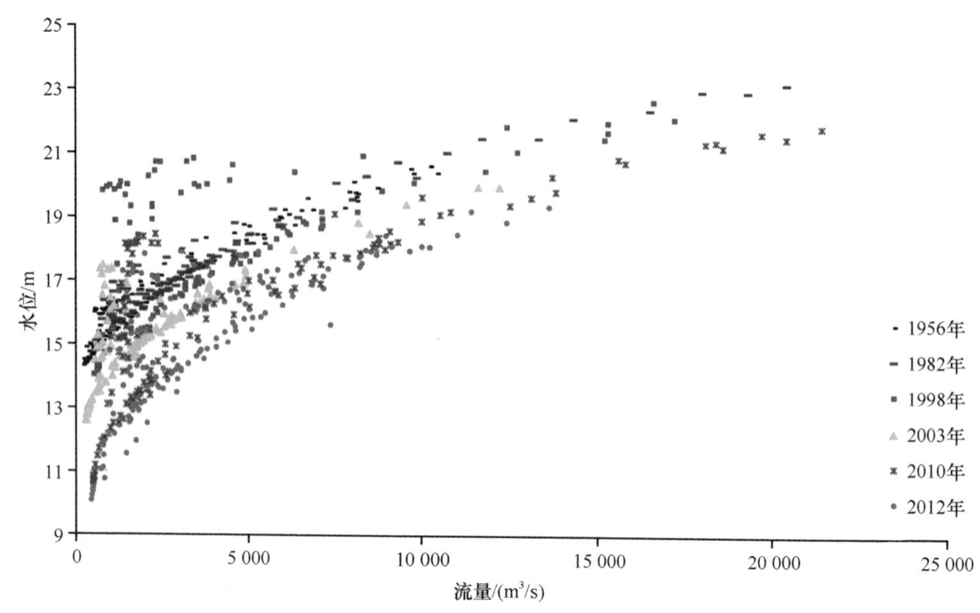

图 1.7　外洲站各代表年实测水位流量关系图

1.1.4　地质特征

1. 主支河道

主支河道地质结构由第四系全新统冲积层（alQ_4）覆盖层构成，厚度 12 ～ 46m，从上游至下游渐厚，下伏基岩为古近系—新近系泥质粉砂岩，岩面高程 –27 ～ 0.5m，从上游至下游渐低。

河道由第四系全新统冲积层（alQ_4）组成的主要地层岩性：上部为中砂、细砂，厚度 6.0 ～ 13.0m，下部为砾砂、圆砾层。河道表层局部分布有砾砂或圆砾和淤泥质黏土，其中淤泥质黏土厚度一般为 2 ～ 4m。

2. 中支河道

中支河道地质结构由第四系全新统冲积层（alQ_4）、上更新统冲积层（alQ_3）覆盖层构成，厚度 11 ～ 36m，从上游至下游渐厚，下伏基岩为古近系—新近系泥质粉砂岩，岩面高程 –18 ～ –4m，从上游至下游渐低。上更新统冲积层（alQ_3）主要分布于中支南新枢纽上闸址附近。

河道由第四系全新统冲积层（alQ_4）组成的主要地层岩性：上部为中砂、细砂，厚度 5.0 ～ 15.0m，下部为砾砂、圆砾层。河道表层局部分布有淤泥、淤泥质黏土，厚度一般为 1 ～ 2m。

河道由第四系全新统冲积层（alQ_4）和上更新统冲积层（alQ_3）组成的主要地层岩性：上部为第四系全新统冲积层（alQ_4），厚度为 16m 左右，主要由粉质黏土、中细砂、砾砂构成，其中粉质黏土厚约 2m；下部为上更新统冲积层（alQ_3），厚约 11m，主要由砾砂、圆砾构成。

3. 南支河道

南支河道地质结构由第四系全新统冲积层（alQ_4）、上更新统冲积层（alQ_3）覆盖层构成，厚度 8 ～ 48.5m，从上游至下游渐厚，下伏基岩为古近系—新近系泥质粉砂岩，岩面高程 –38 ～ –4m，从上游至下游渐低。上更新统冲积层（alQ_3）主要分布于南支枢纽闸址河道附近。

河道由第四系全新统冲积层（alQ_4）组成的主要地层岩性：上部为中砂、细砂，厚度 5.0 ～ 15.0m，下部为砾砂、圆砾层。河道表层局部分布有淤泥、淤泥质黏土，厚度一般为 1 ～ 2m。

河道由第四系全新统冲积层（alQ_4）和上更新统冲积层（alQ_3）组成的主要地层岩性：上部为第四系全新统冲积层（alQ_4），其厚度较小，为 2m 左右，主要由粉质黏土构成；下部为上更新统冲积层（alQ_3），厚约 46m，表层分布 1 ～ 2m 厚的粉质黏土，中部主要为粉细砂，厚度 4 ～ 5m，下部由砾砂、圆砾构成。

1.2 赣江下游洪水特性与防洪工程概况

1.2.1 洪水灾害特性

1. 暴雨特点

赣抚下游尾闾地区属亚热带湿润季风气候区，气候受季风影响，主要的降水时期为每年的 4 ～ 9 月，暴雨类型既有锋面雨，又有台风雨，其水汽的主要来源是太平洋西部的南海和印度洋的孟加拉湾。一般每年从 4 月开始，降水量逐渐增加；至 5 ～ 6 月，西南暖湿气流与西北南下的冷空气持续交汇于长江流域中下游一带，冷暖空气发生强烈的辐合上升运动，形成大范围的暴雨区。赣抚下游尾闾地区正处在这一大范围的锋面雨区中，此时期（5 ～ 6 月），该流域降水量剧增，不但降水时间长，而且降水强度也大。因此，锋面雨是清丰山溪流域的主要暴雨类型。7 ～ 9 月，该流域常受台风影响，此时期，既有锋面雨出现，又有台风雨产生。暴雨历时一般为 1 ～ 3d，2d 居多，最长可达 5d。锋面雨历时较长，台风雨历时较短。从暴雨出现的时间统计，绝大多数的暴雨出现在 4 ～ 8 月，其中 5 月、6 月出现次数最多，此时期正值江南梅雨期，冷暖气团交绥于江淮流域，形成持续性梅雨天气。

2. 洪水特性

赣抚下游尾闾地区的赣江、抚河和清丰山溪等河流均为雨洪式河流，洪水由暴雨形成，因此，洪水季节与暴雨季节一致。一般每年自 4 月起，该流域开始出现洪水，但峰量不大；5 月、6 月为该流域出现洪水的主要时期，尤其是 6 月，往往由大强度暴雨产生较大量级洪水；7 ～ 9 月由于受台风影响，也会出现短历时的中等洪水。因此，该流域4～6月洪水由锋面雨形成，往往峰高量大，7～9月洪水一般由台风雨形成，洪水过程一般较尖瘦。一次洪水过程一般为5～15d，7～10d者居多，峰型与降水历时、强度有关，大多数呈单峰尖瘦型，一次洪水总量主要集中在10d之内。

鄱阳湖洪水由五河（赣江、抚河、信江、饶河、修河）来水和长江洪水顶托形成，受五河洪水及长江洪水的双重影响，洪水持续时间长。4～6月湖水位随五河洪水上涨，7～9月长江洪水顶托或倒灌使湖区维持高水位，10月后随长江洪水结束湖水位逐渐降落，因此4～9月鄱阳湖都可能出现高水位。鄱阳湖高水位对赣江、抚河及清丰山溪尾闾将产生顶托作用。

3. 洪水遭遇

为分析赣江、抚河及清丰山溪历史大洪水的遭遇情况，分别选取赣江下游的外洲站、抚河下游的李家渡站、清丰山溪的岗前站及鄱阳湖的星子站为依据站。对4站实测年最大洪水或最高洪水位系列进行统计分析，并以洪峰出现时间间隔在3d内作为发生遭遇。

经统计，洪峰出现时间与洪水汇流时间关系密切，由于清丰山溪流域面积相对较小，位于抚河和赣江下游，洪水汇流时间较短，而抚河尤其赣江是大江大河，集水面积大，洪水汇流时间长，故在洪峰出现时间上一般清丰山溪洪水在前，赣江洪水在后，抚河洪水则位于两者之间。此外，鄱阳湖的洪水一般发生在三河洪水之后，充分体现了“河洪在前，湖洪在后”的规律。

三河洪峰遭遇概率取决于降雨地区分布、走向，如1982年洪水，雨区位于赣江和抚河中下游，清丰山溪和抚河、赣江同时出现了大洪水。根据统计结果，按洪峰出现时间间隔在3d内发生遭遇，则赣江与抚河的洪水遭遇概率为48%，赣江与清丰山溪的洪水遭遇概率为40%，清丰山溪与抚河的洪水遭遇概率为50%，三河洪水发生遭遇的概率则为26%，其中三河前十大洪水中有4年发生遭遇，分别为1968年、1982年、1998年和2010年，占资料系列中三河洪水遭遇次数的31%。这说明三河大洪水遭遇的可能性是存在的。

对于大洪水年份，赣江、抚河、清丰山溪三河前十大洪水大多发生于6月，其中赣江、抚河和清丰山溪洪水遭遇2次，遭遇年份为1982年和2010年；赣江与清丰山溪洪水遭遇2次，分别出现在1964年和1994年；抚河与清丰山溪前十大洪水中于6月发生遭遇1次，发生于1998年，7月发生遭遇2次，遭遇年份分别为1968年和1989年。

4. 历史洪水

依据1983年整编出版的《江西省洪水调查资料》，赣江流域调查到的主要历史洪水年份有1825年、1834年、1876年、1899年、1913年、1915年、1922年、1924年、1926年、1937年和1949年等，其中1876年洪水和1915年洪水在赣江干流峡江至樟树河段量级相当，且居调查历史洪水前两位。1915 年洪水在峡江洪峰流量为 21 400m^3/s，在樟树为 21 100m^3/s。1876 年洪水在峡江洪峰流量为 21 300m^3/s，在樟树为 22 200m^3/s。外洲站则以 1924 年洪水为最大，洪峰流量为 24 700m^3/s。石上与樟树集水面积差小于 2%。因此，石上站 1876 年洪水重现期根据该年洪水在峡江至樟树河段的情况综合确定，采用起讫年法计算的重现期为 136 年，本次综合分析确定为 135 年；外洲站 1924 年洪水为最大，采用起讫年法计算的重现期为 88 年，综合分析确定为 85 年（表 1.1）。

表 1.1　赣抚下游尾闾地区测站历史（实测）洪水特大值成果表

河流	站名	年份	洪峰流量 /（m^3/s）	重现期 / 年		可靠性
				计算	采用	
赣江	石上	1876	22 900	136	135	较可靠
		1924	21 400	—	—	较可靠
		1915	21 300	—	—	较可靠
	外洲	1924	24 700	88	85	较可靠
		1901	20 800	—	—	较可靠

1.2.2　防洪工程建设

赣抚下游尾闾控制工程包括赣江下游尾闾、抚河下游及清丰山溪洪道三大控制工程。

赣江下游尾闾控制工程由主支象山枢纽、南支吉里枢纽、中支南新枢纽组成，分别位于樵舍镇（主支、北支分汊口）下游约 14.24km、楼前水位站下游 4.4km、滁槎水位站下游约 12.2km。

抚河下游控制工程由三阳枢纽和温圳枢纽组成，分别位于三阳大桥上游约 1.5km 和温圳镇附近。

清丰山溪洪道（抚河故道）控制工程由八字脑枢纽、棠墅枢纽、吴石枢纽组成。八字脑枢纽位于八字脑下游约 2.5km，扁担港出口大横头排水闸上游约 3km；棠墅枢纽位于清丰山溪洪道棠墅村旁；吴石枢纽位于岗前渡槽上游约 500m。

控制工程的防洪特征水位包括设计、校核洪水条件下的闸上和闸下水位。

赣抚下游尾闾地区洪水位受河道上游来水及鄱阳湖洪水顶托双重影响，各枢纽闸址处无稳定的水位流量关系曲线，因此无法通过查水位流量关系曲线的方式推求各闸址处特征洪水位。由于赣抚下游尾闾地区存在着河洪、湖洪两种类型洪水，因此本次规划通过推算“河洪为主、湖洪相应”和“湖洪为主、河洪相应”两种洪水水面线，以此求得各枢纽防洪特征水位。水面线计算时所用断面为整治后断面，即此处防洪特征水位考虑了赣抚下游尾闾整治措施的影响。清丰山溪洪道本次规划未推算水面线，枢纽设计洪水位采用我院相关设计成果。赣抚下游尾闾控制工程防洪特征水位详见表 1.2。

表 1.2 赣抚下游尾闾控制工程防洪特征水位表

河流	工程名称	洪水标准	位置	水位 /m
赣江	象山枢纽	0.5%（校核洪水标准）	闸上	20.85
			闸下	20.82
		1%（设计洪水标准）	闸上	20.85
			闸下	20.82
	南新枢纽	0.5%（校核洪水标准）	闸上	20.84
			闸下	20.81
		1%（设计洪水标准）	闸上	20.84
			闸下	20.81
	吉里枢纽	0.5%（校核洪水标准）	闸上	20.77
			闸下	20.74
		1%（设计洪水标准）	闸上	20.77
			闸下	20.74
抚河	温圳枢纽	0.5%（校核洪水标准）	闸上	28.97
			闸下	28.87
		1%（设计洪水标准）	闸上	28.40
			闸下	28.30
	三阳枢纽	0.5%（校核洪水标准）	闸上	21.03
			闸下	21.02
		1%（设计洪水标准）	闸上	21.03
			闸下	21.02
清丰山溪	八字脑枢纽	0.5%（校核洪水标准）	闸上	20.93
			闸下	20.90
		1%（设计洪水标准）	闸上	20.93
			闸下	20.90

1.3 入湖三角洲的河道系统特性

入湖三角洲作为一种常见的地貌形态，广泛分布于河流入湖处。它凭借自身特点和重要性，不断吸引着古往今来研究者的目光。希腊历史学家希罗多德（Herodotus）在公元前 450 年左右首次使用三角洲（delta）来描述尼罗河河口的沉积物形状，因为河口冲积平原的平面形态与希腊字母 Δ 相似（王数和东野光亮，2013）。三角洲地区肥沃的土地不仅为人类提供了良好的农耕区，还对形成石油和天然气也相当有利，世界上许多著名的油气田都分布在三角洲地区。入湖三角洲地区靠近湖岸线，为人们提供了勘探和利用湖资源的机会。与此同时，三角洲上河流分汊现象和泥沙淤浅河床现象使得三角洲水系相对活跃，决口、洪泛频繁，其泥沙冲淤复杂，严重影响河势稳定。

入湖三角洲的湖盆水体条件与海盆很不相同。不同于海盆水体中强烈的洋流、波浪和潮汐作用，入湖三角洲一般是以河流能量占主导地位、配以较小湖流能量的高建设性三角洲（裘亦楠等，1982）。在以往对三角洲的研究中，针对入海三角洲的研究居多，而对以湖泊为沉积中心的入湖三角洲的研究较少，故人们对入湖三角洲及其河道系统的形成演变规律的认识还不够完善。

影响三角洲形成演变的因素也很复杂，主要分为河流因素（流量、输沙量）、受纳水体因素、气候因素、构造因素等（钱宁等，1987）。自然界中，影响三角洲形态和沉积的因素组合更为复杂，一些三角洲的形态呈现出复合型。研究对象本身活跃程度高，加之影响因素复杂，加大了对三角洲及其河道系统形成演变规律的研究难度。

目前，关于入湖三角洲还有许多亟待解决的问题，例如，不同形态类型的三角洲水系形成原因，入湖三角洲的冲淤机制，以及主要因素的影响机理和影响程度等。回答这些问题对于理解入湖三角洲形成发育过程中出现的各种现象、总结归纳入湖三角洲的发展规律有很大助益。

综上，入湖三角洲地区在人类文明进程中占有重要地位，在人类生产和生活中发挥着重要作用，对这一复杂的动态系统进行研究，有助于我们深入理解三角洲的形成和演化过程，对三角洲未来的发展进行预测，同时有效地避免一些危害。为此，本文将对入湖三角洲及其河道系统进行深入研究，以期为认识和开发利用入湖三角洲提供科学的理论和方法。

入湖三角洲形成过程和结构的特殊性、影响因素的复杂性，导致入湖三角洲及其河道系统的形成演化机理难以被人们准确地掌握，众多的影响因素使人们难以分离影响因素来对某一影响因素进行独立有效的研究。近年来，国内外的学者对入湖三角洲及其河道系统的演变过程开展了大量研究，并取得了很多研究成果。然而，现有的研究尚不够系统、完善，尤其在三角洲河道的形态分类、水沙运动和冲淤机理、系统对外界影响的响应机制、阶段性演变特点和规律等方面仍有待深入研究，具体可概括为以下几个问题。

（1）河道系统是入湖三角洲的重要组成部分，是三角洲水沙冲淤的产物，同时也不断影响着三角洲水沙运动的趋势。以往对于三角洲河道系统的研究往往关注河道节点及河道连接规律，很少从挟沙水流特点和水沙作用机理的角度进行研究和分析。而考虑挟沙水流与堆积体作用过程的关键是挟沙水流的极限切应力的确定。如何将河道形态与水沙作用过程联系起来，如何较全面、准确地考虑影响挟沙水流极限切应力的影响因素，得到挟沙水流极限切应力计算方法以对入湖三角洲河道系统进行分类，是亟待解决的关键性问题。

（2）理论模型是定量研究入湖三角洲发展演变的有效方法，其力学意义明晰，有利于探索入湖三角洲水沙运动及冲淤机理。如何根据入湖三角洲水沙运动特点确立入湖三角洲形成演化模式，根据相应模式下冲淤特点对方程进行合理简化，并选择适当的求解方式是从理论角度对入湖三角洲进行研究亟待解决的关键性问题。

（3）物理实验是研究和分析入湖三角洲及其河道系统形成演变规律的重要手段。自然条件下的入湖三角洲形成演变过程历时长、观测空间范围大，现场观测难度大且成本昂贵，观测时间的选择易导致收集数据具有偶然性强的缺点。物理实验的方法可以重现与自然环境下入湖三角洲演变相似的特征过程，且通过合理的设计可将实验时长和空间控制在可控范围内，实验条件下还有利于分离影响因素进行分别定量研究。物理实验以其自身的优点得到了众多研究者的青睐。然而，如何从研究问题出发，结合入湖三角洲特点选择水沙条件设计工况，如何针对特定的研究背景对细节问题进行合理简化并对观测数据进行处理以作为有效的研究资料是进行实验研究亟待解决的关键性问题。

1.4 赣江下游综合整治面临的问题

由于赣江下游尾闾地区河流受水沙条件及人类活动的影响，河道产生不平衡输沙，造成河道的冲淤变化，河道演变复杂，研究水流、泥沙及人类活动对河床演变的影响，对于河流开发保护具有重要的意义。而且，河流水沙的变化规律对流域水资源开发利用与管理、河流河势稳定、水利工程安全有一系列影响，研究水沙变化规律具有十分重要的科学意义（张颖等，2013）。

赣江下游尾闾地区水系众多、水资源丰富，且水系整治历史悠久。良好的水资源条件是区域经济社会发展的基础保障，也是国民经济设施安全运行及产业布局的主要影响因素。但是水系现状还存在着较多问题，与经济社会发展要求严重不相适应，主要表现在以下五个方面。

（1）河湖湿地萎缩，水系连通条件改变，部分河湖水质污染严重，水生态、水环境变差。其一是河湖湿地萎缩，水生态系统退化。南昌境内的湖泊大部分已被切断与外河的自然联系，成为人工控制湖泊，受人为开垦等多种因素影响，湿地严重萎缩，其生态效应逐渐消失，加剧了湖泊水生态的恶化。加上水质污染，浮游动物种类不断减少，生物多样性降低，湖泊水生态系统退化。其二是河湖水系连通条件改变，水环境承载能力下降，城市水环境日益变差。受城市建设等因素影响，城区河湖水系连通条件改变，水体交换能力减弱，基本成为死水。加上城市截污工程与污水处理设施建设滞后，大量污染物被直接排入城市水体，造成严重污染。其三是部分河道水利条件发生改变，枯水期流量减小，水环境恶化。受近年鄱阳湖枯水位持续走低、航道整治等综合影响，河道下切，赣江下游水位降低明显，部分河段甚至出现断流，对水生态环境及水都建设造成不利影响。

（2）部分河道通航条件差，岸线和洲滩利用率低，服务经济发展的能力不足。其一是部分河道通航条件未完全达标。赣江主支属国家高等级航道，除赣江主支南昌以下至湖口段已达规划Ⅱ级航道标准外，其他河段航道均未达标。其中，南支是赣江东河主要航道，现状为Ⅴ级航道，未达规划Ⅳ级航道标准；赣抚航道是联系赣江和抚河的唯一一条水运通道，目前已基本失去了通航功能。其二是岸线和洲滩利用率低。根据《江西省河道（湖泊）岸线利用管理规划报告》，赣江南昌河段可利用岸线长度约423km，目前仅赣江生米大桥—八一大桥等部分河段岸线开发利用较好，总体利用率偏低。赣江河道内较大洲滩有裘家洲、扬子洲头、焦矶头、杨柳洲等，具备较好的利用条件，由于长期乱采滥挖，如不及时保护利用，宝贵的洲滩资源将慢慢消失，同时会影响河势稳定，给河道安全带来隐患。其三是赣抚下游尾闾地区水运资源、岸线和洲滩资源丰富，为区域经济发展和产业布局提供了良好的自然条件。由于部分河道水运条件差，未形成区域水网，岸线和洲滩资源利用率低，没能对区域经济发展形成有效的促进作用。

（3）防洪堤线长，防洪保安任务重。赣江下游尾闾地区地势平坦，河流众多，万亩以上圩堤较多，防洪堤线长，受鄱阳湖洪水顶托和赣江、抚河、清丰山溪等来水影响，区域防洪压力很大。

（4）区域水资源时空分布不均，调控能力不足，水资源承载能力不足的矛盾日益凸显。区内赣江过境水量巨大，潜在利用能力高，有利于经济社会发展布局。但由于区域水资源时空分配不均、调控能力不足，加上赣江枯水位降低，枯水期水资源承载能力不足的矛盾日益凸显。

（5）赣江、抚河枯水期水位逐年走低，水景观日益变差，具体表现在鄱阳湖和赣江尾闾河道出现了枯水期提前、枯水位降低、枯水期低水位持续时间延长等情况。例如，外洲站近十年（2003 ～ 2012 年）多年平均水位比长系列（1955 ～ 2002 年）下降了 1.94m，水位低于 15.5m 的时间延长了 97d；南昌站实测最低水位为 2008 年 11.23m、2010 年 10.57m、2012 年 10.03m，2013 年更是突破 10m，低至 9.67m，赣江水位屡创新低。再加上低枯水位导致枯水期水体缩小，水体自净能力和水质下降，岸滩出露，水景观变差，与城市景观要求差距较大。

1.5　研究现状

1.5.1　河流演变研究现状

河道演变分析的主要任务就是在对演变特征和规律总结的基础上，剖析河道演变机理，进而对于河道的演变趋势进行预测，为工程的设计和实施提供理论和基础支撑（李义天等，2012）。基于实测资料的河流演变分析，可信度较高，国内外河道整治时，一般都会优先对于整治河段进行演变分析。国内对河道演变的研究主要集中在大型河流及重要水利工程项目上，如对葛洲坝、三峡水库等引起的长河段纵向冲淤、水位变化分析（潘庆燊和卢金友，1999；韩其为和何明民，1997），早期的河段演变分析主要集中在分汊河段的主支汊交替周期的长短、汊道的兴衰过程等方面（姚仕明等，2003；罗海超，1989）。而近期，许多学者对已经实施的长江中下游整治工程的 20 多处航道均进行了河床演变分析，其主要成果集中于河岸、江心洲、边滩洲、深槽等的历时或近期演变过程等方面。我国黄河演变分析则重点在纵向冲淤及流量、水位、断面形态、纵剖面形态等的历年变化等方面，同时也有一些关于洲滩冲淤的分析（秦毅等，2011；冉立山和王随继，2010；李秋艳等，2012；王随继，2009；石伟等，2003；钱宁等，1987）。国内对中小型河流如赣江、湘江等的演变分析也主要是从河道的冲淤变化及相应的水沙分析等方面进行的（蒋昌波等，2013；陈珺等，2012）。部分针对国外河流进行的演变分析，如针对密西西比河、尼罗河等的演变分析，主要是从河道的冲淤规律、岸线演变及河道断面演变等方面进行的（Biedenharn et al.，2000；曹文洪和陈东，1998）。综合来看，国内外大部分学者针对河道演变问题的研究主要是从河道的纵向冲淤变化与横向岸滩演变的方面进行分析的。

针对河道的演变过程，许多学者从多个角度剖析其机理，进行河道演变的研究。国外的学者提出过诸多理论与假说，如地貌界限假说（Schumm et al.，1972）、稳定性理论（Song and Yang，1982）、能耗率极低值假说（Parker and Andrews，1986）、随机理论（Thakur and Scheidegger，1968；Chang and Toebes，1970）等，这些理论和假说对于解释上述现象有一定促进作用，然而与实际现象仍有不少相悖之处，很难直接用于河道演变趋势预测。钱宁等（1987）认为洲滩与汊道的冲刷与流量大小有关。谢鉴衡等（1990）指出，河道演变与水沙过程、河道边界和出口侵蚀基点有关。尹学良（1980）提出黄河下游流量小于 1800m^3/s 时，全河道将会淤积。这些研究成果对于探究河道演变与来水条件的关系有很大启示，然而河道演变不仅与来水条件有关，还与来沙条件有关，与河道含沙量及床面形态和滩槽演变有关。这就要求为整治工程服务的河道演变分析，不仅要分析来水影响，还要考虑来沙情况及床面形态等其他因素的影响。此外，上游河型的变化对河道演变作用影响很大，但其具体作用机理尚不清楚（李义天等，2012）。

目前，物理模型和数学模型仍是研究河道冲淤、岸滩演变的重要手段。物理模型是根据相似原理和相似准则，制造缩尺模型，通过实验模拟水流运动、地形冲淤等，推算原型各要素的变化，得到与原型相似的水流泥沙运动特征；数学模型则是依靠计算机，建立与实际模型相应的数学模型，利用数值求解方法对河流水流泥沙的运动进行模拟。

物理模型主要包括定床模型和动床模型，二者的实验成果均显示除了较高的可靠性，物理模型还可以直接观测复杂的水沙运动情况，从而得到了广泛的应用和发展（李保如，1991）。20 世纪 50 年代以来，针对河流演变的物理模型，国内外学者提出了一整套的相似理论和模型设计方法，也在大量的实际工程中积累了丰富的经验，但同时也暴露出一些缺点，其中最主要的就是时间变态的问题。基于水流连续相似与河床变形相似可以分别推导出两个时间比尺，但是由于实际物理实验中使用的模型沙往往使得前一比尺小于后一比尺，为了保证河床的变形相似，通常按照控制后一比尺进行实验，这就导致了时间变态的问题（谢鉴衡等，1990）。此外，几何变态也在一定程度上使得岸滩变窄、变高，为了提高稳定性，使得模型的岸滩较原型更为稳定，模型沙的板结等现象也将使得岸滩变形难以相似（李义天等，2012）。

1.5.2 数值模拟研究现状

数学模型与其他研究手段相比具有方法简单、成本低、计算效率高等优势，能够针对现实模型与理想模型进行灵活设计。因此，数学模型日益成为研究河流水流结构、泥沙运动等特性的一个有力手段。

早在 20 世纪 50 年代国内外就开始了关于水流泥沙数学模型的研究，那个时候中国和美国都有投入研究，主要是将水流泥沙模型应用到解决大型水库建立后坝前泥沙淤积和坝后下游河床冲刷的问题方面。由于当时计算机技术发展刚起步，受到计算机性能的限制，只能将数学模型运用到一些特别简单的工况模拟中。但是即便是简单的模拟计算，得到的结果精度也依旧很低，而计算的工作量相当巨大，所以当时没有得到普遍运用。到了 70 年代，计算机性能的提高和计算机不断地普及，使得计算精度得到很大的提升，数学模型研究水流泥沙的优点随之显现。水流泥沙数学模型因为经济、运行周期短及计算效率高等优点被广泛地运用到了河口海岸及内河航道的水沙特性研究中。除此之外，相较于物理模型，数学模型还具有重复性，并且抗外界因素干扰的能力更好，能够更加灵活地修改边界条件，既能对理想的假设情况进行模拟，又能对实际的工况进行模拟计算。因此，随着时间的推移，计算机计算能力不断地提升，数学模型逐渐成为研究河道水流、泥沙运动规律及河床演变的重要手段，被人们广泛地运用到实际工程研究当中。

从水流泥沙数学模型的发展过程来看，其主要经历了从一维到二维，一维和二维相互嵌套到三维及二维和三维嵌套的过程；从模型运用领域发展来看，主要从开始的对概化河道河床及水文、泥沙等方面的模拟，发展到了和物理模型一块解决实际工程中的水流、泥沙问题，广泛运用到流体相关的多种流域。发展至今，水流泥沙数学模型已经可以基本解决长尺度、长时间序列的河床演变及河口海岸较大范围水流泥沙的模拟计算等问题。并且，随着计算能力的不断提高，数学模型的应用领域也在不断地拓宽，能够解决的难题也在不断增加，计算精度也得到了极大的提升，与现实工况耦合得越来越好，应用价值得到了超前的释放。

一维水流泥沙数学模型主要通过将水流泥沙要素平均到每个断面，并利用断面平均值参数来模拟河道水沙的变化过程，基本能满足一定的工程需要，它是使用最早并且还在被广泛应用到实际工程中的模型之一。经过多年的研究和发展，无论是在理论上还是实际应用上，一维模型都已经发展得较为完善，因其能够模拟计算长时间序列和大尺度河道的洪水及河床演变，被国内外学者广泛运用和开发。

20 世纪 70 年代，韩其为（1979）为解决非均匀悬移质输沙问题，开发了一维泥沙数学模型，并投入实际应用。一维模型普遍采用有限差分格式离散圣维南水流方程和泥沙连续性方程，代表性模型有 Krishnappan（1981）开发的 MOBED 模型及 Karim 和 Kennedy（1982）开发的 IALLUVIAL11 模型等。此后，一些学者（Chang，1984；Molinas and Yang，1986；李义天和尚全民，1998；Hamrick et al.，2001）从求解方法、水沙耦合、河网模拟等方面对一维水流泥沙数学模型进行了改进。李毓湘和逢勇（2001）通过对珠江三角洲河网地区河道的概化，利用一维非恒定流的圣维南方程组、河网节点的连结方程及边界点的方程建立了该地区的水动力数学模型，并采用嵌套迭代法提高了计算精度。韩冬等（2011）基于水动力学计算结果所确定的汊点类型，推导了一种显式的河网泥沙输移递推计算方法，能够直接逐个计算河段中每个节点的不平衡输沙过程和床沙的级配调整，并建立了包含沉积物运输方法的一维数学模型，应用于长江下游荆江到洞庭湖的河网区域，模拟结果与实测数据符合较好，并且计算高效、稳定。

相对于一维水流泥沙数学模型，二维水流泥沙数学模型能够很好地模拟河道水流、泥沙等水力要素沿河宽和水深方向变化的情况，由于能够更全面地模拟河流要素变化，发展得十分迅速，已经被广泛地运用到了实际工程研究当中，并且相关研究也日趋完善，模型正趋向成熟。随着计算机技术的发展，二维水流泥沙数学模型集成了软件工程中模块化程序和组件接口等方法，使软件计算功能及对工程问题的适应性有了快速的发展。二维水流泥沙数学模型一般是求解纳维 - 斯托克斯（Navier-Stokes，N-S）方程和输沙的连续性方程，数值求解格式一般为有限元、有限体积及有限差分等（赖瑞勋，2015）。Van Rijn 和 Tan（1985）开发了 SUTRENCH-2D 模型，利用有限体积法求解河床变化及风浪对输沙的影响；李义天（1988）开发了冲积河道的平面计算模型；丹麦 DHI（1993）开发了 MIKE21 模型，利用有限差分对河流、海岸中的流场、水沙输移进行模拟；Walstra 等（1998）开发了 Delft2D 模型，耦合了水动力和床面变化模块，能模拟平衡和非平衡输沙情况；白玉川等（1998）针对长宽尺寸较为悬殊的河道及泛区，利用三角形和等参四边形相结合的有限元方法，结合矩阵质量集中技术，建立了相应的水流泥沙数学模型，并进行了成功的应用。赖锡军和汪德爟（2002）采用四点加权隐式计算一维潮流，利用有限体积法求解二维潮流，建立一维、二维耦合的潮流数值模型，实现了由一维计算区域向二维区域的准确过渡，并用上海市淀南片河网对该模型进行了验证。Lu 等（2012）根据现场实测数据验证所得的水文参数建立了钱塘江尖山段的二维强不连续流和泥沙输移的数值模型，研究了该处水流泥沙的空间与时间分布特征。

然而无论是一维还是二维数学模型，对水沙输移问题都有大量的简化，忽略了很多因素的影响。在某些应用中，二维水流泥沙数学模型已经不能满足实际工程的需要了。随着计算机技术的发展，三维的水流泥沙数学模型得到了进一步发展。Demuren 和 Rodi（1986）采用 k-ε 紊流模型模拟了弯道的污染物扩散运动，后来增加了悬移质输移模块和推移质运动模块。Gu 等（2011）采用 ECOMSED 模型建立了模拟长江口潮汐流的三维模型。目前，水流泥沙数学模型经过多年的发展，在诸如河床演变、河口海岸泥沙输移等课题上已经取得了相当大的进展。国外对三维水流泥沙数学模型的研究开始于 20 世纪 70 年代，而国内相对来说晚了十来年，开始于 20 世纪 80 年代，但是研究进展很快，取得了一定的研究成果，并解决了许多实际问题。姚仕明等（2006）通过结合有限体积法、SMPLEC 算法和界面上动量插值算法，建立了三维水流数学模型，并用实测资料进行了验证，结果表明，数学模型的模拟计算结果与实测数据吻合较好，能够很好地反映弯道环流的特性。假冬冬等（2010）为了模拟崩岸过程，结合局部网格可动技术建立了三维水流泥沙数学模型，并用该模型模拟研究了石首河湾的演变情况，最终发现，三维模型对于该河段水沙输移特性的模拟情况较好，很好地复演了 1996 年 10 月至 1998 年 10 月石首河湾段河势的剧烈变化过程。唐学林等（2007）通过探讨黄河中游的水沙输移特性，结合湍流随机理论，建立了三维水流泥沙数学模型，并且运用该模型成功地预测了小浪底工程实施后的河道水位和流速沿河宽方向及垂线方向的分布情况，给兴建枢纽之后的多沙河流的水沙特性研究提供了全新的数值方法。白玉川等（1998）首先通过对三维流场在垂线方向分层，并结合分步、特征差分近似与伽辽金集中质量有限元法，建立了三维水流泥沙数学模型，并将该模型应用到了广西廉州湾潮流的模拟研究，最终表明，模拟结果与实测潮流情况基本吻合。此外，他们还通过采用迎风格式的有限元法，建立了新的三维水流泥沙数学模型，并且成功地运用该模型对海河口进行了模拟研究，计算了不同径流情况下疏浚所需的时间，成功分析了海河口疏浚的有效性。

1.5.3　遥感研究现状

遥感技术是近几年新兴的一种研究手段。利用 MODIS、SPOT、Landsat 等各类卫星影像资料进行水体研究成为河道演变的重要研究手段。殷鹏莲等（2011）运用遥感（RS）与地理信息系统（GIS）方法，分析研究了 1980 年以来长江干流安徽段河道的时空变化特征。周红英等（2012）采用融合配准增强组合处理方法和同水位解译原则，通过对赣江三角洲进行遥感解译和定量分析，发现赣江尾闾中支三角洲是生长最快的三角洲朵体。钟凯文（2005）以 MSS、TM 遥感影像和 1 ∶ 50 000 实测地形图作为数据源，对北江下游河岸变迁、洲滩冲淤的规律进行了分析研究。余莉等（2010）利用分层分类法，通过分析蚌湖与赣江中支三角洲长序列枯水期的 Landsat-TM 影像资料，探讨了 1991 ～ 2008 年鄱阳湖典型湿地动态变化的特征，认为赣江主支三角洲的洲滩植被分布呈现出向湖体延伸的趋势。吴涛（2010）结合高分辨率遥感数据源和大洋河河口湿地覆被与土地利用的现状，对大洋河河口湿地景观的格局进行了研究，结果显示：自然湿地呈现缩减趋势，而人工湿地则逐年扩大，但总体上湿地功能退化，其主要原因在于河堤的修筑和围海养殖面积的增加。涂凰（2013）以枯水期的 Landsat-MSS 和 Landsat-TM 影像资料为数据源，研究了抚河尾闾与其入湖口区域的河道演变情况。赵晓松等（2013）以 MODIS 产品数据为主要数据源，采用地面温度与植被指数三角关系法对流域蒸散的时空分布特征及主要气象因子对鄱阳湖流域蒸散的影响进行了分析。雷声等（2010）根据 1973 ～ 2009 年鄱阳湖区域枯水期的遥感影像资料，提取了鄱阳湖流域赣江、抚河、信江、饶河、修河五大河流尾闾的河道平面形态特征。陈龙泉等（2010）利用 1989 年和 2006 年鄱阳湖枯水期两景 Landsat 影像，探讨了五河入湖口及鄱阳湖入江通道等地区滩地的冲淤变化规律。李鹏等（2013）利用 1989 ～ 2010 年鄱阳湖 100 期（景）Landsat-TM/ETM+ 的影像资料，对比了水体指数法和谱间关系法两种水体提取方法的优劣，并利用水体指数法提取了天然湖体水面面积，揭示了不同水位下鄱阳湖天然湖体水面的空间扩展过程与特征，建立了汛期与非汛期水面-水位关系模型。Delpont 和 Motti（1994）应用高分辨率卫星影像及航空照片监测了 1942 ～ 1986 年法国鲁西永沿岸 Tech 和 Tet 河口处的动态地形变化，得出了该地区河口及岸线的变化主要受洪水影响的结论。Kondolf 等（2002）的研究包括由河道沉积物上游物源减少导致的河床拓宽及河道下切，以及由此引起的河岸不稳定等一系列问题，并提出了相关的应对措施。Surian 和 Rinaldi（2003）从泥沙来量、气候影响、人为因素等各方面研究了河床变形和河岸滩冲淤等一系列河道变化的问题，以及这些变化对各影响因素的反作用，文中以人为因素影响占主导的意大利河流为研究对象，通过观察和研究其河床的动态变化状况，发现人为因素主要影响河道中沉积物的淤积变化，从而造成意大利河流的河道底部被侵蚀冲刷的现象，并得出该河流具有河床纵向延伸、横向变窄的变化发展趋势的结论。

新的技术为河道演变分析提供了新的方法，弥补了过去实测技术成本较高的不足。实测资料及遥感资料为河道演变分析提供了必要的数据支持，物理模型和数学模型方法的发展为分析河道演变发展规律提供了方法支持，但对于不同河道其内在演变机理均有所不用，针对不同河型的冲淤演变规律还有待进一步深入研究。

1.5.4 入湖三角洲形成过程理论与实验研究现状

1. 理论求解

入湖三角洲是河流入湖时所挟带的泥沙落淤沉积而形成的沉积体。在这个运动过程中，挟沙水流经历了一个湍动射流过程，即无侧限水流横向扩散，并在底部摩擦力和横向扩散的作用下向受纳水体方向减速（Joshi，1982；Özsoy and Ünlüata，1982；Wang，1984；Ortega-Sánchez et al.，2008），最终沉积物沉降形成三角洲堆积体（Wright，1977；Coleman，1976）。

射流理论被广泛应用于描述河流进入静止状态水体所经历的过程（Ortega-Sánchez et al.，2008；Falcini and Jerolmack，2010；Nardin et al.，2013；Leonardi et al.，2013）。Abramovich（1976）和 Rajaratnam（1976）分析了湍动射流的基本原理。数学上，三角洲射流水动力可以由时均、非均匀、不可压缩的三维紊流方程来描述（Schlichting and Gersten，2016）。而在某些特定的情况下，三维方程可以简化为二维方程并仍能精确地描述物理现象。浅水条件下的湍动射流可以由 N-S 方程描述（Schlichting and Gersten，2016），方程为时均且深度平均（Özsoy，1977）。沿纵向速度断面自相似性是经典湍动射流的基础（Abramovich，1976；Schlichting and Gersten，2016），实验证明，自由射流情况下，相似函数是成立的（Rajaratnam and Stalker，1982）。Nardin 等（2013）认为射流边界受限时，水流表现出自由紊流和壁面剪切紊流相结合的特征，此时的湍动射流可以分为两个部分，一部分为靠近入口处，此处的轴线流速可以假定为常数，水流动能迅速消散，另一部分为远离入口处，断面流速相似特征在此处展现，示意图见图 1.8，其中 b_0 为河流半宽，u_0 为河道中水流流速，$b(x)$ 为射流半宽，u_c 为轴线流速，x_s 为水流形成的距离。

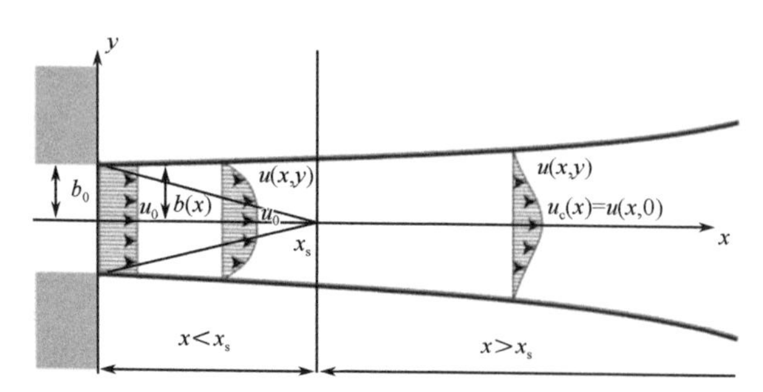

图 1.8 河口处湍动射流示意图（Nardin et al.，2013）

对于水平底床，Özsoy（1977）认为速度分布和射流半宽满足：

$$\bar{u}=\frac{\mathrm{e}^{-\frac{S}{2}\xi}}{\left[\mathrm{e}^{-S\xi_s}+\frac{4\alpha l_2}{Sl_1}\left(\mathrm{e}^{-\frac{S}{2}\xi_s}-\mathrm{e}^{-\frac{S}{2}\xi}\right)\right]^{0.5}} \tag{1.1}$$

$$\bar{b}=\frac{\mathrm{e}^{\frac{S}{2}\xi}}{l_2}\left[\mathrm{e}^{-S\xi_s}+\frac{4\alpha l_2}{Sl_1}\left(\mathrm{e}^{-\frac{S}{2}\xi_s}-\mathrm{e}^{-\frac{S}{2}\xi}\right)\right] \tag{1.2}$$

式中，$\bar{u}$ 为无量纲轴线流速，$\bar{u}=u/U_0$，U_0 为入口流速；$\xi=x/b_0$，下标为 s 的表示图 1.8 中 $x=x_s$ 处的值，x 为距入射点的纵向距离，b_0 为河流半宽；α 表示修正系数；$\bar{b}$ 为无量纲射流半宽，$\bar{b}=b(x)/b_0$，$b(x)$ 为距离入射点 x 处的射流半宽；$S=c_f B_0/4h$，B_0 为河口宽度，h 为水深，c_f 为摩擦系数；l_1 和 l_2 随 ξ 变化而变化。对于底床有线性坡度的情况，Özsoy 和 Ünlüata（1982）给出了射流的解析解。与经典平面射流结构相比，底部摩擦减小了初始段在纵向上延伸的距离，故作为近似，推断射流主要的特征时可以只考虑主体段（Nardin et al.，2013；Özsoy，1977），此时式（1.1）和式（1.2）可分别写为（Özsoy，1977）

$$\bar{u}=\frac{\mathrm{e}^{-\frac{S}{2}\xi}}{\left[1+\frac{4\alpha l_2}{Sl_1}\left(1-\mathrm{e}^{-\frac{S}{2}\xi}\right)\right]^{0.5}} \tag{1.3}$$

$$\bar{b}=\frac{\mathrm{e}^{\frac{S}{2}\xi}}{l_2}\left[1+\frac{4\alpha l_2}{Sl_1}\left(1-\mathrm{e}^{-\frac{S}{2}\xi}\right)\right] \tag{1.4}$$

Taylor 和 Dean（1974）通过无卷吸作用和常水深的假设，分析了潮流入口处的交换特征。Wang（1984）将平面湍动射流理论应用于解释河口处的水沙现象，将连续性方程和动量方程与泥沙扩散方程结合，利用相似函数得到了流速和含沙量断面的解析解。在该理论模型求解过程中，断面流速相似函数 $G(s)$ 和泥沙浓度的相似函数 $R(s)$ 采用了多项式和指数函数相结合的形式，分别写为

$$G(s)=(1-s^2)\exp(-s^2) \tag{1.5}$$

$$R(s)=G(s)^{1/2}=\left(1-s^2\right)^{1/2}\exp\left(-\frac{1}{2}s^2\right) \tag{1.6}$$

式中，s 为无量纲的横向距离，定义为 $s=y/b(x)$，$b(x)$ 为距离入射点 x 处的射流半宽。

Muto 和 Steel（1992）通过理论推导和现场数据验证，得出当下游相对水面以恒定速率持续上升，同时其他条件保持不变时，三角洲的岸线将不可避免地后退，三角洲前缘的运动速率将随时间变化的结论。Parker 和 Muto（2003）通过一维数学模型计算了三角洲岸线在海平面上升时的变化。Edmonds 等（2011）建立了一个几何模型来计算以顶积层为主的三角洲在不同冲积和受水条件下顶积层和前积层的厚度，用以判断形成前积层的环境条件来预测三角洲的类型：

$$f=S\times x+d_0 \tag{1.7}$$

$$X_n=X_0/2^{bn} \tag{1.8}$$

$$L_{\mathrm{RMB}}=10^4\times h\times\left[\frac{\rho}{(\sigma-\rho)gD_{50}}\frac{wU^2}{w_0}\right]^{0.23} \tag{1.9}$$

式中，S 为大陆架的离岸坡度；x 为距离盆地的距离；d_0 为盆地从受限到无侧限过渡的

初期深度；X 为表示河道性质的量，下标 n 为河道分汊等级，下标 0 代表河道顶点处的量；b 为水力几何指数；L_{RMB} 为河口坝距河口前扩张的湍动射流的距离；ρ 和 σ 分别为水沙密度（$\mathrm{kg/m^3}$）；g 为重力加速度（$\mathrm{m/s^2}$）；D_{50} 为中值粒径；w_0 为初角速度；U 为水深平均的流速；w 为河道宽度。

Price Jr（1974）阐述了一种基于随机游走理论的模型，并借此模拟了冲积扇的沉积过程。韩其为（1995a，1995b）根据不平衡输沙方程，推导得到了悬沙淤积的水库三角洲淤积速度等三角洲形态特征的理论表达式：

$$\frac{\partial z}{\partial t}=\frac{\alpha\omega S_0}{\gamma_{\mathrm{s}}'}f\left(\tilde{x}\ \frac{h_0-h_{\mathrm{k}}}{h_{\mathrm{k}}\tilde{L}}\right) \tag{1.10}$$

式中，z 为床面高程；t 为时间；α 为恢复饱和系数；ω 为泥沙沉速；S 为含沙量，下标 0 代表进口断面的值；h_0 为进口断面的水深；γ_{s}' 为泥沙干容重；$\tilde{x}$为沿水流方向的相对距离；$\tilde{L}$为水库相对长度；h_{k} 为平衡水深。

Rajeev 等（2013）研究了岸线运动的数学模型，提出了河流三角洲沉积过程中动边界问题的近似解法。Swenson 等（2000）关注河流三角洲沉积过程中的广义的斯特藩（Stefan）类问题。

综合目前研究，很少有研究针对入湖三角洲初始段形成过程的特点建立理论模式并求解，对以推移质形式运动的部分泥沙在三角洲初始段形成过程中的作用研究较少，从理论角度探究这一过程有助于我们了解影响入湖三角洲发展演变的因素、深入认识入湖三角洲形成演变机理。

2. 实验研究

区别于其他类型的三角洲，入湖三角洲的演变受所在区域的影响，形成演变过程具有一定的特点和规律，对其演化过程进行的研究为了解冲积河流流域演变规律提供了不可或缺的资料。

在自然环境中，很难在大时间尺度和空间尺度上直接有效地研究入湖三角洲的河道演进、流态转换、形态演变、沉积规律和阶段性演变特点等。而物理实验可以通过合理设计，在可控的时间和空间范围内，塑造出和自然三角洲演变相似的特征过程，且更容易分离影响因素，对各因素对三角洲的影响进行分别、定量研究。因此，实验方法在研究入湖三角洲演化方面很有优势。

入湖三角洲系统同时受上游和下游条件的影响。然而，之前对三角洲系统的研究主要关注上游条件对三角洲演变的影响（Zhang et al.，2016）。Kim 和 Jerolmack（2008）、Hoyal 和 Sheets（2009）的实验研究强调了下游边界条件对三角洲动态地貌的重要影响。数学模型和物理模型均表明，三角洲形态和动力演变遵循一些规律：加积、深切（Humphrey and Heller，1995；Coulthard et al.，2002；Nicholas and Quine，2007a，2007b）和改道（Bryant et al.，1995；Mackey and Bridge，1995；Ashworth et al.，2004；白玉川等，2018）过程循环出现；三角洲前缘的增长趋势是时间的函数（Swenson et al.，2000；Reitz et al.，2010）；实验过程中片流和渠化水流交替出现（Clarke et al.，2010）；实验三角洲的水流形态和河道形态表现出阶段性的特点

（Bryant et al.，1995）。Clarke 等（2010）在冲积扇的演化实验中观察和总结到了类似的特点，其实验装置如图 1.9 所示。

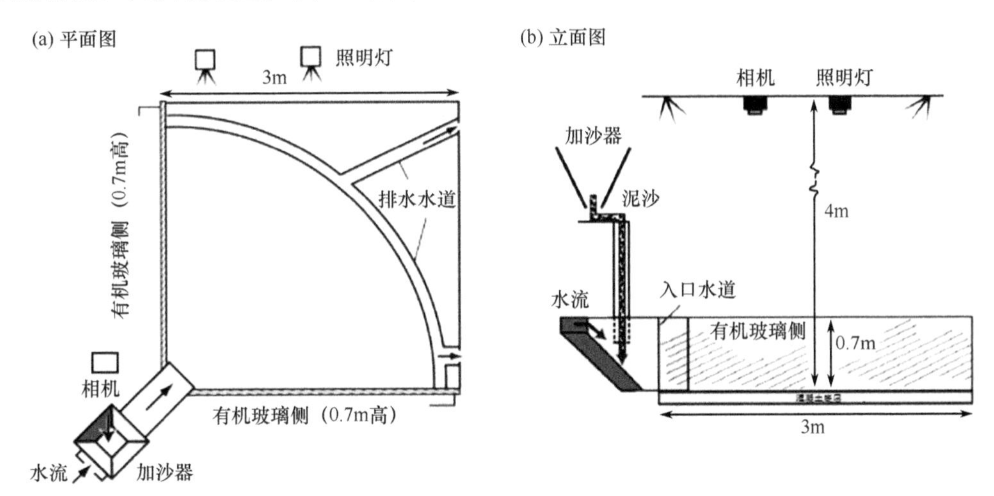

图 1.9　Clarke 等（2010）的实验装置图

刘飞等（2016）通过横向受限的概化水槽实验总结了入湖三角洲堆积体在平面和垂向上的发展规律，其实验装置如图 1.10 所示。

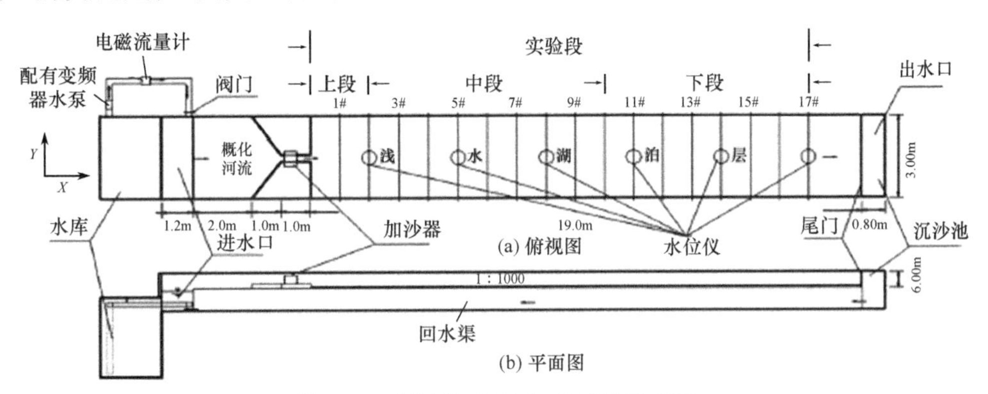

图 1.10　刘飞等（2016）的实验装置图

Zhang 等（2016）通过横向约束的水槽实验研究了侧向约束影响下的扇形三角洲自生过程，并对扇形三角洲对于泥沙供应减少的响应进行了研究。

一些学者关注泥沙特征对于三角洲形态的影响。Orton 和 Reading（1993）认为泥沙粒径在三角洲形成演化过程中的作用体现在河流系统的坡度和河道形态、泥沙混合排入河口周围水域的行为、岸线类型、水下三角洲前缘的变形和再沉积过程。Rowland 等（2010）通过实验观察到在水动力条件相同时，悬浮泥沙的粒径和密度变化导致生成的堤防形态差异明显。Hoyal 和 Sheets（2009）通过向泥沙中添加商用聚合物来提高基底强度以增加临界侵蚀应力，在实验室内塑造了一种渠化状态强的鸟足状三角洲。Whipple 等（1998）通过一组冲积扇沉积实验探究了扇体坡度、水流流量、加沙速率和泥沙粒径之间的关系。白玉川等（2018）和徐海珏等（2019）对实验室内的入湖浅水三角洲形成演变过程进行了研究，主要关注河槽和流场演变现象。

在相同的外力作用下，三角洲经常会处在不同的演变进程中（Ritter，1967；Wells and Harvey，1987），自生行为被用来解释地貌发展上的区别（Humphrey and Heller，1995；Coulthard et al.，2002；Whipple et al.，1998；Schumm and Parker，1973；Schumm et al.，1987）。Schumm 和 Parker（1973）根据美国西南部的山谷中同一条河流的不同流域侵蚀和冲积的程度及持续时间不同的现象，提出不同区域中沉积活动的发展并不处于同一阶段，河流各部分对于局部活动的反应是不同的。Hamilton 等（2013）研究了冲积扇自生的深切和回填周期中表现出的水动力与形态动力过程。Van Dijk 等（2009）认为扇形三角洲中侵蚀和加积的自生循环证实了泥沙的存储和释放及相关坡度的变化在扇形三角洲演化中起着重要作用。

综合现有入湖三角洲物理实验研究现状，目前仍缺少关于入湖三角洲河道生成与自组织优化发展规律、沉积系统对外来扰动的响应特性、三角洲淤积形态的随机表达、考察一定背景下水沙在阶段性演化中所表现的耦合响应反馈规律等方面的研究。

1.5.5 赣江下游河段研究现状

目前国内关于赣江尾闾河段的研究相对较少，从已有的研究成果来看，相关研究主要集中在该河段水动力特性、输沙特性、河床演变及航道整治等方面。其中关于水动力特性和航道整治的研究主要通过建立水流数学模型来分析，而关于输沙特性和河床演变的研究则主要通过历史实测资料来进行统计对比分析，当然随着卫星遥感技术的成熟，地理信息系统的运用也开始作为赣江尾闾河段研究的一种方法。

陈珺等（2012）通过对该河段水文、泥沙和地形演变资料的整理与分析，探讨了该河段的径流、输沙、水沙关系、分流比、冲淤变化、河床稳定性、演变影响因素及演变趋势。周刚等（2012）建立了基于 ELADI-FDM 方法的平面二维水动力模型，对赣江下游外洲站以下的河段进行了水位、流速分布及东西河分流比等验证，模拟与分析了赣江下游连续十年的水位、水位-流量关系及东西河分流比的变化特征。陈界仁等（2010）根据分流比计算原理，选取影响分流比的主要因子，并利用实测资料，对赣江下游东西河分流比变化进行了分析。闵骞等（2011）利用江西省五大河流控制水文站与湖口水文站实测悬移质泥沙资料，分析鄱阳湖 1956 ～ 2005 年入出湖悬移质泥沙基本特征，揭示鄱阳湖入出湖悬移质泥沙在近 50 年的变化状况及其形成原因，在此基础上探讨鄱阳湖悬移质泥沙平衡情况及其发展态势，结果表明近 20 年鄱阳湖入湖悬移质泥沙逐渐减少，近 10 年出湖悬移质泥沙大幅增多，湖盆容积呈现出快速加大的趋势。杨涛等（2007）将一维、二维水流泥沙数学模型与 GIS 集成，可以在河道上任意设置整治工程，使得模拟计算充分地考虑整治工程的作用，从而更加准确地预测实施整治工程后的河床演变趋势。

关于赣江整治建筑物的研究，则相对更少。赣江鸡心洲浅滩由于整治建筑物较多，整治效果不明显，碍航影响依旧特别明显。肖洋等（2004）通过对鸡心洲河段的水动力条件和河床演变规律进行分析，最终得出，在赣江顺直河段，航道整治线规划设计应结合优良河段的曲率呈微弯布置，这样有利于整治线走向与上下游河势相适应和泥沙平顺向下游输移。

陈雄波等（2002a，2002b）通过分析赣江尾闾水文泥沙基本情况和浅滩的形成原因，以及 1987 ～ 1992 年在尾闾河段进行的四级航道整治以后各浅滩的平均水深和航道宽度的变化，研究了整治后滩群的河床断面形态与航道宽度的关系，以及整治工程和万安水库对全河段水位-流量关系的影响，最终得出，整治工程是成功的，裘家洲洲头已不再坍塌后退，水流条件改变，航道条件趋好。并且南昌段东西河分流比多年来保持的特性为西河枯水期分流大，洪水期分流小，对西支航道的防洪和航运都特别有利。最后还得出，万安水库加剧了对下游河道的冲刷，有利于西河分流比的增加，有利于下游航道维护标准的提高。

近年来，由于赣江下游及鄱阳湖河床持续下切，枯水期水位屡创新低，东河分流减少，甚至断流，对赣江下游通航，尤其是南支水污染严重的河段治理极为不利，有必要开展更为深入的研究。

参 考 文 献

白玉川，胡晓，徐海珏，等 . 2018. 入湖浅水三角洲形成过程实验模拟分析 . 水利学报，49(5): 549-560.

白玉川，于天一 . 1998. 分步分层拟三维水流数学模型及其在廉州湾潮流计算中的应用 . 海洋学报，20(5): 126-135.

白玉川，张效先，顾元炎，等 . 1998. 河道及泛区水流数学模型的研究与应用 . 水利水电技术，29(8): 46-50.

曹文洪，陈东 . 1998. 阿斯旺大坝的泥沙效应及启示 . 泥沙研究，(4): 81-87.

陈界仁，张婧，罗春，等 . 2010. 赣江下游东西河分流比变化分析 . 人民长江，41(6): 40-42, 47.

陈珺，嵇敏，林江，等 . 2012. 赣江尾闾河段水沙特性及河床演变 . 水利水电科技进展，32(3): 1-5.

陈龙泉，况润元，汤崇军 . 2010. 鄱阳湖滩地冲淤变化的遥感调查研究 . 中国水土保持，(4): 65-67.

陈雄波，唐洪武，陈界仁，等 . 2002a. 赣江南昌—吴城段浅滩成因与航道演变分析 . 水运工程，(4): 31-36.

陈雄波，唐洪武，林军 . 2002b. 赣江南昌段东西河分流处河床演变与航道整治 . 人民长江，33(4): 10-12, 48.

韩冬，方红卫，陈明洪，等 . 2011. 一维河网泥沙输移模式研究 . 力学学报，43(3): 476-481.

韩其为 . 1979. 非均匀悬移质不平衡输沙的研究 . 科学通报，(17): 804-808.

韩其为 . 1995a. 论水库的三角洲淤积 (一). 湖泊科学，(2): 107-118.

韩其为 . 1995b. 论水库的三角洲淤积 (二). 湖泊科学，(3): 213-225.

韩其为，何明民 . 1997. 三峡水库建成后长江中、下游河道演变的趋势 . 长江科学院院报，(1): 13-17, 21.

假冬冬，邵学军，王虹，等 . 2010. 荆江典型河湾河势变化三维数值模型 . 水利学报，41(12): 1451-1460.

蒋昌波，李昌玲，李正最，等 . 2013. 湘江湘潭 - 濠河口河段河道演变特点分析 . 泥沙研究，(3): 19-26.

赖瑞勋 . 2015. 水流泥沙数学模型的数据同化与参数反演 . 清华大学博士学位论文 .

赖锡军，汪德爟 . 2002. 非恒定水流的一维、二维耦合数值模型 . 水利水运工程学报，(2): 48-51.

雷声，张秀平，许新发 . 2010. 基于遥感技术的鄱阳湖水体面积及容积动态监测与分析 . 水利水电技术，(11): 83-86, 90.

李保如 . 1991. 我国河流泥沙物理模型的设计方法 . 水动力学研究与进展 (A 辑), 6(S): 113-122.

李鹏, 封志明, 姜鲁光, 等. 2013. 鄱阳湖天然湖面遥感监测及其与水位关系研究. 自然资源学报, 28(9): 1556-1568.
李秋艳, 蔡强国, 方海燕. 2012. 黄河宁蒙河段河道演变过程及影响因素研究. 干旱区资源与环境, 26(2): 68-73.
李义天. 1988. 冲积河道平面变形计算初步研究. 泥沙研究, (1): 3.
李义天, 尚全民. 1998. 一维不恒定流泥沙数学模型研究. 泥沙研究, (1): 81-87.
李义天, 唐金武, 朱玲玲, 等. 2012. 长江中下游河道演变与航道整治. 北京: 科学出版社.
李毓湘, 逢勇. 2001. 珠江三角洲地区河网水动力学模型研究. 水动力学研究与进展A辑, 16(2): 143-155.
刘飞, 张小峰, 邓安军, 等. 2016. 入湖河流三角洲形成发展规律. 应用基础与工程科学学报, 24(5): 943-954.
罗海超. 1989. 长江中下游分汊河道的演变特点及稳定性. 水利学报, (6): 10-19.
闵骞, 时建国, 闵聃. 2011. 1956~2005年鄱阳湖入出湖悬移质泥沙特征及其变化初析. 水文, 31(1): 54-58.
潘庆燊, 卢金友. 1999. 长江中游近期河道演变分析. 人民长江, 30(2): 33-34, 36.
钱宁, 张仁, 周志德. 1987. 河床演变学. 北京: 科学出版社: 271-312.
秦毅, 张晓芳, 王凤龙, 等. 2011. 黄河内蒙古河段冲淤演变及其影响因素. 地理学报, 66(3): 324-330.
裘亦楠, 肖敬修, 薛培华. 1982. 湖盆三角洲分类的探讨. 石油勘探与开发, 9(1): 1-11.
冉立山, 王随继. 2010. 黄河内蒙古河段河道演变及水力几何形态研究. 泥沙研究, (4): 61-67.
石伟, 王光谦, 邵学军. 2003. 流量变化对黄河下游河道演变影响. 水利学报, (5): 74-77, 83.
唐学林, 陈稚聪, 陆永军, 等. 2007. 小浪底河段浑水流动的三维数值模拟. 清华大学学报(自然科学版), 47(9): 1447-1451.
涂凰. 2013. 基于空间信息技术的抚河尾闾及其入湖口演变研究. 南昌大学硕士学位论文.
王数, 东野光亮. 2013. 地质学与地貌学. 2版. 北京: 中国农业大学出版社: 199.
王随继. 2009. 黄河下游不同河型河道的水沙效应及演变趋势分析. 沉积学报, 27(6): 1163-1171.
吴涛. 2010. 基于遥感技术的河口三角洲湿地景观生态健康评价. 上海师范大学博士学位论文.
肖洋, 李天碧, 唐洪武, 等. 2004. 赣江鸡心洲浅滩整治试验研究. 水运工程, (12): 90-94.
谢鉴衡, 丁君松, 王运辉. 1990. 河床演变及整治. 北京: 水利电力出版社.
徐海珏, 胡晓, 白玉川, 等. 2019. 入湖三角洲形成过程与淤积形态变化的实验研究. 水力发电学报, 38(1): 52-62.
杨涛, 陈界仁, 姚文艺, 等. 2007. 基于DEM的黄土丘壑区动力学流域水沙数学模型应用研究——以黄河中游两个典型小流域为例. 水动力学研究与进展A辑, 22(5): 583-591.
姚仕明, 王兴奎, 张超, 等. 2006. 曲线同位网格的三维水流数学模型. 清华大学学报(自然科学版), 46(3): 336-340.
姚仕明, 余文畴, 董耀华. 2003. 分汊河道水沙运动特性及其对河道演变的影响. 长江科学院院报, 20(1): 7-9, 16.
殷鹏莲, 戴仕宝, 余学祥. 2011. GIS支持的长江安徽段干流河道演变的遥感分析. 测绘, 34(1): 28-33.
尹学良. 1980. 黄河下游冲淤特性及其改造问题. 泥沙研究, (1): 75-82.
余莉, 何隆华, 张奇, 等. 2010. 基于Landsat-TM影像的鄱阳湖典型湿地动态变化研究. 遥感信息, (6): 48-54.
张颖, 宋成成, 肖洋, 等. 2013. 近50年来赣江流域水沙年内分配变化分析. 水文, 33(3): 80-84.

赵晓松，刘元波，吴桂平 . 2013. 基于遥感的鄱阳湖湖区蒸散特征及环境要素影响 . 湖泊科学，25(3): 428-436.

钟凯文 . 2005. 近 30 年北江下游河道演变遥感分析 . 武汉大学学报 (理学版), (S2): 225-229.

周刚，郑丙辉，雷坤，等 . 2012. 赣江下游水动力数值模拟研究 . 水力发电学报，31(6): 102-108.

周红英，张友焱，邹立群，等 . 2012. 滩海水深遥感反演模型应用研究 . 计算机仿真，29(3): 296-299.

Abramovich G N. 1976. The Theory of Turbulent Jets. New York: MIT Press.

Ashworth P J, Best J L, Jones M. 2004. Relationship between sediment supply and avulsion frequency in braided rivers. Geology, 32(1): 21-24.

Bai Y C, Wang Z Y, Shen H T. 2003. Three-dimensional modelling of sediment transport and the effects of dredging in the Haihe Estuary. Estuarine, Coastal and Shelf Science, 56(1): 175-186.

Biedenharn D S, Thorne C R, Watson C C. 2000. Recent morphological evolution of the Lower Mississippi River. Geomorphology, 34(3): 227-249.

Bryant M, Falk P, Paola C. 1995. Experimental study of avulsion frequency and rate of deposition. Geology, 23(4): 365-368.

Chang H H. 1984. Modeling of river channel changes. Journal of Hydraulic Engineering, 110(2): 157-172.

Chang T P, Toebes G H. 1970. A statistical comparison of meander planforms in the Wabash Basin. Water Resource Research, 6(2): 557-578.

Clarke L, Quine T A, Nicholas A. 2010. An experimental investigation of autogenic behaviour during alluvial fan evolution. Geomorphology, 115(3-4): 278-285.

Coleman J M. 1976. Deltas: Processes of deposition & models for exploration. Champaign: Continuing Education Publication Co.

Coulthard T J, Macklin M G, Kirkby M J. 2002. A cellular model of Holocene upland river basin and alluvial fan evolution. Earth Surface Processes and Landforms, 27(3): 269-288.

Danish Hydraulic Institute. 1993. MIKE21 short description. Hørsholm Denmark: Danish Hydraulic Institute.

Delpont G, Motti E. 1994. Monitoring by remote sensing of the geomorphological evolution of apart of the Roussillon coastal layout (France). Brest: IEEE.

Demuren A O, Rodi W. 1986. Calculation of flow and pollutant dispersion in meandering channels. Journal of fluid mechanics, 172: 63-92.

Edmonds D A, Shaw J B, Mohrig D. 2011. Topset-dominated deltas: A new model for river delta stratigraphy. Geology, 39(12): 1175-1178.

Falcini F, Jerolmack D J. 2010. A potential vorticity theory for the formation of elongate channels in river deltas and lakes. Journal of Geophysical Research: Earth Surface, 115: F04038.

Gu J, Chen W, Li W T, et al. 2011. Numerical analysis on riverbed erosion and sediment deposition in north branch of the Changjiang Estuary. 2011 5th International Conference on Bioinformatics and Biomedical Engineering, 01.

Hamilton P B, Strom K, Hoyal D C. 2013. Autogenic incision-backfilling cycles and lobe formation during the growth of alluvial fans with supercritical distributaries. Sedimentology, 60(6): 1498-1525.

Hamrick J M, Tech T, Hayter E J. 2001. EFDC1D-A one dimensional hydrodynamic and sediment transport model for river and stream networks: Model theory and users guide. Tetra Tech Inc. , Fairfax, United States.

Hoyal D, Sheets B A. 2009. Morphodynamic evolution of experimental cohesive deltas. Journal of Geophysical Research: Earth Surface, 114: F02009.

Humphrey N F, Heller P L. 1995. Natural oscillations in coupled geomorphic systems: An alternative origin for cyclic sedimentation. Geology, 23(6): 499-502.

Joshi P B. 1982. Hydromechanics of tidal jets. Journal of the Waterway, Port, Coastal and Ocean Division, 108(3): 239-253.

Karim M F, Kennedy J F. 1982. IALLUVIAL: A computer-based flow-and sediment-routing model for alluvial streams and its application to the Missouri River. Iowa Institute of Hydraulic Research, University of Iowa.

Kim W, Jerolmack D J. 2008. The Pulse of Calm Fan Deltas. The Journal of Geology, 116(4): 315-330.

Kondolf G M, Piegay H, Landon N. 2002. Channel response to increased and decreased bed-load supply from land use change contrasts between two catchments. Geomorphology, 45: 35-51.

Krishnappan B G. 1981. Users Manual: Unsteady, Non-Uniform, Mobile Boundary Flow Model-MOBED. Hydraulic Division, National Water Research Institute, CCIW, Burlington, Ontario, Canada.

Leonardi N, Canestrelli A, Sun T, et al. 2013. Effect of tides on mouth bar morphology and hydrodynamics. Journal of Geophysical Research: Oceans, 118(9): 4169-4183.

Lu H Y, Pan C H, Tang Z, et al. 2012. Characteristics and numerical simulation of flow/sediment of Jianshan reach in Qiantang River. Proceedings of the 6th International Conference on APAC, 2011.

Mackey S D, Bridge J S. 1995. Three-dimensional model of alluvial stratigraphy: Theory and applications. Journal of Sedimentary Research, 65(1b): 7-31.

Molinas A, Yang C T. 1986. Computer Program User's Manual for GSTARS (Generalized Stream Tube Model for alluvial River Simulation). US Department of Interior, Bureau of Reclamation, Engineering and Research Center.

Muto T, Steel R J. 1992. Retreat of the front in a prograding delta. Geology, 20(11): 967-970.

Nardin W, Mariotti G, Edmonds D A, et al. 2013. Growth of river mouth bars in sheltered bays in the presence of frontal waves. Journal of Geophysical Research: Earth Surface, 118(2): 872-886.

Nicholas A P, Quine T A. 2007a. Crossing the divide: Representation of channels and processes in reduced-complexity river models at reach and landscape scales. Geomorphology, 90(3-4): 318-339.

Nicholas A P, Quine T A. 2007b. Modeling alluvial landform change in the absence of external environmental forcing. Geology, 35(6): 527-530.

Ortega-Sánchez M, Losada M A, Baquerizo A. 2008. A global model of a tidal jet including the effects of friction and bottom slope. Journal of Hydraulic Research, 46(1): 80-86.

Orton G J, Reading H G. 1993. Variability of deltaic processes in terms of sediment supply, with particular emphasis on grain size. Sedimentology, 40: 475-512.

Özsoy E, Ünlüata Ü. 1982. Ebb-tidal flow characteristics near inlets. Estuarine, Coastal and Shelf Science, 14(3): 251-263.

Özsoy E. 1977. Flow and Mass Transport in the Vicinity of Tidal Inlets. Technical Report No. TR-0316, Coastal and Oceanographic Engineering, University of Florida (Gainesville).

Parker G, Andrews E D. 1986. On the time development of meander bend. Journal of Fluid Mechanic, 162: 139-156.

Parker G, Muto T. 2003. 1D numerical model of delta response to rising sea level. Barcelona: Third IAHR Symposium, River, Coastal and Estuarine Morphodynamics.

Price Jr W E. 1974. Simulation of alluvial fan deposition by a random walk model. Water Resources Research, 10(2): 263-274.

Rajaratnam N, Stalker M J. 1982. Circular wall jets in coflowing streams. Journal of the Hydraulics Division, 108(2): 187-198.

Rajaratnam N. 1976. Turbulent Jets. Burlington: Elsevier.

Rajeev, Kushwaha M S, Kumar A. 2013. An approximate solution to a moving boundary problem with space-time fractional derivative in fluvio-deltaic sedimentation process. Ain Shams Engineering Journal, 4(4): 889-895.

Reitz M D, Jerolmack D J, Swenson J B. 2010. Flooding and flow path selection on alluvial fans and deltas. Geophysical Research Letters, 37(6): L06401.

Ritter D F. 1967. Terrace development along the front of the Beartooth Mountains, southern Montana. Geological Society of America Bulletin, 78(4): 467-484.

Rowland J C, Dietrich W E, Stacey M T. 2010. Morphodynamics of subaqueous levee formation: Insights into river mouth morphologies arising from experiments. Journal of Geophysical Research Earth Surface, 115(F04007): 1-20.

Schlichting H, Gersten K. 2016. Boundary-layer Theory. Berlin, Heidelberg: Springer.

Schumm S A, Khan H R, Winkley B R, et al. 1972. Variability of river patterns. Nature, 237: 75-76.

Schumm S A, Mosley M P, Weaver W. 1987. Experimental fluvial geomorphology. Eos Transactions American Geophysical Union: 69.

Schumm S A, Parker R S. 1973. Implications of complex response of drainage systems for Quaternary alluvial stratigraphy. Nature Physical Science, 243(128): 99-100.

Song C C S, Yang C T. 1982. Minimum energy and energy dissipation rate. Journal of the Hydraulics Division, 108(5): 690-706 .

Surian N, Rinaldi M. 2003. Morphological response to river engineering and management in alluvial channels in Italy. Geomorphology, 8(50): 307-327.

Swenson J B, Voller V R, Paola C, et al. 2000. Fluvio-deltaic sedimentation: A generalized Stefan problem. European Journal of Applied Mathematics, 11(5): 433-452.

Taylor R, Dean R. 1974. Exchange characteristics of tidal inlets. Coastal Engineering: 2268-2289.

Thakur T R, Scheidegger A E. 1968. A test of the statistical theory of meander formation. Water Resource Research, 4(2): 317-329.

Van Dijk M, George P, Kleinhans M G. 2009. Autocyclic behaviour of fan deltas: an analogue experimental study. Sedimentology, 56: 1569-1589.

Van Rijn L C, Tan G L. 1985. Sutrench-model: Two-dimensional vertical mathematical model for sedimentation in dredged channels and trenches by currents and waves. Rijkswaterstaat Communications.

Walstra D J, Van Rijn L C, Aarninkhof S G. 1998. Sand transport at the lower shoreface of the Dutch coast.

Technical Rep. Z: 2378.

Wang F C. 1984. The dynamics of a river-bay-delta system. Journal of Geophysical Research: Oceans, 89(C5): 8054-8060.

Wells S G, Harvey A M. 1987. Sedimentologic and geomorphic variations in storm-generated alluvial fans, Howgill Fells, northwest England. Geological Society of America Bulletin, 98(2): 182-198.

Whipple K X, Parker G, Paola C, et al. 1998. Channel dynamics, sediment transport, and the slope of alluvial fans: Experimental study. The Journal of Geology, 106(6): 677-694.

Wright L. 1977. Sediment transport and deposition at river mouths: A synthesis. Geological Society of America Bulletin, 88(6): 857-868.

Zhang X, Wang S, Wu X, et al. 2016. The development of a laterally confined laboratory fan delta under sediment supply reduction. Geomorphology, 257: 120-133.

第 2 章 基于实测与遥感资料的赣江下游河道演变特征

本章主要从实测水沙资料和遥感资料入手，结合赣江下游尾闾河段的历年实测河道大断面资料，对于 1976 年之后赣江下游及尾闾地区的河床演变进行详细地分析，通过分析对比年内和年际河道断面的变化情况，得出不同时期的河道演变规律。

2.1 基于实测资料的赣江下游河道演变特征

赣江河道近期演变仍以人类活动影响为主，换言之，没有重大的人类活动影响的河道，河势不会发生较大变化。

近年赣江重大人类活动主要有：中游河段万安、石虎塘和峡江 3 座水利枢纽的兴建及全河采砂等，这些活动已经并将继续使赣江河道发生变化。

万安水库位于万安县城以上约 2km 处，是一座以发电为主，兼有防洪、航运、灌溉、养殖等综合效益的大（二）型水库，上距赣州市约 90km，下距南昌市约 320km。工程曾于 1958 年 7 月动工，1961 年停建，1978 年复工，1996 年竣工。水库的正常蓄水位 100.0m（吴淞），相应库容 $16.16\times10^8m^3$（目前暂按 96.0m 运行）。兴利与防洪库容均为 $10.19\times10^8m^3$，发电装机容量 533MW，现状年发电量 $13.76\times10^8kW\cdot h$。工程建成后使万安大坝以上近 90km 险滩密布的山区河道，变成了水深流缓的人工湖泊。

石虎塘水库位于泰和县城赣江公路桥下游约 26km 的万合镇石虎塘村附近，是一座以航运为主，兼有发电、航运、灌溉、养殖等综合效益的大（一）型水库。工程正常蓄水位 56.5m（黄海），相应库容约 $1.668\times10^8m^3$，发电装机容量 120MW，年发电量 $5.3\times10^8kW\cdot h$。按Ⅲ级航道标准建设航道与船闸。石虎塘库区属赣江中游浅丘宽谷河段，两岸阶地发育，低岗和河谷冲积平原相间，人口密集，耕地集中。工程建成后使上游（库区）形成一段长约 38km 的有一定水深、流速缓慢的人工河道（湖泊），两岸建有 5 个防护区，堤线总长 43.03km，保证了堤后城镇乡村不受洪水威胁。

峡江水库位于峡江县老县城（巴邱镇）上游峡谷河段，下距峡江县老县城（巴邱镇）约 6km，是一座以防洪、发电、航运为主，兼有灌溉、供水等综合利用功能的水利枢纽工程。水库正常蓄水位 46m（黄海），死水位 44m，汛期限制水位 45m，防洪高水位 49.1m，总库容 $16.65\times10^8m^3$，为大（二）型水库。防洪库容 $9.0\times10^8m^3$，调节库容 $2.14\times10^8m^3$，死库容 $4.88\times10^8m^3$；发电装机容量 360MW，多年平均发电量约 $11.5\times10^8kW\cdot h$；布置最大过坝船舶吨位为 1000t 的船闸。工程建成后，可将南昌市防洪标准从 100 年一遇提高到 200 年一遇，使赣东大堤的防洪标准从 50 年一遇提高到 100 年一遇；电站在满足江西省电力发展需要的同时，对改善电网电源结构也将发挥一定作用；水库可渠化航道约 77km，对实现赣江航道全线达到Ⅲ级及以上通航标准具有关键作用；库区防护堤总长 135.52km。水库下游可新增自流灌溉面积 11.69 万亩[①]，改善灌溉面积 21.26 万亩。

水库的建成运用对河道的影响，除了对上游库区河道的淹没影响，更重要的是水库蓄水后，从根本上改变了水流和泥沙的状况，原来多年形成的平衡状态被打破，在以后的很长一段时间内，坝下游长距离河道将会由于粗化冲刷和交换冲刷，从坝下开始向下游逐渐延展、发生深度不同的冲刷 - 淤积；再经过一段时间，随着库内泥沙的输送平衡，河道又会从坝下开始逐渐回淤，达到一个新的平衡。

长江科学院等（许全喜等，2011；韩其为和何明民，1997；朱玲玲等，2015）单位针对三峡大坝的影响研究表明：发生冲淤的河道自坝下开始，远达大通，距大坝约 1000km，从坝下冲刷到大通停止冲刷要 40 年左右，到大通回淤完成，历时要 100 年。万安等水库的冲淤距离和历时可能较三峡水库短，但梯级水库的冲淤问题较为复杂。

21 世纪初，随着长江中下游地区经济建设的快速发展，建筑用砂、石需求量大增，长江采砂规模越来越大。在可观的经济利益驱动下，各种采砂船蜂拥进入鄱阳湖和赣江，采砂范围不断扩大，形成滥采乱挖的混乱局面，给赣江下游干流河势稳定、防洪、通航安全及国民经济和社会发展等带来严重影响。

2002 ～ 2005 年，共设置可采区 35 个，年控制开采总量为 949×10^4t。经调查统计，三年来，已有 28 个可采区进行了开采作业，有 7 个可采区由于种种原因未进行开采。

2006 ～ 2008 年，提出可采区 50 个，其中赣州市河段 5 个，吉安市河段 23 个，宜春市河段 12 个，南昌市河段 10 个；提出保留区 5 个，其中吉安市区 1 个，新建县 2 个，南昌县 2 个。

2009 ～ 2013 年，共设可采区 57 个、保留区 11 个。各可采区年度控制采砂累计总量拟定为 1604×10^4t。

自赣江尾闾四支明确分流至今，由于来水来沙条件的变化及各种人为因素的影响，不同时期内河道呈现出不同的演变特征。根据来水来沙条件的变化和人为因素的影响，将演变规律分为四个时期分别考虑：①稳定时期。从赣江尾闾四支明确分流到 1989 年万安水利枢纽截流之前，来水来沙条件相对比较稳定，并没有受到太多的人为因素干扰。②截流时期。从 1990 年万安水利枢纽截流之后到 2000 年赣江下游及尾闾段大规模采砂之前，万安水利枢纽截流给下游段带来的最显著影响就是含沙量及输沙量的大幅下降，直接改变了赣江下游的来沙条件，从而影响了下游河段的演变规律。③大规模采砂时期。从 2001 年赣江下游及尾闾段大规模采砂之后至 2011 年，由于无节制地开采河砂，9 年间整个赣江下游及尾闾河道呈大幅下切趋势，采砂的位置及其强度直接决定了河道的变化规律。④整治时期。从 2012 年至今，一方面大规模盗采河砂的现象得到了一定程度的控制；另一方面各类大小的河道整治工程在赣江尾闾河段实施，整个赣江尾闾河段的演变呈现出新的规律。

① 1亩≈666.7m²。

2.1.1　外洲河段演变特征

外洲河段为赣江尾闾入口段，为顺直河段。河宽在 1500m 左右，两岸交错分布有浅滩，再往下游河道则开始分汊，进入复杂的尾闾区域。入口河段的冲淤演变直接影响了下游尾闾河段的演变规律，因此，首先掌握这一河段的演变规律对于之后认清尾闾河段的演变机理至关重要。

外洲河段为冲击型分汊河道，自当时的南昌县万家洲经外洲水文站（简称“外洲站”）穿过南昌，河宽逐渐加大，左岸为红角洲，右岸为南昌城区，向下至裘家洲、扬子洲分为东河、西河，如图 2.1 所示。历史上外洲河段存在许多洲滩，这些洲滩不断淤涨合并，有的沙洲浅滩靠岸转变为河漫滩，有的河漫滩被冲失，随着时间的推移和人类活动的增加而演变成现状河势。1926 ～ 1953 年，相对较为独立的七朗庙洲、万家洲与河道左岸边滩发展合并形成了红角洲，该时期的红谷滩还是一独立江心洲。裘家洲在该时期不断缩小下移，1953 年洲尾接近到达八一桥处。赣江在扬子洲头分为东河、西河，西河口逐渐淤积，江面逐渐变小，经 30 年变迁在入口处形成一江心洲滩，水流受阻，而东河的发展正好相反，原有多个江心洲滩消失并入了扬子洲，江面逐渐展宽。这一时期，从外洲站到扬子洲头，主河道（深泓线）还较为顺直。

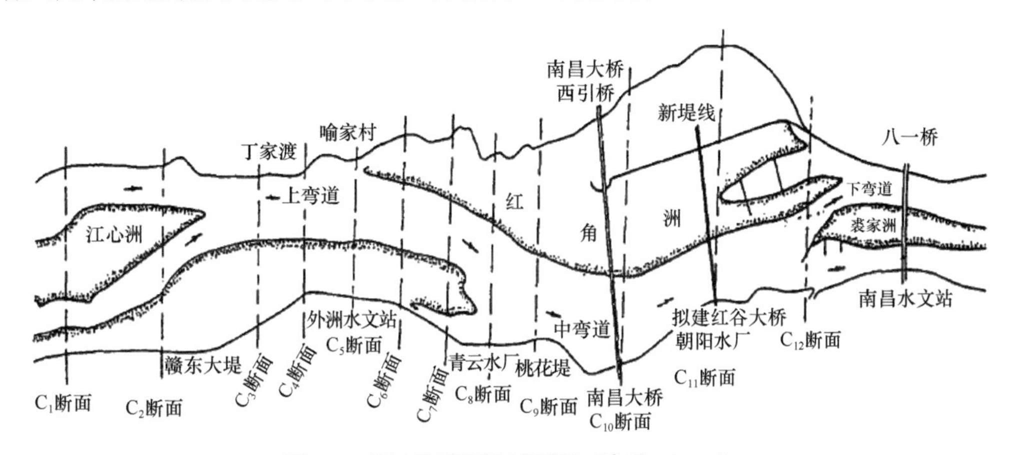

图 2.1　赣江外洲河段平面图（涂明，2005）

1953 年以后，红角洲逐渐与边滩合并，至 1960 年已形成巨大的边滩，滩头迫使水流方向转向右岸，造成对右岸的冲刷，河流深泓线也向右岸偏移。水流对右岸冲刷挟带的沙量，至裘家洲时因流速变小而沉降淤积，致使裘家洲不断淤涨扩大，并与新洲合并，主流偏向左岸，由此在八一桥上游一侧形成“S”形深泓线。泥沙进一步下行至扬子洲头处减速下沉，扬子洲头随上游河势的变化而摆动，逐渐与相邻沙洲合并和扩大，这使扬子洲头日益变得“肥大”。由于裘家洲进一步向下游偏右淤涨，因此进入赣江西河的水流流速大于东河，致使西河入口处形成的淤积体逐渐瓦解，而东河却在渐渐淤积变浅。至 1976 年前后，西河变得更为通畅，东河却有明显的淤积体出现。

上述时期南昌河段平面上的冲淤变化主要表现为洪水岸线崩退，河面展宽，洲滩此冲彼淤，合并或消长，迫使水流动力轴线摆动，相继发生主汊、支汊的兴衰变化，洪水主槽和平面形态不稳定，河道形态处于水流与河床相互作用的自然调整状态。

20 世纪 60 年代以后，赣江两岸城镇工业建设加快，防洪堤的修建和加固及外洲站下游汆水洲两座防洪高水位丁坝的修建，使局部洪水岸线日趋稳定。

1975 年以后，由于外洲上游河势的变化（洲滩下移），在外洲站以下左岸淤积成大沙嘴，大沙嘴的下移不仅使深槽刷深，还使水流动力轴线明显向右岸偏移，加重了汆水洲两座防洪高水位丁坝的挑流负荷，主流左摆，直冲红角洲一侧的滩唇，1975 年已冲出 4.5m 的深槽。从红角洲一侧折回右岸的水流正交顶冲老官洲，将外洲至八一桥河段右岸的老官洲、新洲等河道中的大小洲滩、新老淤积体一扫而尽，河床冲刷展宽，同时高水位丁坝下游淤积成江心洲，向下游延伸、淤高和扩大。1982 年发生相当于 20 年一遇的大洪水，结果大沙嘴被大幅度地搬运和下移，红角洲头严重冲刷和后退，由于高水位丁坝的挑流作用相对减弱和老官洲的原导流作用的消失，水流动力轴线在丁坝下游过渡到右岸，左岸红角洲的泥沙淤积量日趋增加，使右岸岸线受环境冲刷，因此右岸成为受冲刷日益严重的地段，如图 2.2（a）所示。

20 世纪 90 年代，南昌大桥开始建设，上游万安水利枢纽 1993 年建成运用。外洲上游江心洲左侧冲刷，沙嘴向右岸靠近。右岸边滩上段冲刷，下段淤积。主流弯道后移 150 ～ 200m，红角洲边滩受左移主流冲刷，受冲泥沙淤积在中段边滩，边滩沙嘴下移与裘家洲左汊抠门的江心滩相连，在枯水期左汊演变为主汊，在裘家洲后与右汊相通。南昌大桥建成后，大桥西引桥为路堤式，引桥上下游（红谷滩）形成一定范围静水回流区或死水区，如图 2.2（b）所示。

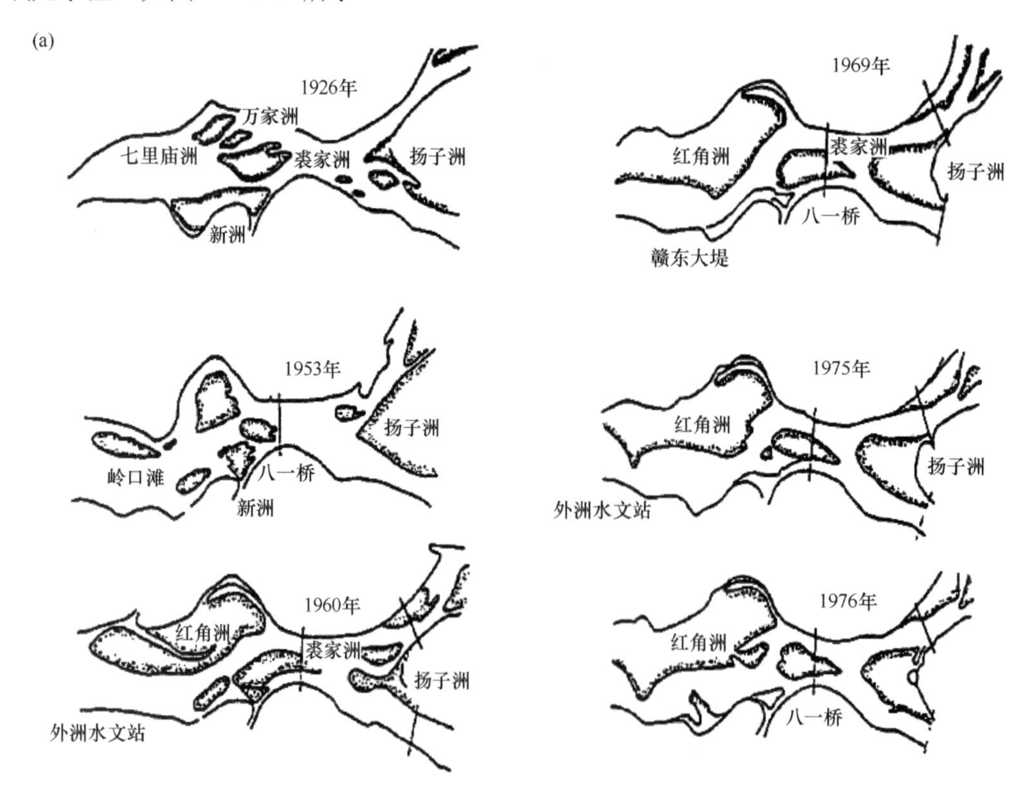

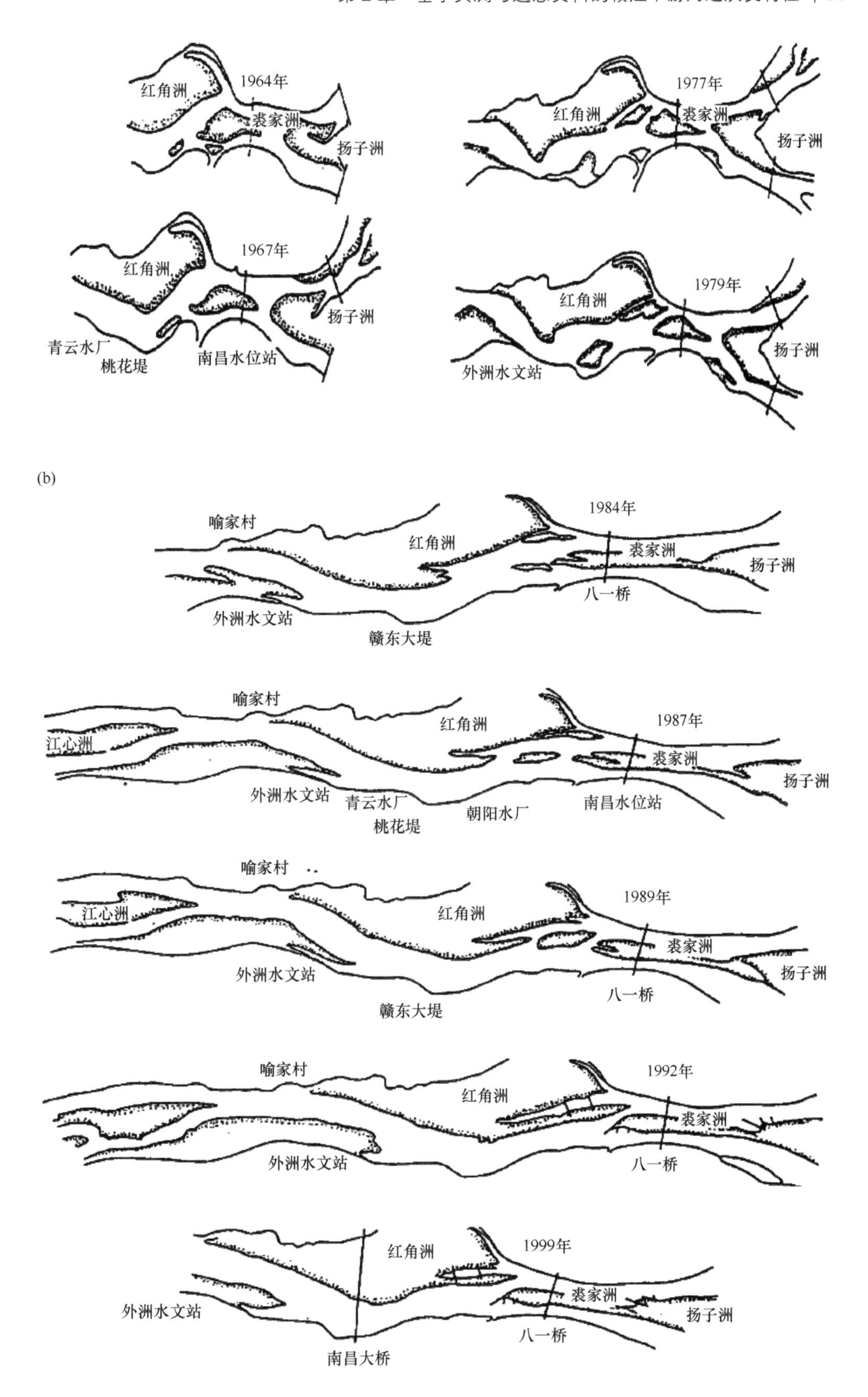
1964年
红角洲
裘家洲
扬子洲
1977年
红角洲
裘家洲
扬子洲
1967年
红角洲
扬子洲
青云水厂
桃花堤
南昌水位站
1979年
红角洲
扬子洲
外洲水文站
(b)
1984年
喻家村
红角洲
裘家洲
扬子洲
八一桥
外洲水文站
赣东大堤
喻家村
1987年
红角洲
江心洲
裘家洲
扬子洲
外洲水文站
青云水厂
桃花堤
朝阳水厂
南昌水位站
喻家村
1989年
江心洲
红角洲
裘家洲
扬子洲
外洲水文站
八一桥
赣东大堤
喻家村
1992年
红角洲
裘家洲
外洲水文站
八一桥
1999年
红角洲
裘家洲
外洲水文站
扬子洲
八一桥
南昌大桥

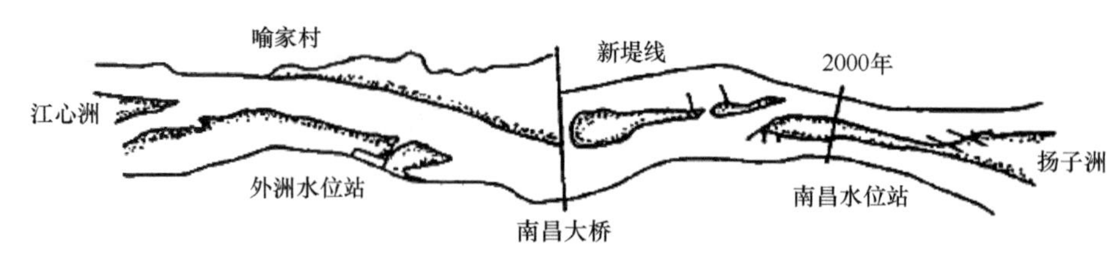

图 2.2 赣江外洲河段河势演变图（涂明，2005）

1996 ～ 2002 年，南昌市建设沿江大堤，并实施了喻家湾改线工程，围填红谷滩，缩窄了河宽，使得该区域成为城市建设用地。围滩后，东侧未围部分的边滩仍处于自然演变中，滩槽关系没有发生根本性的改变，弯道主流靠近右岸的河势不会发生变化，部分围滩不会对河势产生明显的影响。建桥和围滩后主流摆幅减小，红谷滩尾将停止下延。从近期演变趋势来看，裘家洲尾与扬子洲头之间还将继续涨高，有连成一体的可能，最终可能切断裘家洲左汊与扬子洲右汊（东河）之间的横流，增大左汊（西河）的流量，有利于西河主航道通航。喻家湾改线工程不会对防洪、航道和河势的稳定产生明显的不利影响（河海大学，2001）。

从上述对南昌河段河势演变情况的分析可以看出，该河段河势可能发生的变化主要表现在：现有心滩（裘家洲、扬子洲）的消长，以及围滩后可能出现新的心滩，会导致东河、西河洪、枯水期分流比发生一定的变化。

2.1.2 外洲河段冲淤特征

外洲站是外洲河段控制站，具有详细的水文资料。根据外洲站历年断面数据，分析外洲河段断面冲淤变化情况，详细分析不同时期的演变规律。

1. 稳定时期

稳定时期入口段边滩年内遵循“洪淤枯冲”的演变规律，深槽则表现为“洪冲枯淤”。图 2.3 为外洲站在稳定时期河道断面的年内变化，可以看出，边滩的年内冲淤主要集中在右岸边滩，且表现为“洪淤枯冲”，而左岸边滩的变化并不明显。汛期时，右岸边滩淤涨左移，枯期时，则冲刷右摆。随着右岸边滩的摆动，深槽则在汛期时冲刷左移，枯期时淤积右摆，表现出“洪冲枯淤”的演变规律。

年际尺度上，河道断面则呈现出边滩淤积、深槽冲刷的演变趋势。图 2.4（a）、（b）分别为外洲站在稳定时期枯期和汛期的河道断面变化情况，可以看出，两岸边滩逐年淤涨，其中右岸边滩较左岸的变化要明显得多；深槽则逐年冲刷，最大冲刷幅度在 2m 左右。

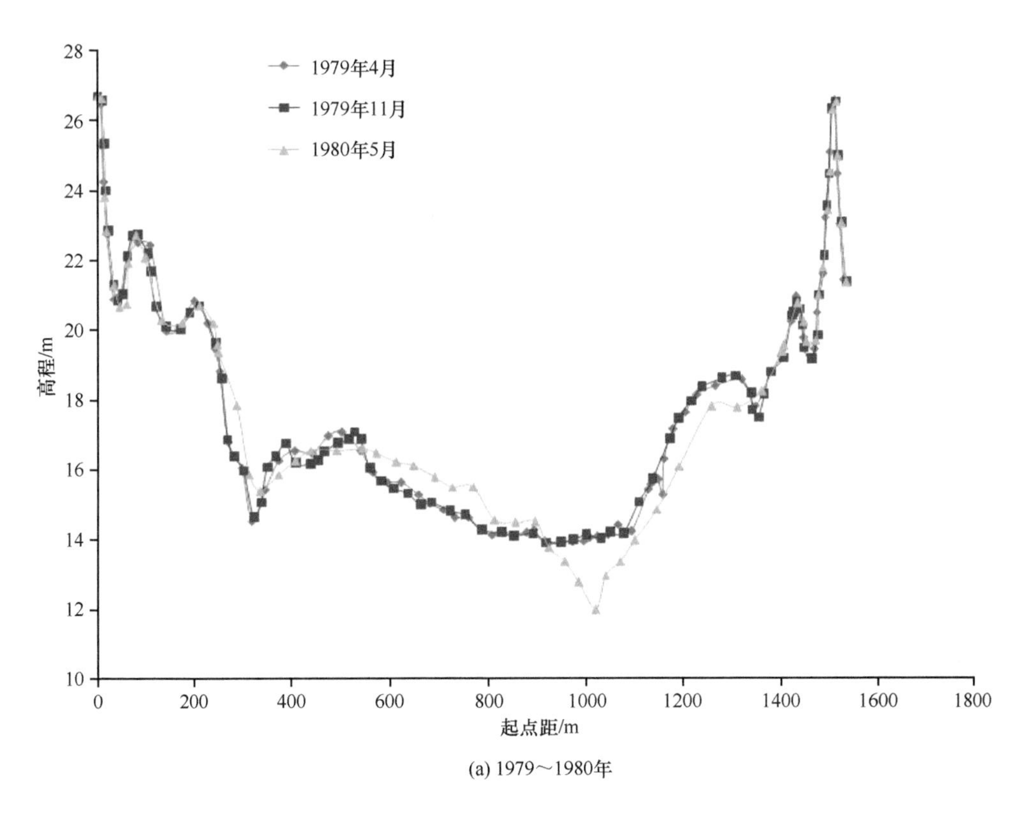

(a) 1979～1980年

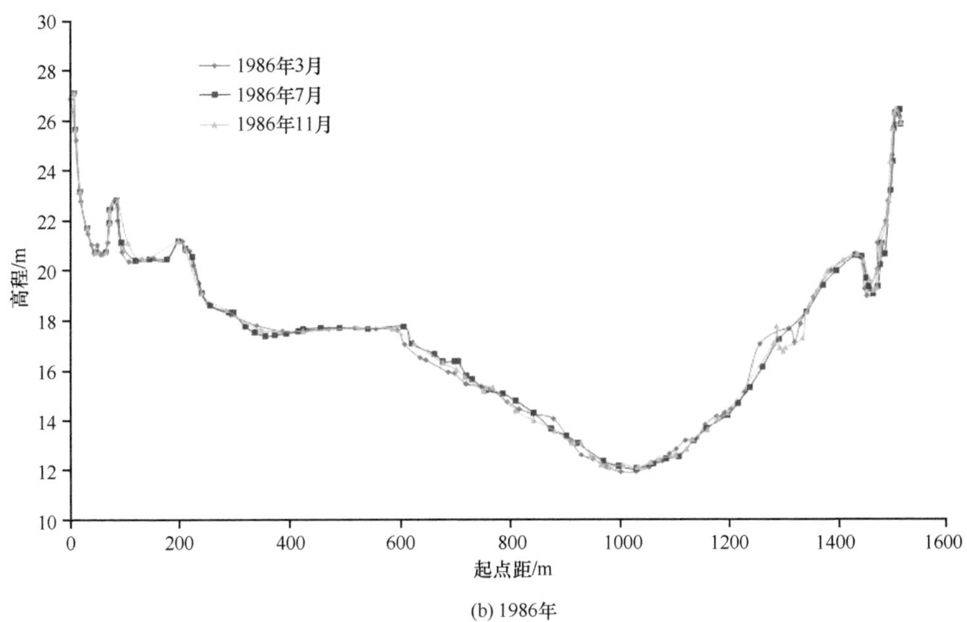

(b) 1986年

图 2.3　稳定时期年内河道断面变化

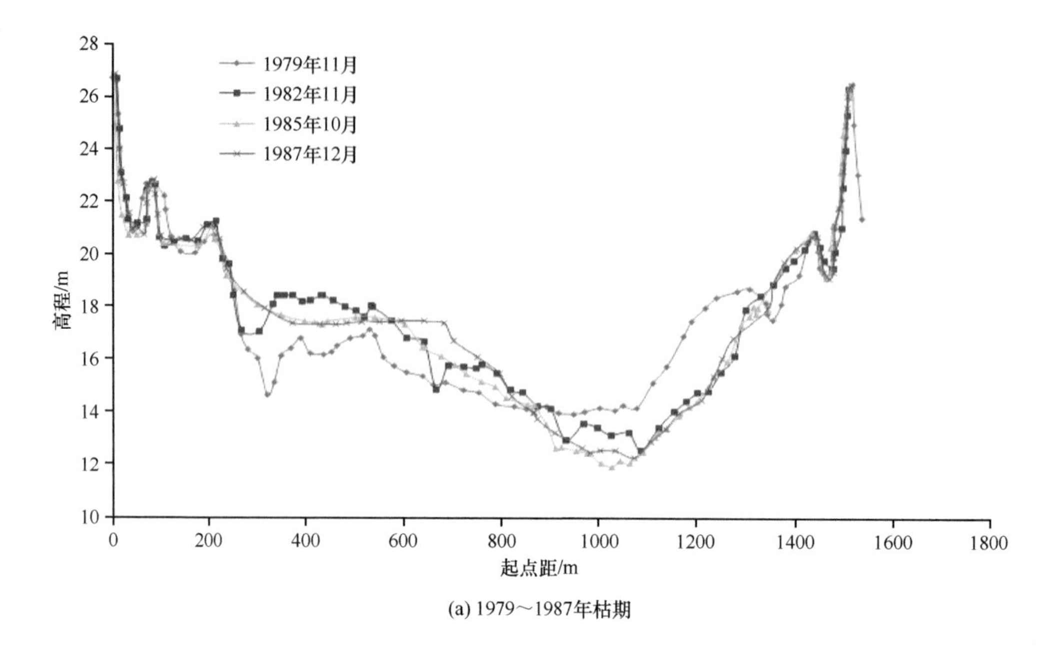

(a) 1979～1987年枯期

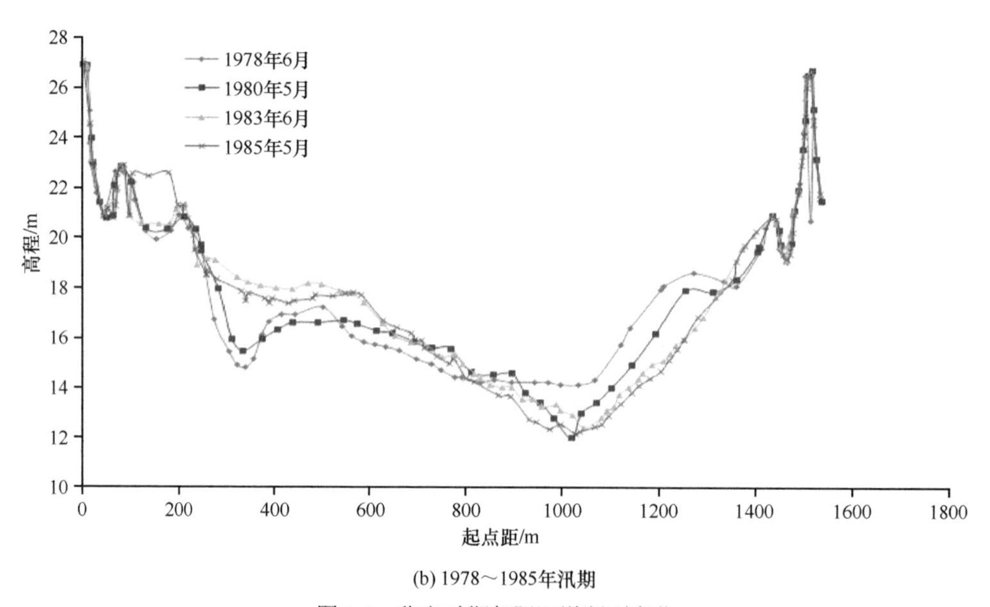

(b) 1978～1985年汛期

图 2.4　稳定时期年际河道断面变化

2. 截流时期

截流时期河道的演变规律发生了过渡性的变化：在截流的初期阶段，河道延续了稳定时期年内边滩“洪淤枯冲”和深槽“洪冲枯淤”的演变规律。经过一段时间的截流，边滩和深槽逐渐失去了原有的冲淤规律，年内呈现出逐步冲刷的趋势。

年际尺度上，无论是汛期还是枯期，中心深槽都呈现出逐年冲刷的趋势，右边滩则逐步演化成了右边槽，并逐年冲刷，而左边滩则依旧保持稳定的状态。图 2.5（a）、（b）分别为截流时期外洲站枯期和汛期的年际河道断面变化。

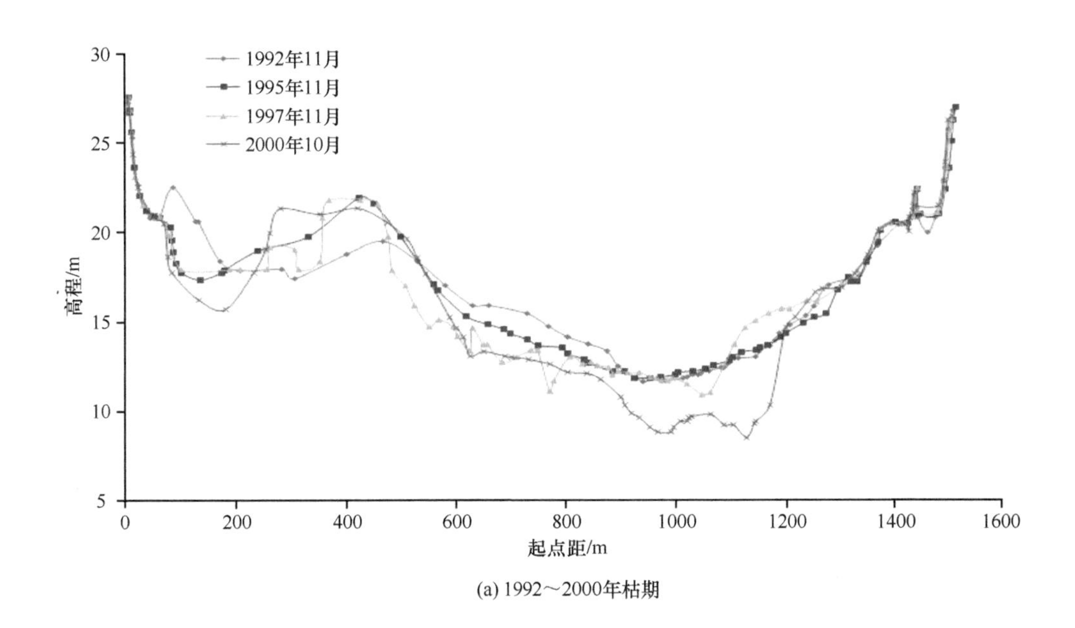

(a) 1992～2000年枯期

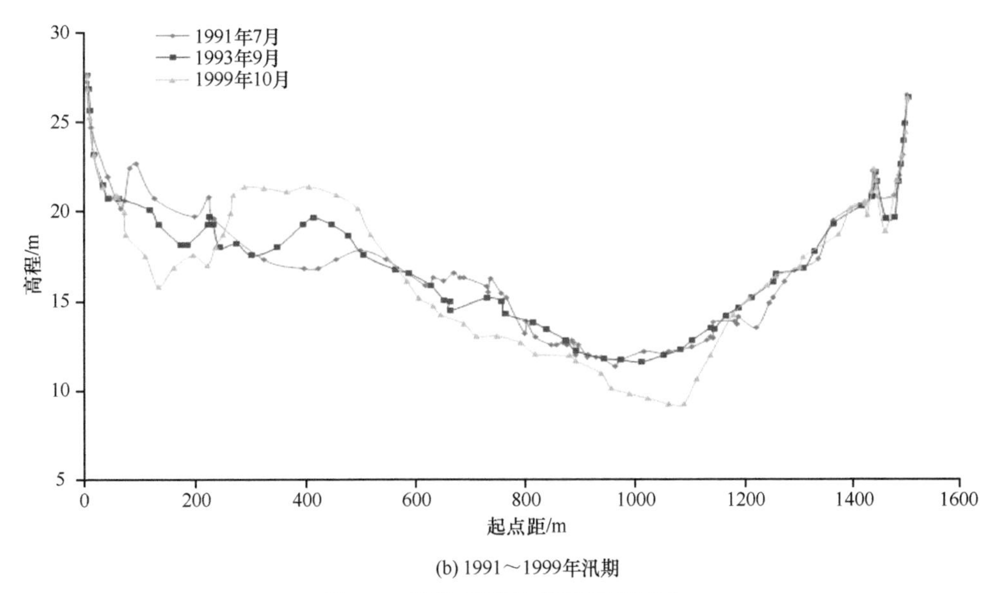

(b) 1991～1999年汛期

图 2.5　截流时期年际河道断面变化

3. 大规模采砂时期

大规模采砂时期整个赣江下游及尾闾区域非法盗采、滥采河砂的现象十分严重，破坏了河床的原有结构，改变了原有的冲淤规律和演变机理，无论是年内还是年际，边滩和深槽（尤其是深槽）都呈现出随时间剧烈下切的状态。图 2.6（a）、(b）为大规模采砂时期外洲站的河道断面变化，可以看出，在不到十年间，河槽整体大幅下切，两岸边滩逐渐消失，中心深槽的范围不断增大，并逐步“吞噬”了右边槽，最终形成了一个宽达 1000m 的巨大深槽。

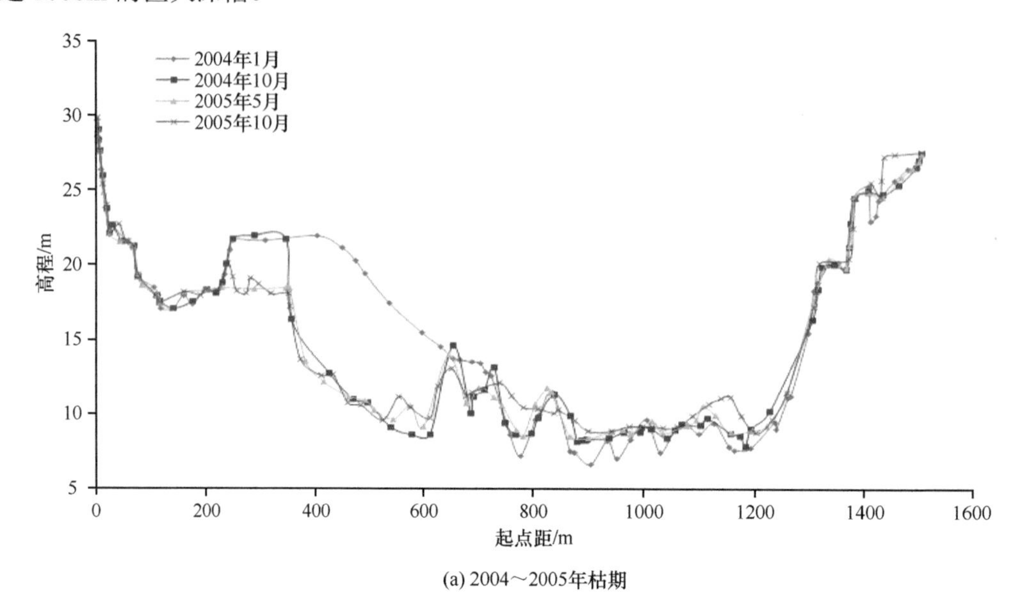

(a) 2004～2005年枯期

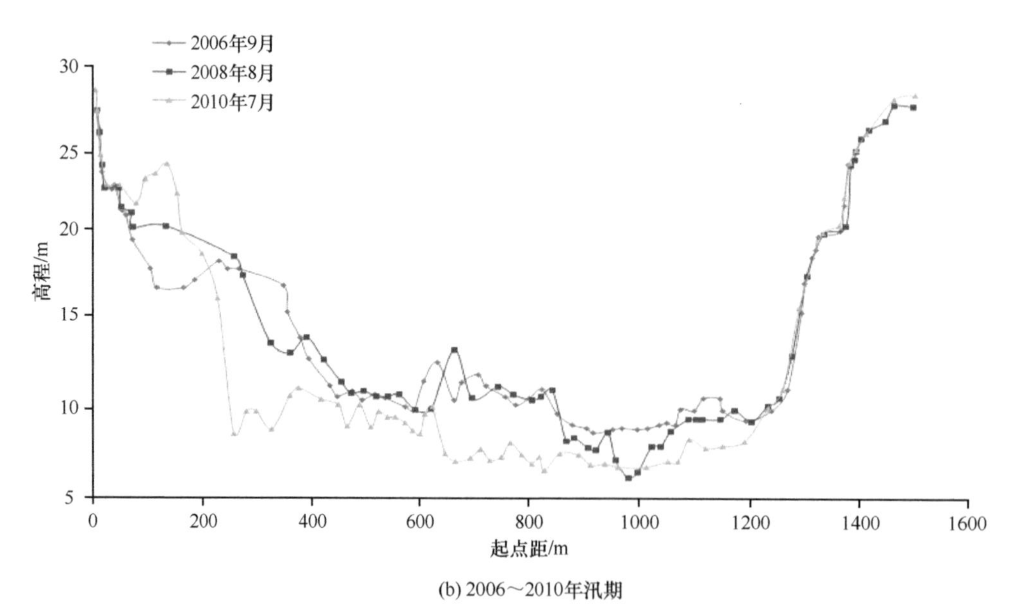

(b) 2006～2010年汛期

图 2.6　大规模采砂时期河道断面变化

4. 整治时期

整治时期河床的演变开始稳定下来。一方面，赣江下游及尾闾地区的采砂规模得到了较好的控制，盗采、滥采河砂的行为被取缔，河床停止非正常下切；另一方面，随着各类河道整治工程的实施，整个河床结构趋于稳定。从图 2.7 可以看出，2012 ～ 2013 年无论是汛期还是枯期，河床都保持了比较稳定的结构，并没有表现出明显的冲淤变化。

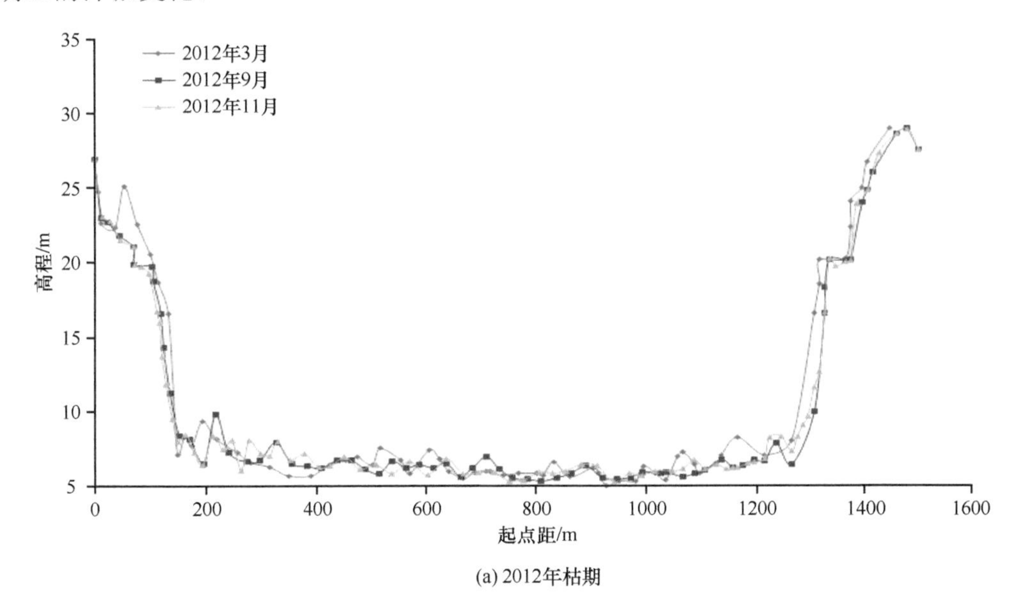

(a) 2012年枯期

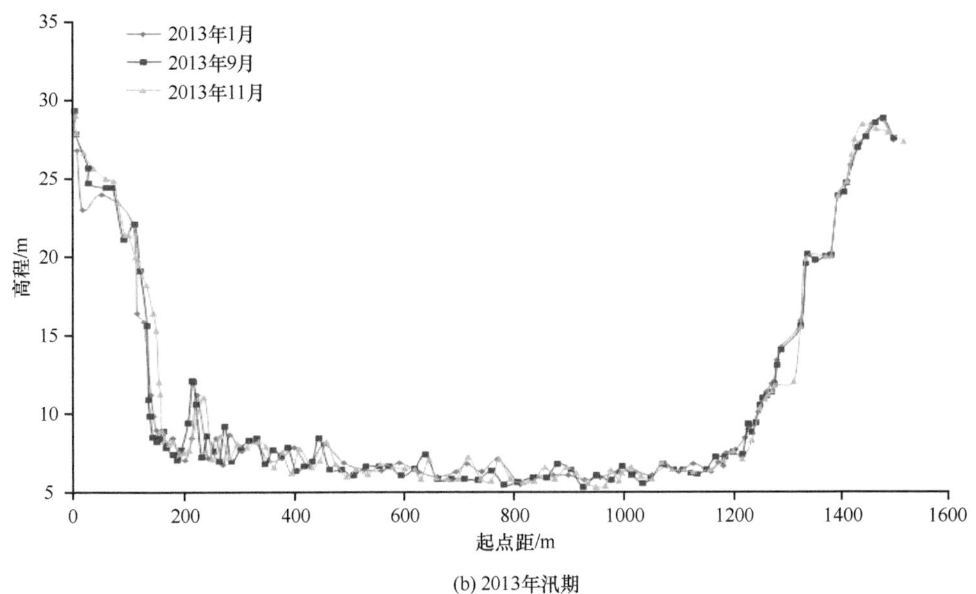

(b) 2013年汛期

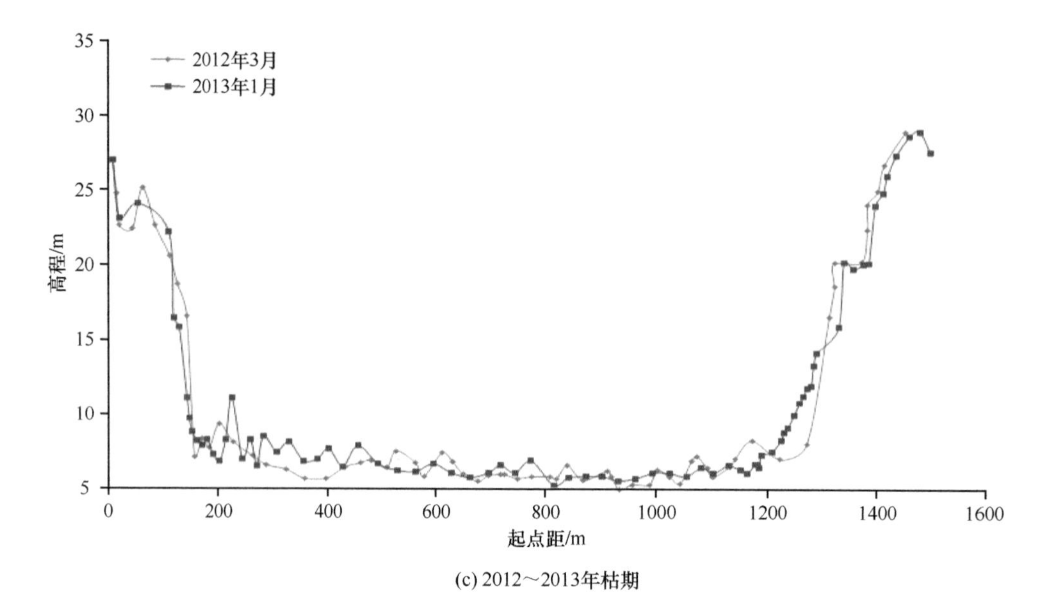

(c) 2012～2013年枯期

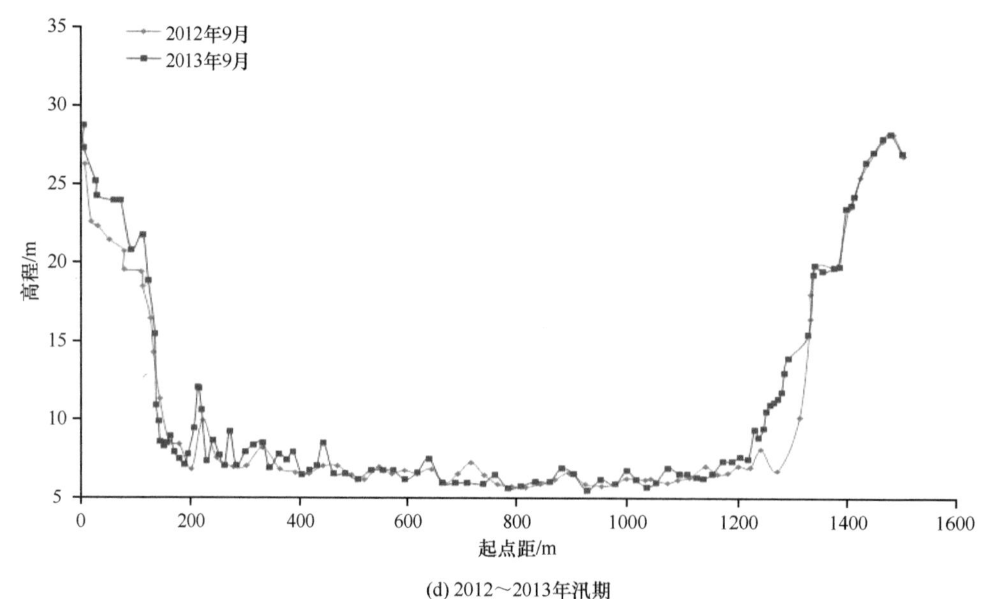

(d) 2012～2013年汛期

图 2.7　整治时期河道断面变化

统计 1970 ～ 2013 年外洲断面数据，如图 2.8 所示，1989 年以前，两岸边滩逐年淤涨，右岸边滩较左岸边滩变化明显，深槽则逐年冲刷，最大冲刷深度约 2m；万安水利枢纽截流后，中心深槽都呈现出逐年冲刷的趋势，右边滩则逐步演化成了右边槽，并逐年冲刷，左边滩则依旧保持稳定的状态；2000 ～ 2011 年受采砂活动影响，整体呈现剧烈冲刷状态；2012 年开始实施整治工程，控制采砂规模，河段冲淤逐渐趋于稳定。

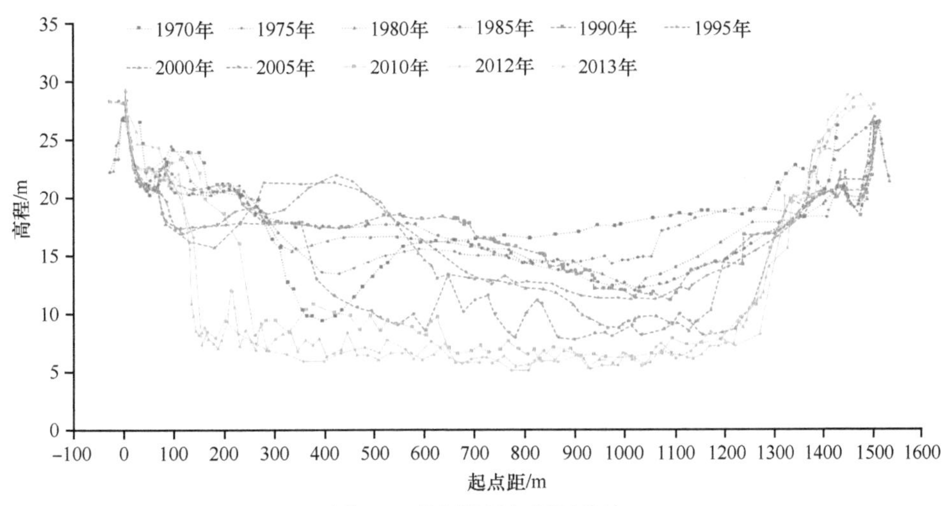

图 2.8　外洲站历年断面套绘

采用断面地形法（舒彩文和谈广鸣，2009）计算外洲断面各年冲淤量，即断面面积差法。从起点距 0m 到 1500m 平均分为 15 段，每段 100m，分别计算冲淤量。计算结果如表 2.1 所示，外洲断面从 20 世纪 70 年代以来大部分时间段处于冲刷状态，其中 1980 ～ 1990 年基本维持冲淤平衡，其余年份冲刷较为明显。1970 ～ 1990 年总体冲淤变化不显著，空间分布上左岸主流段（起点距 800 ～ 1200m）冲刷而右岸淤积，淤积集中在起点距 300 ～ 600m 处，右深槽逐渐淤积演化为边滩，主流位置左移；1990 ～ 1999 年受截流影响，断面总体处于冲刷状态，空间上左岸 700 ～ 1200m 处冲刷明显，右边滩左移，起点距 100 ～ 200m 处演化出边槽；2000 年之后由于人为采砂影响，断面冲刷剧烈，且冲刷较为剧烈的断面集中在右岸，起点距 100 ～ 500m 处，右边滩变成深槽，冲刷最剧烈的为 1200 ～ 1300m 段。2010 ～ 2012 年整个断面冲刷量最大，达到 1351.98m^3/（m・a）。2012 ～ 2013 年经过整治之后，冲刷趋势得到控制，断面维持稳定。

结合外洲河段上下游断面实测资料，计算河道特征值进行分析，断面布置如图 2.9 所示。根据 1998 年及 2013 年测得各站平均水位，计算赣江尾闾干流河段河道特征值，如表 2.2 所示，2013 年河道断面与 1998 年相比变化明显，干流河段上段河道断面面积、平均水深均有所增大；下段部分断面变化不明显，平均水深略有增大。2013 年河相系数较 1998 年明显减小，整个干流河段河相系数平均值由 5.72 减小到 3.50，深泓高程明显降低。综合来看，干流河段断面沿纵向发展明显，河床宽深比减小，深泓高程明显降低，断面发展得更加窄深。

表 2.1 冲淤量计算表

［单位：m³/（m·a）］

年份	起点距 /m															年均冲淤量
	0～100	100～200	200～300	300～400	400～500	500～600	600～700	700～800	800～900	900～1000	1000～1100	1100～1200	1200～1300	1300～1400	1400～1500	
1970～1975	−5.63	−21.23	9.75	75.76	54.09	0.58	−18.46	−34.79	−45.61	−56.93	−47.51	−8.96	0.98	−68.97	−56.88	−223.79
1975～1980	−14.27	−20.49	−9.50	10.31	52.23	26.68	14.88	12.48	2.71	−23.23	−54.05	−62.41	−31.04	−2.57	−1.65	−99.93
1980～1985	−4.91	−0.95	−0.99	36.70	19.04	21.68	7.77	−5.85	−13.41	−13.94	−11.53	−24.72	−30.29	5.50	7.42	−8.46
1985～1990	3.05	8.43	−1.74	−0.05	3.22	13.80	31.33	17.92	11.29	−2.11	−17.12	−1.75	−0.40	0.10	−6.92	59.06
1990～1995	−17.46	−67.79	−7.31	49.26	71.37	−11.07	−68.57	−63.98	−41.09	−24.08	−3.12	−17.39	−14.81	−5.37	10.03	−211.38
1995～2000	−8.18	−26.29	5.30	22.54	−6.80	−8.05	−24.00	−3.03	−12.99	−41.86	−38.10	−52.42	21.17	11.13	18.91	−142.67
2000～2005	−0.49	22.64	−26.37	−102.73	−198.68	−159.09	−45.49	−58.80	−49.83	−22.57	−18.03	−30.59	−98.18	30.08	63.35	−694.78
2005～2010	39.96	81.61	−108.11	−127.84	−24.43	−10.27	−68.58	−55.18	−50.52	−37.07	−38.45	−23.98	−0.27	8.24	40.60	−374.31
2010～2012	−6.83	−418.73	−225.83	−178.02	−149.58	−97.57	−58.65	−66.31	−33.49	−31.15	−11.59	−8.56	−126.10	−28.22	88.62	−1351.98
2012～2013	161.41	−102.80	64.56	151.20	12.01	−52.34	−17.64	13.19	5.78	22.45	−28.09	−68.54	165.49	−132.18	−150.38	44.12

注：表中数据正为淤积，负为冲刷

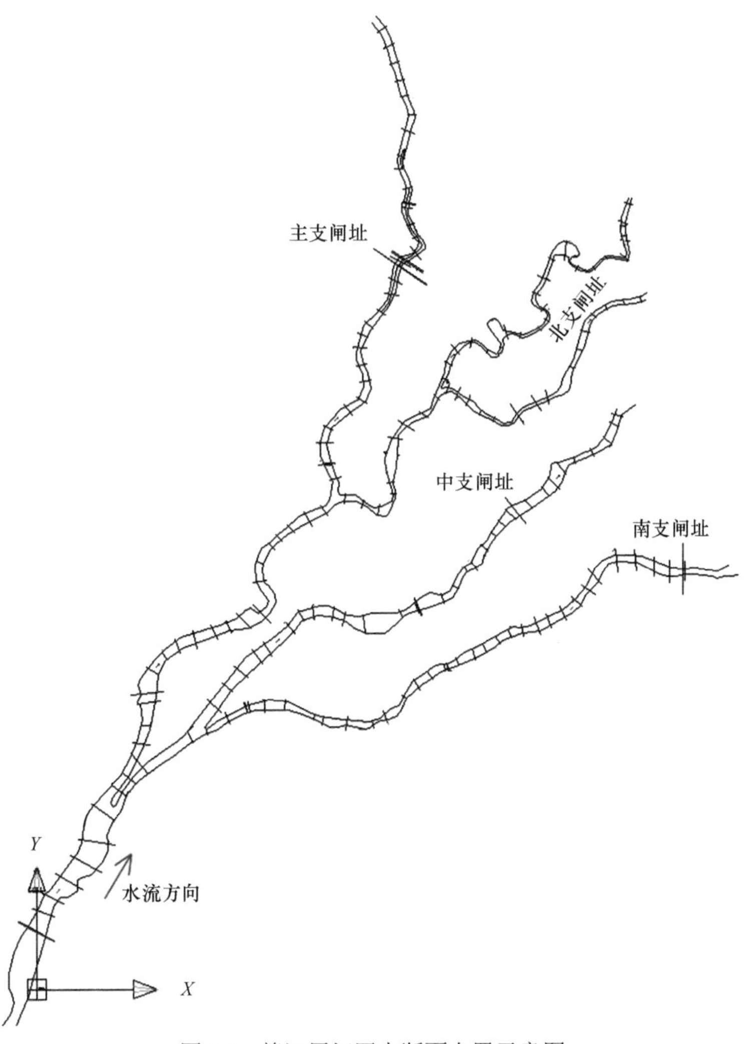

图 2.9　赣江尾闾四支断面布置示意图

表 2.2　赣江尾闾干流河段河道特征值

桩号	1998 年				2013 年			
	断面面积/m^2	平均水深/m	河相系数（$\sqrt{B}/H$）	深泓高程/m	断面面积/m^2	平均水深/m	河相系数（$\sqrt{B}/H$）	深泓高程/m
干 CS80	7 981.5	6.70	5.15	7.00	12 689.0	12.33	2.60	2.43
干 CS81	9 097.5	6.69	5.51	5.01	15 530.4	13.01	2.66	2.16
干 CS82	10 168.4	5.60	7.61	4.88	16 584.1	12.57	2.89	2.14
干 CS83	11 357.7	5.95	7.33	2.50	15 347.4	11.24	3.29	2.27
干 CS84	11 378.5	7.27	5.44	4.00	11 899.4	9.06	4.00	3.08
干 CS85	10 431.2	6.45	6.23	5.80	11 568.7	7.87	4.88	4.89
干 CS86	7 415.2	7.40	4.28	4.40	7 526.0	9.06	3.18	−0.79
干 CS87	7 927.5	7.84	4.05	5.90	7 524.6	8.20	3.70	3.89
干 CS88	9 727.0	6.59	5.83	6.20	9 604.3	7.99	4.34	3.56
平均值	9 498.3	6.72	5.72	5.08	12 030.4	10.15	3.50	2.63

2.1.3 尾闾河段冲淤特征

赣江尾闾河段一共分为主支、北支、中支和南支四支，干流在裘家洲、扬子洲首先分为东西两大河，东河于焦矶头分汊为中支和南支，西河则在樵舍分汊为主支和北支。通过之前对尾闾入口外洲河段演变的分析可以看出，在万安水利枢纽截流前，入口段河床的整体结构并没有明显的变化，基本保持冲淤平衡；而截流之后，尤其是进入2000年以后，在大规模采砂的背景下，河道深槽剧烈下切，同时河道边滩急速冲刷萎缩，这一变化直接导致了尾闾四支来水来沙条件的变化，并影响了尾闾河段的演变趋势。

根据已有实测资料，在尾闾四支上选取适当的位置，对比其年际的河道断面变化，计算各支汊断面特征值，分析各支河道的河床演变趋势。

1. 主支

作为西河的主流河道，主支是赣江流入鄱阳湖的主要通道，而北支枯水时过流量小，仅在中洪水分流，故以主支为主要研究对象进行演变分析。采用1998年和2013年的河道断面资料进行分析，如图2.10所示，1998～2013年主支整体呈冲刷状态，河床均有不同程度的下切，并且从上游至下游，下切的程度逐渐减小。来沙量的减小虽然同样影响了河道原有的冲淤状态，但最主要的影响还是来自大规模的人工采砂，并且从对比中可以看出采砂主要集中在主支的中上游，但与入口段的河道全面下切不同，这一河段主要是深槽的剧烈下切，而边滩保持相对稳定或者小幅下切。

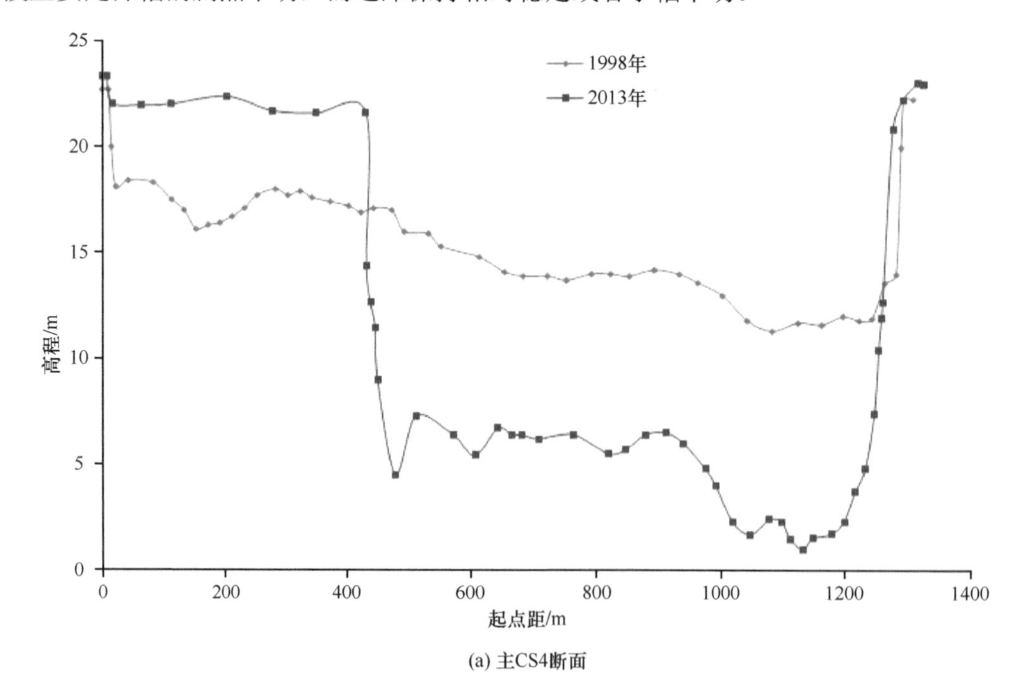

(a) 主CS4断面

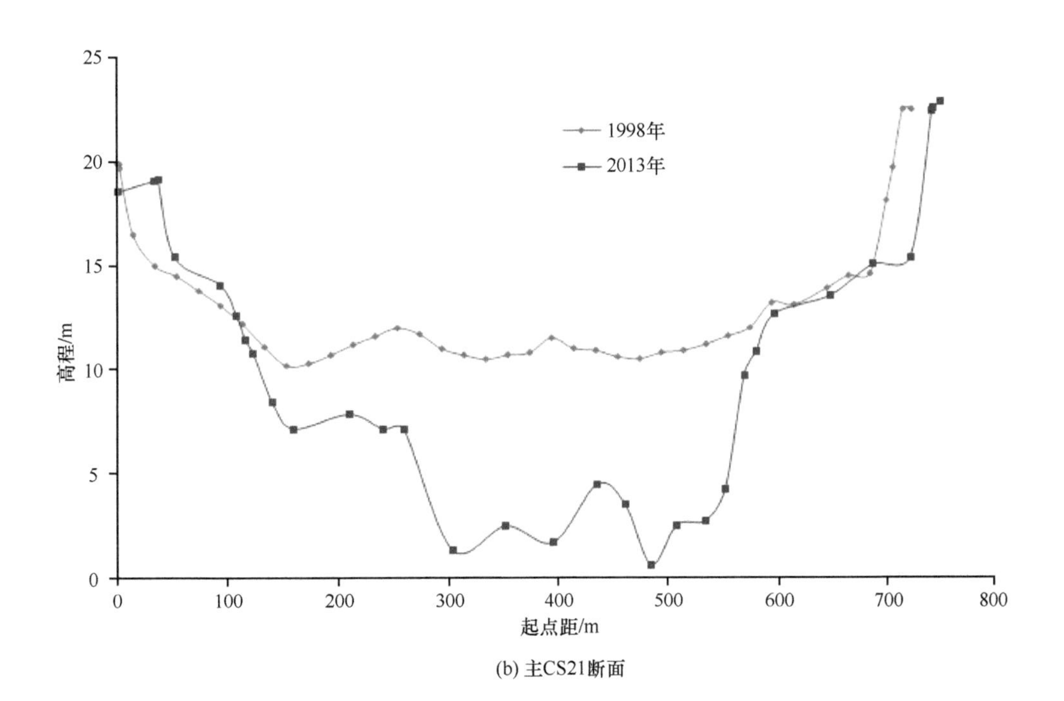

(b) 主CS21断面

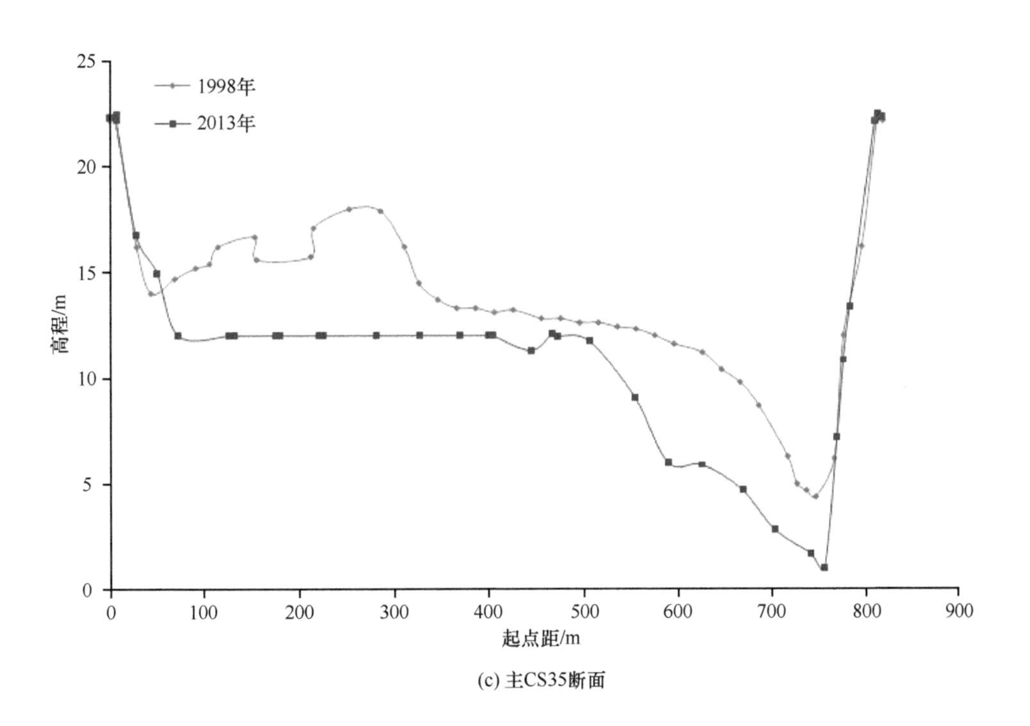

(c) 主CS35断面

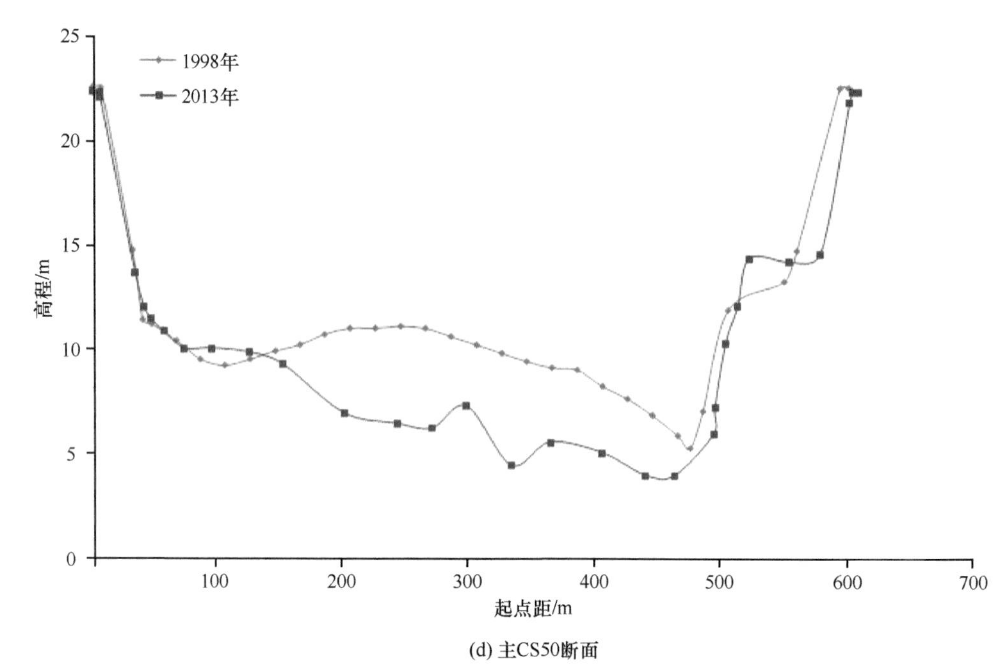

(d) 主CS50断面

图 2.10 赣江尾闾主支河道断面比较

计算主支各断面河道特征值，河道各断面水位根据已有水文资料推算，计算结果如表 2.3 所示，主支河道上段、中段断面面积与平均水深明显增加；下段由于靠近鄱阳湖，冲淤变化受上游影响较小，变化不明显。河段宽深比普遍减小，河段更加窄深，其中上段变化较明显，中段、下段变化较之略小。深泓高程也呈现下降趋势。整体来看，主支河段平均断面面积从 3551.0m^2 增加至 5097.3m^2，平均水深由 5.42m 增加至 8.57m，呈现增加趋势，河相系数从 5.18 降至 3.10，深泓高程平均降低了 6.75m。河段整体呈现下切趋势，宽深比减小。

表 2.3 赣江尾闾主支河道特征值

桩号	1998 年				2013 年			
	断面面积/m^2	平均水深/m	河相系数（$\sqrt{B}/H$）	深泓高程/m	断面面积/m^2	平均水深/m	河相系数（$\sqrt{B}/H$）	深泓高程/m
主 CS2	3 699.2	4.89	5.62	10.47	5 224.3	11.58	1.83	3.39
主 CS4	3 650.7	6.88	3.35	9.72	5 333.8	10.09	2.28	3.40
主 CS5	5 171.2	4.08	8.73	11.27	9 661.2	11.55	2.50	0.97
主 CS6	5 411.2	3.18	12.98	10.08	9 172.0	10.30	2.90	1.44
主 CS7	4 324.6	5.84	4.66	9.66	7 386.6	11.45	2.22	2.00
主 CS8	3 583.1	7.23	3.08	4.45	4 760.1	11.57	1.75	1.36
主 CS9	4 152.2	5.23	5.39	10.34	7 247.8	11.17	2.28	0.32
主 CS10	3 923.7	4.65	6.24	10.83	7 599.6	9.27	3.09	0.31
主 CS11	4 011.8	5.86	4.47	6.12	5 804.8	12.89	1.65	0.00
主 CS12	4 350.1	6.30	4.17	9.71				
主 CS13	5 142.6	4.67	7.11	11.10	10 199.6	10.18	3.11	2.27

续表

桩号	1998 年				2013 年			
	断面面积 /m²	平均水深 /m	河相系数（$\sqrt{B}/H$）	深泓高程 /m	断面面积 /m²	平均水深 /m	河相系数（$\sqrt{B}/H$）	深泓高程 /m
主 CS14	4 898.1	3.83	9.35	7.99	11 348.8	11.00	2.92	0.00
主 CS15	4 149.8	5.39	5.15	4.58	5 967.7	10.50	2.27	1.41
主 CS16	3 379.0	7.85	2.65	4.87	4 630.2	10.85	1.90	2.03
主 CS17	3 262.4	6.67	3.32	3.76	3 867.1	10.60	1.80	1.06
主 CS18	3 291.4	7.17	2.99	8.15	3 608.0	9.22	2.14	1.51
主 CS19	3 849.4	6.88	3.44	7.53	4 241.8	10.20	2.00	0.00
主 CS20	4 328.3	4.54	6.81	8.52				
主 CS21	4 189.4	6.06	4.34	10.20	5 292.7	7.90	3.28	0.56
主 CS22	2 703.8	4.01	6.49	10.44	5 135.2	8.70	2.79	–3.00
主 CS23	3 412.6	3.90	7.58	9.54				
主 CS24	3 336.3	3.96	7.34	7.80	6 693.2	8.40	3.36	0.00
主 CS25	2 909.6	5.30	4.42	10.58	3 724.7	7.49	2.98	0.21
主 CS26	2 857.1	4.99	4.80	10.05	5 012.1	7.79	3.25	0.00
主 CS27	3 167.5	4.85	5.28	10.32				
主 CS28	3 299.1	6.26	3.67	5.80	4 242.2	7.87	2.95	–2.80
主 CS29	3 169.5	4.59	5.72	11.18				
主 CS30	3 595.6	4.33	6.65	7.15	3 674.2	5.11	5.25	0.99
主 CS31	3 435.3	5.49	4.55	2.60				
主 CS32	2 971.4	4.78	5.21	9.07	3 425.7	5.88	4.10	5.31
主 CS33	2 894.3	5.98	3.67	7.47	2 636.5	6.31	3.24	5.82
主 CS34	3 288.3	4.64	5.74	4.40	3 251.2	4.46	6.05	1.03
主 CS35	3 373.9	3.83	7.74	8.85				
主 CS36	4 095.0	3.70	8.98	5.80				
主 CS37	3 696.7	4.42	6.54	6.44				
主 CS38	2 914.2	7.66	2.55	1.67	3 013.3	8.79	2.11	–8.14
主 CS39	2 971.7	5.62	4.09	9.67				
主 CS40	2 916.0	5.08	4.72	8.25	2 777.8	5.07	4.62	2.60
主 CS41	3 005.4	6.00	3.73	5.83				
主 CS42	2 886.0	5.68	3.97	5.96	2 871.5	5.94	3.70	–0.90
主 CS43	2 508.3	5.95	3.45	5.15				
主 CS44	3 422.9	4.70	5.74	8.40	2 862.8	4.16	6.30	3.23
主 CS45	2 791.9	6.48	3.20	8.26				
主 CS46	2 660.4	6.45	3.15	8.65	2 122.1	5.49	3.58	2.82
主 CS47	2 970.3	5.89	3.81	9.06				
主 CS48	3 511.2	6.39	3.67	6.25	2 722.1	5.33	4.24	2.15
主 CS49	3 411.5	5.53	4.50	6.11				
主 CS50	3 504.3	6.47	3.60	5.22	2 701.9	5.64	3.88	3.90
平均值	3 551.0	5.42	5.18	7.82	5 097.3	8.57	3.10	1.07

注：空白处表示无数据

2. 中支

东河在焦矶头分汊为中支和南支，首先分析中支的河床演变。采用 1998 年和 2013 年的河道断面资料进行分析，如图 2.11 所示，与主支类似，整体河槽都呈现出下切状态，下切程度从上游至下游逐渐减弱，但相较主支幅度均较小，河段下游楼前站（中 CS19）以下的河道基本保持冲淤平衡状态。部分河段受人为整治影响，断面呈现出较为规则的形状。

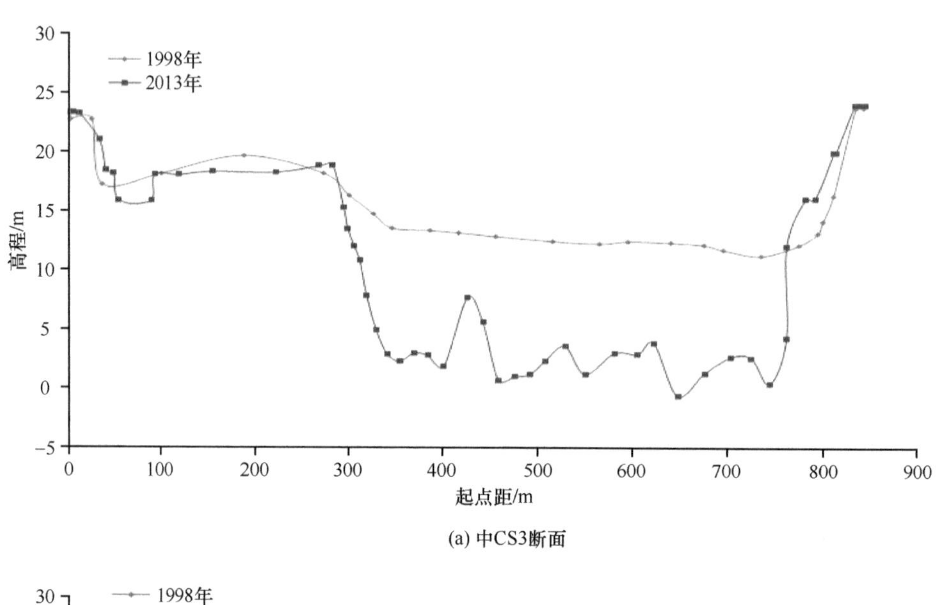

(a) 中CS3断面

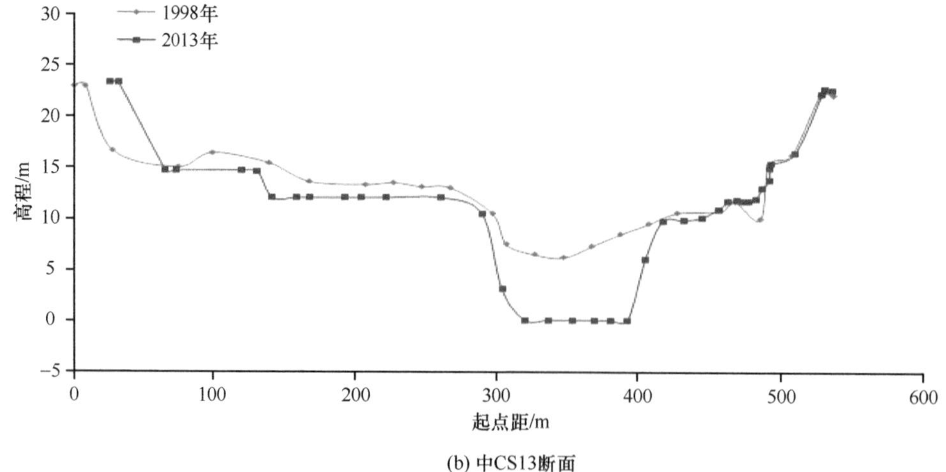

(b) 中CS13断面

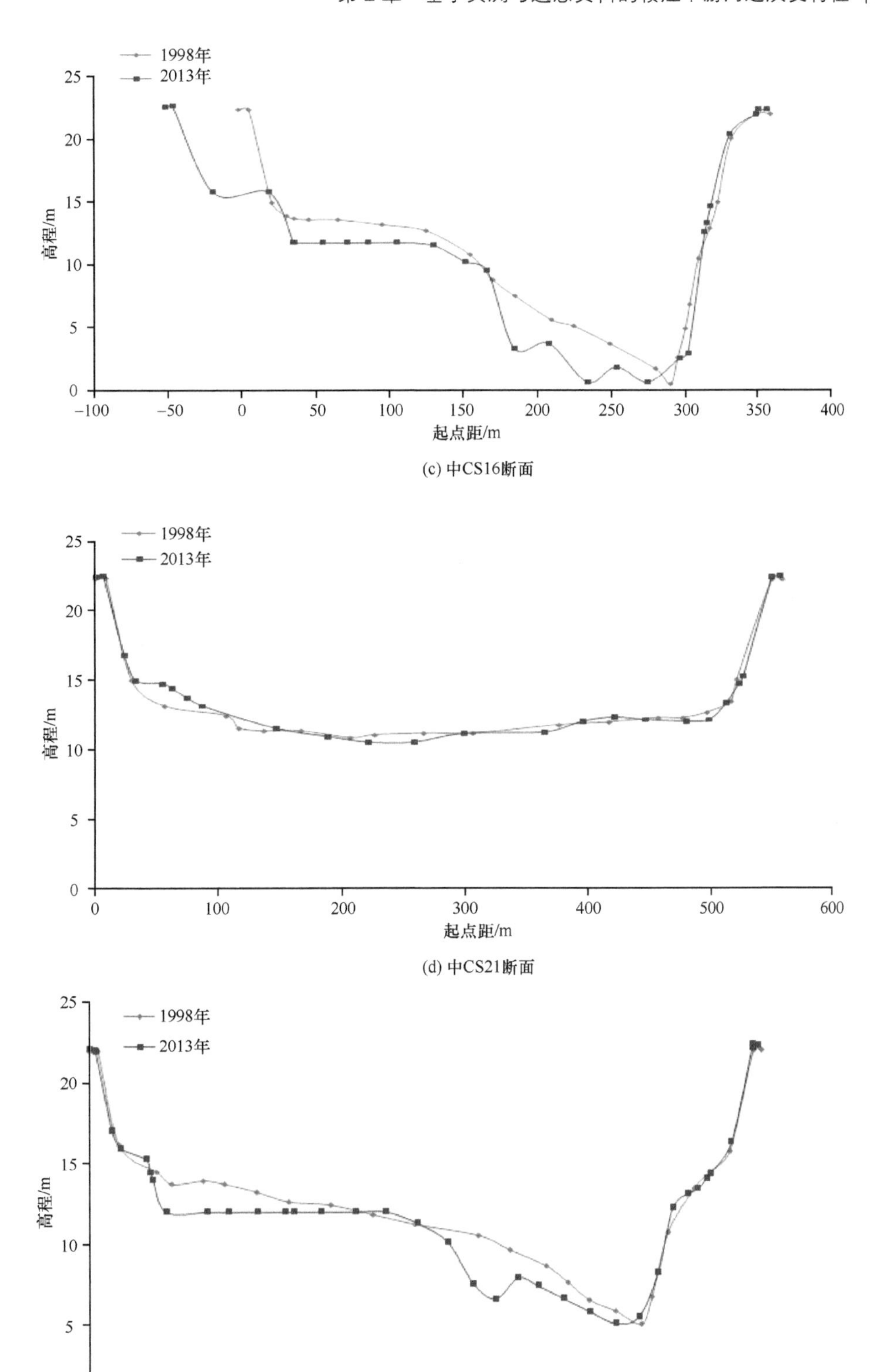

(c) 中CS16断面

(d) 中CS21断面

(e) 中CS29断面

图 2.11　赣江尾闾中支河道断面比较

赣江尾闾中支河道特征值如表 2.4 所示，2013 年中支上段断面桩号 CS7 上游的断面面积较 1998 年有所增加，中下游河段断面面积普遍减小；上段平均水深增加，中段、下段则普遍明显减小；河相系数为上段减小，中段、下段普遍增大；深泓高程普遍降低。除自然冲淤外，部分河段受人为工程影响，断面特征相对规则。河段整体呈现出上段冲刷、断面逐渐窄深，而下段淤积、断面逐渐宽浅的特征。平均水深受河段上游冲刷及测量断面数据较少影响有所增加，深泓高程的平均值明显降低，其余特征量变化均不明显。

表 2.4 赣江尾闾中支河道特征值

桩号	1998 年				2013 年			
	断面面积 /m²	平均水深 /m	河相系数 （$\sqrt{B}/H$）	深泓高程 /m	断面面积 /m²	平均水深 /m	河相系数 （$\sqrt{B}/H$）	深泓高程 /m
中 CS2	3 247.9	4.13	6.78	12.30	6 917.8	12.65	1.85	–3.74
中 CS3	3 389.1	4.76	5.61	11.20	6 641.5	11.73	2.03	–0.66
中 CS4	3 668.9	3.68	8.57	11.90	8 562.5	13.82	1.80	–2.74
中 CS5	4 206.9	4.52	6.75	11.50	7 421.8	8.61	3.41	1.93
中 CS6	3 203.1	4.22	6.53	10.80	5 439.6	8.27	3.10	0.40
中 CS7	3 858.4	4.91	5.70	11.40	7 171.9	10.32	2.56	–2.16
中 CS8	3 461.7	5.25	4.90	10.60	1 846.6	4.14	5.10	9.00
中 CS9	3 282.6	5.41	4.56	6.90	3 884.9	9.23	2.22	–0.12
中 CS10	2 879.5	4.49	5.64	4.40				
中 CS11	3 007.5	4.09	6.64	10.50	1 835.5	4.98	3.86	8.82
中 CS12	3 952.5	4.65	6.28	6.90	2 845.5	7.94	2.39	0.00
中 CS13	2 943.0	5.97	3.71	6.20	2 637.2	6.12	3.39	0.00
中 CS14	3 493.0	5.59	4.47	10.40				
中 CS15	3 220.4	7.35	2.85	–1.30	1 980.8	5.20	3.75	4.43
中 CS16	2 690.2	8.57	2.07	0.70	2 197.1	7.43	2.31	0.89
中 CS17	2 645.5	10.48	1.52	–2.00				
中 CS18	3 351.5	6.12	3.82	8.60				
中 CS19	2 914.5	6.41	3.32	10.10	1 564.8	3.68	5.60	10.09
中 CS20	2 412.6	7.92	2.21	8.10				
中 CS21	2 994.5	5.85	3.86	10.80	1 326.6	2.86	7.52	10.46
中 CS22	3 575.0	4.73	5.82	10.90				
中 CS23	3 267.4	5.86	4.03	10.20	1 497.3	2.79	8.30	10.12
中 CS24	3 168.7	5.38	4.51	10.90				
中 CS25	3 479.8	4.95	5.36	10.90	1 852.0	2.31	12.23	10.16
中 CS26	3 513.1	4.53	6.14	4.40				
中 CS27	2 870.6	7.71	2.50	6.90	1 964.5	4.67	4.40	4.40
中 CS28	2 744.3	7.58	2.51	7.00				
中 CS29	3 583.5	6.07	4.00	5.00	1 938.2	3.74	6.08	5.07
中 CS30	2 938.9	5.75	3.94	1.40				
中 CS31	3 367.9	5.47	4.53	6.30	1 766.3	3.47	6.51	6.16
平均值	3 259.5	5.7	4.6	7.9	3 564.6	6.7	4.4	3.6

注：空白处表示无数据

3. 南支

采用 1998 年和 2013 年的河道断面资料进行分析，如图 2.12 所示，南支亦呈现出从上游至下游逐渐减弱的下切状态，但整体河道形态变化较大，上游段（南 CS5）左岸新修筑的人工堤防将原始河宽缩短了近 200m，而在下游段（南 CS26）则发生了左岸崩退的现象。

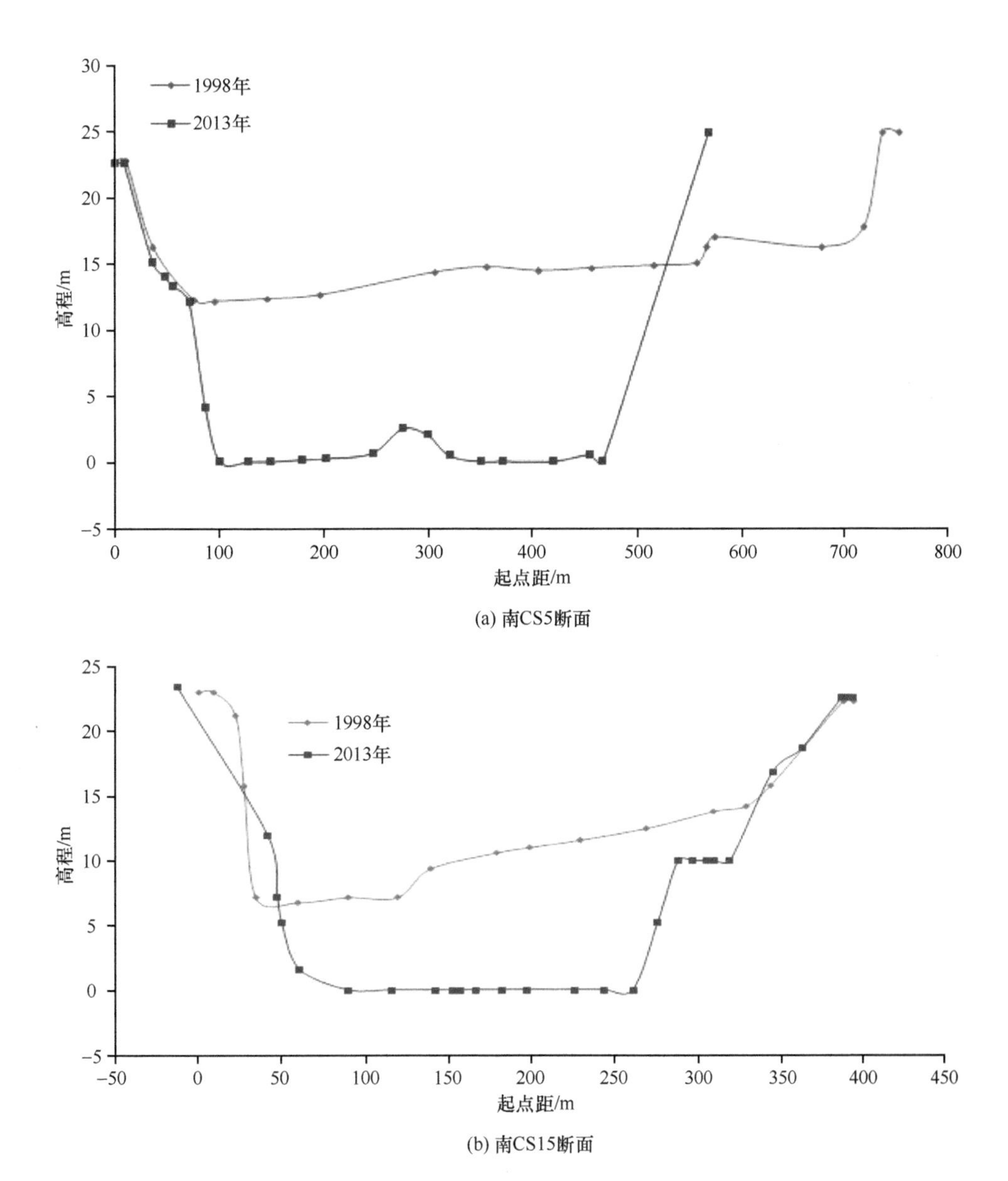

(a) 南CS5断面

(b) 南CS15断面

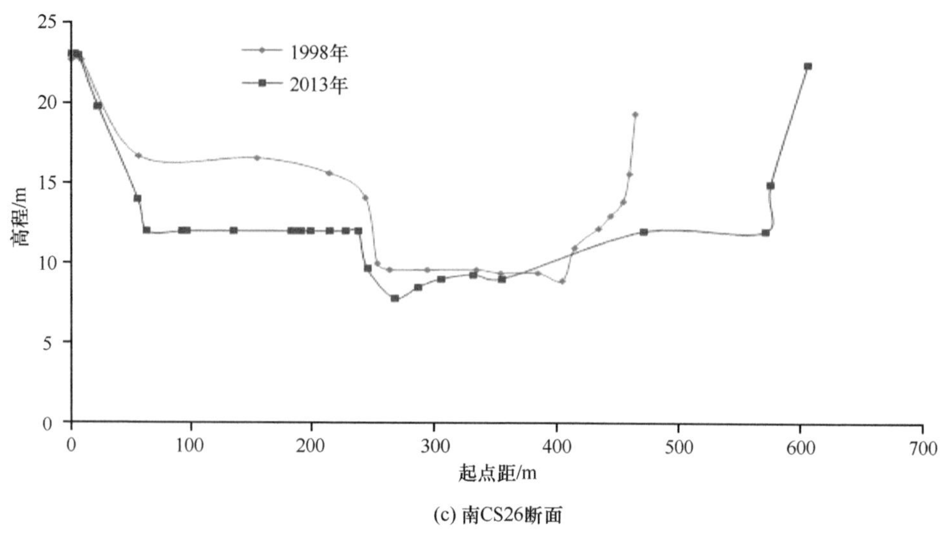

(c) 南CS26断面

图 2.12 赣江尾闾南支河道断面比较

赣江尾闾南支河道特征值如表 2.5 所示，河道上段断面面积呈增加趋势，下段呈减小趋势，深泓高程受整治工程及航道工程等人为影响呈现出较为规则的情况。河段中游、上游平均水深受河槽加深影响有所增加，下游则受鄱阳湖影响，深泓高程较早期普遍降低。河道宽深比表现出上段减小、下段增大的趋势。整体来看，南支河段上游冲刷明显，河段宽深比减小，断面面积及平均水深增大，深泓受航道工程等人为因素影响呈现较为规则的变化；下游河段则略有淤积，河相系数增大，断面面积及平均水深减小。整个南支河道特征值表现为深泓加深，断面面积基本不变，上游窄深而下游宽浅，平均水深有所增加。

表 2.5 赣江尾闾南支河道特征值

桩号	1998 年				2013 年			
	断面面积 /m^2	平均水深 /m	河相系数 ($\sqrt{B}/H$)	深泓高程 /m	断面面积 /m^2	平均水深 /m	河相系数 ($\sqrt{B}/H$)	深泓高程 /m
南 CS1	4 802.6	6.61	4.08	10.00	7 766.9	10.99	2.42	–0.07
南 CS2	2 143.6	5.58	3.52	10.00	2 596.9	8.50	2.05	4.85
南 CS3	2 202.2	5.30	3.84	10.60	2 509.8	9.36	1.75	2.59
南 CS4	2 693.2	5.08	4.53	11.70	3 111.7	9.12	2.03	0.82
南 CS5	3 087.1	4.43	5.95	12.20	6 918.9	13.77	1.63	0.00
南 CS6	2 779.0	5.04	4.65	13.10	5 567.1	13.58	1.49	0.00
南 CS7	2 123.8	7.37	2.30	9.50	2 970.9	11.30	1.44	0.00
南 CS8	2 527.6	5.80	3.60	11.80				
南 CS9	3 063.9	4.50	5.80	12.50	4 895.7	9.49	2.39	0.00
南 CS10	3 372.7	10.02	1.83	0.00	3 337.2	12.16	1.36	0.00
南 CS11	3 421.2	4.52	6.10	11.90	5 975.3	13.97	1.48	0.00
南 CS12	2 151.0	8.17	1.98	4.10	2 407.0	10.74	1.39	0.34
南 CS13	3 254.7	5.55	4.37	12.60				

续表

桩号	1998 年				2013 年			
	断面面积/m^2	平均水深/m	河相系数（$\sqrt{B}/H$）	深泓高程/m	断面面积/m^2	平均水深/m	河相系数（$\sqrt{B}/H$）	深泓高程/m
南 CS14	3 284.4	6.54	3.43	6.90	4 748.3	11.10	1.86	0.00
南 CS15	2 736.2	8.00	2.31	6.80	3 884.0	12.27	1.45	0.00
南 CS16	2 774.1	6.42	3.24	11.20				
南 CS17	3 221.3	5.68	4.20	10.80	2 818.1	6.64	3.10	0.43
南 CS18	3 020.9	6.07	3.68	10.90	2 973.2	6.99	2.95	0.01
南 CS19	3 055.6	6.90	3.05	10.40	2 258.3	5.40	3.79	3.95
南 CS20	3 007.2	6.39	3.39	11.20	3 063.4	6.82	3.11	0.54
南 CS21	2 998.4	5.10	4.76	9.30				
南 CS22	4 570.1	4.70	6.63	10.70	1 622.7	3.02	7.68	12.00
南 CS23	3 987.3	5.16	5.39	11.90				
南 CS24	4 099.9	4.83	6.04	10.50	1 799.7	3.17	7.51	9.82
南 CS25	3 838.6	4.67	6.14	11.10				
南 CS26	4 308.6	4.35	7.23	8.90	2 072.3	3.93	5.84	7.80
南 CS27	4 989.9	4.73	6.88	11.40				
南 CS28	4 525.1	3.75	9.26	11.60	1 617.5	2.99	7.78	9.10
南 CS29	5 123.1	4.54	7.40	12.10				
南 CS30	5 000.0	4.69	6.96	11.90	1 369.6	2.44	9.71	8.79
南 CS31	4 453.0	3.70	9.39	11.70				
南 CS32	4 493.4	4.24	7.68	11.60	3 008.2	2.91	11.07	9.19
平均值	3 472.2	5.58	4.99	10.34	3 447.5	8.29	3.71	3.05

注：空白处表示无数据

4. 北支

北支是赣江左汊（西河）的一分汊河道，北支在田垄罗家附近又分为官港河（左汊）和沙汊河（亦称三老官河，右汊）两汊道；沙汊河在聂家咀附近的右岸又分出一支无名小汊。北支整体上过流能力较小，是四分汊河道中最小的一支，洪水期过流量约占赣江总流量的 15%，而北支及以下汊道两岸防洪堤线长达 120km，占赣江尾闾地区防洪圩堤总长的 1/3 多，堤线单位长度保护面积小，防洪负担重。北支（包括下游汊道）两岸堤线的防洪压力主要来自鄱阳湖高洪水位。现已采用控制工程对北支入口、出口进行控制，减小防洪压力，以及对河道内的土地资源加以整理利用。

北支官港河、沙汊河河道特征值分别如表 2.6 和表 2.7 所示，与 1998 年相比，2013 年北支流量明显减小，官港河及沙汊河断面面积显著减小，平均水深也显著减小。受断面下切影响，整个河道断面深泓高程也略有降低，官港河及沙汊河河道平均深泓高程分别下降了 1.10m 及 0.19m。官港河河道河相系数没有明显变化趋势，整体来看前后相差不大；而沙汊河河道河相系数则明显增大，主要是受河道流量和水深减小的影响。

表 2.6 赣江尾闾官港河河道特征值

桩号	1998 年				2013 年			
	断面面积/m^2	平均水深/m	河相系数（$\sqrt{B}/H$）	深泓高程/m	断面面积/m^2	平均水深/m	河相系数（$\sqrt{B}/H$）	深泓高程/m
官港 CS1	1 783.5	3.76	5.78	11.34	1 881.9	5.18	3.68	7.82
官港 CS2	1 721.9	3.43	6.53	9.34	688.1	2.68	5.99	11.16
官港 CS3	2 105.1	3.38	7.39	11.13				
官港 CS4	1 449.4	4.66	3.79	6.82				
官港 CS5	1 876.4	4.46	4.60	10.30				
官港 CS6	2 013.1	3.73	6.22	11.58	843.8	1.71	12.94	11.16
官港 CS7	2 767.4	3.10	9.64	10.47				
官港 CS8	2 440.8	3.01	9.47	10.66	612.3	2.04	8.49	10.72
官港 CS9	3 007.7	2.97	10.73	11.53				
官港 CS10	2 422.9	3.94	6.30	9.82	745.9	2.58	6.58	9.99
官港 CS11	1 954.6	4.96	4.00	9.41	704.5	2.87	5.45	9.44
官港 CS12	918.3	3.59	4.46	10.60	242.1	2.21	4.73	10.77
官港 CS13	1 151.4	2.83	7.11	11.98	185.6	1.22	10.10	11.90
官港 CS14	1 497.8	3.21	6.74	12.17				
官港 CS15	1 000.0	2.40	8.50	4.86	411.8	4.87	1.89	6.04
官港 CS16	940.6	4.63	3.08	11.34	212.4	1.54	7.63	11.06
官港 CS17	774.2	3.47	4.31	10.54	141.6	1.41	7.09	10.04
官港 CS18	1 725.8	2.32	11.79	8.64				
官港 CS19	1 074.8	3.82	4.39	10.53	401.7	4.68	1.98	5.77
官港 CS20	984.4	4.48	3.31	10.51				
官港 CS21					260.6	2.67	3.69	8.34
官港 CS22								
官港 CS23					256.5	4.19	1.87	5.57
官港 CS24								
官港 CS25					111.3	1.03	10.14	10.71
官港 CS26								
官港 CS27					174.5	2.16	4.16	9.29
官港 CS28								
官港 CS29					307.3	4.38	1.91	4.77
官港 CS30								
官港 CS31					62.7	0.79	11.33	9.72
官港 CS32								
官港 CS33					128.1	1.79	4.72	8.23
平均值	1 680.5	3.61	6.41	10.18	440.7	2.63	6.02	9.08

注：空白处表示无数据

表 2.7 赣江尾闾沙汊河河道特征值

桩号	1998 年				2013 年			
	断面面积/m^2	平均水深/m	河相系数（$\sqrt{B}/H$）	深泓高程/m	断面面积/m^2	平均水深/m	河相系数（$\sqrt{B}/H$）	深泓高程/m
沙汊 CS1	1 592.9	2.99	7.73	12.96	237.1	1.12	13.03	11.71

续表

桩号	1998 年				2013 年			
	断面面积 /m^2	平均水深 /m	河相系数 （$\sqrt{B}/H$）	深泓高程 /m	断面面积 /m^2	平均水深 /m	河相系数 （$\sqrt{B}/H$）	深泓高程 /m
沙汊 CS2	1510.4	2.05	13.21	11.30				
沙汊 CS3	1 892.8	3.25	7.41	12.89	143.2	0.65	22.70	12.19
沙汊 CS4	1 235.0	4.64	3.52	10.63				
沙汊 CS5	1 330.9	5.01	3.26	10.52	413.9	2.35	5.65	10.36
沙汊 CS6	3 087.7	2.36	15.30	9.66				
沙汊 CS7	2 838.3	2.76	11.63	12.35	152.7	0.71	20.82	12.14
沙汊 CS8	1 961.3	2.20	13.53	11.24				
沙汊 CS9	1 265.6	4.28	4.02	11.51	175.6	1.02	12.93	10.29
沙汊 CS10	1 481.6	4.13	4.59	12.37				
沙汊 CS11	1 737.2	3.66	5.95	12.28	236.4	0.81	21.14	11.02
沙汊 CS12	1 541.3	4.45	4.19	11.31				
沙汊 CS13	1 416.2	4.77	3.61	11.38	117.1	0.64	20.94	10.66
沙汊 CS14	1 274.6	4.81	3.39	8.82				
沙汊 CS15	1 421.2	4.03	4.65	11.61	44.9	0.35	32.03	11.23
平均值	1 705.8	3.69	7.07	11.39	190.1	0.96	18.66	11.20

注：空白处表示无数据

综合来看，赣江尾闾各支的河床演变各有特点，但总体特征基本类似，河段变化受流量及来沙影响，同时河道断面演变受到人为因素影响较为明显，尤其是部分河段受到航道疏浚及采砂的影响，采砂的区域和采砂在河道中的位置直接决定了河道的变化形态。赣江尾闾各支流中的人为整治工程也对整个尾闾地区的分流情况及河道特征演变有明显的影响。

2.2　基于遥感资料的赣江下游河道演变特征

遥感是一种非接触的，远距离的探测技术，一般指运用传感器对物体电磁波的辐射、反射特性的探测。遥感是一种通过人造地球卫星上的遥测仪器把对地球表面实施感应遥测和资源管理（如树木、草地、土壤、水、矿物、农作物、鱼类和野生动物等的资源管理）的监视结合起来的新技术。卫星的传感器通过地物反射的电磁波来记录地物信息，不同的地物其波谱特征信息不同，通过研究地物光谱特征，可将不同地物进行区分（Schowengerdt，2007；Schott，2007）。

遥感技术由于具有多时相、大范围、光谱信息丰富等特点，对于研究时间跨度长的河道演变有着明显的优势。因此，遥感技术可以从宏观上弄清河道演变的机理，预测演变趋势和程度，在研究河道的变化规律方面具有特殊的作用（Guo et al.，2014）。

目前，对水体变化监测可利用的遥感数据已有多种，如通过水体在 AVHRR 影像上的光谱特征与其他地物光谱特征的差异，提出基于水体光谱特征的水体自动识别模型，对太湖、渤海、淮河等地区水体的提取显示了较好的效果（马耀明和王介民，1994；沈芳和匡定波，2003）；利用 SPOT 影像地物光谱特征建立规则，实现了城区水体的提取；利用 MOD13Q1 植被指数产品对水库库区的面积进行提取，进而获得其水量变化；以及基于 MODIS 数据建立水体指数模型（CIWI），实现了平龙水库水体信息的有效提取（莫伟华等，2006；张克祥和张国庆，2013）。

本节利用美国 Landsat 系列卫星数据资源，通过波段假彩色合成技术，处理卫星图像，分析丰城市至扬子洲的赣江干流和赣江尾闾西支、北支、中支、南支四条支流的河道历年的河流轮廓，以及历年赣江尾闾河势、河流内部江滩形态、洲头形态的变化。

2.2.1 遥感技术方法

本节主要针对赣江尾闾西支、北支、中支、南支四条支流，以及由丰城市至扬子洲的赣江干流进行研究，该区域可完全包含在 Landsat 卫星条带号为 121、040 的图像中。选用少云状态下的清晰影像为主要研究对象，每幅图像的尺寸约为 185km×170km。这里选取 1991 ～ 2010 年每 10 年一幅卫星图像来研究。

由于赣江与鄱阳湖在枯水期和洪水期河道水量变化明显，洪水期相对于枯水期河道明显展宽，江心洲及河岸浅滩的淹没范围明显增大，对于人工解译图像，分析河势变化带来不必要的误差，使用不同水位的图像进行对比没有可比性，如图 2.13 所示。因此，必须选择水位在一定范围内具有可比性的图像进行研究对比。

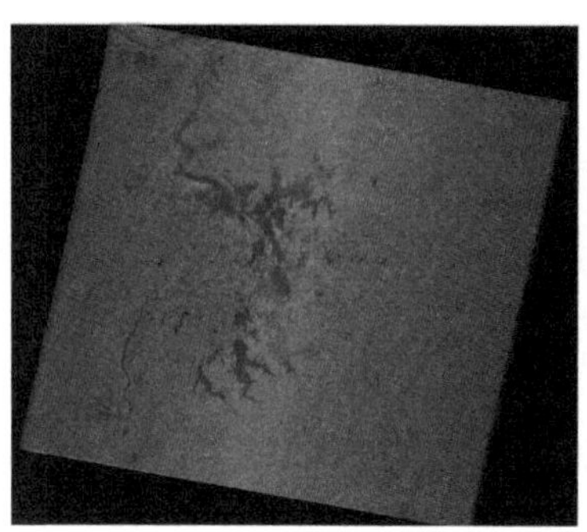
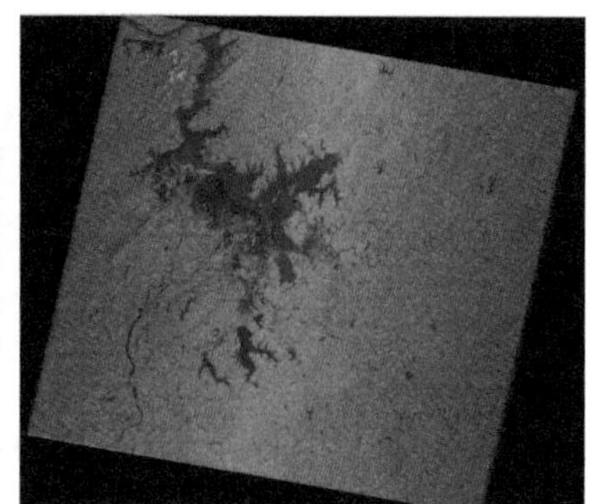

图 2.13　不同时期图像对比示例

为此，选取外洲站水位在 16.5m 左右为基准水位，对卫星图像进行分析。选用图像日期及对应外洲站日平均水位如表 2.8 所示。

表 2.8　选用图像日期及对应外洲站日平均水位

编号	日期	影像来源	外洲站日平均水位 /m
1	2010 年 3 月 19 日	Landsat-5 TM	16.52
2	2001 年 10 月 2 日	Landsat-5 TM	16.44
3	1991 年 9 月 23 日	Landsat-5 TM	16.52

所得图像结果采用假彩色合成法进行处理分析。假彩色合成又称彩色合成。由于卫

星所接收到的信息是不同地物所反射的不同波段的电磁波的信息，为了更真实地反映目标地物、使图像目视效果好以便于人工解译分析图像，需要对图像进行光学增强处理。光学增强处理的方法包括彩色合成、相关掩膜处理、光学信息处理。其中彩色合成包括真彩色合成和假彩色合成。假彩色合成即根据加色法或减色法，将多波段单色影像合成为假彩色影像的一种彩色增强技术，合成彩色影像常与天然色彩不同，且可任意变换，故称假彩色影像。

在获得假彩色合成图像之后，对水体的边线进行人工解译，勾勒轮廓，以便对河势变化及河道演变进行分析。

2.2.2　赣江干流演变特征

矶湾及头岭处的河势变化如图 2.14 所示，矶湾左侧江心洲自 1991 年以来不断扩展，其左支逐渐淤积退化，至 2010 年该洲与左岸基本相连，1991 年、2001 年、2010 年的面积分别约为 183 953m^2、309 185m^2、536 336m^2，2010 年面积约为 1991 年面积的 3 倍，增长显著。此外，在头岭处，左岸的岸线增长亦非常明显，河道淤积严重，河道束窄显著，洲滩发育，增长的面积约为 1 300 000m^2。

莘洲及龙江村处的河势变化如图 2.15 所示，莘洲左岸有不断向赣江上游移动的趋势，且岸线有明显侵蚀的现象，河岸由较为顺直的形态变为较为破碎的状态。相对地，右岸则非常稳定，变化极小。在龙江村处，亦有较为明显的侵蚀迹象，2001 年与 2010 年变化尤其明显，水淹没的面积增大，河床有所冲刷。

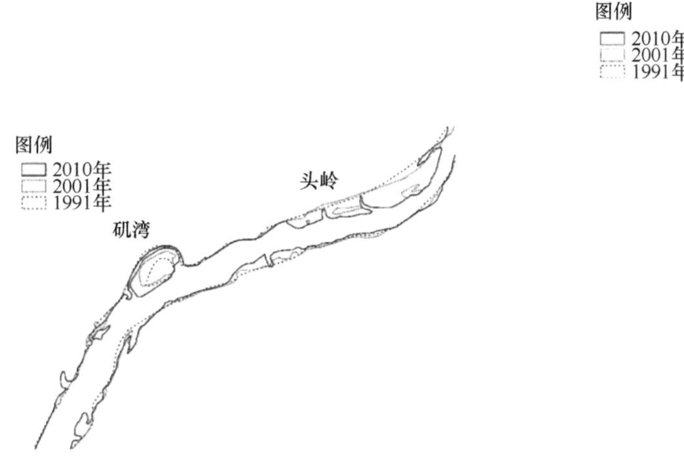

图 2.14　矶湾及头岭处的河势变化图

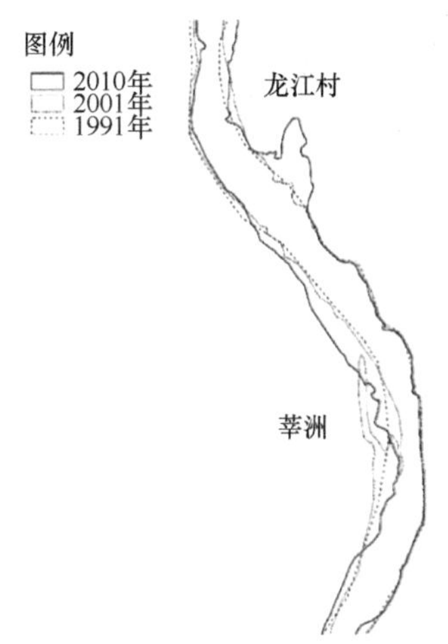

图 2.15　莘洲及龙江村处的河势变化图

李家埠及上峰村处的河势变化如图 2.16 所示，上峰村处江心洲左侧支流在 1991 年至 2001 年有比较明显的淤积趋势，其支汊萎缩，河道束窄，江心洲下游几乎与左岸岸线相接，同时江心洲的岸滩也有侵蚀的迹象，而 2010 年相对于 2001 年，其左汊左岸岸线前部有继续发展的趋势，但是其后部出现显著的岸线后退现象，且江心洲的面积大幅度减小，由 1991 年与 2001 年的约 3 000 000m^2 减小为约 700 000m^2，减小的面积约为原来面积的 77%，其左汊水域显著扩大，河道展宽。同时在李家埠处，左岸和右岸岸线均有明显的后退，且这种变化主要发生在 2001 年以后，河道展宽，而岸线则由顺直变为曲折破碎。

东屋村处的河势变化如图 2.17 所示，东屋村处的河道变化主要集中在岸线左侧，且变化主要发生在 2001 年之后，具体表现为岸线侵蚀后退，河道展宽，出现江心洲，其上游部分突起处左侧有发育成新河道的趋势，其中 2010 年相对于 2001 年陆域面积减小约 2 500 000m^2，新生成的江心洲面积约为 140 000m^2。

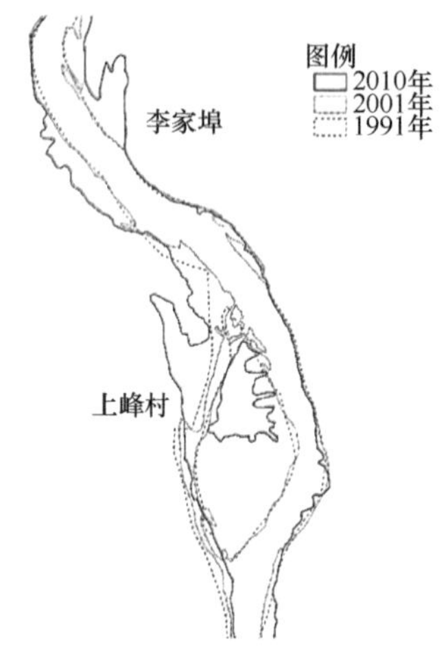

图 2.16　李家埠及上峰村处的河势变化图

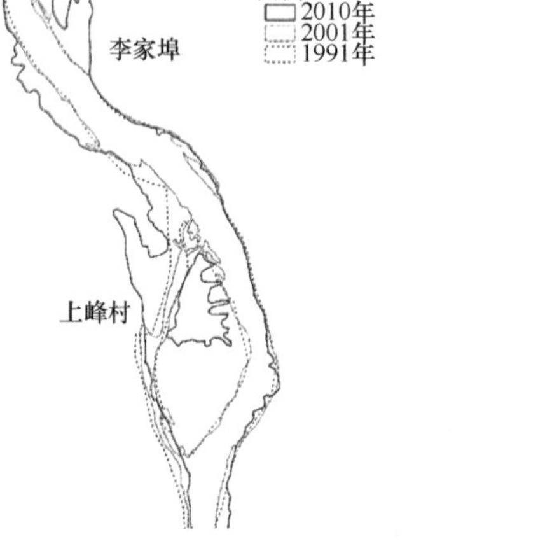

图 2.17　东屋村处的河势变化图

老洲及新盘村处的河势变化如图 2.18 所示，老洲处的变化主要集中在左岸，变化主要发生在 2001 年之后，具体表现为岸线的后退，且 2001 年之前岸线较为顺直，2010 年的岸线则显得弯曲破碎，2010 年相对于 1991 年陆域面积减小 165 000m^2，而右岸则相对稳定。与之相反，新盘村处的变化主要发生在右岸，2001 年相对于 1991 年岸线先是有所淤积，陆域面积增大约 670 000m^2，增长集中在其下游部分，而 2001 年之后岸线又有了明显的后退，河道展宽，陆域面积减小，减小面积约为 1 430 000m^2。

新盘村及黄家巷处的河势变化如图 2.19 所示，新盘村处的江心洲在 1991 ～ 2010 年发生了巨大的变化，1991 年江心洲上游头部较窄、下游较宽，而 2001 年则与之相反，呈现出上游头部较宽、下游较窄的形态，并在下游发育出一个较小的江心洲，之后到 2010 年，该洲则完全消失，1991 年面积约为 720 000m^2，2001 年面积约为 940 000m^2。而在黄家巷处，1991 ～ 2001 年下游左岸有所发展，之后到 2010 年左岸则发生了明显的后退，陆域面积减小，河道展宽，2010 年相对于 1991 年陆域面积减小约 770 000m^2。

沙坝上处的河势变化如图 2.20 所示，沙坝上处的江心洲在 1991 ～ 2010 年发生了巨大的变化，1991 年单一的、形态较为顺直的江心洲，在 2001 年发育出了三个主要的大小不一的新的江心洲，1991 年面积约为 1 400 000m^2，2001 年三个江心洲面积由大到小分别约为 1 110 000m^2、600 000m^2、130 000m^2，同时该处右岸的岸线也有所后退，而到 2010 年，这些江心洲基本全部消失，只留下一个面积约为 40 000m^2 的小洲。

老洲西村处（干 CS80 至干 CS83）位于赣江入口顺直段，在生米大桥下游。该处的河势变化如图 2.21 所示，1991 ～ 2010 年老洲西村处的河道右岸明显后退，河段变现为剧烈冲刷。2010 年陆域面积相对于 1991 年减小了约 150 万 m^2。1991 ～ 2001 年河道右岸岸线表现为后退，但相对不明显，在其下游靠近右岸处，发育出一个新的洲体。2001 年之后，河道剧烈冲刷，岸线后退非常明显，岸线形态也由 1991 年相对顺直的形态转变成了 2010 年弯曲的形态。其间，左岸变化不明显，在靠近该处下游段表现为河道展宽、略微冲刷。

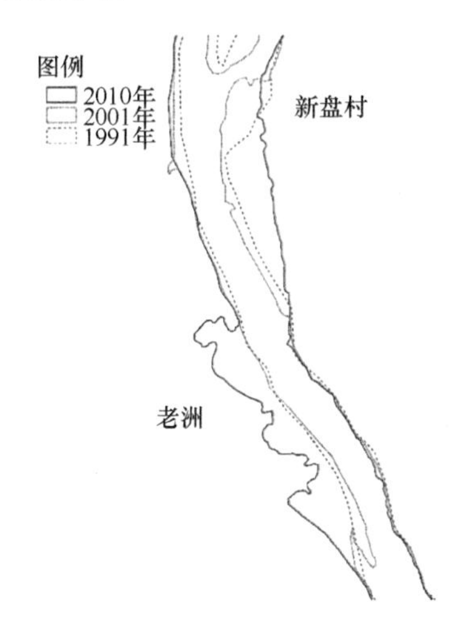

图 2.18　老洲及新盘村处的河势变化图

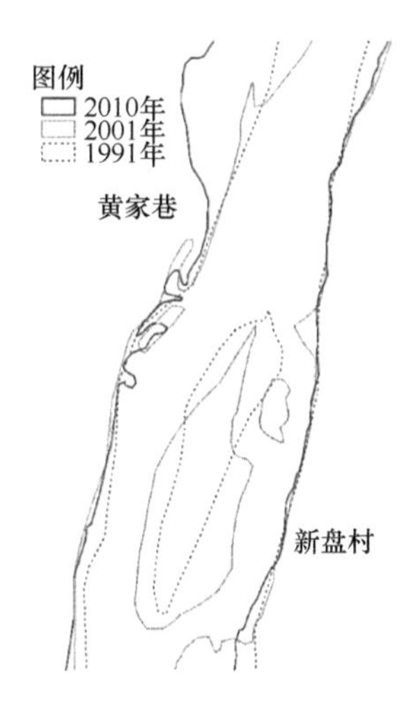

图 2.19　新盘村及黄家巷处的河势变化图

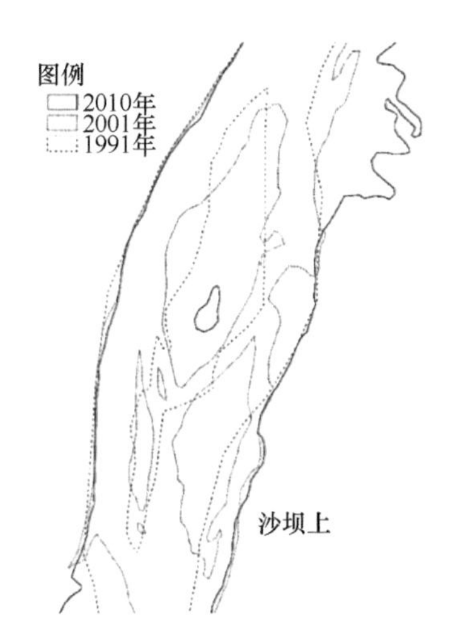

图 2.20　沙坝上处的河势变化图

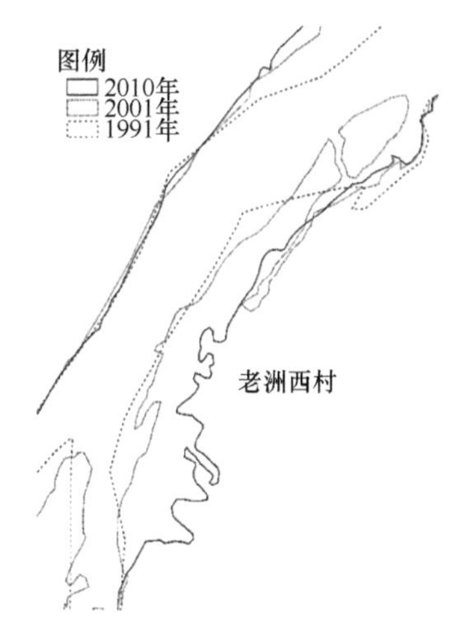

图 2.21　老洲西村处的河势变化图

赣江市民公园及滕王阁处（干 CS83 至干 CS86）位于赣江下游分汊处裘家洲、扬子洲分流点上游，该处的河势变化如图 2.22 所示，该处左岸及江心洲均发生了明显变化。1991 ～ 2001 年，左岸岸线明显冲刷后退，其中下游岸线后退幅度更大，整个岸线后方陆域面积减小了约 206 万 m^2，原岸滩处发展为一个江心洲，面积约为 60 万 m^2；2001 ～ 2010 年，上游段岸线发生明显后退，岸滩面积减小了约 58 万 m^2，新生成的江心洲发生冲刷，面积减小为约 40 万 m^2。下游在 1991 年存在的一个 24 万 m^2 的江心洲也逐渐冲刷萎缩，到 2010 年完全被冲刷淹没。同期，河段右岸则没有明显冲淤变化，岸线形状更加弯曲。

塔头及其上游处（干 CS85 至干 CS88）为干流分汊段，裘家洲、扬子洲将赣江分为东河、西河，由此进入尾闾地区，其河势变化如图 2.23 所示。该处的变化主要发生在洲头位置，1991 ～ 2001 年，裘家洲、扬子洲连为整体，2001 年之后，受人为整治影响，洲头位置及分流情况基本保持不变，赣江西河入口处岸线略有冲刷。

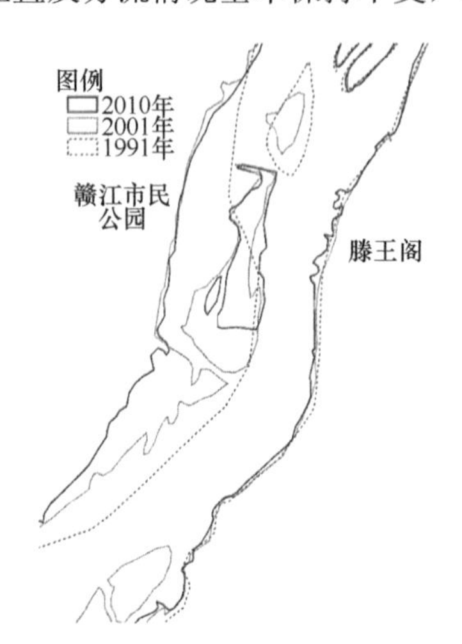

图 2.22 赣江市民公园及滕王阁处的河势变化图

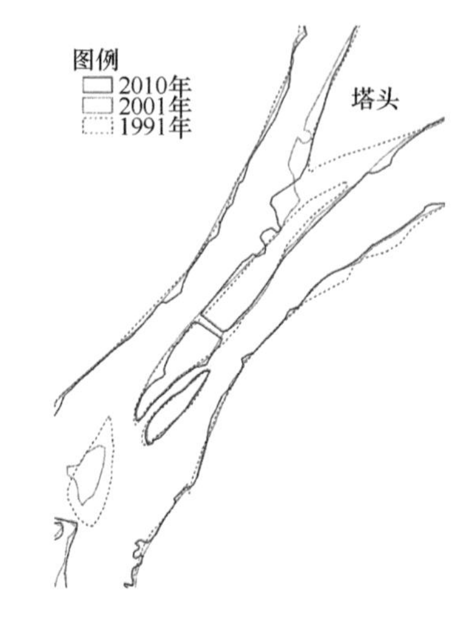

图 2.23 塔头及其上游处的河势变化图

2.2.3 赣江尾闾演变特征

1. 主支

主支独洲及泥家洲处（主 CS5 至主 CS8）的河势变化如图 2.24 所示，该区域变化主要体现在独洲的洲体变化上。独洲洲体面积在 1991 ～ 2010 年经历了先增大后减小的过程，其中 2001 年相对于 1991 年面积增大了约 11 万 m^2，并且在洲头处发育出一个新的洲体，其面积约为 4 万 m^2，洲体向下延伸，洲身更加细长。2010 年相对于 2001 年独洲的面积则减小了约 30 万 m^2，缩减区域集中在洲体下段及右岸一侧，2001 年独洲前部淤涨的洲体到 2010 年则全部消失。靠北段的泥家洲处的岸线变化是：2001 年相对于 1991 年右岸发生淤积，岸线向上方移动，岸滩增长约 25 万 m^2，河道束窄，岸线更加曲折；2001 ～ 2010 年，右岸岸线后退，河道展宽，陆域面积减小约 53 万 m^2。

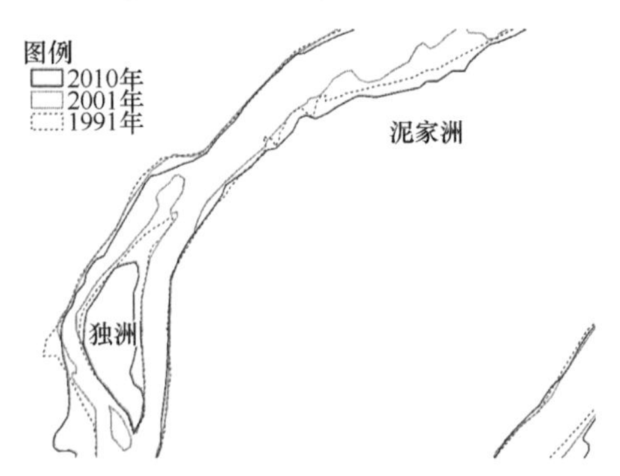

图 2.24 独洲及泥家洲处的河势变化图

主支昌下山处（主 CS12 至主 CS15）的河势变化如图 2.25 所示，昌下山处 1991 ～ 2001

年岸线演变不明显，岸滩演变集中出现在 2001 年之后。相对于 2001 年，2010 年河道左岸（凸岸）明显后退，并且在弯道处演化出了一个江心洲，左岸陆域面积减小了约 136 万 m^2，演化出的江心洲面积约为 25 万 m^2。

主支港下村及老洲头位于主支与官港河分汊河段（主 CS21 至主 CS22），其河势变化如图 2.26 所示，港下村分流处洲头岸线近年来表现出后退趋势，分汊段上游 500 ～ 1500m 处右岸略有淤涨。1991 ～ 2001 年，北支官港河入口处逐渐淤积出一个面积约为 7 万 m^2 的江心洲，该江心洲到 2010 年时面积减小为约 1.4 万 m^2。北支老洲头处（官港 CS2 至官港 CS4）的变化主要发生在凸岸，1991 ～ 2001 年其岸线有所淤涨，河道束窄，2001 年之后则未发生明显变化。

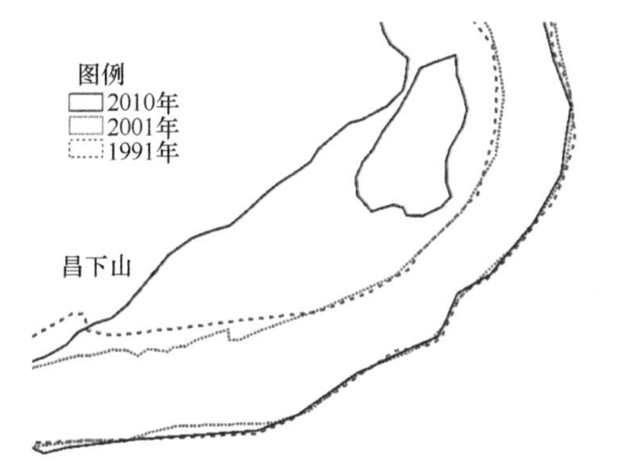

图 2.25　昌下山处的河势变化图

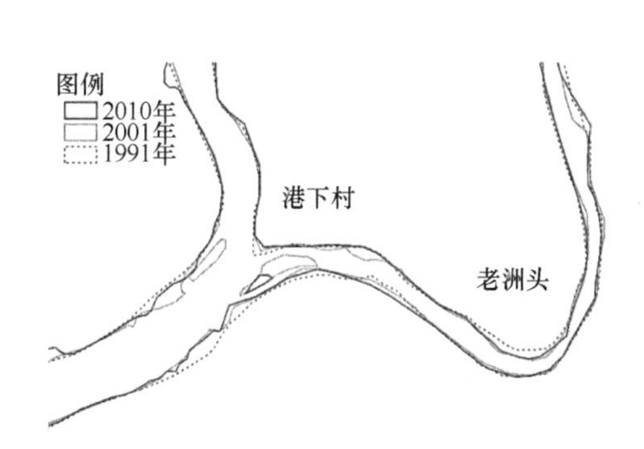

图 2.26　港下村及老洲头处的河势变化图

主支洲头处（主 CS23 至主 CS26）的河势变化如图 2.27 所示，洲头处的变化主要集中在右岸，2001 年相对于 1991 年岸线略有淤积，河槽束窄，而 2010 年相对于 2001 年岸线则明显后退，且凸岸有向下游移动的趋势，整个岸滩陆域面积减小约 25 万 m^2。

画眉咀及戴家处（主 CS28 至主 CS30）的河势变化如图 2.28 所示，画眉咀及戴家处的变化主要在江心洲及江心洲右侧岸边。2001 年相对于 1991 年，洲体面积有所增大，并且在其上游靠近右岸侧发育出新的洲体。1991 年江心洲面积约为 20 万 m^2，而 2001 年包括上游的洲体总面积增加到 36 万 m^2。2001 年之后，江心洲开始发生衰减，洲体冲刷，至 2010 年，面积减小为 22 万 m^2。与此同时，1991 ～ 2001 年洲滩上游 700m 处右岸有所淤涨，2001 年之后保持稳定；江心洲下游右岸在 1991 ～ 2001 年有明显的淤涨，到 2010 年时又冲刷到 1991 年时的状态。

方洲及新洲处（主 CS40 至主 CS42）的河势变化如图 2.29 所示，新洲及方洲处的变化主要发生在方洲上游断面 CS40 至 CS41 的右岸处。相对于 1991 年，2001 年河段右岸岸线明显淤涨，靠近右岸处的江心洲被岸线吞没，陆域面积整体增加约 41 万 m^2，河道岸线明显收窄，2001 年之后岸线一直保持，没有明显变化。此外，新洲处的江心洲面积也有所增大。

丁家山头及山洲头处（主 CS42 至主 CS44）的河势变化如图 2.30 所示，山洲头处洲体面积近年来有所增加，且主要发生在洲滩靠近左岸侧，2010 年相对于 1991 年面积增长了约 14 万 m^2。山洲头下游凸岸处江心洲在 1991 ～ 2001 年逐渐淤涨，与左岸连在一起，岸线收缩，河道变窄。2001 ～ 2010 年，凸岸处又出现冲刷侵蚀的迹象，岸线变得曲折。

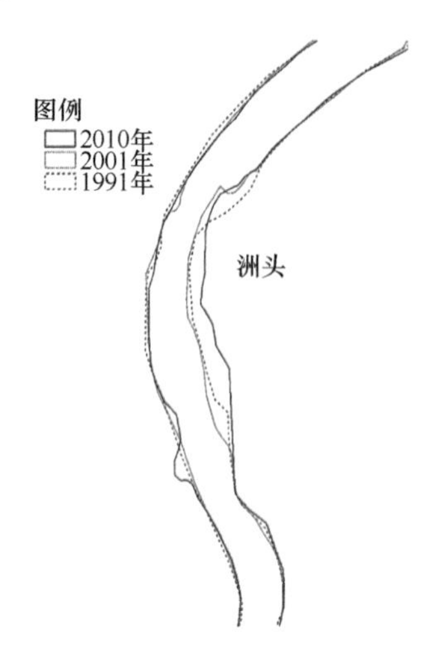

图 2.27 洲头处的河势变化图

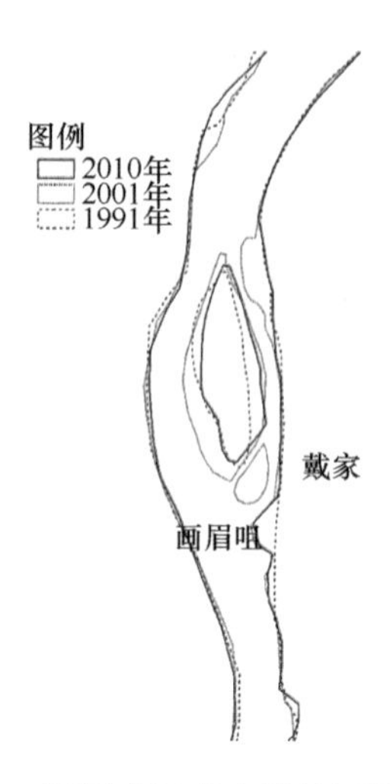

图 2.28 画眉咀及戴家处的河势变化图

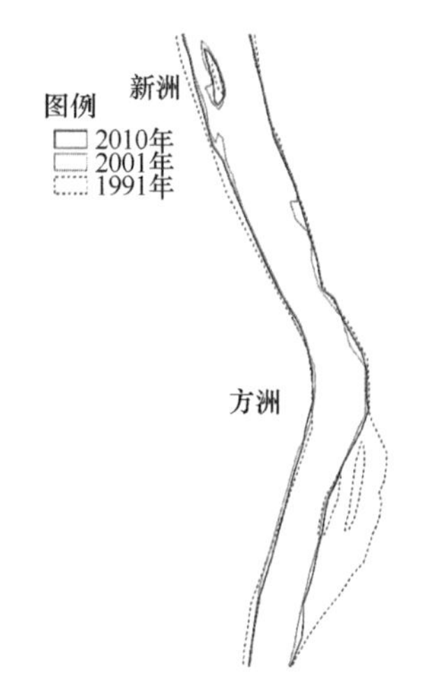

图 2.29 方洲及新洲处的河势变化图

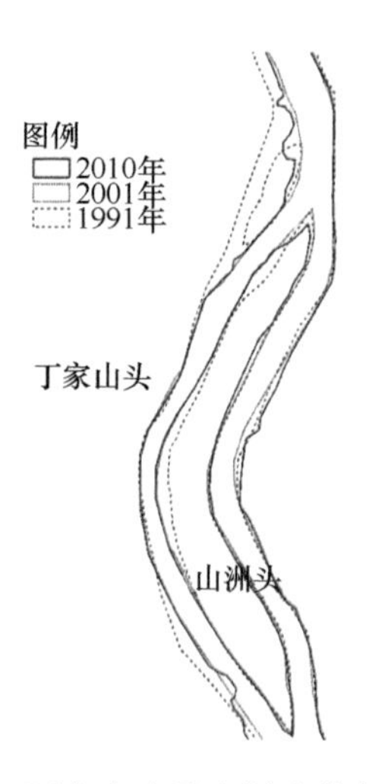

图 2.30 丁家山头及山洲头处变化图

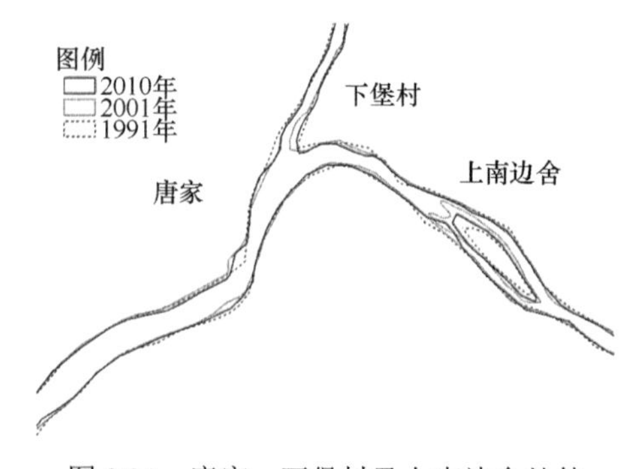

图 2.31 唐家、下堡村及上南边舍处的河势变化图

2. 北支

唐家、下堡村及上南边舍处（官港 CS10 至官港 CS12 和沙汊 CS1 至沙汊 CS4）为北支在下堡村分汊处，北支在此分为官港河和沙汊河，此处的河势变化如图 2.31 所示。1991 ～ 2001 年，下堡村河流分汊处洲头略有淤涨，洲头向左岸略微偏移，由 1991 年较为尖锐的形态变成 2001 年圆润的形态，同时左支官港段的左岸岸线略有淤积，使得河道明显束窄；2001 ～ 2010

年，洲头有向右汊偏移的趋势，此外，右汊沙汊河河道近年来有束窄的趋势。上南边舍处的江心洲面积在 1991 ～ 2001 年略有增加，整个洲体向四周扩展，江心洲面积由 1991 年的约 9 万 m^2 增长到 2001 年的约 22 万 m^2，其靠近上游部分增长较为显著，2001 ～ 2010 年，该江心洲受冲刷减小，面积减小到约 14 万 m^2。

柘湖钱家处（官港 SC25 至官港 CS27）为一蜿蜒型河段，该处凸岸为一滩地，上下游弯顶处有一人工开挖明渠，导致河道过流减少，其河势变化如图 2.32 所示。河道弯曲处在 1991 ～ 2001 年发生了明显的淤积束窄，陆域面积显著增加，河流弯曲度变大，凸岸滩地面积增长了约 14 万 m^2，凹岸面积增长了约 7 万 m^2。2001 ～ 2010 年，河道弯曲处保持相对冲淤平衡。

北支入湖段（官港 CS31 至官港 CS33）的河势变化如图 2.33 所示，该处为北支入湖口，下游紧邻鄱阳湖，该处的河势变化主要表现在江心洲的演变上。1991 ～ 2001 年，该处原来的数个分离的江心洲洲体逐渐淤积扩张，最终形成一个相互连接的整体，导致河道右汊束窄，江心洲洲体有和右岸相连的趋势。2001 ～ 2010 年，右汊已经基本与右岸连为整体，左汊成为主要过流河道。1991 ～ 2001 年在河道左岸弯道处也表现出淤积的现象，2001 年之后则没有明显变化。

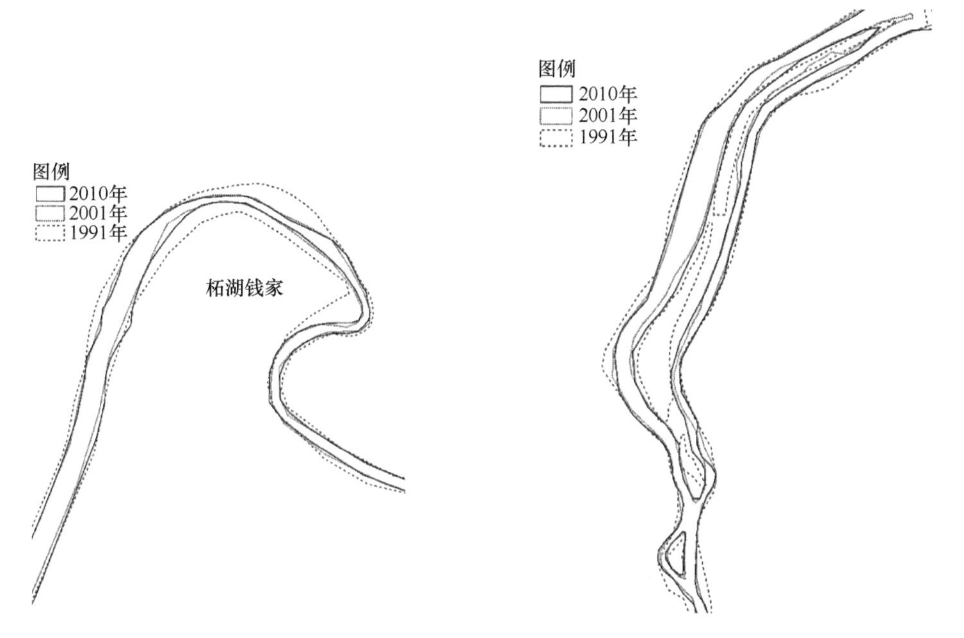

图 2.32　柘湖钱家处的河势变化图　　图 2.33　北支入湖段的河势变化图

程湖村及聂家咀处（沙汊 CS8 至沙汊 CS9）为北支沙汊段一处弯道，该处弯道在洪水时右岸被冲开，洪水漫过滩地汇入中支下游段。该处的河势变化如图 2.34 所示，其变化主要为三处江心洲的变化，1991 ～ 2001 年，程湖村上游处新发育出一个面积约为 8 万 m^2 的江心洲，该洲在 2001 ～ 2010 年面积又有所减小，到 2010 年时面积约为 5 万 m^2。程湖村下游弯道处的江心洲几年间在其洲头及洲尾部分有所淤涨，但是整体表现为相对冲淤平衡，没有发生太大变化。而聂家咀下游处在 1991 年之前曾经存在一个面积约为 9 万 m^2 的江心洲，在 1991 ～ 2001 年，该洲逐渐淤涨并与左岸连为整体，河道左汊逐渐消失，之后逐渐形成现在的河道断面形态。

省城新农场及南湖闸处（沙汊 SC15 至鄱阳湖）为北支下游沙汊段与中支相连汇入鄱阳湖处，该处的河势变化如图 2.35 所示。左支即沙汊下游入湖段河道近年来的变化主要为河道淤积束窄，1991 年该处只存在一个江心洲，到 2001 年时则发育出多个大小不一的新洲体；2001 ～ 2010 年，这些新洲体或消失，或与岸线相连，使得河道整体变窄。而在河段下游南湖闸北支和中支汇合处，1991 年有一江心洲，之后该洲与中支交汇段左岸相连，该处陆域有向下游发育的趋势。

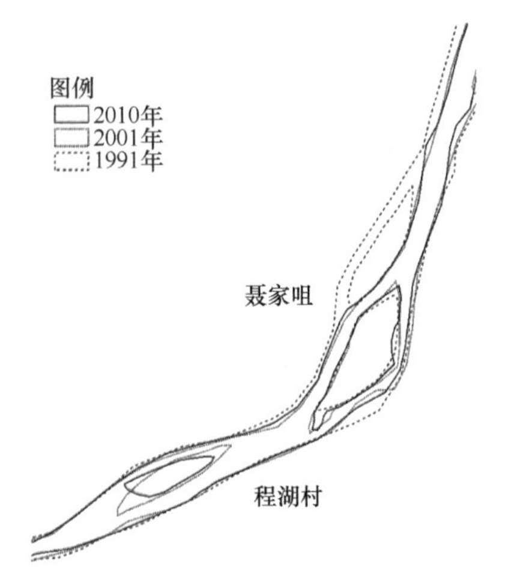

图 2.34　程湖村及聂家咀处的河势变化图

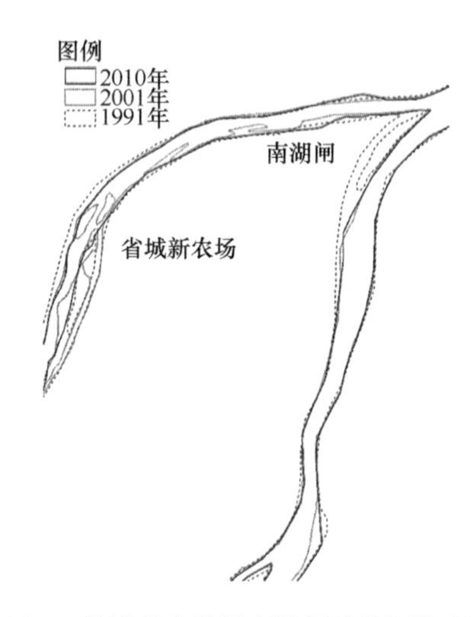

图 2.35　省城新农场及南湖闸处的河势变化图

3. 中支

滕卢里及河下陈家处（中 CS6 至中 CS9）的河势变化如图 2.36 所示，该处位于中支上游顺直段与第一个河弯入口处，该处河道形态发生了较大的变化。1991 年前，该处河道整体为一典型的顺直河道，边滩与深槽犬牙交错，河道深泓线与蜿蜒型河段类似，弯曲系数小。1991 ～ 2001 年，河道展宽，滕卢里处滩地冲刷，左岸岸线后退，并形成一个面积约为 24 万 m^2 的江心洲；原下游处的江心洲则完全消失，同时滕卢里上游处和河下陈家下游处右岸的岸线都发生了不同程度的冲刷后退。2001 ～ 2010 年，受河段来沙量减少及人为因素影响，河道进一步冲刷展宽，江心洲则逐渐萎缩。

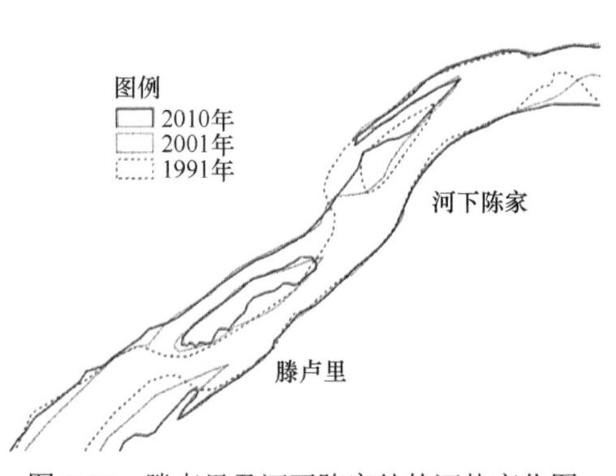

图 2.36　滕卢里及河下陈家处的河势变化图

黄东湖及上西舍里处（中 CS29 至中 CS31）的河势变化如图 2.37 所示，洪水时该处北支沙汊河段部分洪水冲破右岸由此汇入中支。1991 ～ 2001 年，上西舍里上游 500m

处河道左岸淤积，边滩发展，陆域面积增加了约 13 万 m^2，同时其下游处的江心洲近年来也略有扩大，下游段右岸略有淤积；2001 ～ 2010 年该段上游变化不明显，河道基本保持冲淤平衡，下游右岸淤积处又回到 1991 年前后的水平。

二十分洲头及塘头村处（中CS22至中CS24）的河势变化如图2.38所示，1991 ～ 2001 年，二十分洲头处发育出一个面积约为 12 万 m^2 的江心洲，江心洲处左岸的岸线略有后退；2001 ～ 2010 年，该洲逐渐冲刷，面积减小到 4 万 m^2。

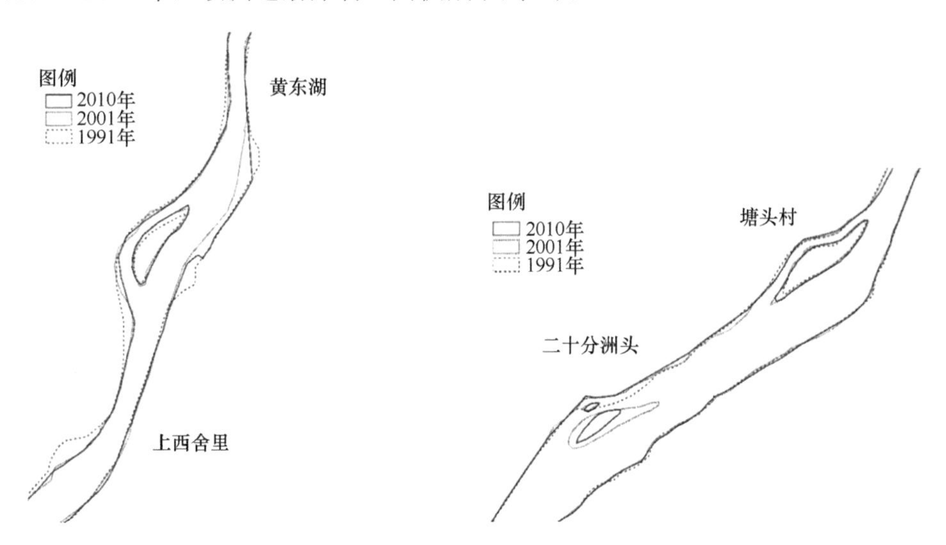

图 2.37　黄东湖及上西舍里处的河势变化图　　图 2.38　二十分洲头及塘头村处的河势变化图

4. 南支

南支河势较为稳定，河型无明显变化，且各年间变化较小。

综合来看，赣江尾闾地区的变化主要集中在其干流、主支、北支，干流变化最为显著，而南支则最为稳定；赣江干流的变化主要表现为河道的扩张，江心洲面积大幅减小或者消失，其中南昌市附近河道变化最为明显；赣江主支变化较为复杂，其上游段主要表现为河道展宽，水域面积变大，而下游段河道则有所束窄；赣江北支历年来河道则均表现为河道束窄，其江心洲的面积也有明显的增大；中支有所变化，但并不明显。

参 考 文 献

陈界仁，张婧，罗春，等. 2010. 赣江下游东西河分流比变化分析. 人民长江，41(6): 40-42, 47.

付颖，徐新良，通拉嘎，等. 2014. 近百年来北京市地表水体时空变化特征及驱动力分析. 资源科学，36(1): 75-83.

韩其为，何明民. 1997. 三峡水库建成后长江中、下游河道演变的趋势. 长江科学院院报，(1): 13-17, 21.

江西省地方志编纂委员会. 1995. 江西省水利志. 南昌：江西科学技术出版社.

姜加虎，黄群. 1997. 三峡工程对鄱阳湖水位影响研究. 自然资源报，12(3): 24-29.

李世勤，闵骞，谭国良，等. 2008. 鄱阳湖 2006 年枯水特征及其成因研究. 水文，28(6): 73-76.

李义天，唐金武，朱玲玲，等. 2012. 长江中下游河道演变与航道整治. 北京：科学出版社.

马耀明，王介民. 1994. 卫星遥感技术在管理长江流域水资源方面的应用研究. 长江流域资源与环境，3(4): 320-325.

闵骞. 1995. 鄱阳湖水位变化规律的研究. 湖泊科学，7(3): 281-288.

莫伟华，孙涵，钟仕全，等. 2006. MODIS 水体指数模型 (CIWI) 研究及其应用. 成都：中国气象学会 2006 年年会.

沈芳，匡定波. 2003. 太湖流域典型中小湖群水资源利用及动态变化的遥感调查与分析. 遥感学报，7(3): 221-226, 246.

舒彩文，谈广鸣. 2009. 河道冲淤量计算方法研究进展. 泥沙研究，(4): 68-73.

谭其骧，张修桂. 1982. 鄱阳湖演变的历史过程. 复旦学报：社会科学版，(2): 42-51.

涂明. 2005. 赣江南昌市沿江大堤喻家湾改线工程对防洪河势影响研究. 河海大学硕士学位论文.

吴保生，申冠卿. 2008. 来沙系数物理意义的探讨. 人民黄河，30(4): 15-16.

谢鉴衡. 1990. 河床演变及整治. 北京：中国水利水电出版社.

谢思梅，彭政杰. 2015. 基于 LANDSAT TM 数据的湖北省水体面积变化检测. 测绘科学技术，(3): 59-65.

徐颢. 1992. 临江府志. 北京：全国图书馆微缩文献复制中心.

许全喜，袁晶，伍文俊，等. 2011. 三峡工程蓄水运用后长江中游河道演变初步研究. 泥沙研究，(2): 38-46.

余文畴. 1993. 赣江中下游河道床沙分析. 长江科学院院报，10(1): 28-35, 76.

张克祥，张国庆. 2013. MODIS 监测的鄱阳湖水域面积变化研究 (2000-2011 年). 东华理工大学学报 (社会科学版), (3): 390-396.

赵修江，孙志禹，高勇. 2010. 三峡水库运行对鄱阳湖水位和生态的影响. 三峡论坛 (三峡文学. 理论版), (5): 19-22, 147.

钟凯文，刘万侠，黄建明. 2006. 河道演变的遥感分析研究——以北江下游为例. 国土资源遥感，(3): 69-73.

朱玲玲，葛华，李义天，等. 2015. 三峡水库蓄水后长江中游分汊河道演变机理及趋势. 应用基础与工程科学学报，23(2): 246-258.

Guo H, Huang Q, Li X, et al. 2014. Spatiotemporal analysis of urban environment based on the vegetation–impervious surface–soil model. Journal of Applied Remote Sensing, 8(1): 084597.

Kendall M G. 1948. Rank correlation methods. Biometrika: 298.

Mann H B. 1945. Nonparametric test against trend. Econometrica, 13(3): 245-259.

Schott J R. 2007. Remote Sensing. New York: Oxford University Press.

Schowengerdt R A. 2007. Remote Sensing: Models and Methods for Image Processing. Burlington: Academic Press.

第3章　赣江下游尾闾河段演变机理分析

河道演变分析的主要任务是在对演变特征和规律总结的基础上，剖析河道演变机理。河道演变机理认识的正确性直接关系到整治工程的效果及成败，只有准确把握河道演变机理，才能对河道冲淤、洲滩变形等趋势做出合理的预测，确保整治工程达到预期效果并保持工程稳定。以往对于赣江尾闾河段的演变分析，主要停留在对河道年际冲淤变化的描述，对于具体河岸、边心滩、深槽等演变特性认识不足，并且对于年内的冲淤特性认识不清，缺乏对演变机理的系统分析。

3.1　河道演变机理

影响河道演变的主要因素可以概括为三个方面：进口条件、出口条件和河床周界条件，具体来说，可以细分为来水来沙条件的变化、出口侵蚀基点、河床组成及人造工程对河床边界的改变等（谢鉴衡，1990）。综合现有的资料和研究成果，这里将主要围绕来水条件、来沙条件变化及床沙特点、河势影响等方面具体探讨赣江下游尾闾河段的演变机理。

3.1.1　河道演变对来水条件的响应

外洲水文站（简称“外洲站”）是赣江尾闾入口段的控制站，实测资料丰富。该站位于南昌市桃花镇外洲村、南昌大桥上游，控制流域面积 80 948km^2。测验河段非顺直河段，上游左岸陈家村有一大丁坝，下游右岸约 1000m 处有两座大型丁坝，会改变水流方向；河床由细砂组成，冲淤变化明显。水位受赣江洪水和鄱阳湖洪水顶托双重影响。

外洲站多年平均径流深 829.8mm，多年平均流量 2130m^3/s；最大年均流量 3640m^3/s（1973 年）是最小年均流量 750m^3/s（1963 年）的 4.85 倍。绘制年均流量 5 年均线和线性拟合线，如图 3.1 所示，线性拟合斜率为 1.025，年均流量均值变化较小，并且年均流量围绕均值上下波动。

统计 1950 ～ 2013 年水位，外洲站年均水位在 1950 ～ 1990 年保持平稳的趋势，2000 年之后表现出降低趋势（图 3.2）。

对外洲站流量和水位数据进行 Mann-Kendall 趋势检验。Mann-Kendall 检验法是由 Mann（1945）和 Kendall（1948）提出的非参数统计检验方法，统计量为正态分布函数，适用于水文变量分析。

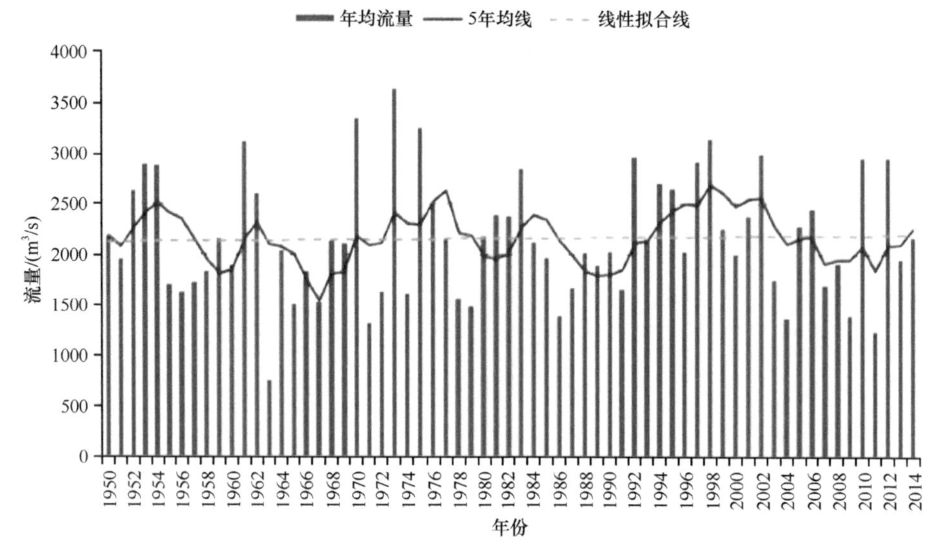

图 3.1 外洲站年均流量及 5 年均线和线性拟合线

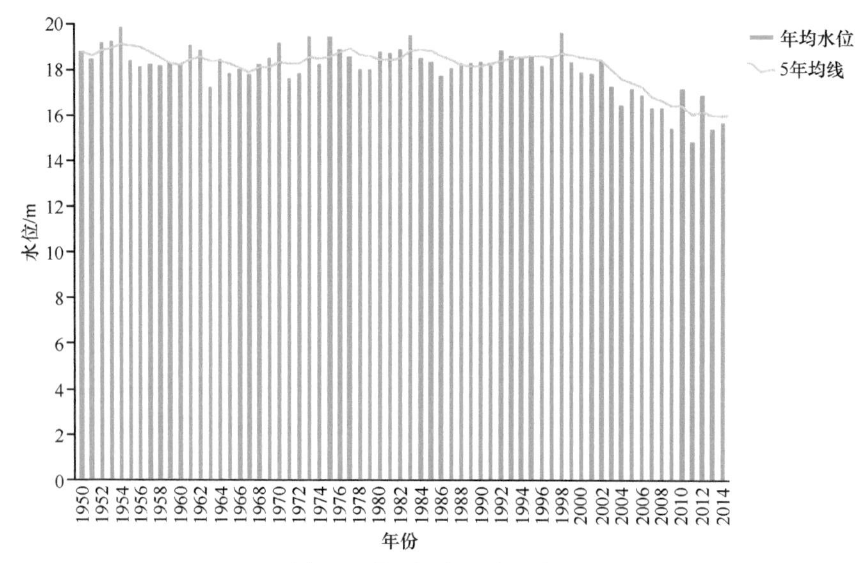

图 3.2 外洲站年均水位变化

计算检验统计量 S：

$$S=\sum_{i=2}^{n}\sum_{j=1}^{i-1}\operatorname{sign}\left(X_i-X_j\right) \tag{3.1}$$

式中，sign() 为阶跃函数，当 $X_i > X_j$ 时值为 1，$X_i < X_j$ 时值为 –1，$X_i = X_j$ 时值为 0。

构造统计变量 Z：

$$\begin{cases} Z=(S-1)/\sqrt{n(n-1)(2n+5)/18} & S>0 \\ Z=0 & S=0 \\ Z=(S+1)/\sqrt{n(n-1)(2n+5)/18} & S<0 \end{cases} \tag{3.2}$$

Z 服从标准正态分布，正值表示有增大趋势，负值表示有减小趋势，给定显著性水

平 α=0.05，单变量趋势分析阈值为 1.96。

以外洲站的历年实测资料分析赣江尾闾的水沙特性及变化趋势。计算 1950 ～ 2014 年各时期流量、水位 Mann-Kendall 趋势检验值，由于赣江尾闾段水位、流量受人为活动的影响较明显，以 1990 年万安水库截流和 2001 年开始的河道采砂为节点，分别计算截流前、截流时期和采砂及整治期的变化情况。如表 3.1、表 3.2 所示，截流时期流量略有增加，检验值为 0.31，截流前检验值为 –0.59，采砂及整治期检验值为 –0.05，流量略有减小，但 Z 值均未超过阈值 1.96，增大或减小趋势不显著。水位在截流前后的检验值均小于 0，水位略有下降，但趋势不显著。采砂及整治期（2001 ～ 2014 年）检验值为 –2.74，水位显著下降。

表 3.1　外洲河段流量 Mann-Kendall 趋势检验值

时期	流量			
	序列长度	检验值 Z	趋势	显著性
截流前（1950 ～ 1989 年）	40 年	–0.59	减小	不显著
截流时期（1990 ～ 2000 年）	11 年	0.31	增大	不显著
采砂及整治期（2001 ～ 2014 年）	14 年	–0.05	减小	不显著

表 3.2　外洲河段水位 Mann-Kendall 趋势检验值

时期	水位			
	序列长度	检验值 Z	趋势	显著性
截流前（1950 ～ 1989 年）	40 年	–1.07	减小	不显著
截流时期（1990 ～ 2000 年）	11 年	–0.39	减小	不显著
采砂及整治期（2001 ～ 2014 年）	14 年	–2.74	减小	显著

统计该时期深泓高程变化，20 世纪 70 年代以前深泓高程变化不明显，1973 ～ 1975 年受洪水影响，深泓淤积，整个外洲断面深泓线升高了 4m 多。70 年代中期以后，深泓高程呈下降趋势，1995 年之前，下降趋势不是十分明显，2000 年开始深泓高程明显下降，至 2013 年深泓高程为 5.31m（吴淞基面），40 年间，深泓高程下降了近 5m，如图 3.3 所示。

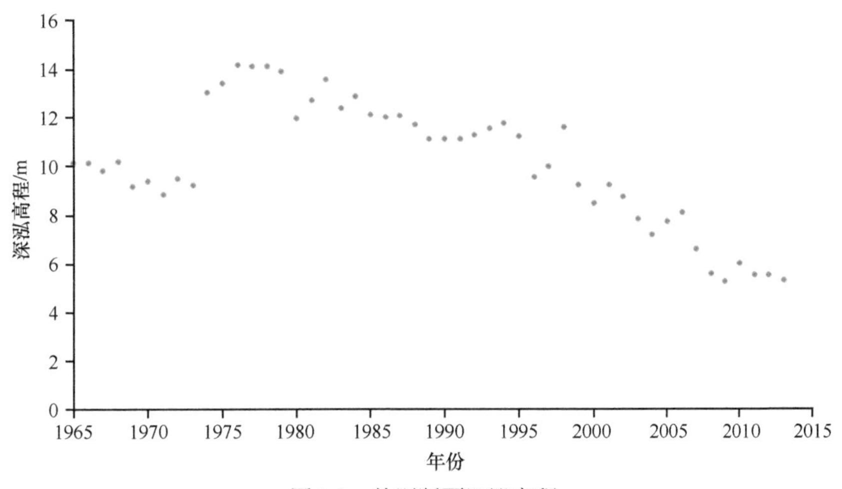

图 3.3　外洲断面深泓高程

在流量没有明显变化的情况下，水位显著下降，主要原因是外洲段和整个尾闾地区河道断面下切较为显著。尾闾地区水位的变化受到自然条件下河道冲淤、人为因素造成泥沙冲淤、鄱阳湖洪水水位降低等因素的共同影响。

在自然条件下，主流对于河床演变的作用是决定性的，主流对河床演变的作用自古至今普遍存在，历史时期正是主流的摆动，使得位于缓流区的洲滩、汊道淤积，主流区的洲滩崩退、汊道发展，逐渐形成如今的河势，河道历史演变的过程实质上就是主流摆动的过程（李义天等，2012）。1990 年以前，赣江下游河道整体保持冲淤平衡，而这一时期影响河道局部冲淤变化的主要就是主流的摆动。

一般来说，主流在河道中的平面位置主要由流量的大小决定，不同流量下主流平面位置也有所变化。因此，通过分析各流量下主流平面的位置可以探讨流量过程对于河道演变的作用。主流平面的确定方法主要有两种：一种是根据不同流量下实测断面流速分布来判断，这种方法较为直观；另一种是根据不同流量下河道冲淤分布来判断，某两个流量级间冲刷部位即为此流量区间内主流所在的位置。赣江尾闾河段缺少详细的流速资料，因此主要采用第二种方法来分析赣江尾闾外洲段的特性。

赣江尾闾外洲段不同流量下主流大致处于两个位置。当流量较小时，主流位于深槽靠近左岸的位置，表现为深槽冲刷、边滩淤积的演变规律。图 3.4（a）为 1981 年 3 月外洲站处的河道断面、水位及主流位置，水位为 17.73m，对应流量为 2400m^3/s，此时主流位于深槽处，更加靠近河道的左岸。而当流量逐渐增大时，水位升高，河水漫过右边滩，主流开始右移，表现为深槽淤积、边滩冲刷的演变规律。图 3.4（b）为 1983 年 4 月外洲站处的河道断面、水位及主流位置，水位为 23.02m，对应流量为 18 500m^3/s，此时主流位置较枯期时更为居中。

由于 1990 年以前，赣江尾闾段入口处的河道断面形状比较稳定（冲淤幅度较小），因此，这一时期内同一水位下主流位置基本不变，可先确定相应主流位置的临界水位，再通过这一时期的水位 - 流量关系推求相应的临界流量。

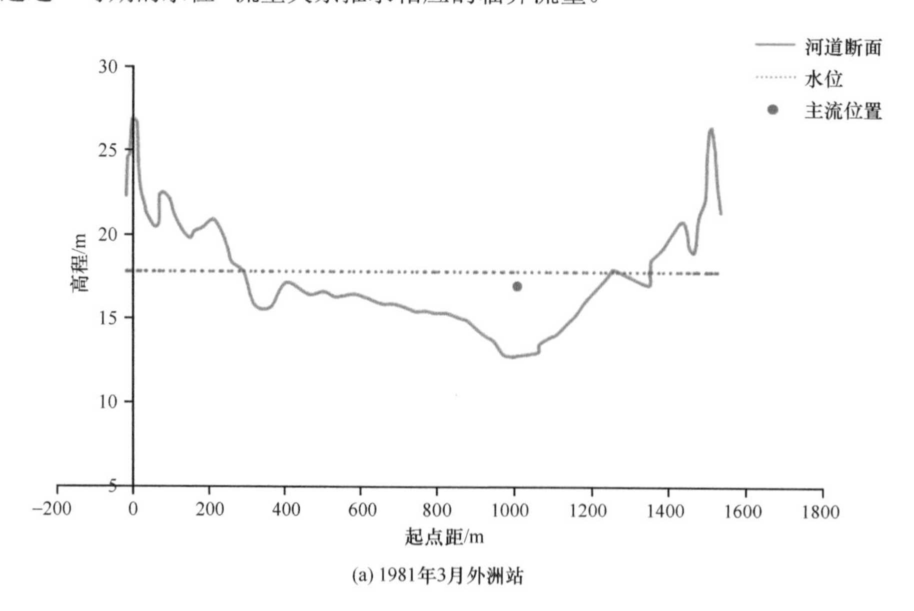

(a) 1981年3月外洲站

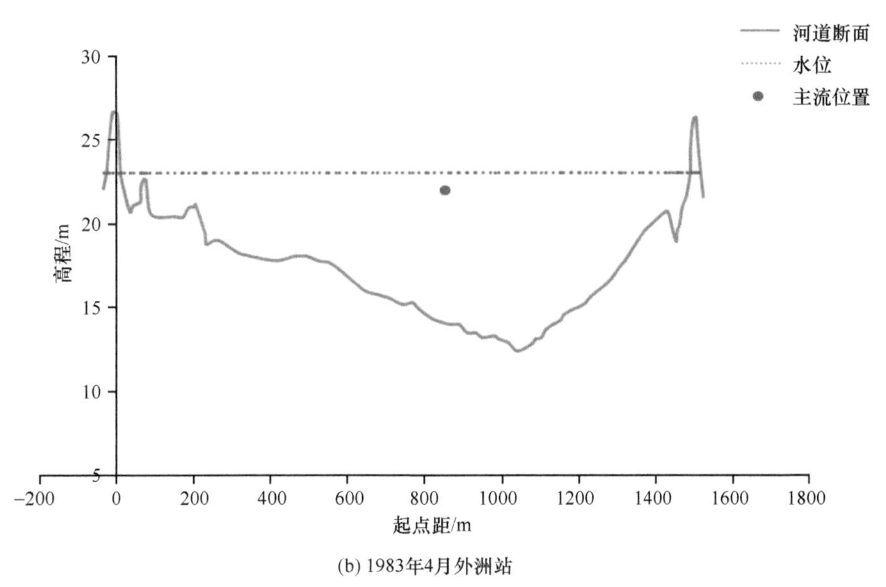

(b) 1983年4月外洲站

图 3.4　赣江尾闾入口段不同流量下的河道断面、水位及主流位置

如图 3.5 所示，通过河道断面的形状，先确定临界水位 1：当实际水位低于此临界水位时，主流位置保持不变；而当实际水位高于此临界水位时，主流位置开始右移。同理，确定临界水位 2：当实际水位高于此临界水位时，主流位置保持不变；而当实际水位低于此临界水位时，主流位置开始左移。

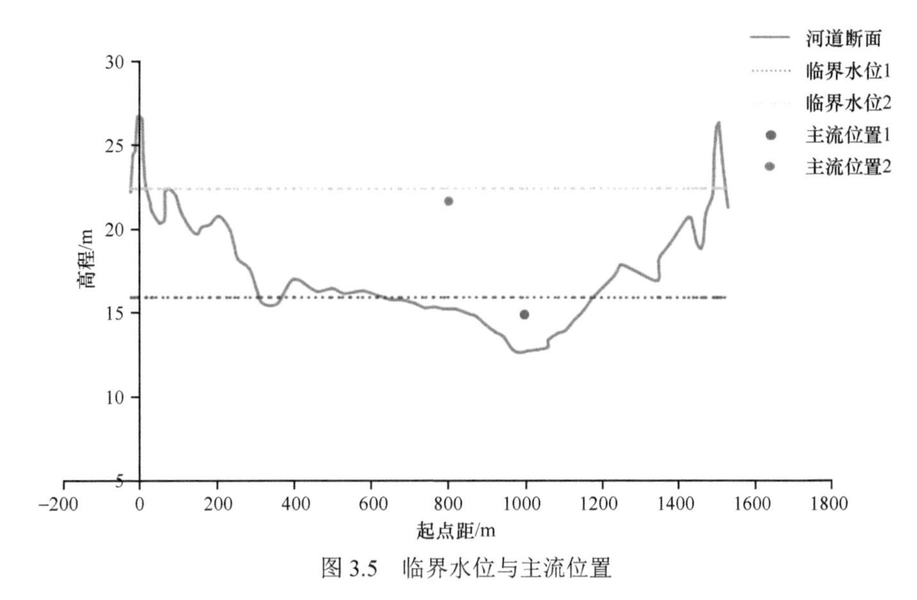

图 3.5　临界水位与主流位置

不同流量下，主流位置的摆动与河流演变关系十分密切，截流前稳定时期边滩表现出的“洪淤枯冲”和深槽表现出的“洪冲枯淤”演变规律与主流位置在洪水和枯水条件下的移动有关。

外洲河段整体冲淤量与来流的关系为：来流流量大时断面表现为冲刷或冲刷趋势

相对流量小时更加明显。图 3.6 为外洲河段年均冲淤量与年径流量的关系，1975 ～ 1980 年径流量较大，而 1980 ～ 1990 年径流量处于较低水平，断面在 1990 年以前为微冲—微淤，径流量大时断面表现为冲刷，径流量小时表现为淤积；1990 年万安水利枢纽截流之后至 2000 年，受来沙条件影响，断面逐渐表现出冲刷的趋势。1995 年径流量较 2000 年大，断面年冲刷量更大；2000 年以后，由于赣江来流增大，冲刷趋势明显。

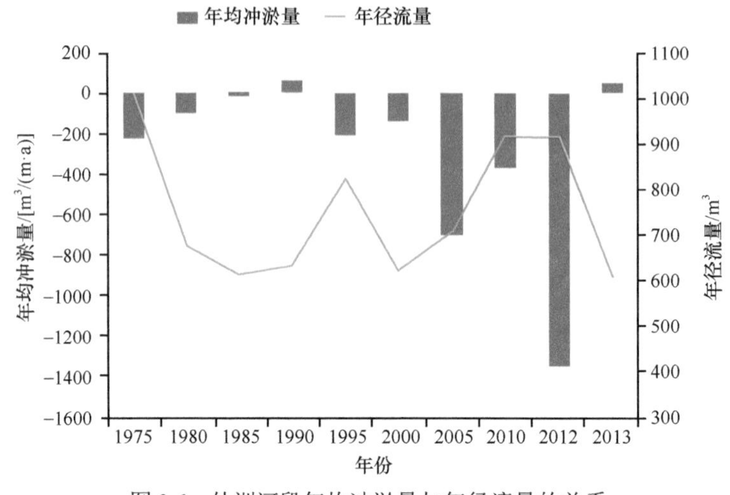

图 3.6　外洲河段年均冲淤量与年径流量的关系

除受来流的影响，鄱阳湖的水位下降是导致外洲站水位下降的因素。鄱阳湖属于过水性、季节性、吞吐型湖泊（闵骞，1995），鄱阳湖水位受长江及赣江、抚河、信江、饶河、修河五河水位的共同影响，由于长江汛期一般略晚于五河汛期，视汛期是否叠加，鄱阳湖水位年过程线表现为单峰型或双峰型（赵修江等，2010）。近年，三峡水库蓄水及五河来流减少，蓄水期水库蓄水造成下泄流量减小，2006 年鄱阳湖曾出现特枯水情，鄱阳湖水位的降低又在一定程度上增大了上游河流比降，使赣抚尾闾地区水流加快，河床冲刷更加严重（姜加虎和黄群，1997；李世勤等，2008）。

鄱阳湖水位（星子站）近 60 年（1950 ～ 2010 年）的水位变化如图 3.7 所示，鄱阳湖水位整体在 2000 年之前变化不大，受各年长江与五河洪涝及干旱影响，湖水水位年际有所波动，五河洪水一般发生在 5 ～ 7 月，而长江洪水一般在 7 ～ 9 月。五河洪水推迟或长江洪水提前时，两者汛期遭遇，可能引发较为严重的洪水，使鄱阳湖出现较高水位。河洪退去后，湖水受江水顶托会保持较高水位，可能发生湖水倒灌（赵修江等，2010）。

赣江尾闾四支水位受上游及鄱阳湖水位降低影响，水位也呈现下降趋势。如图 3.8 所示，整体来看，2000 年之前，水位没有明显升高和降低趋势；2000 年之后，受上游来水来沙及鄱阳湖水位下降影响，尾闾四支水位也呈现下降趋势。下游四支水位与鄱阳湖水位趋势基本一致，但鄱阳湖水位除了受赣抚水系来水影响，还受到长江水位影响，年均水位变化幅度较大，而尾闾四支年均水位更为稳定。

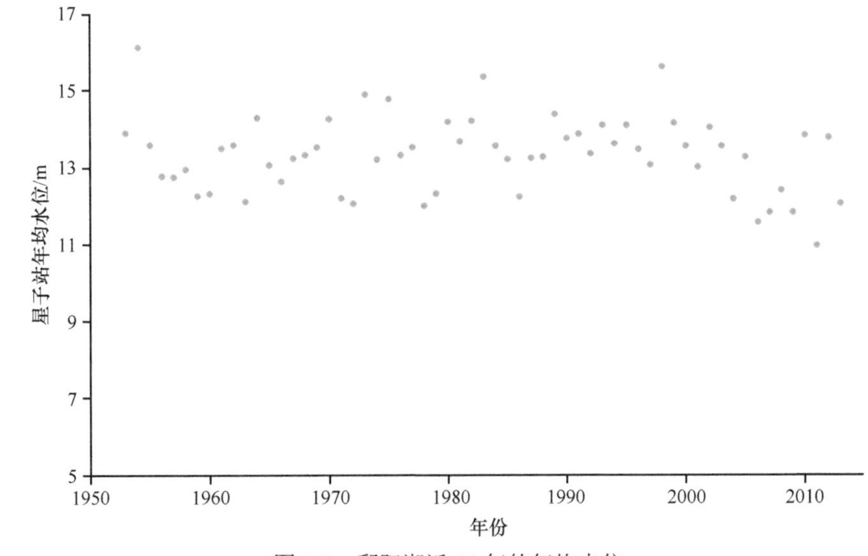

图 3.7　鄱阳湖近 60 年的年均水位

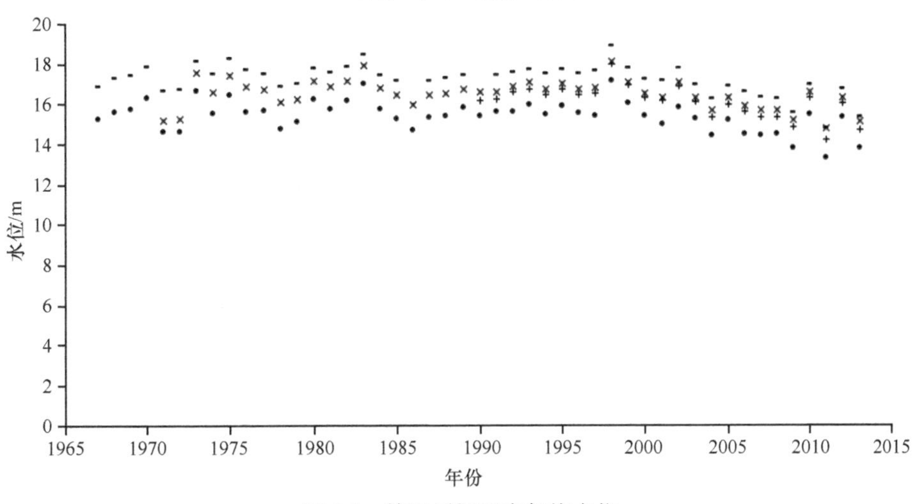

图 3.8　赣江尾闾四支年均水位

3.1.2　河道演变对来沙条件的响应

赣江下游的河道演变与泥沙运动具有密切联系（余文畴，1993）。外洲站位于尾闾入口，其泥沙特性对河床演变有一定意义。统计 2013 年外洲站悬移质泥沙级配，绘制粒径分配曲线，如图 3.9 所示，该河段粒径分布峰值集中在 0.031 ～ 0.062mm 部分，占比为 30.4%，0.062 ～ 0.13mm 部分占比为 18.5%，0.016 ～ 0.031mm 部分占比为 16.0%，其余部分占比较小。

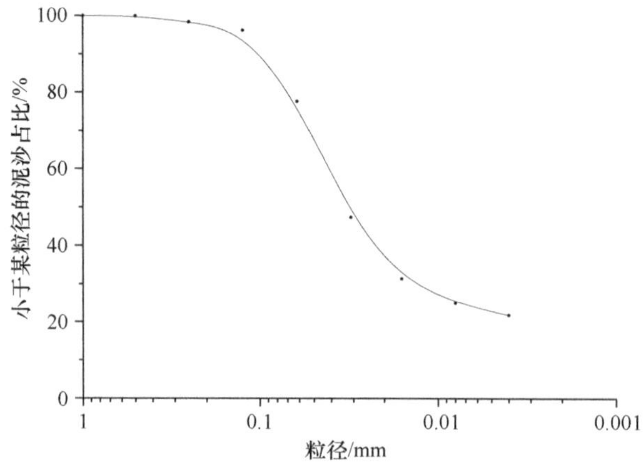

图 3.9　2013 年外洲站粒径分配曲线

赣江为少沙河流，根据外洲河段 1980 ～ 2013 年输沙和径流数据，统计 1980 ～ 2013 年不同时期输沙量和径流量，如表 3.3 所示，外洲河段径流量和输沙量汛期占比均较大。汛期径流量占比在全年的 55% 上下，输沙量占比则达到 70% 左右。从总量上看，年际径流量没有明显变化趋势，不同时期年均径流量维持在 700 亿 m^3 左右，而输沙量则有明显下降趋势，从 1980 ～ 1989 年的年均 1055.66 万 t 下降到 2012 ～ 2013 年的 229.59 万 t，同比下降了 78.25%。

表 3.3　外洲站径流量和输沙量统计

时段	径流量 / 亿 m^3		
	汛期（4 ～ 7 月）	非汛期（8 月至次年 3 月）	全年
1980 ～ 1989 年	383.47（60.45%）	250.91（39.55%）	634.38
1990 ～ 2000 年	402.89（53.78%）	346.19（46.22%）	749.08
2001 ～ 2011 年	365.73（57.83%）	266.66（42.17%）	632.39
2012 ～ 2013 年	416.53（54.61%）	346.14（45.39%）	762.67
时段	输沙量 / 万 t		
	汛期（4 ～ 7 月）	非汛期（8 月至次年 3 月）	全年
1980 ～ 1989 年	766.88（72.64%）	288.78（27.36%）	1055.66
1990 ～ 2000 年	384.80（67.29%）	187.03（32.71%）	571.83
2001 ～ 2011 年	235.82（73.86%）	83.48（26.14%）	319.30
2012 ～ 2013 年	140.54（61.21%）	89.05（38.79%）	229.59

注：括号中数据为径流量和输沙量占全年的比例

造成外洲河段输沙量下降的原因来自多个方面，主要原因是人为因素的影响。万安水库截流导致赣江上游来沙减少，而同期径流量变化不明显，从而导致下游河段输沙量降低，含沙量较低的水流冲刷河床在一定程度上会造成床面冲刷；除此之外，赣江干支流不同河段的河道采砂也是造成下游尾闾来沙减少的重要原因，尤其是 2000 ～ 2011 年采砂现象较为严重。

来沙系数（定义为 $\xi=S/Q$，S 为悬沙含沙量，Q 为流量）是代表来水来沙协调性的重要参数，来沙系数 ξ 的大小和变化情况表现了河道泥沙输移平衡和冲淤量的变化特性（吴保生和申冠卿，2008）。

统计外洲站历年年均来沙系数、汛期（4 ～ 7 月）和非汛期（8 月至次年 3 月）来沙系数，如图 3.10 所示，1980 年之前，受洪枯季节来流影响，来沙系数略有波动，但没有明显减小的趋势；20 世纪 80 年代末期到 90 年代初，来沙系数呈现出明显的减小趋势；1990 ～ 2000 年，来沙系数一直处于较低水平，并有逐渐减小的趋势；2001 ～ 2013 年，来沙系数没有明显的变化趋势。总体来看，来沙系数呈减小趋势，汛期来沙系数减小更加明显，特别是自 20 世纪 90 年代以来，来沙系数一直处于较低水平。

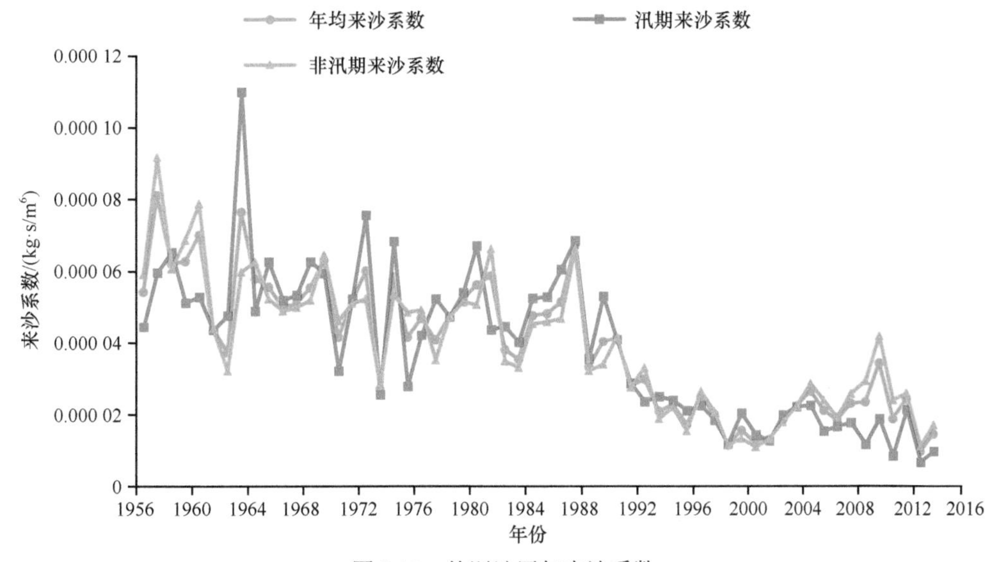

图 3.10　外洲站历年来沙系数

计算不同时期来沙系数，如表 3.4 所示，1956 ～ 1989 年外洲站年均来沙系数为 5.191 31×10^{-5}kg·s/m^6，从 20 世纪 90 年代初期开始来沙系数明显减小，1990 ～ 2000 年减小到 2.217 08×10^{-5}kg·s/m^6，之后一直呈减小趋势，到 2012 ～ 2013 年，来沙系数减小到 1.209 60×10^{-5}kg·s/m^6。汛期和非汛期来沙系数减小趋势有所不同，20 世纪 90 年代以前，汛期与非汛期来沙系数基本相同，之后汛期来沙系数减小速度更快，至 2012 ～ 2013 年，汛期来沙系数只有非汛期的 58% 左右。

表 3.4　外洲站不同时期来沙系数

时段	来沙系数 /（×10^{-5}kg·s/m^6）			时段	来沙系数 /（×10^{-5}kg·s/m^6）		
	年均	汛期	非汛期		年均	汛期	非汛期
1956 ～ 1989 年	5.191 31	5.319 97	5.126 98	2001 ～ 2011 年	2.215 68	1.700 35	2.473 34
1990 ～ 2000 年	2.217 08	2.277 80	2.186 72	2012 ～ 2013 年	1.209 60	0.815 93	1.406 44

对外洲河段不同时期输沙量和来沙系数进行 Mann-Kendall 趋势检验，检验值如表 3.5 所示，各时期输沙量都呈下降趋势，截流前、截流时期、采砂及整治期的检验值分

别为 –1.22、–1.56、–1.77，均未超过阈值 1.96，下降不显著，但检验值逐渐减小，下降趋势有所增大。就来沙系数而言，截流时期来沙系数下降显著，截流前略有下降，采砂及整治期略有上升，趋势不显著。

表 3.5 外洲河段不同时期输沙量和来沙系数 Mann-Kendall 趋势检验值

时期	输沙量			
	序列长度	检验值 Z	趋势	显著性
截流前（1980 ～ 1989 年）	10 年	–1.22	下降	不显著
截流时期（1990 ～ 2000 年）	11 年	–1.56	下降	不显著
采砂及整治期（2001 ～ 2014 年）	14 年	–1.77	下降	不显著
时期	来沙系数			
	序列长度	检验值 Z	趋势	显著性
截流前（1980 ～ 1989 年）	10 年	–0.36	下降	不显著
截流时期（1990 ～ 2000 年）	11 年	–2.96	下降	显著
采砂及整治期（2001 ～ 2014 年）	14 年	0.183	上升	不显著

综合来看，赣江外洲河段输沙率近年呈下降趋势，并且趋势明显。来沙系数在截流时期显著下降，之后一直处于较低水平，经分析认为是受万安水利枢纽截流影响，外洲河段来沙量在截流前处于较高水平，截流后来沙量和来沙系数均降低，在采砂及整治期则一直处于较低水平。

受来沙条件变化的影响，下游尾闾河道普遍表现出冲刷的趋势，综合外洲河段冲淤量与来沙条件的变化进行分析。表 3.6 对比了同一流量过程中含沙量对淤积幅度的影响，可以看出，1985 ～ 1986 年和 1992 ～ 1993 年的汛后枯水流量持续时间相当，而前者的含沙量约为后者的 2 倍，相应的边滩淤积幅度亦为前者大于后者。

表 3.6 外洲站边滩淤积幅度与含沙量的关系

时段	枯水流量持续时间 /d	含沙量 /（km/m^3）	边滩淤积幅度 /m
1985 ～ 1986 年	107	0.041	0.08
1992 ～ 1993 年	105	0.021	0.02

外洲站 2008 年和 2013 年水沙条件对比如表 3.7 所示，可以看出，2008 年与 2013 年的流量基本相同，而 2008 年的水位、含沙量、输沙率都高于 2013 年。结合之前已经分析过的尾闾河段上主要洲滩的演变情况可以看出，在 2001 年大规模河道采砂开始以后，赣江下游河道的河床剧烈下切，相同流量情况下的水位下降，含沙量和输沙率也大幅减小，最终导致尾闾河段的洲滩基本都呈现出冲刷萎缩的趋势。

表 3.7 外洲站 2008 年和 2013 年水沙条件对比

年份	流量 /（m^3/s）	水位 /m	含沙量 /（kg/m^3）	输沙率 /（kg/s）
2008	1913	16.35	0.0315	69.53
2013	1957	15.42	0.0235	52.49

而表 3.8 统计了外洲站 1984 年和 1991 年 3 ～ 7 月的流量和含沙量过程，可以看出，两个时期流量在 500 ～ 1500m^3/s、1500 ～ 2500m^3/s 和 2500m^3/s 以上的时间相同，即流量过程基本类似，而 1984 年 3 ～ 7 月的平均含沙量为 0.201kg/m^3，1991 年同期的平均含沙量只有 0.075kg/m^3。

表 3.8 外洲站 1984 年和 1991 年 3 ～ 7 月的含沙量和流量过程对比

年份	含沙量 /（kg/m^3）	流量 /（m^3/s）		
		500 ～ 1500	1500 ～ 2500	＞ 2500
1984	0.201	1 个月	1 个月	3 个月
1991	0.075	1 个月	1 个月	3 个月

比较外洲河段年均冲淤量与年均来沙系数的关系，如图 3.11 所示，1990 年以前外洲河段年均来沙系数处于相对较高的水平，断面在 1990 年以前为微冲—微淤，径流量大时断面表现为冲刷，径流量小时表现为淤积；自 1990 年万安水利枢纽截流，年均来沙系数呈现下降趋势，至 2000 年，年均来沙系数维持在较低水平，断面逐渐表现出冲刷的趋势。2000 ～ 2011 年，年均来沙系数维持在较低水平，同时出现大规模人为采砂活动，致使冲刷量加大，断面剧烈下切。2012 年之后，采砂活动得到控制，赣江采取一系列整治措施，使冲刷趋势得到遏制，断面基本维持冲淤平衡。

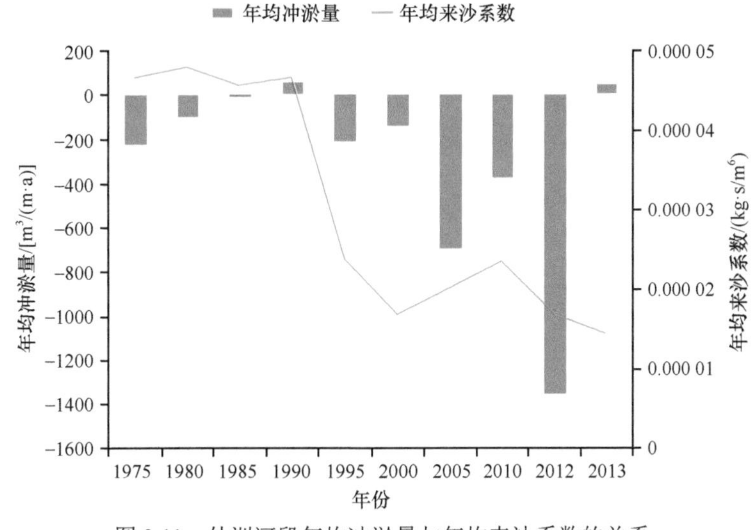

图 3.11 外洲河段年均冲淤量与年均来沙系数的关系

图 3.12 为外洲站右边滩 1984 年和 1991 年 3 ～ 7 月的断面变化，可以看出，虽然 3 ～ 7 月右边滩均表现为冲刷，但是冲刷幅度却不一样，1991 年右边滩的最大冲刷幅度在 0.5m 左右，而 1984 年的最大冲刷幅度不足 0.4m，并且从 1984 年到 1991 年的 8 年间，整个右边滩冲刷萎缩了近 1.8m。显然，含沙量的不同造成了这种冲刷幅度的差异。

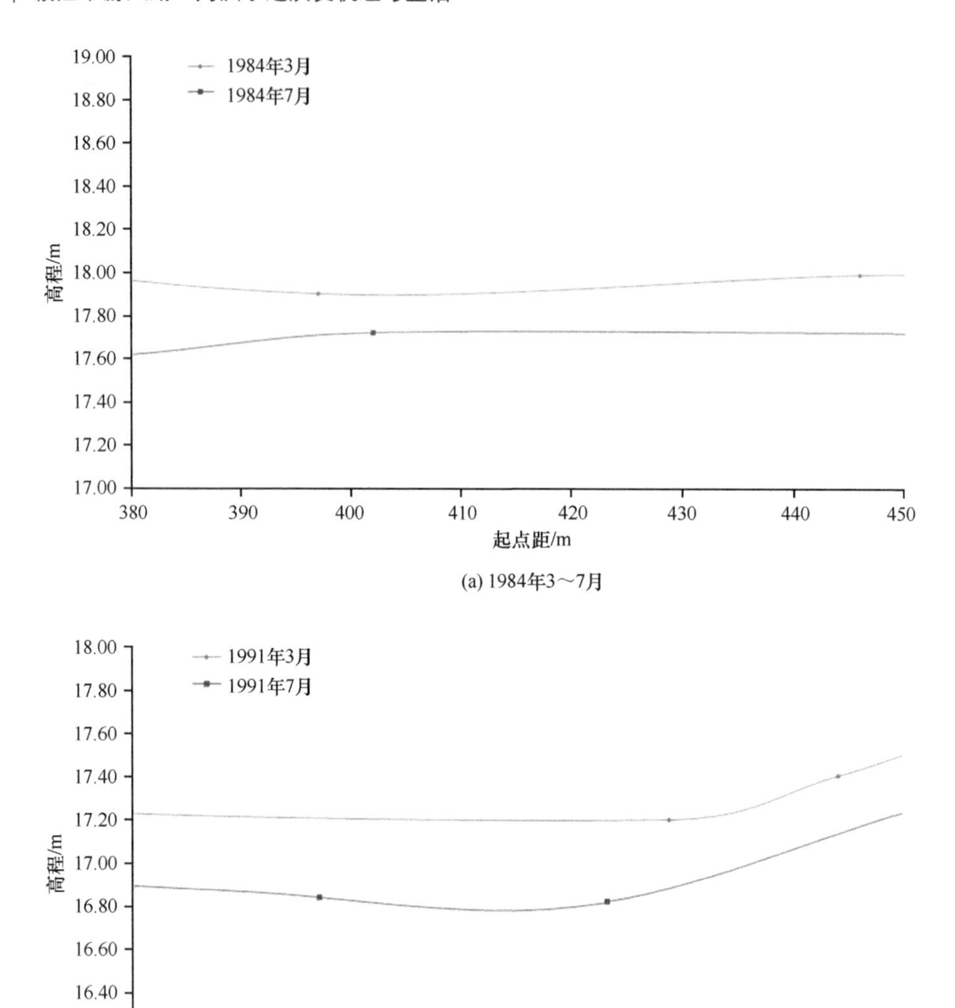

(a) 1984年3～7月

(b) 1991年3～7月

图 3.12　外洲站右边滩 1984 年和 1991 年 3 ～ 7 月的断面变化

综上所述，在流量过程基本一致的情况下，含沙量的大小影响着河道的冲淤，含沙量越大，淤积越明显，淤积幅度越大；反之，含沙量越小，则冲刷幅度越大，淤积幅度越小。万安水利枢纽截流之后，含沙量减小，来沙系数呈现出降低趋势，年内冲刷加快、淤积减缓，淤积幅度小于冲刷幅度，导致年际外洲河段整体特别是右边滩呈冲刷萎缩的状态。

3.1.3　河道演变对分流比的响应

自 2000 年以来，赣江下游东河、西河分流比发生了明显的变化，在中水、枯水条件下，西河的分流比不断增加，东河的分流比明显减小（陈界仁等，2010）。通过对已有外洲站实测资料和赣江下游四支实验资料的分析，不同流量情况下尾闾入口段外洲站流量与对应的四支流量分配比不同。四支流量的分配对整个尾闾地区分流、分沙及下游各支断面演变有重要的影响。

根据 2007 ～ 2011 年赣江四支各测站测流所得数据，结合对应的洪水过程由外洲站至下游各站响应传播时间、外洲站相应整编资料，计算外洲站各流量下四支的分流比，建立相关关系，分别绘制外洲站流量与各支分流比的关系曲线，结果如图 3.13 ～图 3.16 所示，并综合所得各支曲线绘制外洲站流量与赣江四支分流比的关系图，如图 3.17 所示。

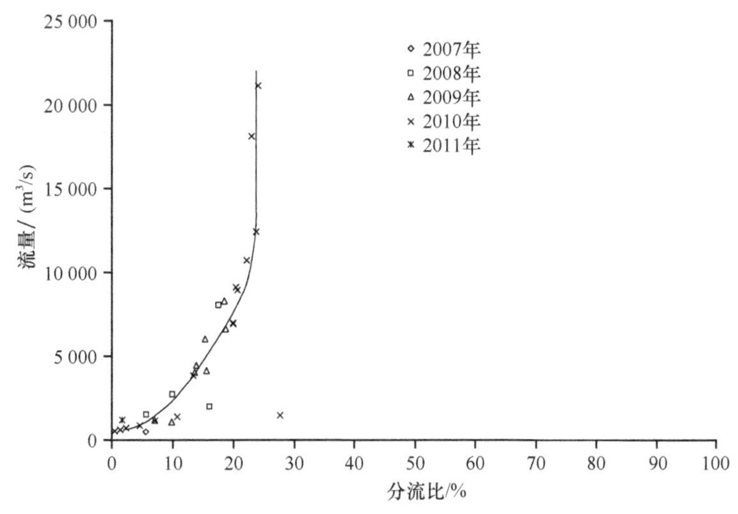

图 3.13　外洲站流量与南支分流比的关系

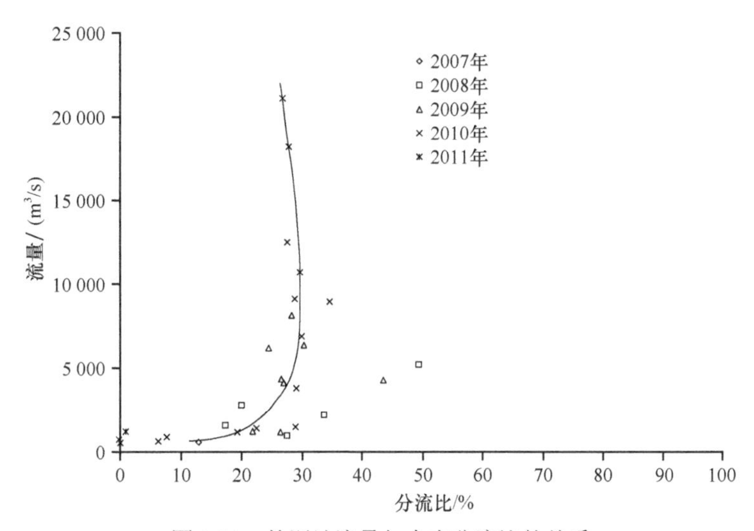

图 3.14　外洲站流量与中支分流比的关系

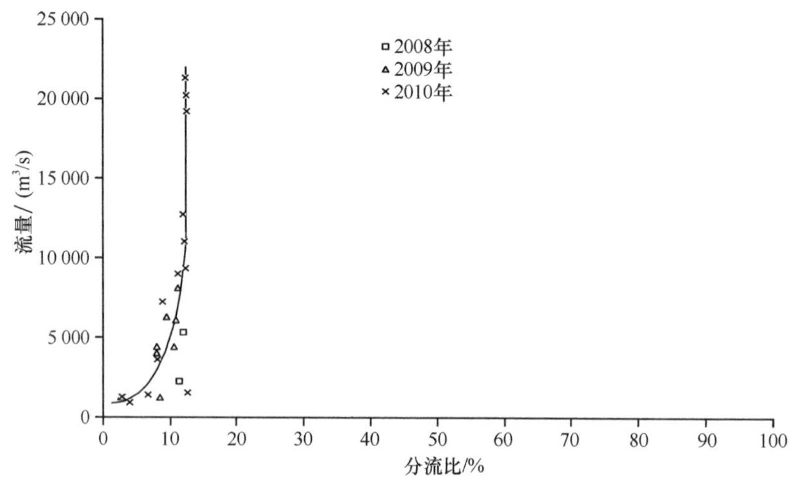

图 3.15　外洲站流量与北支分流比的关系

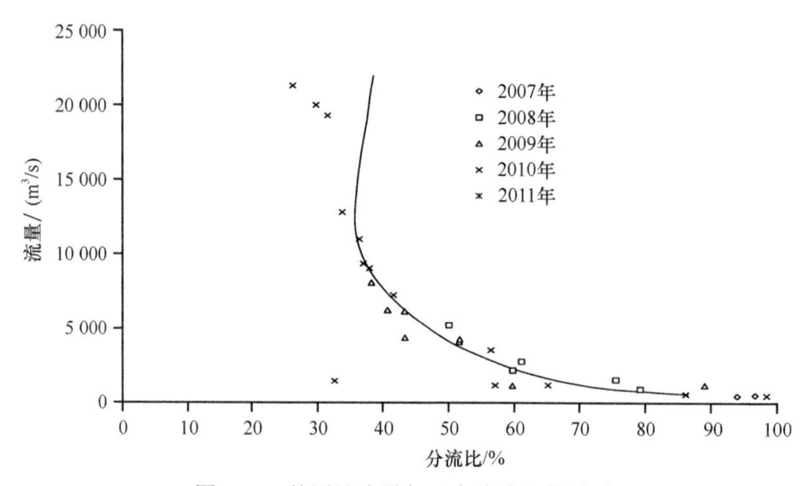

图 3.16　外洲站流量与西支分流比的关系

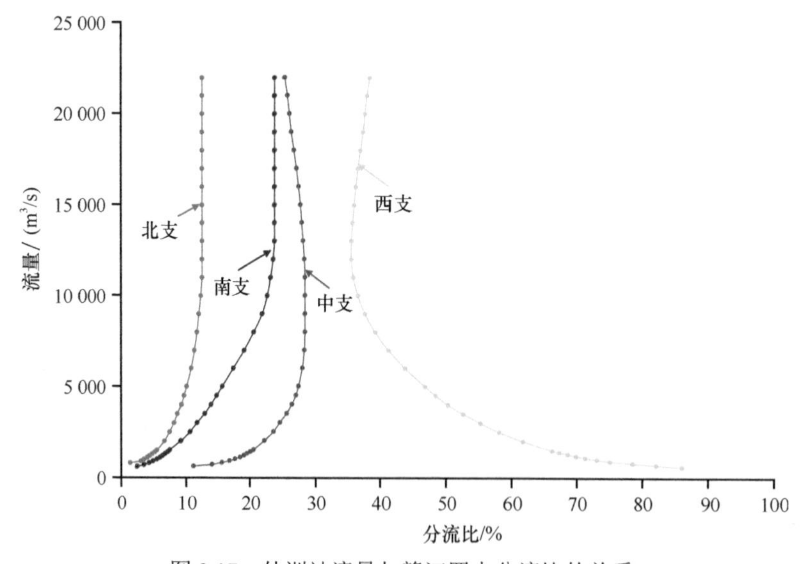

图 3.17　外洲站流量与赣江四支分流比的关系

结合实测资料与不同外洲站流量下四支分流比曲线，计算不同流量级别下四支的分流比，对赣江四支分流比实验、分析成果进行概化，结果如表 3.9 所示。

表 3.9　赣江四支分流比概化值

外洲站流量 /（m^3/s）	南支 /%	中支 /%	北支 /%	西支 /%	东河 /%	西河 /%
600	2.3	11.0	0	86.7	13.3	86.7
700	3.4	13.9	0	82.7	17.3	82.7
800	4.2	15.5	1.2	79.1	19.7	80.3
900	4.8	16.7	2.9	75.6	21.5	78.5
1 000	5.4	17.6	3.4	73.6	23.0	77.0
1 100	5.9	18.4	3.9	71.8	24.3	75.7
1 200	6.3	19.0	4.3	70.4	25.3	74.7
1 300	6.7	19.5	4.7	69.1	26.2	73.8
1 400	7.1	20.0	5.1	67.8	27.1	72.9
1 500	7.4	20.5	5.4	66.7	27.9	72.1
2 000	9.1	22.2	6.6	62.1	31.3	68.7
2 500	10.5	23.6	7.4	58.5	34.1	65.9
3 000	11.6	24.6	8.1	55.7	36.2	63.8
3 500	12.8	25.6	8.6	53.0	38.4	61.6
4 000	13.8	26.4	9.2	50.6	40.2	59.8
4 500	14.7	27.0	9.6	48.7	41.7	58.3
5 000	15.6	27.4	10.0	47.0	43.0	57.0
6 000	17.4	28.0	10.7	43.9	45.4	54.6
7 000	19.1	28.3	11.2	41.4	47.4	52.6
8 000	20.6	28.4	11.6	39.4	49.0	51.0
9 000	21.9	28.4	11.9	37.8	50.3	49.7
10 000	22.7	28.4	12.2	36.7	51.1	48.9
11 000	23.2	28.4	12.4	36.0	51.6	48.4
12 000	23.6	28.3	12.4	35.7	51.9	48.1
13 000	23.8	28.1	12.4	35.7	51.9	48.1
14 000	23.8	27.9	12.4	35.9	51.7	48.3
15 000	23.8	27.7	12.4	36.1	51.5	48.5
16 000	23.8	27.4	12.4	36.4	51.2	48.8
17 000	23.8	27.1	12.4	36.7	50.9	49.1
18 000	23.8	26.7	12.4	37.1	50.5	49.5
19 000	23.8	26.3	12.4	37.5	50.1	49.9
20 000	23.8	26.0	12.4	37.8	49.8	50.2
21 000	23.8	25.7	12.4	38.1	49.5	50.5
22 000	23.8	25.3	12.4	38.5	49.1	50.9

从表 3.9 可以看出：外洲站流量在 5000m^3/s 以下时，各支分流比变化都较大，随着外洲站流量不断加大，南支、中支和北支的分流比呈现逐步递增的趋势，西支的分流比呈现相反的趋势；外洲站流量接近 9000m^3/s 时，东河、西河分流比相等，各为 50.0%；外洲站流量为 11 000 ～ 22 000m^3/s 时，中支分流比逐渐减小，分流比从最大值 28.4% 降至 25.3%；外洲站流量超过 11 000m^3/s 时，北支分流比趋于稳定，为 12.4%；外洲站流量小于 12 000m^3/s 时，东河分流比随外洲站流量的增大呈现递增的趋势，外洲站流量大于 12 000m^3/s 时，东河分流比逐渐减小，从最大 51.9% 降至 49.1%，西河分流比则随之相应减小、增大；外洲站流量超过 13 000m^3/s 时，南支分流比趋于稳定，其分流比为 23.8%。

结合 1968 ～ 1976 年赣江四支水位站的流量测验资料，以及当时分析的南支、中支及东河、西河流量与外洲站流量的关系，对比以往四支分流比与外洲站流量的关系和现在的差别，认为四支分流比及东河、西河的总体特征规律没有发生大的变化，现在外洲站不同流量对应的南支、中支、北支分流比都偏小，并且外洲站流量越小，分流比偏小幅度越大，西支的情况则相反；当外洲站流量大于 13 000m^3/s 之后，四支分流比的偏差值最小，并趋于稳定，东河分流比减小，西河分流比增大，并且外洲站流量越小，分流比的变化幅度越大，东河分流比减小（西河分流比增大）变幅为 6.7% ～ 42.5%。

赣江尾闾分流比的变化除了受到河流自然演变与河道冲淤的影响，还主要与裘家洲、扬子洲控导工程，人类活动影响导致的过水断面的变化，以及三峡水库蓄水后鄱阳湖水位的下降有关。尾闾地区四支分流比的变化，特别是中水期、枯水期各支流分流比的变化导致了各支流水力条件发生改变，同时对相应的分沙比造成了影响。

3.2 水体演变分析

地表水作为城市水体最活跃的部分，是城市中人类活动与自然过程相互影响最为强烈的地带之一（付颖等，2014）。地表水的变化影响着城市水利工程的规划和水资源的配置，从而影响整体城市的规划发展。南昌市水网密布，湖泊众多，近年来市区地表水变化也较为明显。因此，本节运用多时段 Landsat 卫星遥感图像，对南昌市周围影像进行水体信息提取，对其地表水体分布变化特征及驱动因子进行研究分析，从而为南昌市地表水资源的合理开发利用提供科学依据。

3.2.1 研究方法

水资源作为一种非常重要的资源被人们格外重视，因此，选择一种适合研究区的水体提取方法来研究该区水资源信息显得尤为关键。应用地物光谱信息可以直接识别遥感影像上的地物信息，其中水体在可见光波段、近红外波段具有特殊光谱性，利用这个特性我们可以提取有关水体信息。使用传统的水文资料对河道演变进行研究不但费力、费时、代价高，而且资料限制性也大，遗漏历史资料的现象比较严重。遥感技术明显的优势就是能够实时动态地检测信息，无论是当今最新的地球资源信息还是几十年前的地球资源信息都能够通过对遥感影像的分析处理得到形象、具体、真实的水文资源状况，相比传统研究方法有着不容小觑的优势，目前被研究河道演变的学者广泛使用。

所研究河流包括赣江干流和尾闾支流，以及抚河东支、北支。由于城内四湖面积较小且变化不明显，因此本研究的湖泊以城外四湖为主，包括青山湖、艾溪湖、瑶湖、象湖，以及距城较远，与抚河相接的青岚湖，此外，还包括鄱阳湖入湖口处水域，以及分散于河流湖泊间的鱼塘、湿地等。

本节的遥感数据来自美国陆地卫星（Landsat）。陆地卫星是美国地球资源卫星系列，其作用是探测地球的环境和资源信息，目前已经成为全球应用最为广泛、成效最为显著的地球资源卫星遥感信息源。截至 2013 年，美国已经陆续发射 8 颗 Landsat 系列卫星。根据卫星成像特点本研究选取 Landsat-5 TM 和 Landsat-8 卫星图像，根据地理坐标下载条带号为 121/40 的影像以完全覆盖研究区域。

遥感影像质量受到水位、季节、天气等因素的影响。由于使用的影像数据时间跨度为近 20 年，各时相遥感数据成像日期不同，相应水位也不同，水位变化会影像水边线位置，因此需充分考虑成像时的水文条件相近、时间跨度间隔相近等因素，以增加变化监测结果的可比性（钟凯文等，2006）。外洲站位于南昌市西湖区，控制流域面积 80 948km^2，是南昌市区乃至整个赣江流域最大的控制站，其水文资料基本可以反映南昌市周围地表水的水文特征，因此将其水位作为选取遥感图像的参照水位。外洲站水位信息由江西省水文数据库检索系统提供。

控制外洲站日平均水位在（16.5±0.3）m 范围内，在 1996 ～ 2014 年，间隔 5 年左右筛选出一幅无云清晰的遥感图像，具体的遥感影像信息如表 3.10 所示。

表 3.10　遥感影像信息表

编号	日期	影像来源	外洲站日平均水位 /m
1	1996 年 11 月 23 日	Landsat-5 TM	16.61
2	2001 年 10 月 20 日	Landsat-5 TM	16.44
3	2005 年 9 月 29 日	Landsat-5 TM	16.32
4	2009 年 3 月 16 日	Landsat-5 TM	16.64
5	2014 年 10 月 8 日	Landsat-8	16.21

对遥感影像进行假彩色合成，即利用三原色原理，选取不同单波段影像叠加合成，形成假彩色影像，以突出反映周围水体信息。不同的地物对电磁波的反射有差异，其热辐射也不同。对于水体而言，水体在近红外和中红外波段上几乎是吸收了全部的入射能量（谢思梅和彭政杰，2015），因此在这两个波段中，水体反射能量非常少，而植物土壤吸收能量比较少，这就使得水体在近红外和中红外波段上与植物土壤有着明显区分。这里选取中红外波段、近红外波段、红色波段进行合成，所有波段分辨率均

为 30m。

卫星传感器主要通过接收和记录地球表面反射、发射的电磁波来获得地表各类地物的信息。各类地物对太阳光的吸收和反射的程度不同，以及地物结构、组成及性质的差异，导致它们在卫星传感器上记录的电磁波谱信息也不同。而可见光和近红外波段水体与植被、城市和土壤光谱反射率的差异是利用遥感手段提取水体的基本原理。对于 Landsat-5 TM 和 Landsat-8，这里选择不同波段运算来提取影像水体信息及河道岸线，并利用决策树分类对不同地物进行区分，从而将水体和其他部分分离。选取的波段运算公式为

Landsat-5 TM：

$$\frac{\text{float}(b2)-b4}{\text{float}(b2)+b4}\text{GT } N$$

Landsat-8：

$$((b1\text{ GT }b5)\text{ and }(b5\text{ GT }b6)\text{ and }(b4\text{ GT }b5))\times(\frac{\text{float}(b3)-\text{float}(b6)}{\text{float}(b3)+\text{float}(b3)})$$

式中，b 分别表示卫星数据不同通道的波段；N 是利用二值法并结合遥感图像具体信息而确定的阈值，用于将水体和非水体区分开，其值为 0.1 ～ 0.3，需根据不同成像条件而进行调节。通过对比可以调试波段运算公式中的参数，从而控制提取精度。

3.2.2 赣江尾闾及南昌城区水体演变分析

提取研究区域典型年份水体影像进行分析，提取结果如图 3.18 所示。

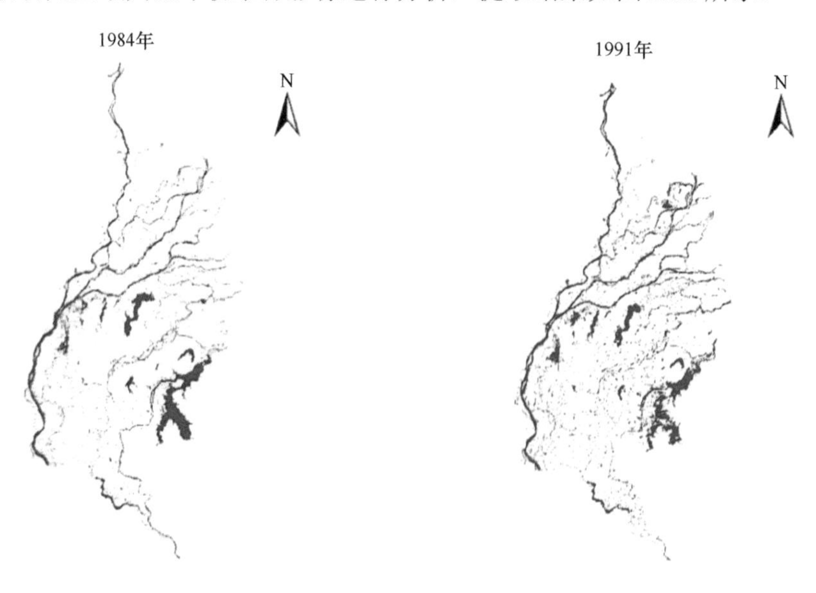

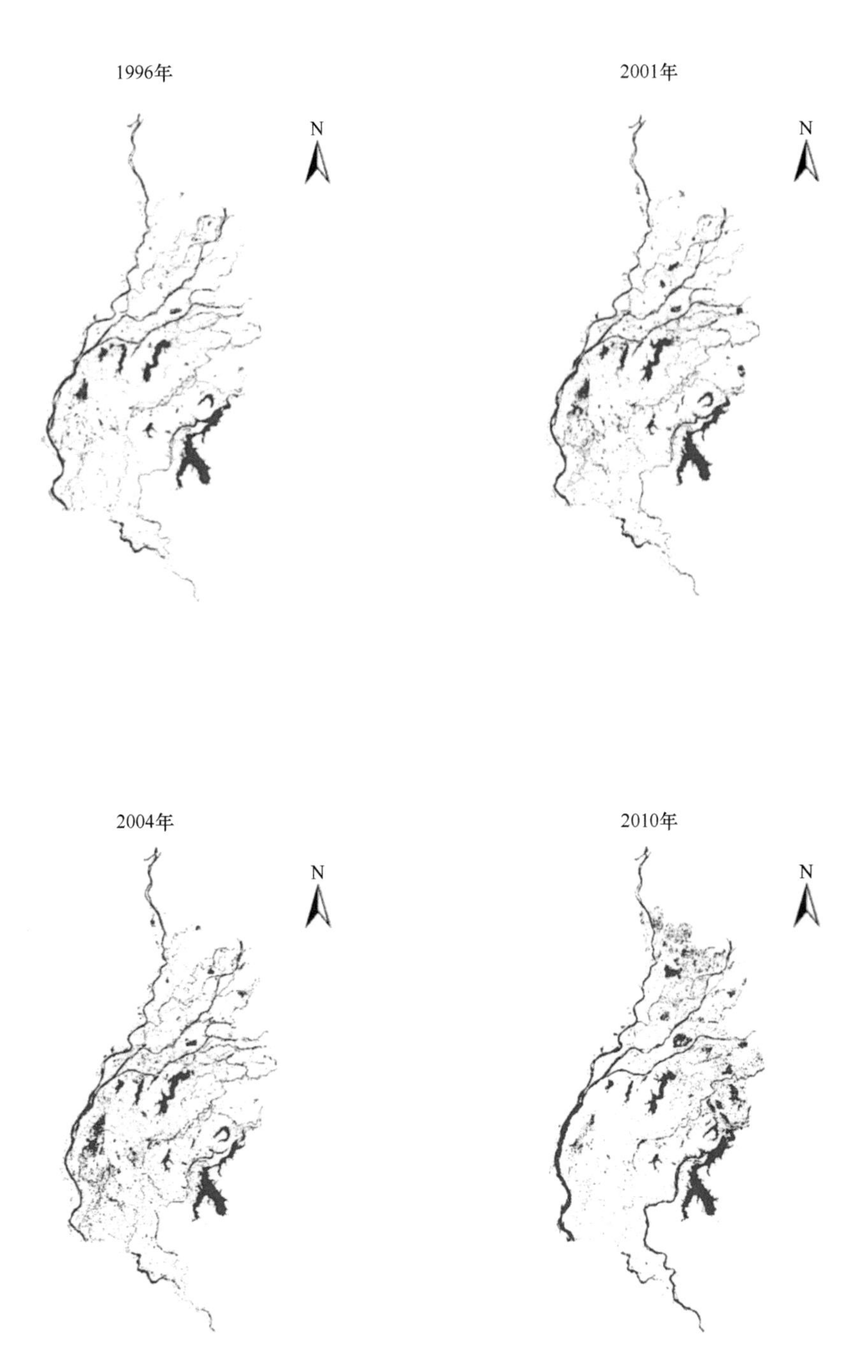
1996年
N
2001年
N
2004年
N
2010年
N

图 3.18　典型年份水体提取图

用 ArcGIS 对水体决策树分类结果进行叠加对比。在决策树分类算法中，将水域部分赋值为 1，将陆地部分赋值为 0，然后将两幅水体提取图进行相减，得到新增水域或陆地的位置，如图 3.19 所示。

计算各典型年份水体面积，如表 3.11 所示。从 2001 年开始，赣江水体面积逐渐增加，且主要增加部分位于南昌上游河段。2001 ～ 2005 年，水域增加主要集中于裘家洲、斗门洲河段。多处江心洲受冲刷变小甚至消失，两侧边滩后退，河道变宽，整个河道从原来的浅滩满布变得顺直开阔，同时下游西支河道岸线也有后退。2005 ～ 2014 年，洪毛洲以南上游部分河道一直呈拓宽的趋势，多处凸岸浅滩被淹没，江心洲也受冲刷面积减小，水域面积大幅增加。

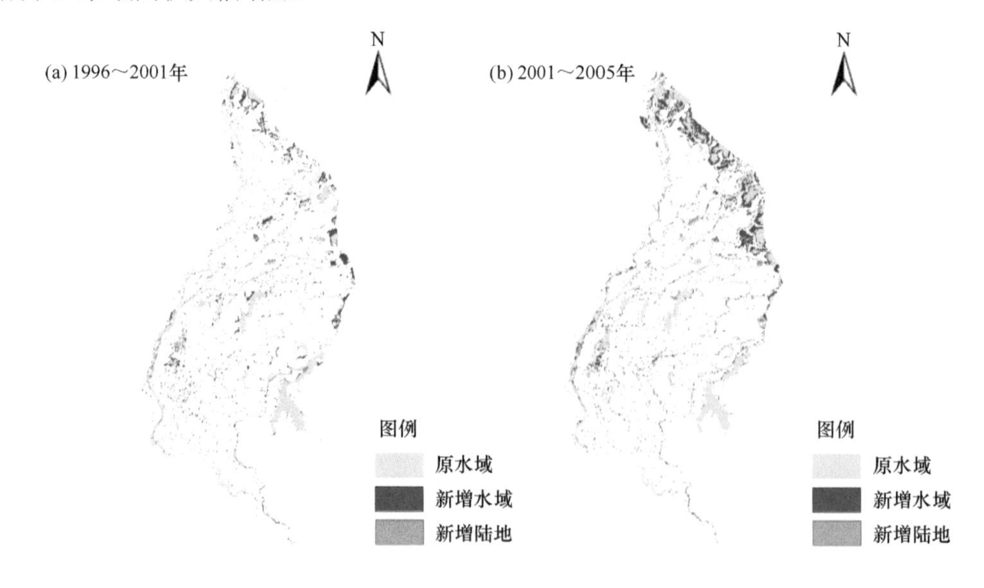

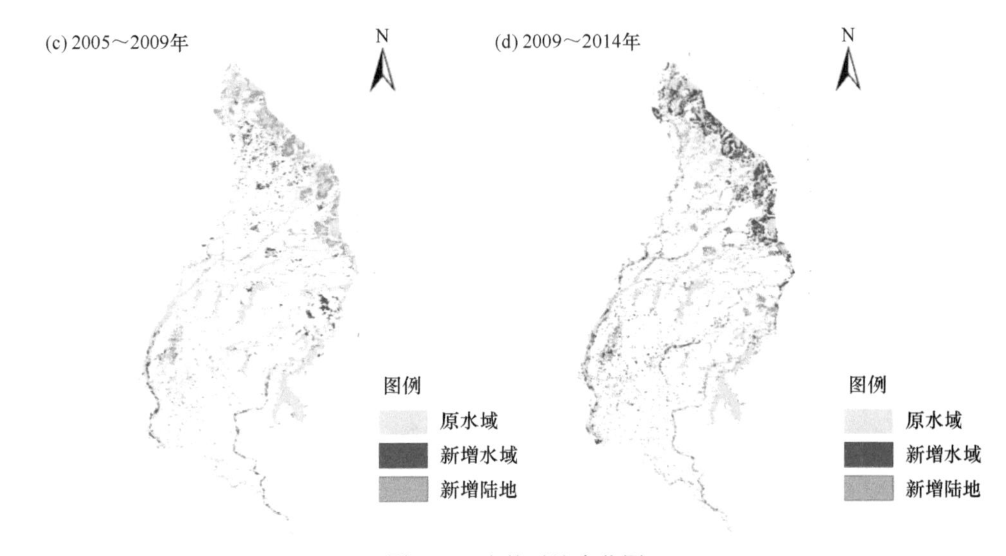

图 3.19　水体对比变化图

表 3.11　水体面积统计表　（单位：km^2）

	1996 年	2001 年	2005 年	2009 年	2014 年
赣江	90.292	93.927	105.103	118.803	126.211
抚河	38.041	38.302	46.051	47.739	46.773
水塘	56.673	76.765	82.465	42.719	31.105
湖泊	89.692	92.138	94.797	94.822	91.860
尾闾入湖口	58.322	98.791	170.029	109.914	169.043
合计	342.352	410.236	509.651	429.342	496.077

抚河可分为入青岚湖前段的东支和入鄱阳湖前段的北支两部分。入青岚湖前段的东支在 2005 年之前河岸线摆动较为剧烈，但总体来看水域面积变化不大。2005 ～ 2009 年东支开始展宽，水域面积增加。2009 ～ 2014 年，抚河整个东支在入青岚湖之前都出现萎缩的趋势，河道束窄，两岸边滩显露。入鄱阳湖北支 2001 年之后水域面积呈现增加—减小—增加的往复变化趋势，总体水域面积略有增加。

水塘分布于整个江、湖之间，除象湖西南侧有部分集中外，其他处分布较为分散。1996 ～ 2005 年，水塘数量和面积都在持续增加，规模扩大，除象湖南侧可以看到明显新增的水塘外，赣江尾闾支流间也出现不少水域。2005 年之后，水塘面积开始减小，象湖南侧水塘整体有往西移动的趋势，但是水域范围明显缩小，分布于赣江、抚河下游的湿地，在这几年之中数量减少，水域多被陆地所替代。

湖泊水域面积总体变化较小。除 1996 ～ 2001 年瑶湖边系水域面积增加，艾溪湖北部、抚河入青岚湖口有部分淤积外，湖泊水域基本处于稳定状态。

在鄱阳湖入湖口处的水域面积出现增加—减小—增加的往复变化趋势，且幅度较大。

针对典型年份影像，以 5 年左右的时间跨度进行水体对比分析，探究其冲淤演变趋势。比较 1984 ～ 1991 年南昌城区水体变化，以 1984 年水体图像为背景，分析 1991 年

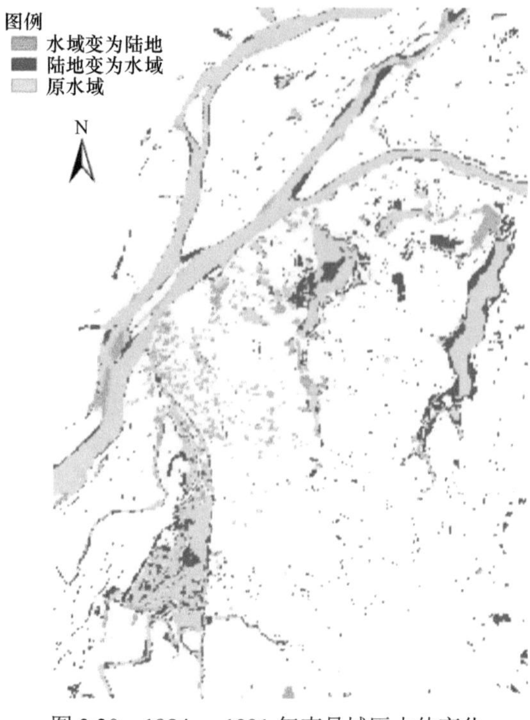

图 3.20 1984 ～ 1991 年南昌城区水体变化

相较于 1984 年的变化。与彩色图像对比后，排除云的干扰可见变化主要是水体面积的变化，变化主要集中在南昌城区及赣江入湖口处。其中，南昌城区的水体变化主要集中在象湖、青山湖、艾溪湖，如图 3.20 所示，三个湖区的水体都有所增加，但是在象湖北部的城市区域水体减少较为明显，其他区域的水体则略有增加。而扬子洲和蛟溪头洲头处显示出冲刷的迹象。

此外，在赣江下游区域水体均表现为增加，如图 3.21 所示，其中主要应是新开发的用于水产养殖的池塘，而下游河道也有展宽的趋势，江心洲均有不同程度的退化。

赣江在流经南昌市区时，岸线变化并不明显，变化主要集中在江心洲，具体表现为江心洲洲头冲刷、洲尾淤积，使得江心洲有向下游移动的趋势，如图 3.22 所示。

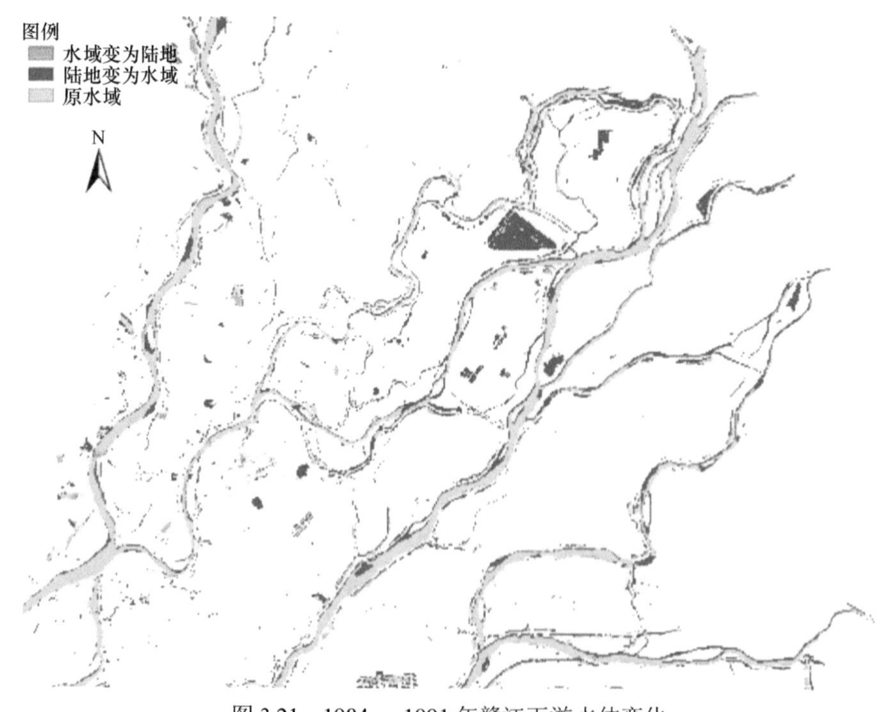

图 3.21 1984 ～ 1991 年赣江下游水体变化

对比 1991 ～ 1996 年研究区域水体变化，水域面积总体有所减小，城市内水体变化不明显，而赣江河道的淤积则比较严重。其中，水域减少最明显的区域是在青岚湖湾里咀处及青岚湖北部，如图 3.23 所示。此外，在赣江下游，其支流及分汊淤积也较为明显，河流束窄，江心洲发育，洲头向上游发展，而城市水域变化则不明显，少数区域的水体有所增加，如图 3.24 所示。

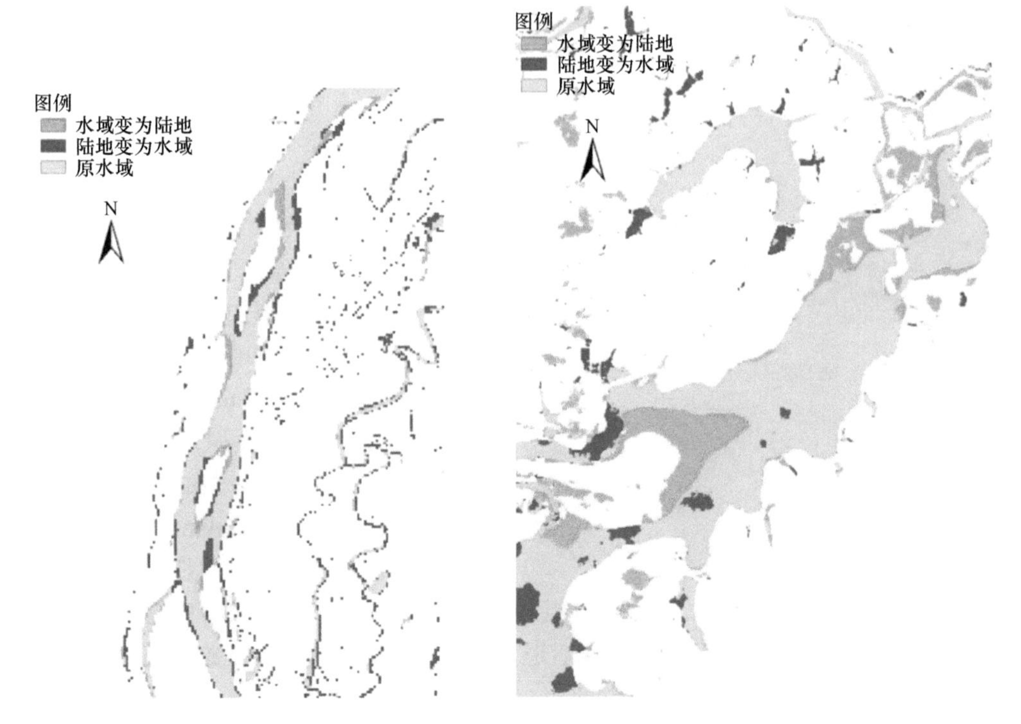

图 3.22 1984～1991 年南昌市区赣江水体变化

图 3.23 1991～1996 年青岚湖湾里咀处及青岚湖北部水体变化

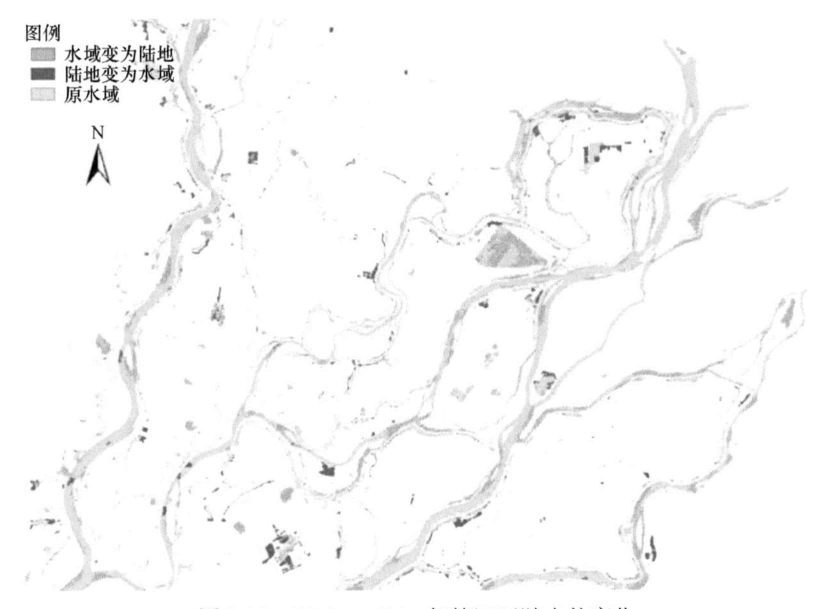

图 3.24 1991～1996 年赣江下游水体变化

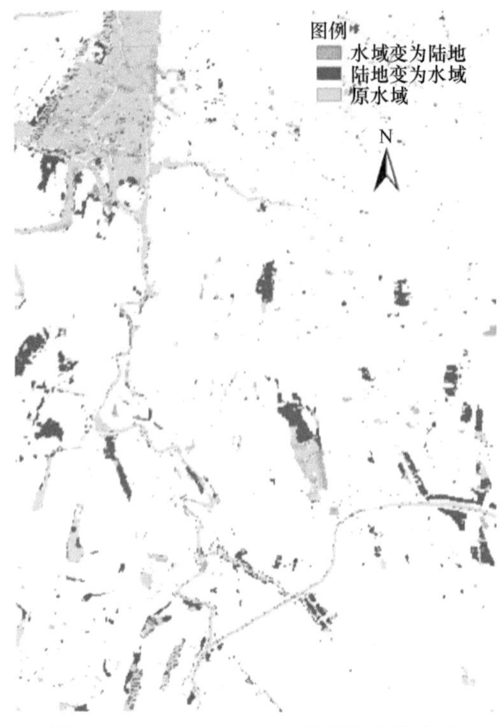

图 3.25　1991 ～ 1996 年象湖处水体变化

1991 ～ 1996 年水域的增加主要集中在象湖的南部城区，如图 3.25 所示，主要是人工建设的水塘及水田的增加。

对比 1996 ～ 2001 年研究区域水体变化，其中抚河上游河流流向及整个径流的走势都发生了较大的变化，下游部分河段发生整体的移位，部分小段河流向东移动，如图 3.26 所示。

南昌市赣江上游地区，主流部分略有冲淤，但整体变化不大。1996 ～ 2001 年南昌市地表水总面积增加了 67.884km^2，增长速度为 13.577km^2/a。增加的水体主要来自尾闾入湖口，其面积增加了 40.469km^2，占该时段水体增加总量的 59.615%。水塘面积增加也较为明显，增加的面积为 20.092km^2，增长率为 35.453%。赣江和湖泊的水域面积分别增加了 3.635km^2、2.446km^2，但二者水体面积所占水体总面积的比例都相对减小，分别从 26% 减小到 23% 和 22%。从水体增加的空间格局来看，尾闾入湖口的水体增加主要表现为鄱阳湖上游分散小型湖泊岸线后退。水塘的增加主要集中于象湖南侧，如图 3.27 所示，其余增加都分散于江、湖之间。

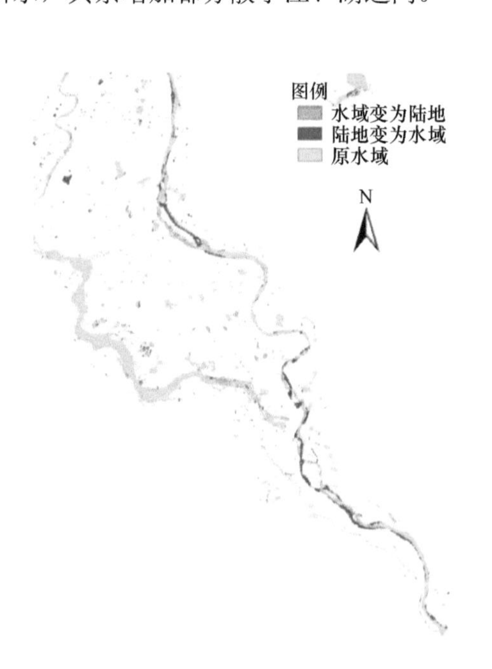

图 3.26　1996 ～ 2001 年抚河流域水体变化

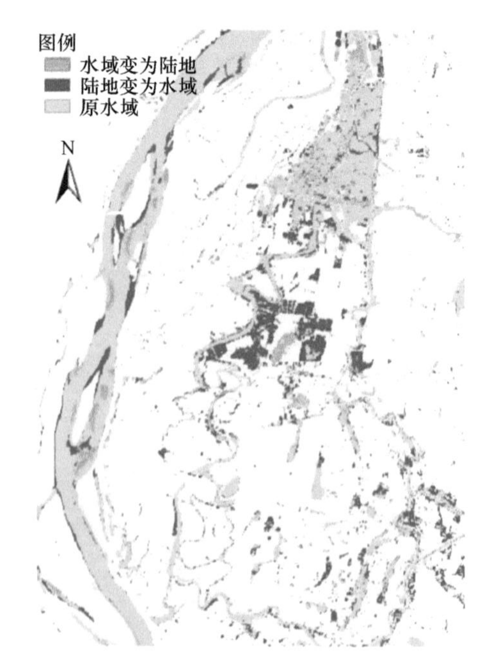

图 3.27　1996 ～ 2001 年赣江、水塘等主要变化区域

在扬子洲头西支分汊处，有部分水域面积增加，位于南昌市赣江北大道附近，有可能是城市水域增加。赣江入湖在这五年内河道没有很大变化，在艾溪湖北侧有水体减少，陆地裸露。瑶湖边缘部分地区水域面积有所增大，如图 3.28 所示。

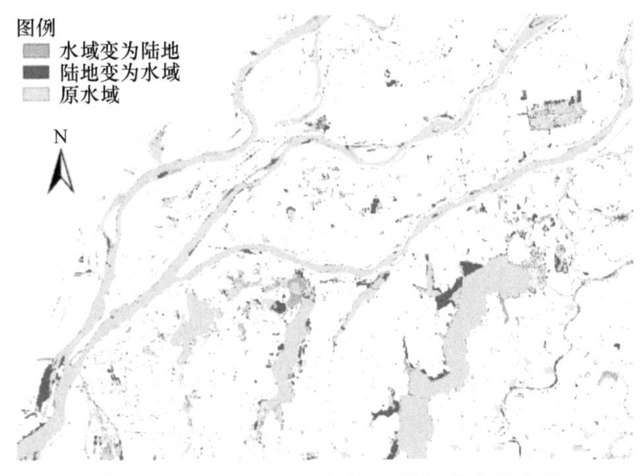

图 3.28　1996 ～ 2001 年赣江尾闾处水体变化

对于赣江入湖各分支，河道变化都不大。只在毫湖子河北部、将军洲地区，有形状较规则的新增水体出现。根据水体形状预测可能为鱼塘或其他人为用水面积增加，如图 3.29 所示。

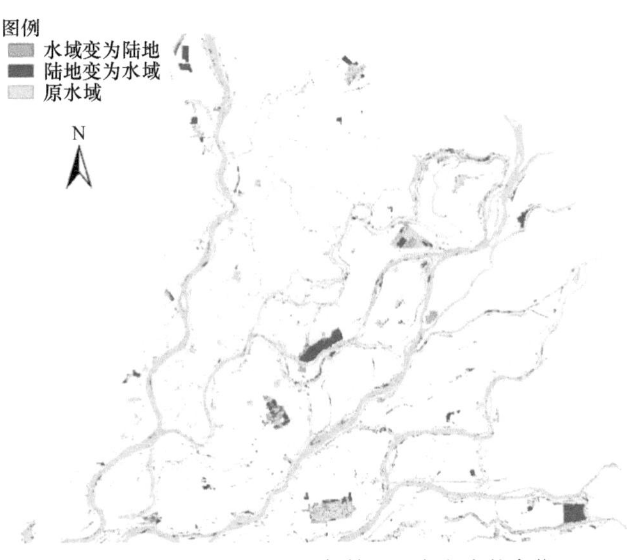

图 3.29　1996 ～ 2001 年赣江入湖段水体变化

2001 ～ 2005 年抚河整个河流趋势和走向都有所改变。抚河弯道多且复杂，年际变化较大，河流方向及形态都有较大的改变，如图 3.30 所示。

南昌上游洪毛洲—斗门洲河段，赣江主河道岸线略有变化。洪毛洲洲头淤积，尤其是洲头东岸处，河道几乎被全部淤塞。斗门洲洲体中心部分面积减小，两侧河流略有拓宽。下游江心洲洲头冲刷严重，尤其是洲头西侧水域面积增大。青云水库上游水体增多，可能为城市水体面积扩大，如图 3.31 所示。

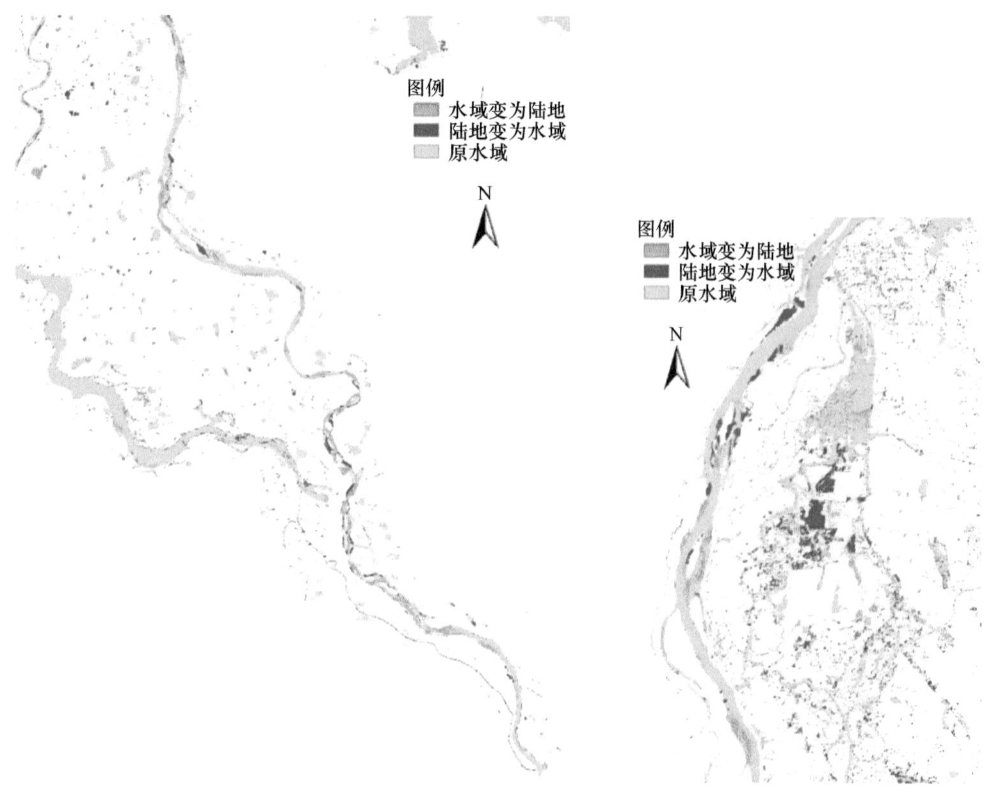

图 3.30　2001 ～ 2005 年抚河流域水体变化

图 3.31　2001 ～ 2005 年南昌上游地区水体变化

赣江下游入湖分支，除西支有局部轻微冲刷之外，其他的主要河道基本没有变化。如图 3.32 所示，在各分支之间，零星散布着一些变化的、形状规则的人工鱼塘及养殖基地。人工活动的变化，使得水体略有增减。

2001 ～ 2005 年，南昌市地表水体面积增长速率加快，总面积增长了 99.415km^2，增长速度达到 24.854km^2/a。各部分水体面积都有所增加，增加最多的仍为尾闾入湖口处，增加了 71.238km^2，到 2005 年尾闾入湖口处水域面积占总地表水面积的 33%。赣江、抚河水体也有所增多，增长面积分别为 11.176km^2 和 7.749km^2。水塘相比于前 5 年增长趋势明显减弱，在这 4 年间只增长了 5.700km^2。湖泊水体面积增长缓慢，仅 2.659km^2。

从水体增加的空间格局来看，尾闾入湖处鄱阳湖上游小型的湖泊面积都有明显增加。赣江主要增加部分位于南昌上游河段，集中于裘家洲、斗门洲部分，多处江心洲受冲刷变小甚至消失，两侧边滩后退，河道展宽，整个河道从原来的浅滩满布变得顺直开阔，同时下游西支河道岸线也有后退。水塘数量和面积都在持续增加，规模扩大，除象湖南侧可以看到明显新增的水塘外，赣江尾闾支流间也出现不少水域。

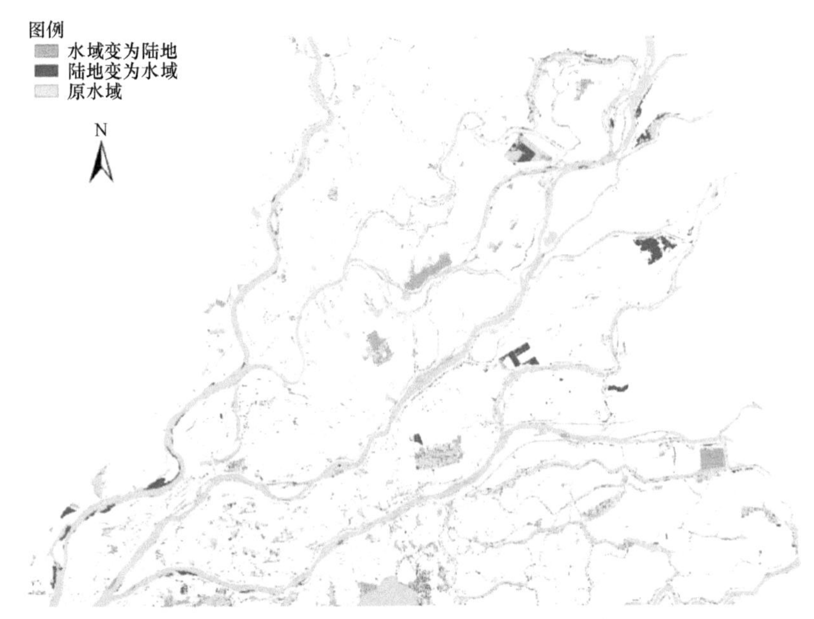

图 3.32 2001 ～ 2005 年赣江尾闾水体变化

2005 ～ 2009 年抚河整体河道变宽，水量增加，河道也变得较为顺直。抚河靠近下游直至入青岚湖部分，河道岸线后退，湖水面积增加，大沙湖北部非河流地区水域面积也明显增加较多，如图 3.33、图 3.34 所示。

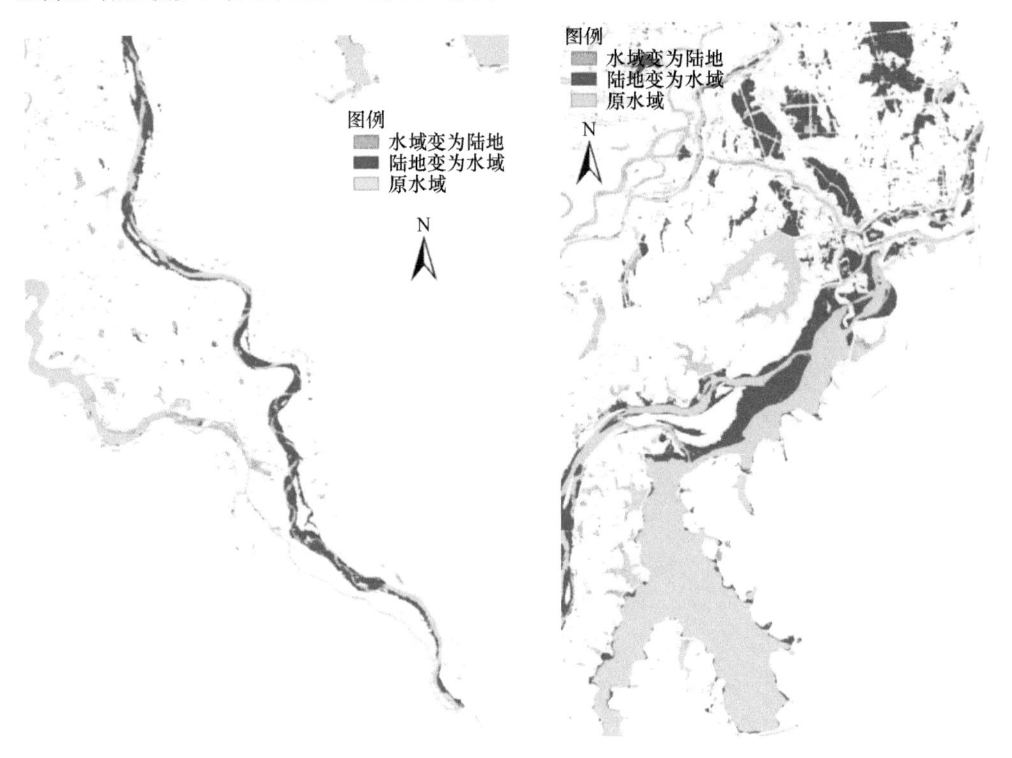

图 3.33 2005 ～ 2009 年抚河流域水体变化

图 3.34 2005 ～ 2009 年抚河下游青岚湖处水体变化

南昌上游部分，主河道明显展宽，凸岸冲刷较为明显。但非主河道的中间部分、鱼塘及其他人工用水占地却有所减小，青云水库周围的陆地增加，水域面积减小。入湖区域主要支流河道岸线变化不明显，但分汊之间的鱼塘分布增多，所以水域面积增大，且鱼塘主要分布在靠近入湖区域，如图 3.35、图 3.36 所示。

图 3.35　2005 ～ 2009 年南昌市上游处水体变化

图 3.36　2005 ～ 2009 年赣江尾闾入湖段水体变化

2005 ～ 2009 年，南昌市周围地表水面积开始减小。水体总面积减小 80.309km^2，主要减少的水域位于尾闾入湖口及水塘，分别减少了 60.115km^2、39.746km^2。在总体水域面积减小时，赣江的水域面积却呈现增加的趋势，增加面积为 13.700km^2，到 2009 年占总水域面积 28%。抚河和湖泊水域分别仅增长了 1.688km^2 和 0.025km^2。

2005 年之后，赣江尾闾处的水域变化呈现出和之前相反的趋势，鄱阳湖入湖口小型湖泊范围缩小。象湖南侧水塘数量和面积都明显减少，而分布于赣江、抚河下游的湿地，在这几年之中数量减少，水域多被陆地所替代。南昌上游整个赣江主支都有拓宽，多处边滩被淹没，岸线后退，水域面积增加。

2009 ～ 2014 年，整条抚河呈淤积状态，尤其是上游河段，河流束窄变弯，下游也有部分岸线后退，如青岚湖地区陆地面积也有所增大。南昌上游河段赣江河道稳定，几乎无变化。非主河道地区的水系也基本保持原状态不变。在入湖尾闾河段，变化仍集中于各支汊间分布的鱼塘及其他人为用水占地等。2009 ～ 2014 年，鱼塘数量减少，水域面积减小，支汊分布区多裸露土地。赣江主河道变化不大，如图 3.37 ～图 3.39 所示。

2009 ～ 2014 年，南昌市周围地表水面积增加了 66.735km^2，主要变化仍来自尾闾入湖口处，水域面积增加了 59.129km^2。赣江水体面积也持续增加，增加面积为 7.408km^2。除此之外，其他三部分水体都呈减少趋势，其中减少最显著的是水塘，减少了 11.614km^2，减少后水塘面积仅占总水域面积的 6%。湖泊和抚河的减少幅度不大，分别减少了 2.962km^2 和 0.966km^2。

图 3.37　2009 ～ 2014 年抚河流域水体变化

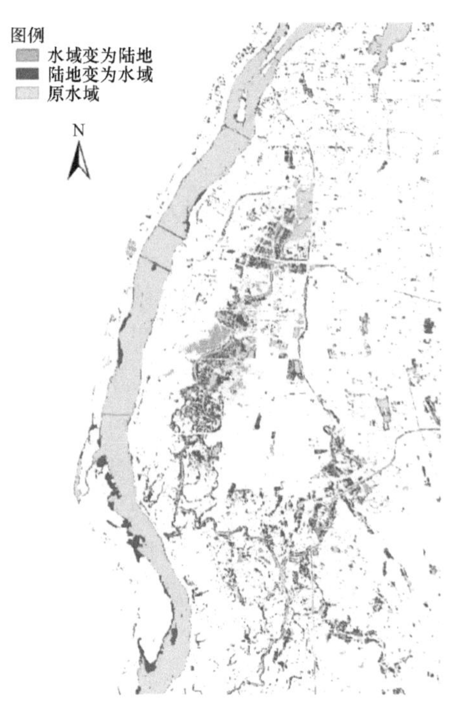

图 3.38　2009 ～ 2014 年南昌上游水体变化

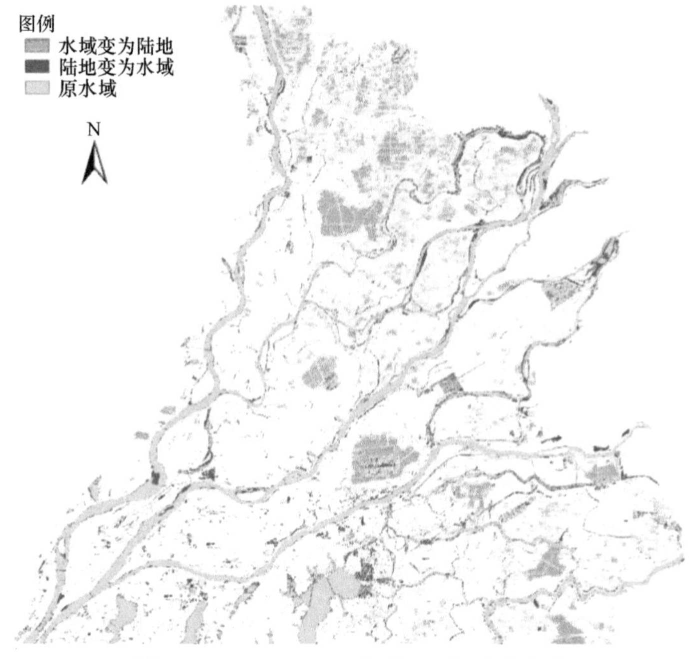

图 3.39　2009 ～ 2014 年赣江尾闾水体变化

尾闾入湖口水体面积又出现往复的增加。赣江上游部分河道一直呈拓宽的趋势，多处凸岸浅滩被淹没，江心洲也受冲刷面积减小。象湖以南的水塘面积也继续缩减。

3.2.3　水体变化驱动力分析

1. 自然因素

降水是自然影响地表水体面积变化的直接因素，也是流域水资源的主要来源。根据南昌市降水资料统计来看，近 20 年来降水量波动显著，且常出现降水大小年的情况，总体降水水平没有显著变化趋势。

在选取遥感图像的年份里，降水量有明显浮动。其中 2005 年、2009 年和 2014 年的降水量近 1900mm，属于丰水年。而 1996 年、2001 年、2014 年降水量基本在 1300mm 左右，水量较小。由统计数据可以看出，研究区域水体总面积变化趋势和各年降水量的变化趋势基本相同，其中主要变化的水域面积是赣江尾闾入湖口处，其面积变化趋势也和降水量的变化趋势基本一致。由于入湖口离市区远，受人为影响相对较少，因此其岸线变化多受降水量的影响，降水较多时，水体面积增大，枯水期则相反。而其他部分水域面积相对较小，所以入湖口处的面积变化从很大程度上影响了研究区域内总体水域面积的变化。

2. 人为因素

由水域面积变化趋势可以看出，除尾闾入湖口水体面积明显受自然降水影响之外，其他水域类型的面积变化受降水影响并不大，主要影响来自人为活动。

（1）水利水电工程。为了解决航运、灌溉、发电和城市用水问题等，江西省人民政府开展了一系列地表水开发利用工程，主要包括新建水库、修筑堤防、河道建闸等。1989 年，万安水库建成，水库蓄水拦截泥沙，使下游泥沙含量降低，河岸冲刷加强。2000 年以后水库对河岸的影响逐渐扩大至南昌附近，河道原有水沙过程被改变，原有交织弯曲的河道趋于顺直，离上游水电站较近的南昌南段赣江干流水域面积增加，河道展宽。

（2）土地利用结构变化。2000 年之后，南昌附近村庄水塘增多，养殖业逐渐兴起。后来随着南昌市城镇化的推进和人口的增加，部分地区开始实施围湖造陆，侵占和蚕食湿地、水塘，使得水塘和部分湖泊面积减小。同时，城市的环境用水、工业用水都有所增加，生活用水比重增加而农业用水比重降低，使得用于农业灌溉的湿地和水塘面积进一步减小。

参考文献

陈界仁 , 张婧 , 罗春 , 等 . 2010. 赣江下游东西河分流比变化分析 . 人民长江 , 41(6): 40-42, 47.

付颖 , 徐新良 , 通拉嘎 , 等 . 2014. 近百年来北京市地表水体时空变化特征及驱动力分析 . 资源科学 , 36(1): 75-83.

韩其为 , 何明民 . 1997. 三峡水库建成后长江中、下游河道演变的趋势 . 长江科学院院报 , (1): 13-17, 21.

江西省地方志编纂委员会 . 1995. 江西省水利志 . 南昌 : 江西科学技术出版社 .

姜加虎 , 黄群 . 1997. 三峡工程对鄱阳湖水位影响研究 . 自然资源报 , 12(3): 24-29.

李世勤 , 闵骞 , 谭国良 , 等 . 2008. 鄱阳湖 2006 年枯水特征及其成因研究 . 水文 , 28(6): 73-76.

李义天 , 唐金武 , 朱玲玲 , 等 . 2012. 长江中下游河道演变与航道整治 . 北京 : 科学出版社 .

马耀明 , 王介民 . 1994. 卫星遥感技术在管理长江流域水资源方面的应用研究 . 长江流域资源与环境 , 3(4): 320-325.

闵骞 . 1995. 鄱阳湖水位变化规律的研究 . 湖泊科学 , 7(3): 281-288.

莫伟华 , 孙涵 , 钟仕全 , 等 . 2006. MODIS 水体指数模型 (CIWI) 研究及其应用 . 成都：中国气象学会 2006 年年会 .

沈芳 , 匡定波 . 2003. 太湖流域典型中小湖群水资源利用及动态变化的遥感调查与分析 . 遥感学报 , 7(3): 221-226, 246.

舒彩文 , 谈广鸣 . 2009. 河道冲淤量计算方法研究进展 . 泥沙研究 , (4): 68-73.

谭其骧 , 张修桂 . 1982. 鄱阳湖演变的历史过程 . 复旦学报 : 社会科学版 , (2): 42-51.

涂明 . 2005. 赣江南昌市沿江大堤喻家湾改线工程对防洪河势影响研究 . 河海大学硕士学位论文 .

吴保生 , 申冠卿 . 2008. 来沙系数物理意义的探讨 . 人民黄河 , 30(4): 15-16.

谢鉴衡 . 1990. 河床演变及整治 . 北京 : 中国水利水电出版社 .

谢思梅 , 彭政杰 . 2015. 基于 LANDSAT TM 数据的湖北省水体面积变化检测 . 测绘科学技术 , (3): 59-65.

徐颢 . 1992. 临江府志 . 北京 : 全国图书馆微缩文献复制中心 .

许全喜 , 袁晶 , 伍文俊 , 等 . 2011. 三峡工程蓄水运用后长江中游河道演变初步研究 . 泥沙研究 , (2): 38-46.

余文畴 . 1993. 赣江中下游河道床沙分析 . 长江科学院院报 , 10(1): 28-35, 76.

张克祥 , 张国庆 . 2013. MODIS 监测的鄱阳湖水域面积变化研究 (2000-2011 年). 东华理工大学学报 (社会科学版), (3): 390-396.

赵修江 , 孙志禹 , 高勇 . 2010. 三峡水库运行对鄱阳湖水位和生态的影响 . 三峡论坛 (三峡文学 . 理论版), (5): 19-22, 147.

钟凯文 , 刘万侠 , 黄建明 . 2006. 河道演变的遥感分析研究——以北江下游为例 . 国土资源遥感 , (3): 69-73.

朱玲玲 , 葛华 , 李义天 , 等 . 2015. 三峡水库蓄水后长江中游分汊河道演变机理及趋势 . 应用基础与工程科学学报 , 23(2): 246-258.

Guo H, Huang Q, Li X, et al. 2014. Spatiotemporal analysis of urban environment based on the vegetation–impervious surface–soil model. Journal of Applied Remote Sensing, 8(1): 084597.

Kendall M G. 1948. Rank correlation methods. Biometrika: 298.

Mann H B. 1945. Nonparametric test against trend. Econometrica, 13(3): 245-259.

Schott J R. 2007. Remote Sensing. New York: Oxford University Press.

Schowengerdt R A. 2007. Remote Sensing: Models and Methods for Image Processing. Burlington: Academic Press.

第 4 章　赣江下游尾闾地区洪水模拟与行洪安全

水旱灾害是较为常见的自然灾害，江西省雨水丰沛，但降水时空不均，常发生夏洪秋旱或旱涝交替，水旱灾害频繁（江西省水利厅，1995）。对洪水规律的研究关系到整个流域的安全，只有充分认识赣江尾闾地区的洪水特性与作用机理，对洪水过程做出合理预测，保证防洪工程发挥应有作用并保证工程稳定，才能保证该区域人民生命财产不受洪水灾害威胁。

本章介绍了赣江下游尾闾地区的历史洪水记载，针对历年洪水总结分析了流域洪水灾害特性，归纳出不同保证率的洪水流量和洪水水位，在此基础上，通过建立尾闾数学模型，模拟了不同保证率洪水条件作用下的赣江下游地区水流特性，分析了整治工程对防洪的影响，最后进一步分析了赣江下游的行洪安全，为地区防洪及河道整治奠定了基础。

4.1　历史洪水与危害

4.1.1　历史洪水记载

赣江下游尾闾地区和鄱阳湖周围，地势低平，土地肥沃，人口密集，是江西省政治、经济、文化、交通的中心，是主要粮棉生产地，也是洪涝灾害发生的重点地区。江西省历代洪水灾害史料不全，据不完全统计，公元 381 年至 1990 年，前后 1610 年间，发生水旱灾害的年份共 920 年，发生洪水灾害的年份有 553 年，水旱灾害和洪水灾害均发生的年份有 226 年，历史洪水灾害记载如表 4.1 所示。洪水过后，沿江湖滨地区尽成泽国，农田受灾、城市进水、铁路中断。

表 4.1　历史洪水灾害记载

年份	水灾记载资料
381	荆、江、扬三州大水
383	南康（赣州地区）春三月大水，平地五丈
812	夏五月，虔（赣）、吉、抚、信、饶五州大水，虔州尤甚
990	赣江、长江大水
1010	六、七月，吉州、袁州、临江郡、建昌郡江水泛滥害民田，坏宜春、分宜
1011	七月，洪、江、袁、筠州江涨，坏州城，没民田
1036	赣江、抚河大水；六月，虔化（宁都）水溢
1134	全省大水，自夏及秋江西 9 州 37 县皆大水
1170	江西郡大水漂民庐，湮田稼，溃圩堤，新干城郭坏，人多流徙
1171	吉、饶、信水，圮民居、坏田圩
1172	五月，大余、吉州、隆兴大雨，漂民庐，坏城郭，溃田害稼，首种不入，民大疫多死
1193	全省大水，自夏及秋江西 9 州 37 县皆水

续表

年份	水灾记载资料
1297	五月，龙兴（南昌）、南康（庐山）、饶州路，以及宁州（修水）、铅山州、浮梁州、高安县均大水
1298	七月，赣州路、南安路、临江路、宁都州、武宁县、鄱阳府又大水
1314	八月，龙兴、江州、南康、建昌诸路及新余、宁州水
1315	鄱阳、浮梁、铅山、袁州、万载、高安夏久雨。饶州大雨弥月，城郭居民没者半
1354	四月末，庐陵大雨，洪水骤至，平地深数丈，漂民田
1404	赣江、信江、饶河大水，鄱阳正月初四大雨
1433	全省连年水旱，六月大水，吉安、临江、建昌、南昌、广信、饶州、南康、九江八府大水
1447	春初，赣州府、临江府大水。五月，南昌、吉安、临江、抚州、广信、饶州、九江七府所属县亦被水
1478	江西连年水旱
1522	省境北部、东部大水。贵溪水迹比成化十八年（1482 年）高五尺
1533	江西十三府大水，市可行舟
1556	赣江、抚河、饶河大水，赣州、临江、南昌、饶州诸府及高安、南城等县四月大水
1562	全省大水
1586	赣江、修水大水。赣州府五月初二城外发水，高越女墙数丈，城内至没楼脊
1608	全省大水，五月南昌、抚州、饶州、南康、九江五府大水
1609	南昌等八府五月大水，九月复大水。婺源、万载六月复大水
1616	赣江大水，赣州府及南安府五月大雨不止，一夜水高数丈，庐舍田禾皆没
1647	赣江、抚河、鄱阳湖大水
1681	饶州府及新建、弋阳、兴国等十四州、县大水
1682	夏，南昌等十四县水灾
1713	赣江大水，赣州府三月、四月、五月淫雨不止，水浸入石城、兴国、于都及赣州城中
1716	长江、鄱阳湖、修水大水，九江、南康、饶州、南昌诸府及乐安县五月大水
1733	抚河、赣江大水
1764	二月，南昌府、吉安府、九江府大水
1788	长江、鄱阳湖大水，鄱阳湖受长江顶托倒灌、无以疏泄，沿江滨湖低洼田多被淹浸
1792	赣中、赣东、赣北大水
1793	赣北又大水
1800	赣南东部特大山洪，宁都城圮
1831	南昌府、九江府等夏大水。南昌府五月大水
1832	南昌府、九江府、饶州府夏大水。清江、丰城决堤
1833	南昌、九江、饶州、广信、临江诸府及赣县五月大水
1834	赣江、抚河及广信府、饶州府大水
1848	长江、鄱阳湖大水，九月始退
1849	鄱阳湖五月大水，比上年高三尺
1868	修河、信江、饶河大水
1869	赣江、抚河、修河及鄱阳湖大水，圩堤溃尽，毁田庐无数
1870	赣北五月阴雨连绵，河湖水涨，六月后长江陡涨倒灌入湖，致江湖并涨，值七月中始退
1876	赣江、抚河发生特大洪水，南昌街市被淹
1878	全省大水
1882	饶河、信江、抚河及长江大水

续表

年份	水灾记载资料
1901	赣江、袁水及修水夏大水
1914	赣江大水，5 月，南昌、九江等 22 县相继为灾
1915	7 月上旬，赣江大水。赣县夏府洪峰流量 20 500m^3/s，吉安洪峰流量 23 000m^3/s，是洪水调查中峡江以上赣江最大洪水
1924	赣江下游大水，外洲洪峰流量 24 700m^3/s
1926	赣江、抚河、鄱阳湖大水，九江水位 20.52m，是自 1904 年有记录以来最高水位
1931	长江、赣江、饶河大水，4 月 25 日南昌水位 23.38m（水尺位置不详）
1933	沿江滨湖大水
1935	沿江滨湖大水，九江洪水位达 20.79m
1937	赣江、抚河、信江、修河大水，南昌水位达 24.18m
1948	全省水灾，赣江南昌水位 22.72m
1949	5 月中旬，赣江大水，南昌市八一桥水位 23.68m。6 月长江、鄱阳湖大水，九江水位 21.09m，湖口水位 20.65m
1951	赣江、抚河大水，洪峰水位均超过各站 4 月历史纪录
1954	长江、鄱阳湖发生特大洪水，7 月 16 日九江、湖口水位分别达到 22.08m 和 21.68m 的最高值
1955	信江、饶河、修河发生特大洪水
1961	赣江、抚河大水
1962	赣江大水，圩堤决口，赣江接连出现三次洪峰。6 月 20 日洪峰水位南昌 24.21m，29 日吉安 54.05m，7 月 4 日南昌 24.22m
1964	赣江大水，南昌水位 24.05m
1968	赣江发生特大洪水，南昌水位 24.32m，为赣江下游创纪录的最高水位
1973	全省大水
1980	长江、鄱阳湖大水
1982	赣江、抚河发生特大洪水，赣江下游樟树至南昌全线超过有记录最高水位 0.17 ～ 0.51m
1983	鄱阳湖大水，永修 7 月 10 日水位 22.9m，超历史最高水位 0.09m

注：除以上记载水灾，部分无详细记录水灾未在表中列出

水旱灾害程度轻重不等，无明确统一划分标准。按范围大小、历时长短和灾情轻重等，将历史水灾年份划分为三个等级：凡史料中有“江西大水”“全省大水”“江西诸郡皆水”“全省十三府皆水”等记载，定为“大水年”，灾害程度与中华人民共和国成立后特大洪水程度相近定为“特大洪水年”。统计结果如表 4.2 所示。

表 4.2　江西历代洪水灾害分级统计

年份	年数	特大洪水年	大水年	洪水年	水灾年
381 ～ 959 年	579	—	10	13	23
960 ～ 1270 年	311	3	7	57	67
1271 ～ 1367 年	97	—	7	23	30
1368 ～ 1643 年	276	8	15	144	167
1644 ～ 1911 年	268	16	33	178	227
1912 ～ 1990 年	79	9	22	8	39
合计	1 610	36	94	423	553

洪水发生季节，绝大多数年份内河发生于 5 月、6 月，少数年份发生于 4 月；沿江

滨湖地区则多见于 7 月或 8 月，特大洪水多见于河流中下游和长江、鄱阳湖区域。一般洪水多发生于赣江流域，上游多见一般山洪，有时也发生较大山洪。

不同时期发生的洪水频率也不尽相同，统计不同时期洪水频率，结果如表 4.3 所示，因缺乏洪水记载资料或资料不全，较早年代记载的洪水灾害频率较低。总体来看，江西地区河流中下游及鄱阳湖区域洪水灾害发生较为频繁，平均不到 3 年就会发生一次水灾。20 世纪以来，赣抚水系水文观测系统得到建立和完善，对洪水灾害资料的记载统计也较为详细。20 世纪后大洪水及特大洪水平均每 2.55 年就会出现一次，平均每 2 年就有一年为水灾年。洪水灾害自古以来就是威胁江西河流下游，尤其是赣江下游地区的自然灾害，其发生频繁且危害严重。

表 4.3 江西历史洪水频率统计

年份	平均出现一次间隔时间 / 年				
	特大洪水	大洪水	一般洪水	大洪水及以上	水灾年份
381 ～ 959 年	—	57.90	44.54	57.90	25.17
960 ～ 1270 年	103.67	44.43	5.46	31.10	4.64
1271 ～ 1367 年	—	13.86	4.22	13.86	3.23
1368 ～ 1643 年	34.50	18.40	1.92	12.00	1.65
1644 ～ 1911 年	16.75	8.12	1.51	5.47	1.18
1912 ～ 1990 年	8.78	3.59	9.88	2.55	2.03
合计	44.72	17.13	3.81	12.38	2.91

4.1.2 洪水灾害成因

江西地区洪水灾害频发主要与该地区降雨量大且降雨集中有关，洪涝灾害均是由暴雨形成的。江西省降雨集中在 4 ～ 6 月，单日最大暴雨一般为 150 ～ 300mm。自中华人民共和国成立后有观测记录以来，除庐山高山站一日暴雨为 900mm 左右，情况特殊外，24h 最大雨量为 501mm（1953 年 8 月 17 日 9 时至 18 日 9 时发生于东乡站），3 日最大暴雨量为 739mm（1973 年 6 月 22 ～ 24 日发生于铜鼓县西向）（江西省水利厅，1995）。

影响江西暴雨天气的主要是当地的副热带高压的生成、移动及其与印度低压的相互作用。暴雨形成原因主要为冷暖气流交汇和热带气旋作用。洪涝灾害的产生，除了受大气环流等天气因素的影响，还受暴雨类型、灾害地区地形及洪水遭遇情况等几方面影响。

统计资料显示，暴雨中心地区分布有一定规律性，日降雨量大于 300mm 的暴雨中心区多集中在江西省中部偏北地区。该地区三面环山，一面临水，山脉普遍海拔在 1000m 以上，山脉迎风面有上升气流、增加降雨的作用。与此同时，山脉能拦截水汽，使背风面雨量减少。

暴雨中心移动走向、暴雨带分布对洪水大小也有明显影响。例如，1962 年暴雨中心先赣中后赣北反复移动，赣江洪水沿程叠加，形成三次洪峰，导致赣东大堤多处溃决（江西省水利厅，1995）。暴雨中心走向还会影响五河洪水遭遇的概率，如 1982 年洪水，雨区位于赣江和抚河中下游，清丰山溪和抚河、赣江同时出现了大洪水。

发生于赣北鄱阳湖滨湖地区和五大河尾闾地区的洪涝灾害，除与五河的洪水出现时间、洪水大小有关外，还与长江洪水出现时间和大小有关。正常年份，五河洪水与长江干流洪水遭遇机会较少，一旦长江汛期提前或五河洪水延后，则江湖洪峰遭遇，便会形成鄱阳湖区严重的洪涝灾害。

4.2　洪 水 特 性

选择石上水文站（简称“石上站”）、外洲水文站（简称“外洲站”）为赣江下游尾闾河段控制站。根据历年统计资料与工程设计规划，采用 1953 ～ 2012 年共 60 年实测年最大洪峰流量（对溃堤年份采用还原值）系列，并加入调查历史洪水资料，进行频率分析计算。外洲站和石上站年最大洪峰流量频率计算成果见表 4.4、图 4.1 和图 4.2。

表 4.4　年最大洪峰流量频率计算成果表

水文站	均值 /（m^3/s）	Cv	Cs/Cv	各频率设计流量 /（m^3/s）			
				P=1%	P=2%	P=5%	P=10%
外洲	12 400	0.36	2.5	25 600	23 600	20 700	18 400
石上	11 800	0.37	2.5	24 800	22 800	19 900	17 600

注：Cv是变差系数；Cs是偏态系数；Cs/Cv为模比系数

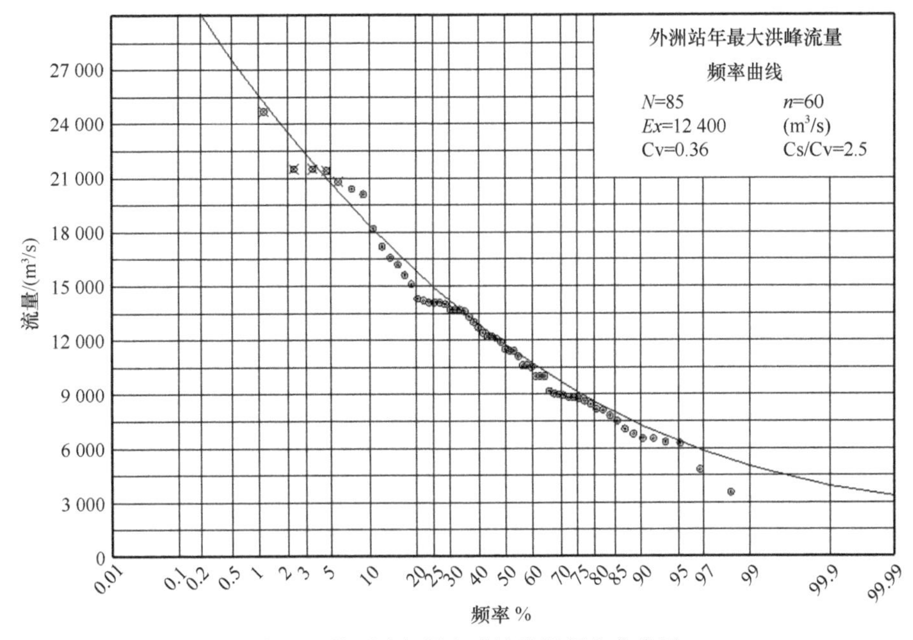

图 4.1　外洲站年最大洪峰流量频率曲线图

选取李家渡水文站（简称“李家渡站”）为抚河下游控制站。根据实测流量资料，洪峰流量频率分析采用的资料系列为 1953 ～ 2012 年共 60 年。洪峰流量频率分析采用实测资料加入 1876 年、1912 年调查历史洪水组成的不连续系列进行参数统计，并采用 P- Ⅲ型曲线进行适线，求得洪峰流量的统计参数为：均值 5210m^3/s，Cv=0.5，Cs=3.0Cv，20 年一遇频率设计流量为 10 300m^3/s，如表 4.5 和图 4.3 所示。

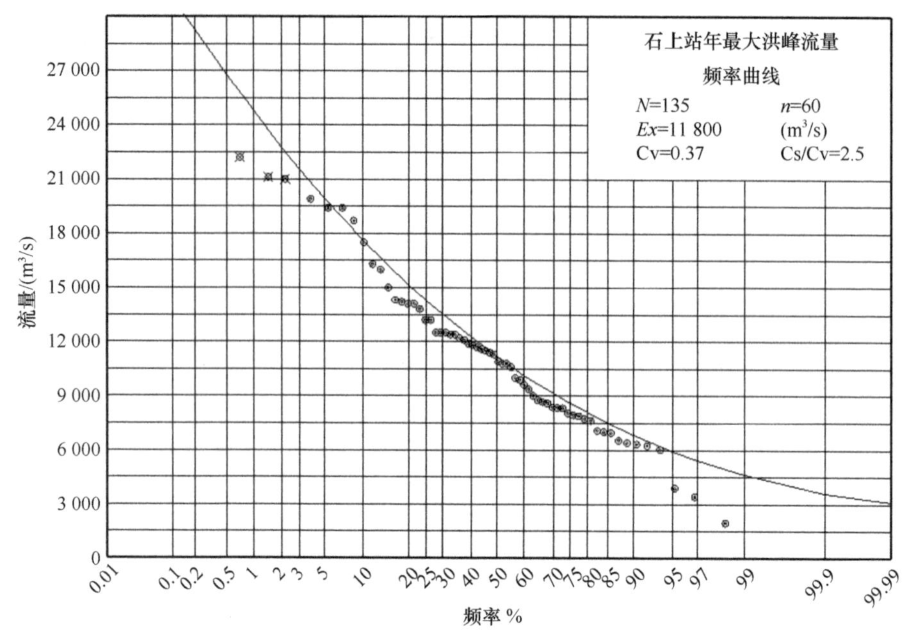

图 4.2　石上站年最大洪峰流量频率曲线图

表 4.5　李家渡站洪水特性

水文站	均值 /（m³/s）	Cv	Cs/Cv	各频率设计流量 /（m³/s）						备注
				P=0.5%	P=1%	P=2%	P=5%	P=10%	P=20%	
李家渡	5 210	0.50	3.0	15 400	13 900	12 300	10 300	8 670	7 010	计算值
	5 630	0.49	3.0	16 300	14 800	13 200	11 000	9 310	7 550	规划资料

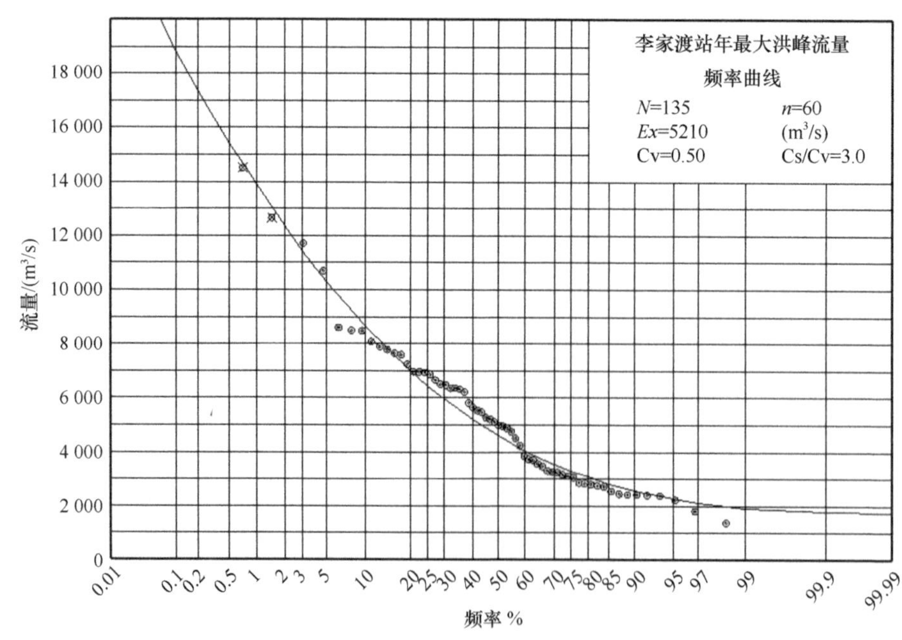

图 4.3　李家渡站年最大洪峰流量频率曲线图

4.3　控制方程

4.3.1　水流基本方程

1. 三维水流基本方程

天然河道水沙运动一般都是三维的，运动既有沿程的变化，又有沿水深和河宽方向的变化。三维纳维-斯托克斯（N-S）方程（吴望一，1981；白玉川，1998）为

连续性方程

$$\frac{\partial u}{\partial x}+\frac{\partial v}{\partial y}+\frac{\partial w}{\partial z}=0 \tag{4.1}$$

运动方程

$$\frac{\partial u}{\partial t}+u\frac{\partial u}{\partial x}+v\frac{\partial u}{\partial y}+w\frac{\partial u}{\partial z}-fv+\frac{1}{\rho}\frac{\partial p}{\partial x}=\frac{1}{\rho}\frac{\partial \tau_x}{\partial z} \tag{4.2a}$$

$$\frac{\partial v}{\partial t}+u\frac{\partial v}{\partial x}+v\frac{\partial v}{\partial y}+w\frac{\partial v}{\partial z}+fu+\frac{1}{\rho}\frac{\partial p}{\partial y}=\frac{1}{\rho}\frac{\partial \tau_y}{\partial z} \tag{4.2b}$$

压力方程

$$\frac{\partial p}{\partial z}=\rho g \tag{4.3}$$

式中，u、v、w 分别为水质点沿 x、y、z 三个不同方向的速度分量；t 为时间；ρ 为密度；p 为压强；f 为柯氏力系数，$f=2\omega\sin\phi$，其中 ω 为地球自转角速度，ϕ 为地球纬度；g 为重力加速度；τ_x 和 τ_y 分别是 x、y 方向上的切应力。

2. 水流基本方程二维化

由于三维水流运动较为复杂，难以计算，常将沿水深方向的运动要素进行积分平均，将复杂的三维问题转化为二维问题。

将方程（4.1）、方程（4.2a）、方程（4.2b）沿水深积分平均，并且运用莱布尼茨公式可得

连续方程

$$\frac{\partial Z}{\partial t}+\frac{\partial (Uh)}{\partial x}+\frac{\partial (Vh)}{\partial y}=0 \tag{4.4}$$

运动方程

$$\frac{\partial U}{\partial t}+U\frac{\partial U}{\partial x}+V\frac{\partial U}{\partial y}=-g\frac{\partial Z}{\partial x}+fV-\frac{gU\sqrt{U^2+V^2}}{C_s^2 h} \tag{4.5a}$$

$$\frac{\partial V}{\partial t}+U\frac{\partial V}{\partial x}+V\frac{\partial V}{\partial y}=-g\frac{\partial Z}{\partial y}-fU-\frac{gV\sqrt{U^2+V^2}}{C_s^2 h} \tag{4.5b}$$

式中，C_s 为水流谢才系数，$C_s=h^{1/3}/n$，其中 h 为水深，n 为糙率；Z 为水位；U、V 分别为流速在 x、y 方向上的分量。

4.3.2 泥沙模型控制方程

悬移质输沙方程

$$\frac{\partial C_i}{\partial t}+\frac{\partial(uC_i)}{\partial x}+\frac{\partial(vC_i)}{\partial y}=P_i-D_i \tag{4.6}$$

推移质输沙方程

$$q_{bl}=3(1+\xi)d_l\left[\frac{U^3}{\left(\frac{U_k}{1.4}\right)^3}-1\right]\left(U-\frac{U_k}{1.4}\right) \tag{4.7}$$

海床床面变形方程

$$\sum_{i=1}^{10}P_{si}\left[P_i-D_i\right]+\sum_{l=1}^{10}P_{bl}\left[\frac{\partial q_{blx}}{\partial x}+\frac{\partial q_{bly}}{\partial y}\right]\frac{1}{\gamma_s}+C_m\frac{\partial z_s}{\partial t}=0 \tag{4.8}$$

式中，C_i 为第 i 组悬移质的含沙量（相对体积比）；P_i 为第 i 组悬移泥沙的起悬量；D_i 为第 i 组悬移泥沙的沉降量；q_{bl} 为第 l 组推移质的输沙率［kg/（m · s）］；d_l 为第 l 组推移质泥沙的代表粒径；$U=\sqrt{x^2+y^2}$，为合成流速；U_k 为第 k 组推移质泥沙的起动流速；ξ 为紊动影响系数，当 $d_l>1.5\text{mm}$ 时，$\xi=1$，当 $0.15\text{mm}<d_l\leqslant 1.5\text{mm}$ 时，$\xi=\frac{1}{\beta}\left(\frac{\rho}{\gamma_s-\gamma}\right)^{1/3}\left(\frac{2g}{1.75\gamma d_l}\right)^{1/2}$，当 $d_l\leqslant 0.15\text{mm}$ 时，$\xi=\frac{33.8}{\left[1.75\rho(\gamma_s-\gamma)d_l^3\right]^{1/2}}$，其中 γ_s 和 γ 分别是泥沙和水的容重，$\beta=0.081\lg\left[83\left[\frac{3.7d_l}{d_0}\right]^{1-0.037t}\right]$，$d_0$=1.5mm，$t$ 为当地水温；P_{si} 为第 i 组悬移泥沙的组分；P_{bl} 为第 l 组推移泥沙的组分，工程计算时可近似通过床面泥沙的级配确定；C_m 为浑水保持流体特性的最高含沙量（相对体积比），一般由下式确定，$C_m=0.755+0.222\lg d_{50}$，其中 d_{50} 表示床沙的中值粒径（mm）；z_s 为床面变形量。

4.3.3 数值离散方法

1. 离散方法

以上所得的基本方程都是非线性的，并且受不规则河流边界、非恒定流、自由面等影响，很难求得解析解，通常采用离散控制方程、求解代数方程组的数值方法进行求解。目前常见的数值计算方法主要包括特征线法、有限差分法、有限元法、有限体积法、有限分析法等（白玉川等，2005；吴江航和韩庆书，1988；关建伟，2010）。

本研究主要采用伽辽金（Galerkin）有限元方法（苏铭德，1997）进行求解。有限元法是指将计算区域进行划分，使之成为相互连接但没有重合的子区域，一般划分为三角形单元或四边形单元，将对于整体区域的求解函数离散为每一个单元上的连续函数，再通过对单元的积分来组成有限元方程组。该方法一般可分为以下七步：①通过变分原理等方法写出积分表达式；②根据实际求解问题进行区域剖分；③选取满足条件的插值函数使之成为单元基函数；④分析各单元，建立单元有限元方程；⑤将有限元特征式进行叠加从而构成总体特征式；⑥进行边界条件的处理；⑦求解有限元方程。其基本思想主要包括：一是将水流问题转化为变分形式；二是选定单元形状并进行网格剖分；三是构造基函数；四是形成有限元方程；五是数值求解。相比于其他计算方法，该方法对于计算区域的剖分没有限制，可以对复杂的边界条件进行模拟，并且对于处理事先未知的自由边界或者存在不同介质的交界面相对比较容易。

2. 水流控制方程的离散

本研究采用伽辽金有限元方法进行求解，在剖分单元内选取任意三角形单元 Δ_e，按逆时针顺序将单元的三个顶点进行编号，分别为 1、2、3，见图 4.4。（x_1，y_1）、（x_2，y_2）、（x_3，y_3）是这三个点在总体坐标系下的坐标，则该三角形单元 Δ_e 的面积为

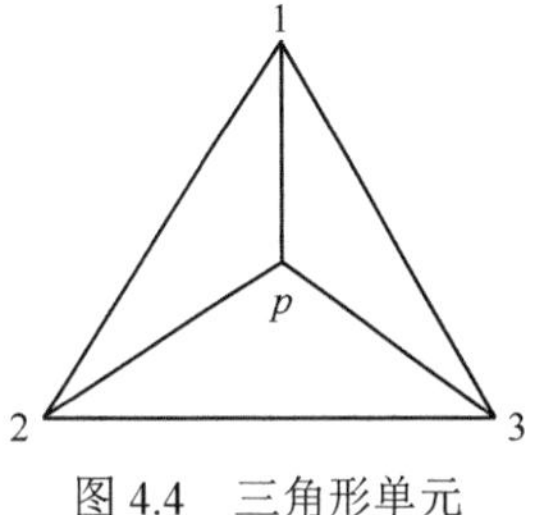

图 4.4　三角形单元

$$A=\frac{1}{2}\begin{vmatrix}1 & x_1 & y_1\\1 & x_2 & y_2\\1 & x_3 & y_3\end{vmatrix}=\frac{1}{2}\begin{vmatrix}x_2-x_1 & y_2-y_1\\x_3-x_1 & y_3-y_1\end{vmatrix} \tag{4.9}$$

取该三角形单元内任意一点为 p（x，y），A_1 为由 2、3、p 三点组成的单元面积，A_2 为由 3、1、p 三点组成的单元面积，A_3 为由 1、2、p 三点组成的单元面积，表达式如下：

$$A_1=\frac{1}{2}\begin{vmatrix}1 & x & y\\1 & x_2 & y_2\\1 & x_3 & y_3\end{vmatrix}=\frac{1}{2}\left[x_2y_3-x_3y_2+\left(y_2-y_3\right)x+\left(x_3-x_2\right)y\right] \tag{4.10a}$$

$$A_2=\frac{1}{2}\begin{vmatrix}1 & x & y\\1 & x_3 & y_3\\1 & x_1 & y_1\end{vmatrix}=\frac{1}{2}\left[x_3y_1-x_1y_3+\left(y_3-y_1\right)x+\left(x_1-x_3\right)y\right] \tag{4.10b}$$

$$A_3=\frac{1}{2}\begin{vmatrix}1 & x & y\\1 & x_1 & y_1\\1 & x_2 & y_2\end{vmatrix}=\frac{1}{2}\left[x_1y_2-x_2y_1+\left(y_1-y_2\right)x+\left(x_2-x_1\right)y\right] \tag{4.10c}$$

p 点的面积坐标可以表示为（ξ_1, ξ_2, ξ_3），则有

$$\xi_1+\xi_2+\xi_3=\frac{A_1+A_2+A_3}{}= \tag{4.11}$$

可以看出，此面积坐标能够满足有限元方法中的线性插值函数要求，可作为插值函数进行计算。根据有限元方法，任一节点的形函数 N_i 也可以取为 ξ_1，则可推导出 N_i 的表达式：

$$N_i=\xi_i=\frac{1}{2A}\left(a_i+b_ix+c_iy\right)\quad (i=1, 2, 3) \tag{4.12}$$

式中，$\begin{cases} a_1 = x_2y_3 - x_3y_2, & b_1 = y_2 - y_3, & c_1 = x_3 - x_2 \\ a_2 = x_3y_1 - x_1y_3, & b_2 = y_3 - y_1, & c_2 = x_1 - x_3 \\ a_3 = x_1y_2 - x_2y_1, & b_3 = y_1 - y_2, & c_3 = x_2 - x_1 \end{cases}$

因此，

$$\frac{\partial N_i}{\partial x} = \frac{b_i}{2A};\quad \frac{\partial N_i}{\partial y} = \frac{c_i}{2A} \tag{4.13}$$

$$I = \iint_A N_1^{\alpha} N_2^{\beta} N_3^{\gamma}\, dxdy = \frac{\alpha!\beta!\gamma!}{(\alpha+\beta+\gamma+2)!}\cdot 2A \tag{4.14}$$

分别令三角形三个节点上的待求函数的值为 (u_1, v_1, z_1)、(u_2, v_2, z_2)、(u_3, v_3, z_3)，则该三角形内任一点 $p(x, y)$ 的待求函数的值为

$$\begin{cases} u(t,x,y) = \sum_{i=1}^{3} u_i(t) N_i(x,y) \\ v(t,x,y) = \sum_{i=1}^{3} v_i(t) N_i(x,y) \\ z(t,x,y) = \sum_{i=1}^{3} z_i(t) N_i(x,y) \end{cases} \tag{4.15}$$

采用伽辽金方法对该式在单元上进行积分，取加权函数 ϕ_i 为 N_i，则积分公式为

$$(\varepsilon, \phi_i) = 0 \tag{4.16}$$

运用格林（Green）公式进行积分，可得到如下有限元方程：

$$\left(\frac{\partial u}{\partial t}, N_i\right) + \left(u\frac{\partial u}{\partial x}, N_i\right) + \left(v\frac{\partial u}{\partial y}, N_i\right) + \left(g\frac{\partial z}{\partial x}, N_i\right) + \left(g\frac{u\sqrt{u^2+v^2}}{C_s^2 h}, N_i\right) - (fv, N_i) = 0 \tag{4.17a}$$

$$\left(\frac{\partial v}{\partial t}, N_i\right) + \left(u\frac{\partial v}{\partial x}, N_i\right) + \left(v\frac{\partial v}{\partial y}, N_i\right) + \left(g\frac{\partial z}{\partial y}, N_i\right) + \left(g\frac{v\sqrt{u^2+v^2}}{C_s^2 h}, N_i\right) - (fu, N_i) = 0 \tag{4.17b}$$

$$\begin{aligned} &\left(\frac{\partial z}{\partial t}, N_i\right) + \left((z_0+z)\frac{\partial u}{\partial x}, N_i\right) + \left(u\frac{\partial (z_0+z)}{\partial x}, N_i\right) + \left((z_0+z)\frac{\partial v}{\partial y}, N_i\right) \\ &+ \left(v\frac{\partial (z_0+z)}{\partial y}, N_i\right) = 0 \end{aligned} \tag{4.17c}$$

将式（4.15）代入，则对每个三角形单元可得

$$\boldsymbol{A}'\dot{u} + \boldsymbol{B}_1 u + \boldsymbol{C}_1 v + \boldsymbol{D}_1 z + \boldsymbol{G}u - f\boldsymbol{A}'v = 0 \tag{4.18a}$$

$$\boldsymbol{A}'\dot{v} + \boldsymbol{B}_2 u + \boldsymbol{C}_2 v + \boldsymbol{D}_2 z + \boldsymbol{G}v - f\boldsymbol{A}'u = 0 \tag{4.18b}$$

$$\boldsymbol{A}'\dot{z} + \boldsymbol{B}_3 h + \boldsymbol{B}_4 u + \boldsymbol{C}_3 h + \boldsymbol{C}_4 v = 0 \tag{4.18c}$$

式中，h 为水深，$h=z+z_0$；$\boldsymbol{u}$、$\boldsymbol{v}$、$\boldsymbol{h}$ 分别为三角形单元节点的速度，$\boldsymbol{u} = \begin{bmatrix} u_1 \\ u_2 \\ u_3 \end{bmatrix}$，$\boldsymbol{v} = \begin{bmatrix} v_1 \\ v_2 \\ v_3 \end{bmatrix}$，

$\boldsymbol{h}=\begin{bmatrix} h_1 \\ h_2 \\ h_3 \end{bmatrix}$；$\boldsymbol{A}'$、$\boldsymbol{B}_1$、$\boldsymbol{C}_1$、$\boldsymbol{D}_1$、$\boldsymbol{G}$、$\boldsymbol{B}_2$、$\boldsymbol{C}_2$、$\boldsymbol{D}_2$、$\boldsymbol{B}_3$、$\boldsymbol{B}_4$ 等是三角形有限元构成的单元矩阵，各单元的矩阵表达式如下。

$\boldsymbol{A}'$ 的元素：
$$a_{ij}=\iint \varphi_i\varphi_j \mathrm{d}\Omega_e \qquad (i, j=1, 2, 3) \tag{4.19}$$

$\boldsymbol{B}_1$ 的元素：
$$b_{1ij}=\left(\sum_{k=1}^{3} u_k \frac{\partial \varphi_k}{\partial x}\right)\iint \varphi_i\varphi_j \mathrm{d}\Omega_e \qquad (i, j=1, 2, 3) \tag{4.20}$$

$\boldsymbol{C}_1$ 的元素：
$$c_{1ij}=\left(\sum_{k=1}^{3} u_k \frac{\partial \varphi_k}{\partial y}\right)\iint \varphi_i\varphi_j \mathrm{d}\Omega_e \qquad (i, j=1, 2, 3) \tag{4.21}$$

$\boldsymbol{D}_1$ 的元素：
$$d_{1ij}=g\iint \frac{\partial \varphi_i}{\partial x}\varphi_j \mathrm{d}\Omega_e \qquad (i, j=1, 2, 3) \tag{4.22}$$

$\boldsymbol{G}$ 的元素：
$$g_{ij}=\iint \frac{\sqrt{\left(\sum_{k=1}^{3} u_k\varphi_k\right)^2+\left(\sum_{k=1}^{3} v_k\varphi_k\right)^2}}{C_{\mathrm{s}}^{\,2}\left(\sum_{k=1}^{3} h_k\varphi_k\right)^2}\varphi_i\varphi_j \mathrm{d}\Omega_e \qquad (i, j=1, 2, 3) \tag{4.23}$$

$\boldsymbol{B}_2$ 的元素：
$$b_{2ij}=\left(\sum_{k=1}^{3} u_k \frac{\partial \varphi_k}{\partial x}\right)\iint \varphi_i\varphi_j \mathrm{d}\Omega_e \qquad (i, j=1, 2, 3) \tag{4.24}$$

$\boldsymbol{C}_2$ 的元素：
$$c_{2ij}=\left(\sum_{k=1}^{3} v_k \frac{\partial \varphi_k}{\partial y}\right)\iint \varphi_i\varphi_j \mathrm{d}\Omega_e \qquad (i, j=1, 2, 3) \tag{4.25}$$

$\boldsymbol{D}_2$ 的元素：
$$d_{2ij}=g\iint \frac{\partial \varphi_i}{\partial x}\varphi_j \mathrm{d}\Omega_e \qquad (i, j=1, 2, 3) \tag{4.26}$$

$\boldsymbol{B}_3$ 的元素：
$$b_{3ij}=\left(\sum_{k=1}^{3} u_k \frac{\partial \varphi_k}{\partial x}\right)\iint \varphi_i\varphi_j \mathrm{d}\Omega_e \qquad (i, j=1, 2, 3) \tag{4.27}$$

$\boldsymbol{B}_4$ 的元素：
$$b_{4ij}=\left(\sum_{k=1}^{3} h_k \frac{\partial \varphi_k}{\partial x}\right)\iint \varphi_i\varphi_j \mathrm{d}\Omega_e \qquad (i, j=1, 2, 3) \tag{4.28}$$

一般情况下可直接采用显式或隐式差分格式对方程进行离散。但由于系数矩阵非常庞大，若不做简化而直接进行计算，即使是采用显式差分格式进行离散，求解的计算量也非常大。因此，在进行长时间系列的过程模拟时，可采用集中质量法，从而节省计算的时间和计算机内存，提高计算效率。

在三角形单元中，单元质量矩阵 $\boldsymbol{A}'$ 采用对角矩阵形式，则 $\boldsymbol{A}'$ 的对角元素为

$$\overline{a_{ij}}=\sum_{k=1}^{3} a_{jk} \qquad (j=1, 2, 3) \tag{4.29}$$

设 Δ_e 的顶点为 $p_j(j=1, 2, 3)$，其面积为 A，则数值积分公式为

$$Q_{\Delta_e}(f)=\frac{1}{3}A\sum_{j=1}^{3} f(p_j)\approx\iint f \mathrm{d}\Omega_e \tag{4.30a}$$

$$Q_{\Delta_e}=\begin{cases}\dfrac{1}{3}A & i=j\\ 0 & i\neq j\end{cases} \tag{4.30b}$$

将单元矩阵 $\boldsymbol{A}'$、$\boldsymbol{B}_1$、$\boldsymbol{C}_1$、$\boldsymbol{B}_2$、$\boldsymbol{C}_2$、$\boldsymbol{B}_3$、$\boldsymbol{B}_4$、$\boldsymbol{C}_3$、$\boldsymbol{C}_4$、$\boldsymbol{G}$ 均用该数值积分公式求积得到相应的对角矩阵。

$\boldsymbol{A}'$ 的元素：

$$a_{ij}=\begin{cases}\dfrac{1}{3}A & i\neq j\\ 0 & i=j\end{cases} \tag{4.31}$$

$\boldsymbol{B}_1$ 的元素：

$$b_{ij}=\begin{cases}\dfrac{1}{3}A\left(\displaystyle\sum_{k=1}^{3}u_k\frac{\partial\varphi_k}{\partial x}\right) & i\neq j\\ 0 & i=j\end{cases} \tag{4.32}$$

$\boldsymbol{C}_1$ 的元素：

$$c_{ij}=\begin{cases}\dfrac{1}{3}A\left(\displaystyle\sum_{k=1}^{3}v_k\frac{\partial\varphi_k}{\partial y}\right) & i\neq j\\ 0 & i=j\end{cases} \tag{4.33}$$

$\boldsymbol{G}$ 的元素：

$$\boldsymbol{g}_{ij}=\begin{cases}\dfrac{1}{3}A\dfrac{\sqrt{\boldsymbol{u}^2+\boldsymbol{v}^2}}{\boldsymbol{C}_{\mathrm{s}}^2\boldsymbol{h}_i} & \boldsymbol{i}\neq\boldsymbol{j}\\ 0 & \boldsymbol{i}=\boldsymbol{j}\end{cases} \tag{4.34}$$

$\boldsymbol{B}_2$ 的元素：

$$b_{2ij}=\begin{cases}\dfrac{1}{3}A\left(\displaystyle\sum_{k=1}^{3}u_k\frac{\partial\varphi_k}{\partial x}\right) & i\neq j\\ 0 & i=j\end{cases} \tag{4.35}$$

$\boldsymbol{C}_2$ 的元素：

$$c_{2ij}=\begin{cases}\dfrac{1}{3}A\left(\displaystyle\sum_{k=1}^{3}v_k\frac{\partial\varphi_k}{\partial y}\right) & i\neq j\\ 0 & i=j\end{cases} \tag{4.36}$$

$\boldsymbol{B}_3$ 的元素：

$$b_{3ij}=\begin{cases}\dfrac{1}{3}A\left(\displaystyle\sum_{k=1}^{3}u_k\frac{\partial\varphi_k}{\partial x}\right) & i\neq j\\ 0 & i=j\end{cases} \tag{4.37}$$

$\boldsymbol{B}_4$ 的元素：

$$b_{4ij}=\begin{cases}\dfrac{1}{3}A\left(\displaystyle\sum_{k=1}^{3}h_k\frac{\partial\varphi_k}{\partial x}\right) & i\neq j\\ 0 & i=j\end{cases} \tag{4.38}$$

$\boldsymbol{C}_3$ 的元素：

$$c_{3ij}=\begin{cases}\dfrac{1}{3}A\left(\displaystyle\sum_{k=1}^{3}v_k\frac{\partial\varphi_k}{\partial y}\right) & i\neq j\\ 0 & i=j\end{cases} \tag{4.39}$$

$\boldsymbol{C}_4$ 的元素：

$$c_{4ij}=\begin{cases}\dfrac{1}{3}A\left(\sum\limits_{k=1}^{3}h_k\dfrac{\partial\varphi_k}{\partial y}\right) & i\neq j\\ 0 & i=j\end{cases}\tag{4.40}$$

因此，除 D_1、D_2 外，其他单元矩阵均可以化成对角阵的形式。将每个单元叠加可得整体方程组。

采用显式格式法对时间进行差分，从而节省计算机内存，有

$$\dot{u}_i=\frac{u_i^{t+1}-u_i^t}{\Delta t}\tag{4.41a}$$

$$\dot{v}_i=\frac{v_i^{t+1}-v_i^t}{\Delta t}\tag{4.41b}$$

$$\dot{z}_i=\frac{z_i^{t+1}-z_i^t}{\Delta t}\tag{4.41c}$$

代入以上方程可得

$$\boldsymbol{A}'u^{t+1}=(\boldsymbol{A}'-\Delta t\boldsymbol{B}_1-\Delta t\boldsymbol{G})u^t-(\Delta t\boldsymbol{C}_1-\Delta tf\boldsymbol{A}')v^t-\Delta t\boldsymbol{D}_1z^t\tag{4.42a}$$

$$\boldsymbol{A}'v^{t+1}=(\boldsymbol{A}'-\Delta t\boldsymbol{C}_2-\Delta t\boldsymbol{G})v^t-(\Delta t\boldsymbol{B}_2-\Delta tf\boldsymbol{A}')v^t-\Delta t\boldsymbol{D}_2z^t\tag{4.42b}$$

$$\boldsymbol{A}'z^{t+1}=-\Delta t\boldsymbol{B}_4u^t-\Delta t\boldsymbol{C}_4v^t-(\Delta t\boldsymbol{B}_3-\Delta t\boldsymbol{C}_3)h^t+\boldsymbol{A}'\Delta tz^t\tag{4.42c}$$

为保证计算的稳定性，选用半隐式格式，利用式（4.42a）和式（4.42b）由 u^t、v^t、z^t 计算 u^{t+1}、v^{t+1}，再由式（4.42c）计算 z^{t+1}。

计算时初始条件为

$$u(0,x,y)=0\tag{4.43a}$$

$$v(0,x,y)=0\tag{4.43b}$$

$$\eta(0,x,y)=\eta_0(x,y)\tag{4.43c}$$

式中，η_0 为初始时刻水位分布过程函数。

计算时边界条件如下。

（1）在闭边界上，边界节点的法向流速设为零。

（2）在开边界上，一般给出边界节点的流量过程或水位过程。

3. 泥沙控制方程的离散

采用有限元方法将泥沙输移方程进行离散（曹祖德和王运洪，1993），采用三角形单元为基本单元，插值函数的单元取法与水流方程相似，这样三角形单元的各个节点处未知函数的值为（$u_1,v_1,h_1,z_{s1},C_{T1}$）、($u_2,v_2,h_2,z_{s2},C_{T2}$)、($u_3,v_3,h_3,z_{s3},C_{T3}$)，则三角形单元中任意一点 $p(x,y)$ 函数的未知量为

$$\left.\begin{aligned}u(t,x,y)&=\sum_{i=1}^{3}u_i(t)N_i(x,y)\\v(t,x,y)&=\sum_{i=1}^{3}v_i(t)N_i(x,y)\\h(t,x,y)&=\sum_{i=1}^{3}h_i(t)N_i(x,y)\\z_s(t,x,y)&=\sum_{i=1}^{3}z_{si}(t)N_i(x,y)\\C_T(t,x,y)&=\sum_{i=1}^{3}C_{Ti}(t)N_i(x,y)\end{aligned}\right\}\tag{4.44}$$

采用伽辽金方法对方程（4.6）在单元上进行积分，可得局部单元方程组为

$$\begin{aligned}&\left(\frac{\partial C_T}{\partial t},N_i\right)+\left(C_T\frac{\partial u}{\partial x},N_i\right)+\left(uh\frac{\partial C_T}{\partial x},N_i\right)+\left(hC_T\frac{\partial u}{\partial y},N_i\right)+\left(vh\frac{\partial C_T}{\partial y},N_i\right)\\&-\left(\left(P_i-D_i\right),N_i\right)=0\end{aligned}\tag{4.45}$$

将方程（4.44）代入方程（4.45），在每个三角形单元 Δ_e 上皆可得

$$\boldsymbol{A}_1C_T-\boldsymbol{A}_1(P_i-D_i)+\boldsymbol{B}_4C_T+\boldsymbol{B}_5u+\boldsymbol{C}_3C_T+\boldsymbol{C}_5v=0\tag{4.46}$$

对于河床变形方程的离散，把方程（4.44）代入方程（4.8）中，进一步推导可得河床变形方程（Bai et al.，2002）的有限元形式为

$$\left(C_m\frac{\partial z_s}{\partial t},N_i\right)+\sum P_{si}\left(\left[P_i-D_i\right],N_i\right)+\sum P_{bl}\left(\left[\frac{\partial q_{blx}}{\partial x}+\frac{\partial q_{bly}}{\partial y}\right]\frac{1}{\gamma_s},N_i\right)=0\tag{4.47}$$

河床变形方程的最终离散形式也可用相同的方法获得。

4.3.4 模型中泥沙模块相关物理量的确定

1. 悬移质中非造床质含量 P_k 的确定

要求出悬移质中非造床质的含量 P_k，首先应求出非造床质最大粒径在静水作用下的沉速，可通过有效悬浮功理论公式计算得出。

$$\omega_m=U\times J\tag{4.48}$$

式中，ω_m 为非造床质的最大静水沉降速度；J 为水力坡降。

首先，引入系数 S_a 作为沉速判数，(Φ) 作为粒径判数，然后通过粒径判数与沉速判数的关系式，求得悬移质中非造床质的最大粒径。具体处理方法为：先把 ω_m 代入方程（4.49）求解出“沉速判数” S_a，接着把 S_a 代入方程式（4.50）求解出粒径判数 (Φ)，最终把 (Φ) 代入方程（4.51）计算出悬移质中非造床质的最大粒径。

$$S_a=\frac{\omega}{g^{1/3}\left(\frac{\gamma_s}{\gamma}-1\right)^{1/3}v^{1/3}}\tag{4.49}$$

$$\Phi=\lg\left[\sqrt{39-(\lg S_{\mathrm{a}}+3.665)^2}+5.777\right] \tag{4.50}$$

$$d=\frac{\Phi v^{2/3}}{g^{1/3}\left(\frac{\gamma_{\mathrm{s}}}{r}-1\right)^{1/3}} \tag{4.51}$$

然后，根据悬移质颗粒级配求出悬移质中非造床质的含量 P_k。

2. 泥沙起动流速 u_{c} 的确定

对于本模型，采用延伸的希尔兹曲线来研究泥沙起动的判别，建立细颗粒泥沙起动的数学模型。模型假定细颗粒泥沙在起动时，颗粒被水流淹没在床面层流边界之内，该层中的流速分布呈线性，见图 4.5。则有

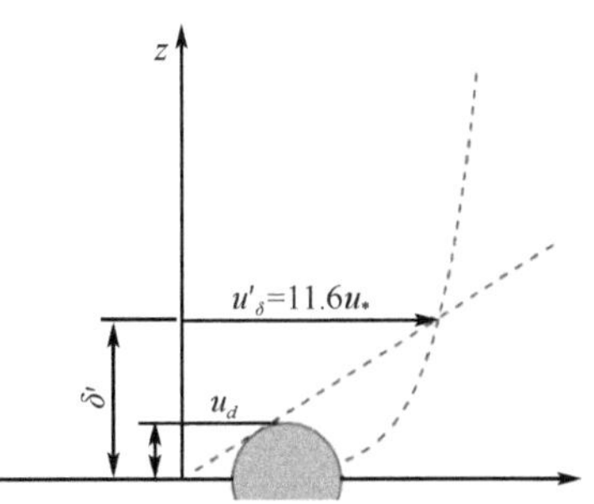

图 4.5　细颗粒泥沙起动示意图

$$u_d=\frac{\frac{1}{2}du'_\delta}{\delta'} \tag{4.52}$$

式中，u_d 为水深 $Z=1/2d$ 处的流速，d 为泥沙粒径；u'_δ 为水深 $Z=\delta'$ 处的流速；δ' 为层流边界的厚度，其具体计算方法如下：

$$\delta'=\frac{11.6v_{\mathrm{w}}}{u_*} \tag{4.53}$$

式中，v_{w} 为水流黏滞系数；u_* 为水流底部摩阻系数。

联合式（4.52）及式（4.53），并代入 $u'_\delta=11.6u_*$，可得

$$u_d=\frac{\frac{1}{2}d}{\gamma_{\mathrm{w}}}u_*^2 \tag{4.54}$$

研究资料表明，参数 u_d/w_0 与 $\Delta\varepsilon=\varepsilon_{\mathrm{m}}-\varepsilon$ 的变化关系为

$$u_d=0.55\times10^{8\Delta\varepsilon}w_0 \tag{4.55}$$

式中，ε 为床面孔隙率；ε_{m} 既是极限含沙量时的孔隙率，又是极限含沙量时的孔隙率，ε_{m} 具体计算方法如下：

$$\varepsilon_{\mathrm{m}}=1-C_{\mathrm{m}}=0.245-0.222\lg d_{50} \tag{4.56}$$

式中，C_{m}=0.755+0.222lgd_{50}。

ω_0 为单个泥沙颗粒的静水沉速，可表示为

$$\omega_0=0.564\frac{g}{v_{\mathrm{w}}}(\frac{\gamma_{\mathrm{s}}}{\gamma_{\mathrm{w}}}-1)d^2 \tag{4.57}$$

联合求解方程（4.55）～方程（4.57），可得细颗粒泥沙起动的引力公式为

$$\tau_{\mathrm{bc}}=0.062\times10^{8\Delta\varepsilon}\left(\gamma_{\mathrm{s}}-\gamma_{\mathrm{w}}\right)d \tag{4.58}$$

若 $K_*=0.062\times10^{8\Delta\varepsilon}$，则式（4.58）变为

$$\tau_{bc} = K_* \left(\gamma_s - \gamma_w\right) d \tag{4.59}$$

而希尔兹起动公式为

$$\tau_{bc} = f\left(R^*\right)\left(\gamma_s - \gamma_w\right) D \tag{4.60}$$

式中，$R^*=uD/\upsilon$。

式（4.59）与希尔兹起动公式（4.60）在形式上相似，是对希尔兹曲线的延伸。在实际工程运用中，二维紊流光滑边界之上的流速分布方程可表示为

$$u_c \quad 5.75u_* \lg\left(3.62h_c u_{*c} / \quad {}_{w}\right) \tag{4.61}$$

式中，u_c 为泥沙起动流速；h_c 为泥沙起动时的水深。

将式（4.58）代入式（4.61）中，并代入以下条件：

$$u_{*c}=\sqrt{\gamma_{bc} / \rho_w},\ g = 981\text{cm} / \text{s}^2,\ \gamma_s = 2.65\text{g} / \text{cm}^3,\ \rho_w = \frac{1}{981}\text{g} \cdot \text{s}^2 / \text{cm}^4,$$

$$\gamma_w = 0.01\text{cm}^2 / \text{s},\ d = d_{50}$$

可得

$$u_c = 57.5\times10^{4\Delta\varepsilon} d_{50}^{1/2} \lg(3.62\times10^{3+4\Delta\varepsilon} d_{50}^{1/2} h_c) \tag{4.62}$$

3. 泥沙悬浮条件（扬动流速）的确定

根据悬浮指标来确定泥沙扬动流速

$$U_s = \frac{\omega h^{1/6}}{z_1 K \sqrt{gn}} \tag{4.63}$$

式中，ω 为泥沙沉降速度，可通过式（4.49）、式（4.50）计算得到；z_1 为泥沙悬浮指标，取 z_1=5；h 为水深；n 为糙率；K 为挟沙水流的卡门常数。

4. 泥沙起悬量 P_i 的确定

床面近壁大尺度的湍流紊动导致了泥沙颗粒的扬动和悬浮，当水流向上紊动的速度超过泥沙颗粒的沉速或者主流速度超过扬动流速时，床面底部泥沙和推移质会上扬并且转变为悬移质。

将研究成果相结合，可得

$$\frac{p_i}{I_{0i}} = \frac{1}{\sqrt{2}\pi}\int_{t_{ci}}^{\infty}\left(\frac{1}{t_{cci}} - 1\right)e^{-t^2}\text{d}t = f\left(\frac{\omega_i}{u_*}\right) \tag{4.64}$$

式中，$t_{cci} = t_{ci} / \sqrt{2C_*^2}$，$C_*$ 为比例系数，可以取 0.27，$t_{ci}=\omega_i/u_*$；I_{0i} 为沉速等于 ω_i 的泥沙在活动床沙中的份数，$I_{0i}=\sigma_{*i}C_b$，σ_{*i} 为沉速等于 ω_i 的泥沙颗粒在床沙 C_b 中的有效含量，由床沙级配可以求出。C_b 是水流的作用下底部泥沙的活动量（相对体积比），其取值如下：

$$C_b=\begin{cases}\dfrac{-0.0064+\sqrt{4.1\times10^{-5}+0.392\tau_b}}{0.196} & d_{50}<0.02\text{mm}, C_b\leqslant C_k\\ C_b\approx0.755+0.222\lg d_{50}, & d_{50}\geqslant0.02\text{mm}, C_b\leqslant C_m\end{cases}$$

式中，τ_b 为水流作用在床面上的切应力，$\tau_b=\sqrt{\tau_{bx}^2+\tau_{by}^2}$，其中 $\tau_{bx}=\rho g\dfrac{u\sqrt{u^2+v^2}}{C_s^2}$，$\tau_{by}=\rho g\dfrac{v\sqrt{u^2+v^2}}{C_s^2}$；$C_k$=15.4$d_{50}$+0.07，粒径以 mm 为单位；$\omega_i$ 为分组 i 泥沙的平均沉速，$\omega_i=(\omega_{i1}+\omega_{i2}+\sqrt{\omega_{i1}\cdot\omega_{i2}})/3$，其中 ω_{i1} 和 ω_{i2} 分别为对应第 i 组泥沙最大和最小颗粒的沉速。

5. 泥沙沉降量 D_i 的确定

$$D_i=\omega_i\cdot\frac{6\omega_i}{ku_*}(1-e^{-\frac{6\omega_i}{ku_*}})^{-1}C_s \tag{4.65}$$

6. 卡门常数 K 的确定

卡门常数 K 由下式确定：

$$K=\frac{1}{K_w}+1.14\frac{(\gamma_s-\gamma_w)}{\gamma_w}\frac{(\overline{w}-\overline{u}J)}{u_*J}\overline{C} \tag{4.66}$$

式中，K 与 K_w 分别为挟沙明流与动床清水明流在主流区的卡门常数；$\overline{C}$ 为悬移质平均含沙量。式（4.66）右边第一项表示影响主流区流速分布的底态条件，第二项表示影响主流区内流速分布规律的悬移质特性部分。由于考虑了水流挟沙对 K 值的影响作用，此法求得的卡门常数 K 比爱因斯坦直接采用清水动床条件下确定卡门常数的方法更加准确。

4.3.5　模型边界条件

1. 河床边界条件

数学模型中对于河床边界条件有以下两种考虑；一是单从河床组成的角度出发，下垫卵石层以上的砂质覆盖层称为可冲层，不考虑水流条件调整、床面粗化等的作用，决定了河床可冲刷的河床总厚度；二是除了河床组成，还要考虑水流条件变化、床面粗化等的影响确定的混合层，河床混合层厚度是指一个冲淤计算时段内感受到水流作用并且泥沙组成发生变化的床沙厚度，它的大小决定了河床冲刷速度。两者对于河床冲刷发展均有十分重要的意义。

2. 河床边界的作用

1）可冲层

河床演变是具有动边界的水沙两相流必然会发生的现象。河道边界决定水流，水流反过来通过泥沙冲淤使河床发生变化。河床边界作为影响河床演变的三大因素之一，泛指河流所在地区的地理、地质条件，包括河谷比降、宽度，组成河底、河岸的土层系较难冲刷的岩层、卵石层、黏土层，或是较易冲刷的沙层等。对于数学模型而言，河床边界主要通过地形、床沙级配、可冲层厚度等体现，实测资料对于地形的反映一般较为详细，床沙级配和可冲层厚度的实测资料则相对较少。在沙层覆盖层较薄的砂卵石河段，可冲层的厚度直接关系到清水冲刷下的河床变形极限状态（朱玲玲等，2009），砂卵石 - 沙质河床交界带抗冲性的差别影响着横向滩槽调整、纵向水位下降等多方面变化（孙昭华等，2011）；沙质河床中也同样存在局部沙层厚度较小的情况，一旦模型不能真实反映这一情况，不仅影响河床变形幅度模拟的精度，还会导致河床变形趋势模拟的失误。

2）混合层

混合层厚度的确定在非均匀泥沙数学模型中具有极其重要的意义，直接决定了数学模型计算结果的可靠性和准确性。特别是在水库下游的冲刷计算中，混合层厚度的大小不仅决定着河道冲刷量的大小，还影响着河道的冲刷速度和冲刷趋势。首先，从非均匀沙的起动条件来看，非均匀沙起动不仅取决于水流条件和泥沙自身的物理特性，还受制于床沙组成。不同床沙组成条件下，不仅床面附近阻力特性的不同将导致床面流速和床面剪切力的不同，近底水流结构的不同也将导致粗细颗粒之间的隐蔽与暴露作用不同，从而影响非均匀沙的起动。因此，混合层的级配将在很大程度上影响非均匀沙的起动情况，从而决定不同粒径泥沙的受冲刷程度。

3. 水沙边界条件

从演变机理来看，河道演变不仅取决于来水和来沙的绝对数量，还与水沙过程相关。一条洪期、中期、枯期流量相差悬殊的河流和一条流量差别不大的河流，在水沙特性及河床演变规律上都会有所不同。沙量过程也有类似情况，沙峰滞后于洪峰的时间长短、沙峰单一或是出现多次等都会造成河床演变的差异性。对于沙量，还需要考虑其组成变化的影响。从研究方法来看，无论是物理模型还是数学模型，其模拟所需要到达的效果是一致的，即不仅能够在给定的典型水沙条件下反映出河道演变的特点，还能够在选择一定的水沙系列后，定量预测河道的冲刷幅度。因此，典型水沙系列的选取至关重要。水沙系列选取最基本的要求是包含不利水沙年份，若实际情况中没有满足标准的不利年份，需要将接近不利情况的年份按一定方法缩放，即对流量过程进行设计（李义天等，2012）。一般而言，对于水流，进口边界条件取上游来流的流量过程线，出口边界条件取出口处的水位过程线；对于悬移质而言，进口边界条件一般给此处的含沙量过程及相应的泥沙级配，出口边界则认为$\partial S / \partial x = 0$。

4.4　洪水过程模拟

4.4.1　模型计算区域

模型区域以外洲站作为上游边界，下游主支取昌邑站以下 11km，北支官港河和沙汊河都取入湖口，中支取楼前站以下 11km，南支取滁槎站以下 11km，如图 4.6 所示。计算区域采用非结构化三角形网格进行剖分，共划分为 67 282 个节点、127 308 个网格，计算所采用的初始地形为 2013 年实测 1 ∶ 5000 的河道地形图。

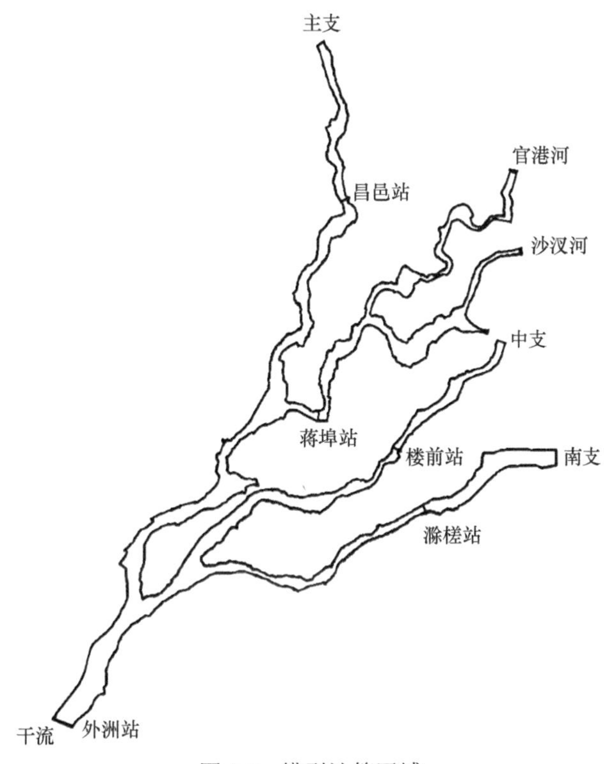

图 4.6　模型计算区域

4.4.2　模型的验证

1. 水位验证

模型验证计算采用了该河段 2013 年 5 月（外洲站流量 4320m^3/s）、7 月（外洲站流量 2190m^3/s）和 9 月（外洲站流量 1020m^3/s）三个测次的实测水位资料。分别代表洪水、中水、枯水三种情况，并且选取各水位站断面进行验证，计算结果如表 4.6 所示，各断面计算绝对误差在 10cm 以内，满足模型计算精度的要求。

表 4.6　水位验证表　（单位：m）

断面号	2013 年 5 月（4320m³/s）			2013 年 7 月（2190m³/s）			2013 年 9 月（1020m³/s）		
	实测值	计算值	误差	实测值	计算值	误差	实测值	计算值	误差
外洲站	17.66	17.71	0.05	16.89	16.86	–0.03	13.76	13.78	0.02
昌邑站	15.82	15.87	0.05	16.03	15.94	–0.09	12.80	12.77	–0.03
蒋埠站	16.62	16.65	0.03	16.31	16.25	–0.06	13.43	13.46	0.03
楼前站	16.48	16.54	0.06	16.11	16.08	–0.03	13.03	13.08	0.05
滁槎站	17.51	17.60	0.09	16.87	16.89	0.02	13.73	13.79	0.06

2. 流速验证

图 4.7 给出了干流流量为 4320m³/s 和 1020m³/s 的情况下，外洲断面的计算流速和实测流速分布。可以看出，计算的断面流速分布与实测值基本符合，误差在 0.1m/s 以内。

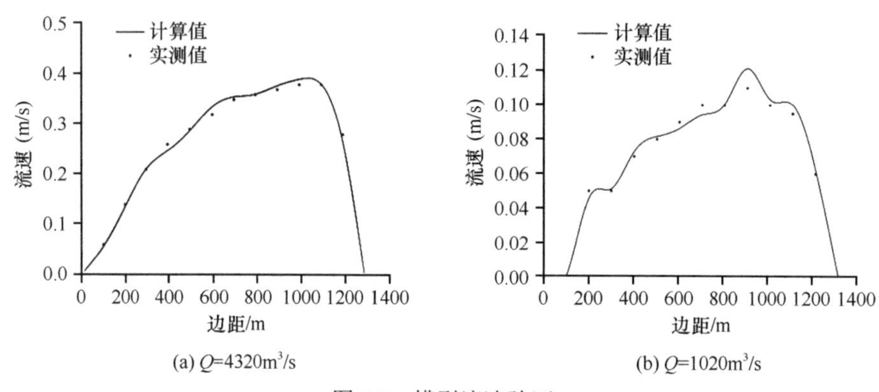

(a) Q=4320m³/s　(b) Q=1020m³/s

图 4.7　模型流速验证

3. 冲淤验证

图 4.8 给出了 2013 年 1 ～ 12 月外洲站断面冲淤的对比情况。可以看出，外洲站断面淤积趋势明显，接近右岸深槽的淤积最为显著，计算结果与实测结果吻合较好。这说明模型关于研究区域的河床冲淤模拟效果较好，基本能够反映河床演变情况。

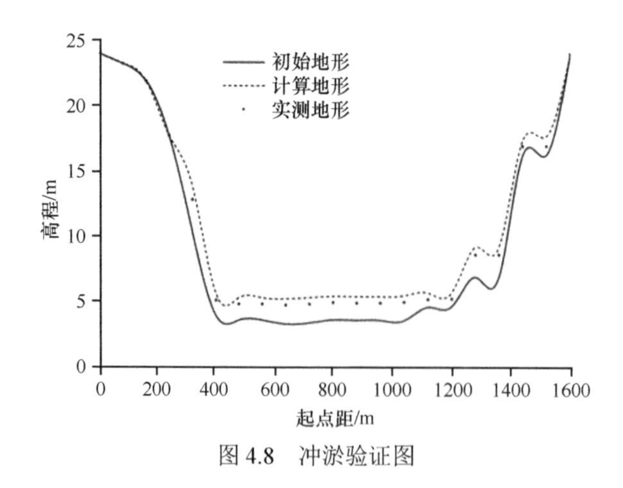

图 4.8　冲淤验证图

4.4.3　模型的边界条件

模型选取不同频率洪水情况下的外洲流量作为上游入口边界，相应下游出口水位作为出口边界条件，对应参数见表 4.7。

表 4.7　洪水边界条件

	洪水频率			
	P=1%	P=2%	P=5%	P=10%
外洲流量 /（m^3/s）	25 600	23 600	20 700	18 400
主支水位 /m	16.52	15.89	15.68	15.58
官港河水位 /m	18	17.29	17.08	16.94
沙汊河水位 /m	17.96	17.32	17.03	16.92
中支水位 /m	18.3	17.86	17.62	17.48
南支水位 /m	18.59	18.05	17.85	17.76

4.4.4　模拟工况

1. 主支河道整治

规划对碍洪的河道中心洲和滩地进行疏浚，疏浚河段总长 28km。自堤脚 50m 外进行疏挖，边坡按 1 ∶ 5 控制，疏浚后河道底高程为 12.0m 左右。滩地利用总共 3 处，分别为会龙摆、杨柳州和横大滩地，总面积约 4273 亩，边滩护岸设计见表 4.8，设计堤顶高程分别为 22.96m、22.62m、22.40m。主要整治工程布置见图 4.9。

表 4.8　主支边滩护岸设计（单位：m）

	设计洪水位	设计堤顶高
会龙摆	21.26	22.96
杨柳州	20.92	22.62
横大滩地	20.90	22.40

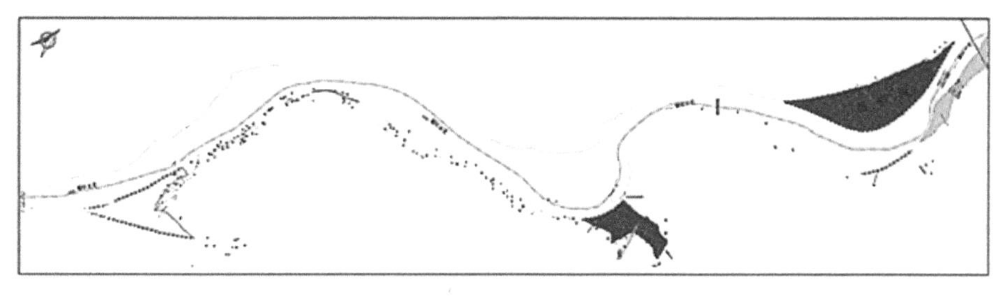

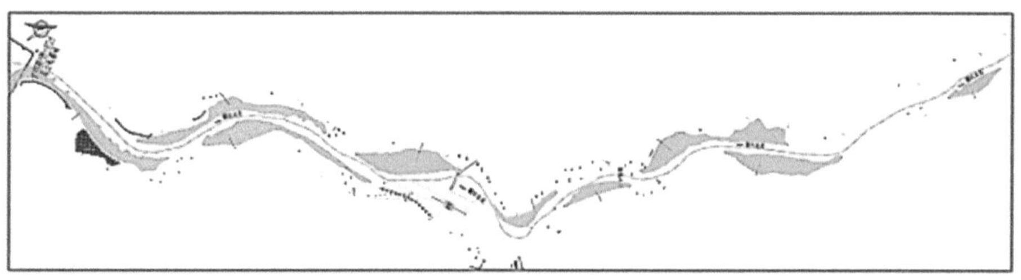

图 4.9　主支主要整治工程布置示意图

绿色区域为规划疏浚河段，蓝色区域为滩地利用河段

主支象山枢纽总体布置：枢纽由泄水建筑物、船闸、鱼道、连接挡水建筑物等组成。枢纽轴线长1279m，从左至右布置依次为左岸连接土坝段、泄水闸段、连接土坝段、船闸段、右岸连接土坝段。闸前最高控制水位15.5m，挡水水深9m，底板高程6.5m。溢流总净宽516m，采用3孔62m下卧式大孔口平板门+11孔30m上卧式弧门。船闸为双线Ⅱ级船闸，采用曲线进闸、直线出闸运行方式，设计船闸有效尺度为200m×34m（闸室有效长度×净宽），船闸门槛最小水深4.5m。主要考虑满足景观功能要求，以不对南昌市现有排水系统造成影响为控制，初步拟定枯期控制水位为控制外洲站水位在15.5m左右相应的闸前水位。

2. 中支河道整治

中支河道为赣江主要行洪通道，无航运要求。规划对碍洪的河道中心洲和滩地进行疏浚，疏浚河段总长9.65km。自堤脚50m外进行疏挖，边坡按1∶5控制，疏浚后河道底高程为12.0m左右。滩地利用2处，分别为蒋巷陈家滩地和南新中徐滩地，总面积约2257亩，边滩护岸设计见表4.9，主要整治工程布置见图4.10。

表4.9　中支边滩护岸设计　　（单位：m）

	设计洪水位	设计堤顶高		设计洪水位	设计堤顶高
蒋巷陈家	20.90	22.50	南新中徐	20.88	22.68

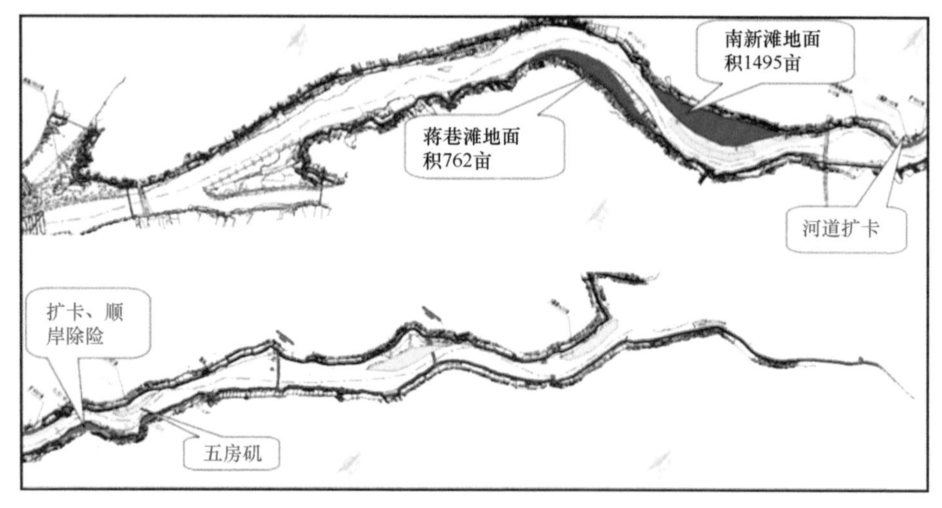

图4.10　中支主要整治工程布置示意图

蓝色区域为边滩利用区域，黄色区域为规划疏浚河段

中支南新枢纽总体布置：枢纽由泄水建筑物、鱼道、连接挡水建筑物等组成。枢纽轴线长820m，从左至右布置依次为左岸连接土坝段（含鱼道）、泄水闸段、右岸连接土坝段。泄水建筑物：闸前最高控制水位15.5m，挡水水深3.5m，底板高程12.0m，采用11孔50m气动盾形闸门。

3. 南支河道整治

南支河道为赣江主要行洪通道，规划为Ⅳ级航道，是赣江东河主要航道。工程规划对碍洪的河道中心洲和滩地进行疏浚，疏浚河段总长 11.17km。自堤脚 50m 外进行疏挖，边坡按 1 ∶ 5 控制，疏浚后河道底高程为 12.0m 左右。滩地利用共 5 处，分别为豫章大桥、鱼尾洲、北旺大桥、滁槎新塘和大飞机等滩地，总面积约 4810 亩，边滩护岸设计见表 4.10。南支主要整治工程布置见图 4.11。

表 4.10　南支边滩护岸设计　（单位：m）

	设计洪水位	设计堤顶高		设计洪水位	设计堤顶高
豫章大桥	21.61	23.41	滁槎新塘	20.86	22.66
鱼尾洲	21.21	23.01	大飞机	20.74	22.54
北旺大桥	21.01	22.81			

南支吉里枢纽总体布置：枢纽由泄水建筑物、船闸、鱼道、连接挡水建筑物等组成。枢纽轴线长 1273m，从左至右依次为左岸连接段、船闸段、连接土坝段（含鱼道）、泄水闸段、门体段。泄水建筑物：设计控制水位 15.5m，挡水水深 4.0m，底板高程 11.5m。溢流总净宽 620m，采用平动弧门 100m×1 扇 + 钢坝中置 60m×6 孔 + 平动弧门 100m×1 扇。船闸为单线Ⅳ级船闸，采用曲线进闸、直线出闸运行方式，设计船闸有效尺度为 120m×23m（闸室有效长度 × 净宽），船闸门槛最小水深 3.0m。

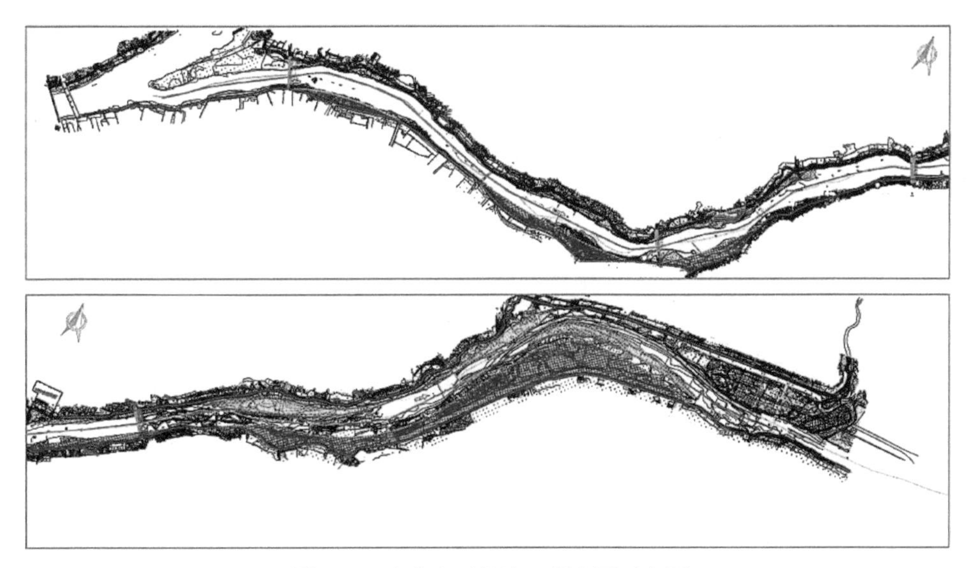

图 4.11　南支主要整治工程布置示意图

绿色区域为疏浚河段，蓝色区域为滩地利用河段

4. 洲头控导工程

扬子洲头是赣江左汊（西河）和右汊（东河）的分汊口，焦矶头是赣江中支和南支的分汊口。由于迎流顶冲，两洲头岸滩分布有冲刷深坑，部分新建堤防迎水坡堤脚位于水下，

堤线不规则，高水行洪时该河段流态较复杂。为理顺水流，稳定分流比，改善该河段流态，稳定洲头岸坡和河势，规划对洲头采取就岸防护措施。洲头控导工程布置见图 4.12。

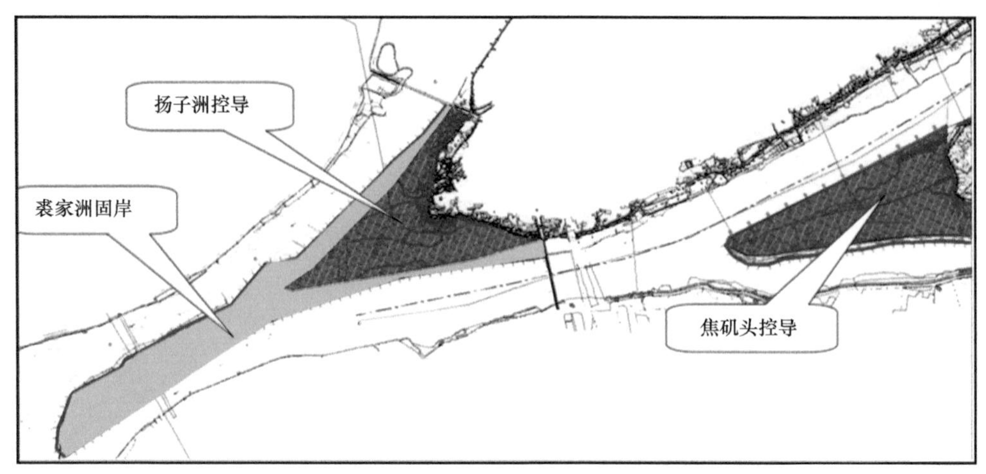

图 4.12　洲头控导工程布置示意图

1）扬子洲头控导工程

扬子洲头西支对岸为昌北防洪堤，东支对岸为富有大堤。洲头低枯水位时出露，中高水位时淹没行洪。洲头滩地高程为 16.40 ～ 20.0m，扬子洲联圩洲头段堤防桩号（0+000）～（2+200）段，岸线不规则。扬子洲头桩号（0+540）～（0+700）段、（3+200）～（3+585）段迎水坡堤脚坑塘高程为 7.9 ～ 12.3m，为固脚防冲、确保大堤安全，规划采用抛石碾压基床，抛石顶高程为设计枯水位加 0.5m，结合施工碾压的顶部宽度为 2.5m，边坡采用 1 ∶ 2.0。桩号（0+700）～（2+000）段、（3+950）～（4+500）段岸线分布冲刷深坑，高程为 4.5 ～ 7.7m，该堤段采用混凝土板桩护岸，桩顶高程为设计枯水位加 0.5m。

裘家洲现状在低枯水期发挥着较稳定的分流、导流作用，规划对裘家洲采取固岸措施，进一步稳定其岸滩边线，采用抛石固岸，抛石顶高程为设计枯水位加 0.5m，展宽为 2.0m，边坡采用 1 ∶ 3.0。

2）焦矶头控导工程

焦矶头中支对岸为扬子洲联圩，南支对岸为富有大堤。洲头低枯水位时出露，中高水位时淹没行洪。洲头滩地高程为 16.50 ～ 21.90m，蒋巷联圩洲头段堤防桩号（13+100）～（14+700）段，堤线不规则。焦矶头桩号（2+800）～（2+900）段迎水坡坑塘高程为 7.3 ～ 11.1m，为固脚防冲、确保大堤安全，规划采用抛石碾压基床，抛石顶高程为设计枯水位加 0.5m，结合施工碾压的需要顶部宽度为 2.5m，边坡采用 1 ∶ 2.0。桩号（0+500）～（2+300）段、（2+900）～（5+568）段迎水坡堤脚深坑高程为 4.7 ～ 7.9m，该堤段采用混凝土板桩护岸，桩顶高程为设计枯水位加 0.5m。

5. 北支河道整治

赣江尾闾四支汊河道中，北支整体上过流能力最小，洪水期过流量约占 15%，而北支两岸防洪堤线长达 120km，占赣江尾闾圩堤总长的 1/3 多。鉴于北支过洪能力最小，而两岸堤防又最长，对北支进行控制，整体上缓解赣江尾闾河道的防汛压力，较于其他三支在控制方案上是最可行的，效果也最好。对于北支控制问题，提出两个整治方案。

方案一：北支进口与出口控制，作为超标准洪水应急分洪行洪通道。整治规划在官港河、沙汊河出口各建控制闸，堵无名小汊，与北支进口枢纽一起，对北支进行控制，河道仍维持天然状态，作为超标准（10 年一遇）洪水条件下的应急分洪行洪通道。控制后，北支遇超过 10 年一遇洪水时，启用河道行洪，保证防洪安全。北支遇 10 年一遇及以下洪水时，北支河道受控不行洪，沿河两岸现有 120km 堤防不受洪水威胁，区域防洪压力大为减轻；同时，可提高北支河道内 1.4 万多亩耕地的耕种概率，并可控制一定水位，进行水上旅游、养殖等开发利用。但是，由于北支控制后 10 年一遇洪水条件下不行洪，赣江尾闾河道行洪断面总体上减少一支，相应增加了赣江主支、中支、南支三支河道的过洪水量，需要对主支、中支、南支三支河道进行疏浚整治，满足行洪要求。

方案二：北支出口不控制，北支进口控制调控枯水位，出口不采取任何工程措施，北支河道维持天然状态，维持赣江现行四支入湖流路格局，相应也不需要对主支、中支、南支三支河道进行疏浚整治。

北支进口枢纽总体布置：由泄水闸和连接挡水建筑物组成，枢纽轴线长度 510m，从左至右依次为左岸土石坝段、泄水闸段、右岸土石坝段。泄水闸前最高控制水位为 15.5m，底板高程为 12.0m，泄流段总长为 310m，采用 4 孔净宽 65m 升卧式翻板闸。所以整个区域的整治方案布置如表 4.11 所示。

表 4.11　整治方案布置内容

	工程内容
整治方案一	洲头控导工程；各支水利枢纽工程；主支、中支、南支疏浚工程；滩地防护工程；北支出口控制闸
整治方案二	洲头护岸工程；各支水利枢纽工程

4.5　洪水模拟结果分析

4.5.1　水位变化分析

1. 干流、主支水位变化分析

图 4.13 为不同整治方案分别在不同频率洪水情况下的干流和主支水面线。经对比可以得出，主支在 1%、2%、5% 频率洪水情况下，在主支象山枢纽上游，方案一由于对河道进行过疏浚，洪水水位要较方案二和整治前低，最大降幅达到 0.45m。在 10% 频率洪水情况下，方案二水闸全力泄洪，方案一中虽然河道进行过疏浚，但是北支入口控制枢纽实施控制北支不行洪，主支象山枢纽上游方案一、方案二和整治前水位相差不大，在象山枢纽下游方案一水位要较方案二和整治前高。由此可见，方案一中 10% 频率洪水条件下北支不行洪对主支防洪影响不大，而能大大缓解北支河道的防洪压力。并且拟建枢纽在全力泄洪的条件下，不会造成太大的壅水，对尾闾四支的防洪不会有太大的影响。

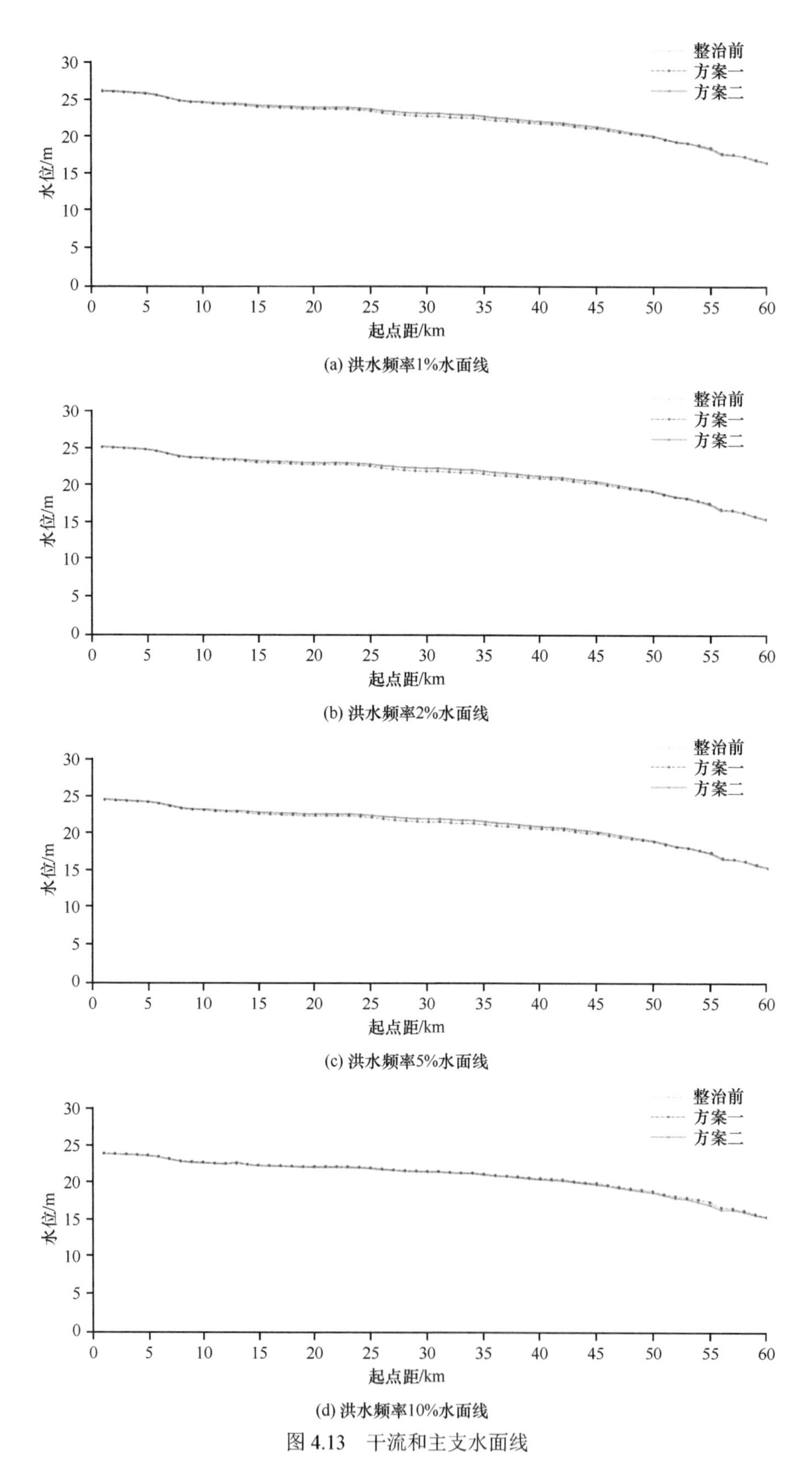

(a) 洪水频率1%水面线

(b) 洪水频率2%水面线

(c) 洪水频率5%水面线

(d) 洪水频率10%水面线

图 4.13 干流和主支水面线

2. 中支水位变化分析

图 4.14 为中支在不同频率洪水情况下不同工况的水面线。经对比可得，1% ～ 10% 不同频率的洪水情况下，方案一的水位在中支南新枢纽上游要较方案二和整治前低，最大降幅为 0.31m。在南新枢纽下游，洪水位差别不大，变化基本保持一致。

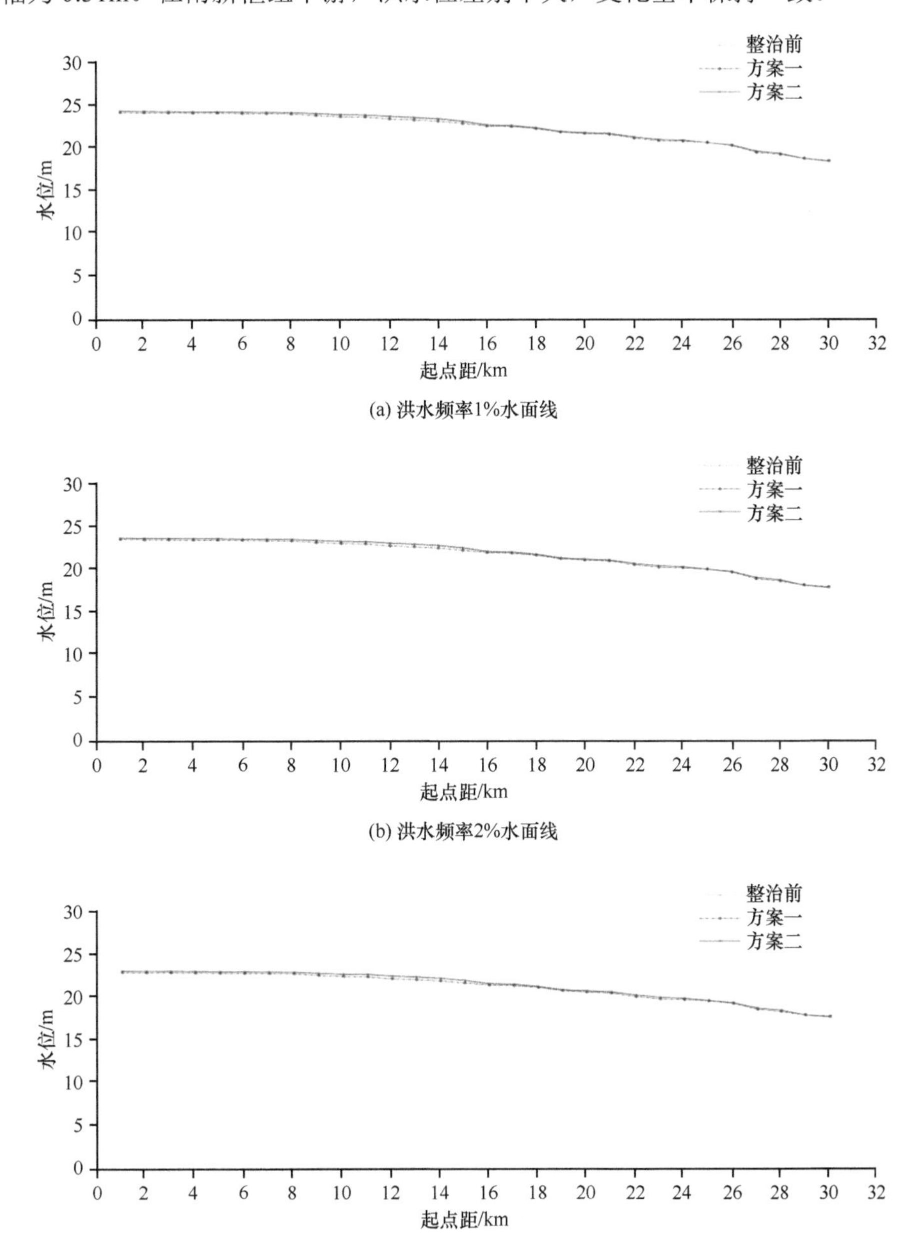

(a) 洪水频率1%水面线

(b) 洪水频率2%水面线

(c) 洪水频率5%水面线

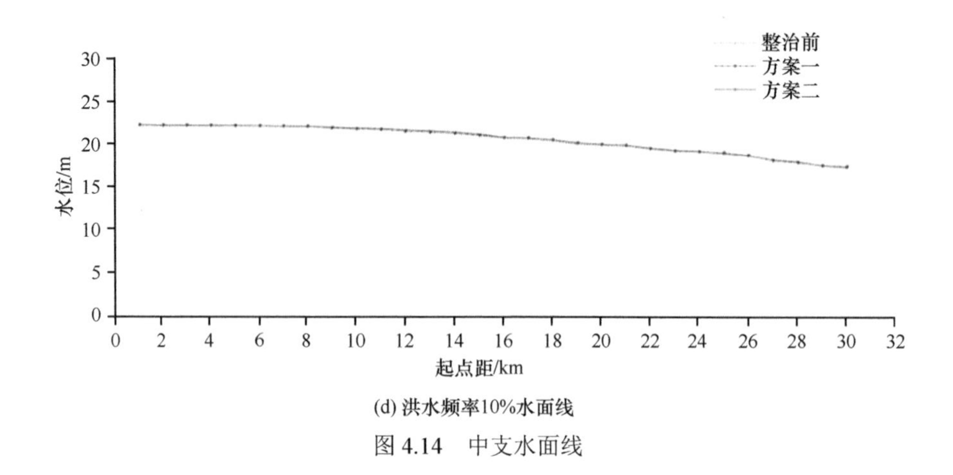

(d) 洪水频率10%水面线

图 4.14　中支水面线

3. 南支水位变化分析

图 4.15 为南支在不同频率洪水条件下不同工况的水面线。经对比可得，1% ～ 10%不同频率的洪水情况下，方案一的水位在南支吉里枢纽上游要较方案二和整治前低，最大降幅为 0.30m。在南新枢纽下游，洪水位差别不大，变化基本保持一致。并且在 10%频率洪水条件下，方案一堵北支后对南支水位影响不大，水位变化趋势较其他频率洪水也基本一致。

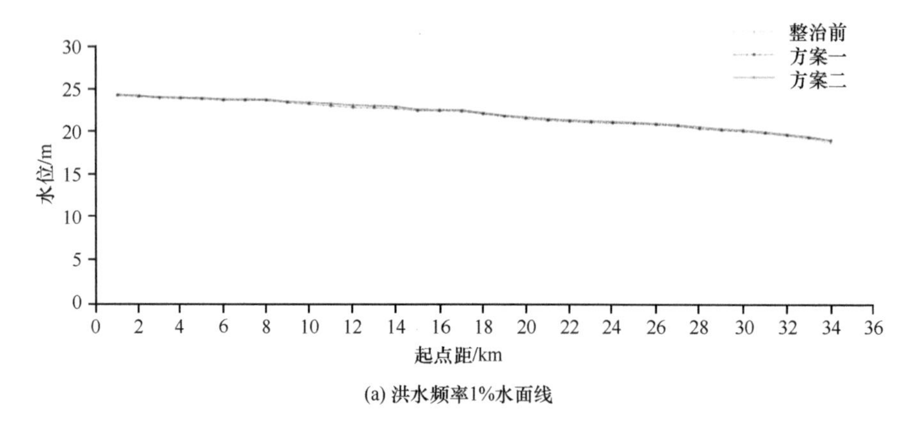

(a) 洪水频率1%水面线

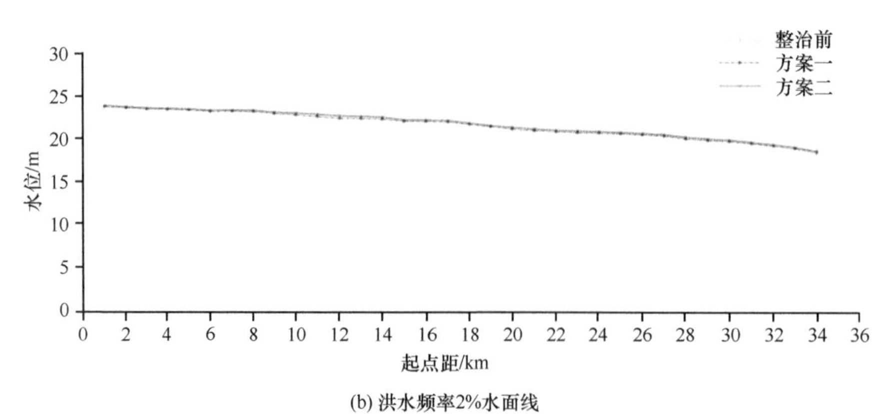

(b) 洪水频率2%水面线

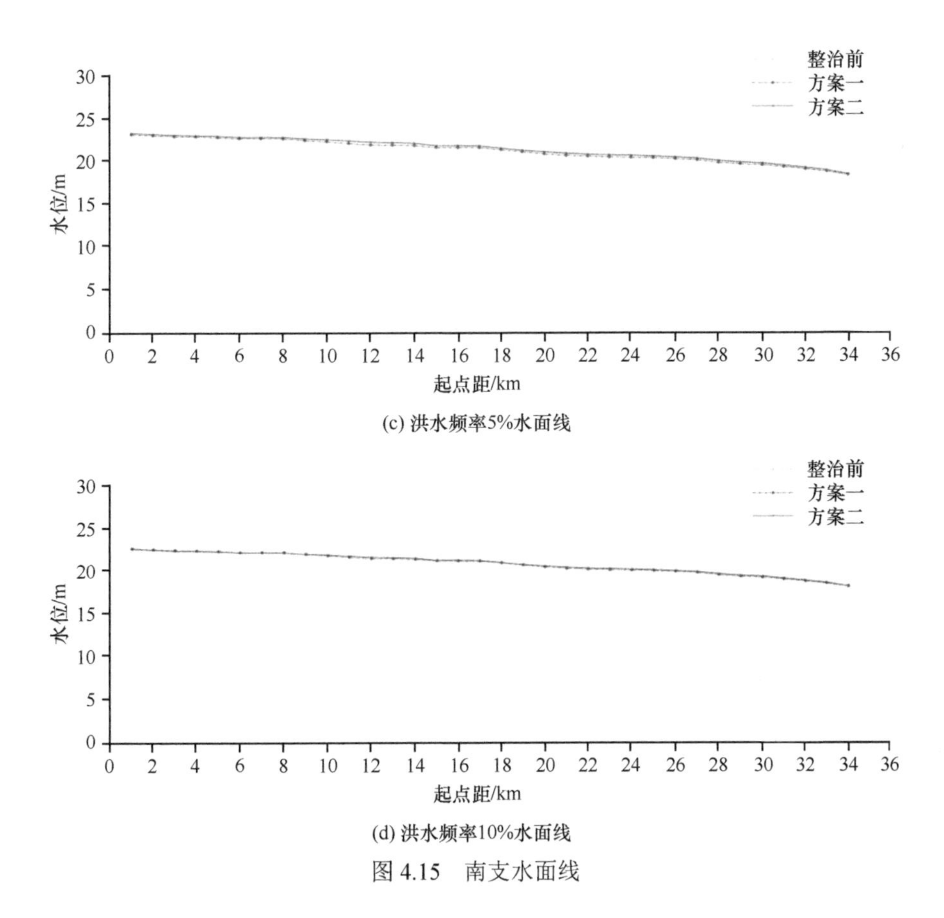

图 4.15　南支水面线

4.5.2　分流比变化分析

表 4.12 为不同频率洪水条件下，赣江尾闾东河、西河及中支、南支分别在不同工况情况下的分流比。经对比可得出，1% ～ 10% 频率洪水条件下，东河流量比西河流量略大，中支流量明显大于南支流量。并且，在 1% ～ 5% 频率洪水条件下，方案一中西河和中支的分流比要较其他情况下的分流比大，主要是因为主支、中支、南支进行过河道疏浚。相对而言，方案二中的整治建筑物对各支的分流比影响很小，方案二中东河和南支分流比较整治前略大。这是因为在超标准洪水情况下，水闸全力泄洪，拟建的水闸枢纽对洪水基本无影响，所以，控制水闸枢纽还得需要合理的调控方案来充分发挥各支的泄洪能力。而在 10% 频率洪水条件下，北支控制不行洪时，西河分流比要较 1% ～ 5% 频率洪水条件下的分流比小，说明相应地增加了中支、南支的防洪压力，所以对中支、南支进行疏浚是十分必要的。

表 4.12　分流比变化　（单位：%）

	P=1%				*P*=2%			
	东河	西河	中支	南支	东河	西河	中支	南支
方案一	52.74	47.26	58.96	41.04	52.56	47.44	59.24	40.76
方案二	54.32	45.68	56.54	43.46	54.31	45.69	56.73	43.27
整治前	54.27	45.73	56.57	43.43	54.25	45.75	56.78	43.22

续表

	P=5%				P=10%			
	东河	西河	中支	南支	东河	西河	中支	南支
方案一	52.21	47.79	59.66	40.34	54.13	45.87	59.87	40.13
方案二	54.19	45.81	57.09	42.91	53.83	46.17	57.37	42.63
整治前	54.10	45.90	57.42	42.58	53.75	46.25	57.42	42.58

4.5.3 流速变化分析

图 4.16 和图 4.17 分别为 1% 和 5% 频率洪水条件下，方案一和方案二分别相对整治前的流速变化。可得出，在 1% 和 5% 的频率洪水条件下，方案二和整治前整个区域流速大小变化不大，与前文分析的水位和流量变化关系相一致，控制枢纽对洪水要素影响非常小。而方案一中，流速基本呈增大趋势，但是流速变化幅度不大，主要为–0.3 ～ 0.3m/s。主支主要变化河段为象山枢纽附近及下游，北支无论行洪与否，流速变化都比较明显，说明方案一中其他三支疏浚对北支水流要素有一定影响。其他频率洪水条件下，变化趋势同 1% 和 5% 基本一样。

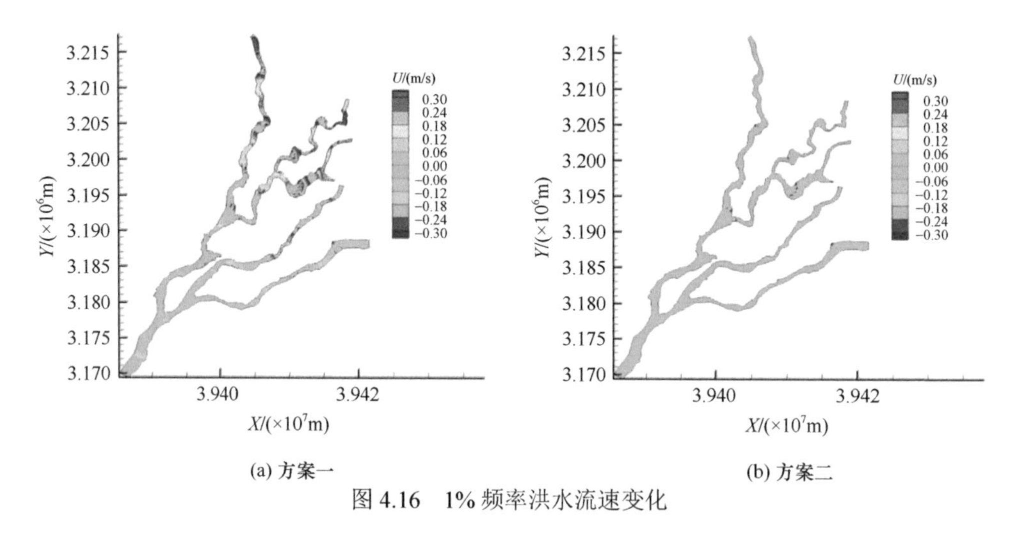

(a) 方案一　　(b) 方案二

图 4.16　1% 频率洪水流速变化

4.5.4 洪水过程总结

经过对比分析不同工况在不同频率洪水条件下的水位、分流比、流速，可以得出：①各支控制枢纽在排洪水闸全开时，对洪水影响不大，不会出现较大的壅水；②河道疏浚效果比较明显，能够很好地降低洪水水位，相应地也会增大西河和中支的分流比，增大整体流速；③方案一相对方案二，10% 频率洪水条件下，在控制北支和其余三支疏浚两个因素的影响下，方案一的洪水水位整体高于方案二，尤其是在主支象山枢纽下游，同时增加了中支、南支的过流量，东河的分流比增加了 0.3%。

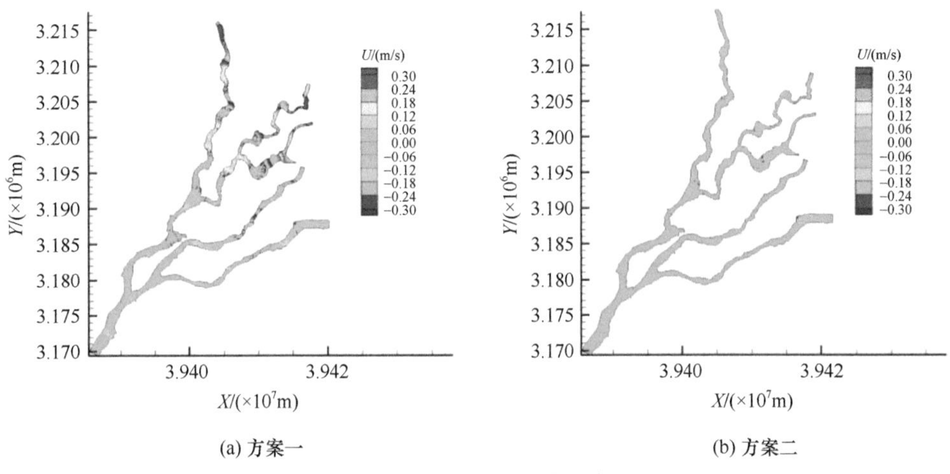

(a) 方案一　　(b) 方案二

图 4.17　5% 频率洪水流速变化

参 考 文 献

白玉川 . 1998. 海岸三维潮流数学模型的研究及应用 . 海洋学报 , 20(6): 87-100.

白玉川 , 顾元棪 , 邢焕政 . 2005. 水流泥沙水质数学模型理论及应用 . 天津 : 天津大学出版社 .

曹祖德 , 王运洪 . 1993. 水动力泥沙数值模拟 . 天津 : 天津大学出版社

关建伟 . 2010. 平面二维水沙数学模型的研究与应用 . 天津大学硕士学位论文 .

江西省水利规划设计院 . 2016. 赣抚下游尾闾地区水系综合整治规划报告 .

江西省水利厅 . 1995. 江西省水利志 . 南昌 : 江西科学技术出版社 .

李义天 , 唐金武 , 朱玲玲 , 等 . 2012. 长江中下游河道演变与航道整治 . 北京 : 科学出版社 .

苏铭德 . 1997. 计算流体力学基础 . 北京 : 清华大学出版社 .

孙昭华 , 李义天 , 葛华 , 等 . 2011. 长江中游沙卵石 - 沙质河床过渡带冲刷趋势研究 . 水利学报 , 42(7): 789-797.

吴江航 , 韩庆书 . 1988. 计算流体力学的理论方法及应用 . 北京 : 科学出版社 .

吴望一 . 1981. 流体力学 . 北京 : 北京大学出版 .

朱玲玲 , 李义天 , 孙昭华 , 等 . 2009. 三峡蓄水后枝江 - 江口水道演变趋势初步分析 . 泥沙研究 , 2: 8-15.

Bai Y C, Ng Chiu-on, Shen H T, et al. 2002. Rheological properties and incipient motion of cohesive sediment in the Haihe Estuary of China. China Ocean Engineering, 16(4): 483-498.

第 5 章　基于阻力参数与活动指标的三角洲水道系统分类

针对现有三角洲水道系统形态分类方法中没有力学意义明晰的分类标准，也不能进行相关水力计算的现状，本章提出了基于阻力参数与活动指标的三角洲水道系统分类方法。首先，以河流运动过程中河流临界活动条件为基础，将河流形态特征参数和活动指标联系起来；其次，考虑到河岸植被对河岸泥沙强度的增强作用，定义河岸临界剪切力增强系数并将其量化；再次，对天然冲积河流数据进行分析，分别得到砂质和砾质河流河型分类阈值曲线，通过经典数据集验证分类方法的有效性；最后，考虑水流中含沙对三角洲水道活动指标计算的影响，给出三角洲水道系统形态分类方法，将活动指标计算值与水道系统分形维度进行对比，二者一致性较好，通过实验数据验证了分类方法的正确性。

5.1　基于阻力参数与活动指标的河流形态判别法

5.1.1　河流阻力及河流活动指标

如图 5.1（a）和图 5.1（b）所示，河流中的水流阻力被称为河流阻力，包括水流表面的空气阻力，以及河床和河岸的壁面阻力（颗粒阻力）与形态阻力（由断面、河道内特征，水流分流或者弯道分支处的能量耗散，以及河岸植被引起的阻力）。

除了台风和龙卷风等特殊情况，通常忽略表面空气阻力。河床阻力包括河床壁面摩擦力和河床形态阻力。对于砂质河流（$d_{50} < 2\text{mm}$），河床形态阻力主要来自沙波，对于砾质河流（$d_{50} \geqslant 2\text{mm}$），河床形态阻力主要来自砾质阻力结构（Chang，1988）。河岸阻力主要由河岸壁面摩擦力及河岸植被所产生的阻力构成。具有特别小或特别大的床沙粒径的河流，如泥质和基岩河流不在本章的研究范围内。

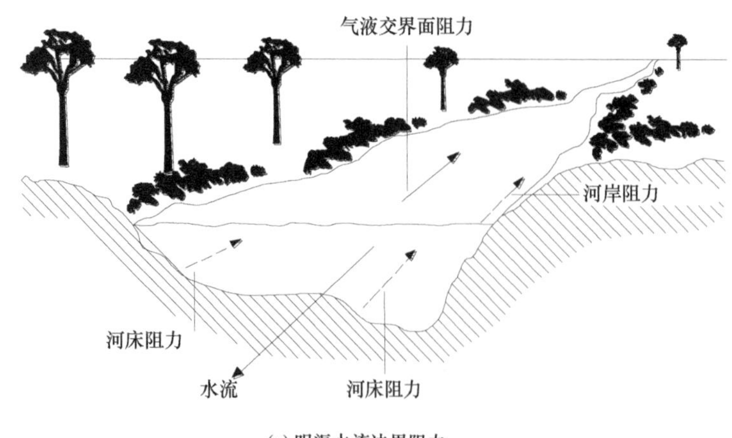

(a) 明渠水流边界阻力

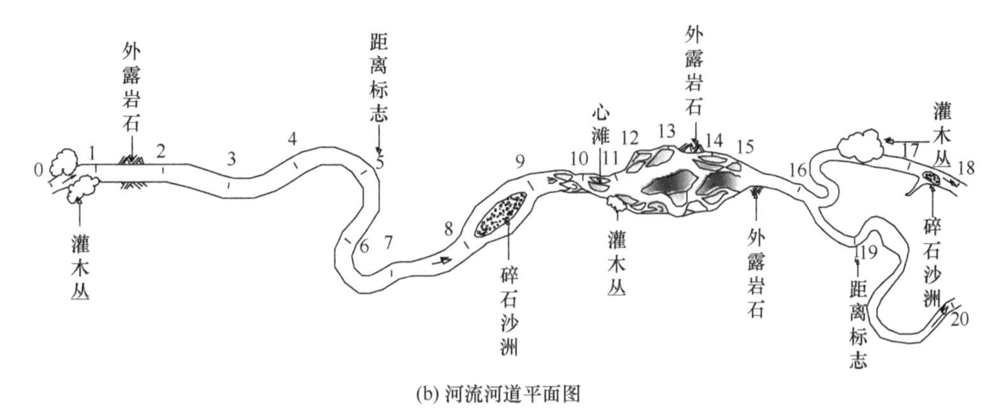

(b) 河流河道平面图

图 5.1　河道内水流阻力

1. 河床和河岸壁面阻力计算

河流水流在行进过程中，受到力的作用。为明确其受力情况，在天然河流中取一微小流段（i，i+1）进行受力分析，见图 5.1（b）。流段长度为 L，可视其为均匀水流。水流由上断面 i-i 流向下断面（i+1）-（i+1），设断面形状沿程不变，断面面积为 A，水力半径为 R，沿程水头损失为 h_f，两断面形心距基准面的高度分别为 z_1、z_2，分别作用于两断面形心上的动水压强为 p_1、p_2，两断面平均速度分别为 v_1、v_2。总流流向与水平面成角度 θ，水流在湿周 χ 上的平均切应力为 τ，如图 5.2 所示。

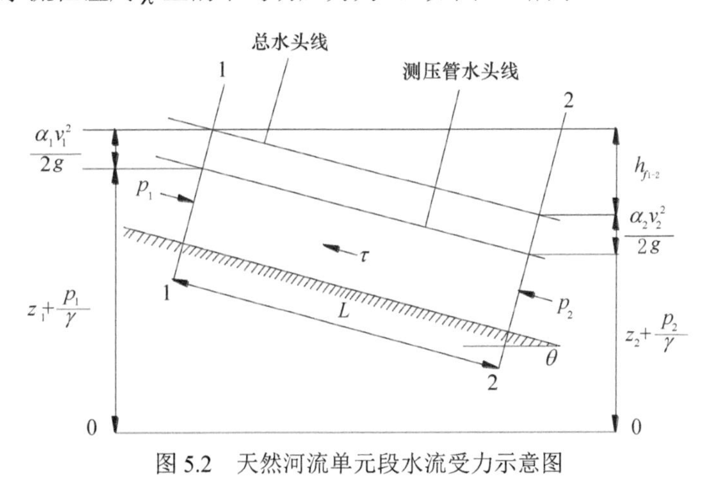

图 5.2　天然河流单元段水流受力示意图

在 L 单元段上建立力学平衡方程：

$$Ap_1 - Ap_2 + \gamma AL\sin\theta - L\chi\tau = 0 \tag{5.1}$$

式中，γ 为浑水相对密度。

对于天然河流有

$$\gamma = \gamma_{\mathrm{w}} + \left(\gamma_{\mathrm{s}} - \gamma_{\mathrm{w}}\right)S \tag{5.2}$$

式中，γ_{s} 为泥沙相对密度；γ_{w} 为水的相对密度；S 为体积含沙量。

在 L 单元段上建立能量平衡方程：

$$z_1 + \frac{p_1}{\gamma} + \frac{\alpha_1 v_1^2}{2g} = z_2 + \frac{p_2}{\gamma} + \frac{\alpha_2 v_2^2}{2g} + h_{f_{1-2}} \tag{5.3}$$

式中，$h_{f_{1-2}}$ 为单元段沿程水头损失，计算中动能修正系数常取为 1，则式（5.3）可写为

$$z_1 + \frac{p_1}{\gamma} + \frac{v_1^2}{2g} = z_2 + \frac{p_2}{\gamma} + \frac{v_2^2}{2g} + h_{f_{1-2}} \tag{5.4}$$

同时解式（5.1）和式（5.4）得

$$\tau = \gamma RJ \tag{5.5}$$

式中，J 为单元段能量梯度。

单元河段 L 上，水流所受阻力包括三部分：水面阻力（水面切应力 τ_a）、河床阻力（床面切应力 τ_b）和河岸阻力（河岸切应力 τ_w）。一般情况下，水面切应力 τ_a 可以忽略，河流受到的阻力大小与水流作用于河底床面和河岸边壁的合力相等。

将坡降视为恒定，水力半径采用阻力单元划分，即能坡相等法。则床面切应力和河岸切应力可表示为

$$\tau_b = \gamma R_b J \tag{5.6}$$

$$\tau_w = \gamma R_w J \tag{5.7}$$

式中，R_b、R_w 分别为相应于河床阻力和河岸阻力的水力半径。

从能量的观点来看，单元段水体的大部分能量将会传递给左壁、右壁和底部，一小部分能量将转化为热量散失。天然河流的不规则断面可以概化为一个矩形，整个过水断面可以分成三个区域，如图 5.3 所示。矩形的断面面积为 A_t，水面宽度为 B，断面的平均水深为 $h=A_t/B$。集中在左壁 ab 上的能量来源于体积 abf 中的势能，来自左壁的湍流动能在 abf 中作为热能耗散。类似地，区域 $bcef$ 与底部 bc 整合为一个能量整体，区域 cde 与右壁 cd 整合。在与等速线正交的 bf 和 ce 上没有能量交换。

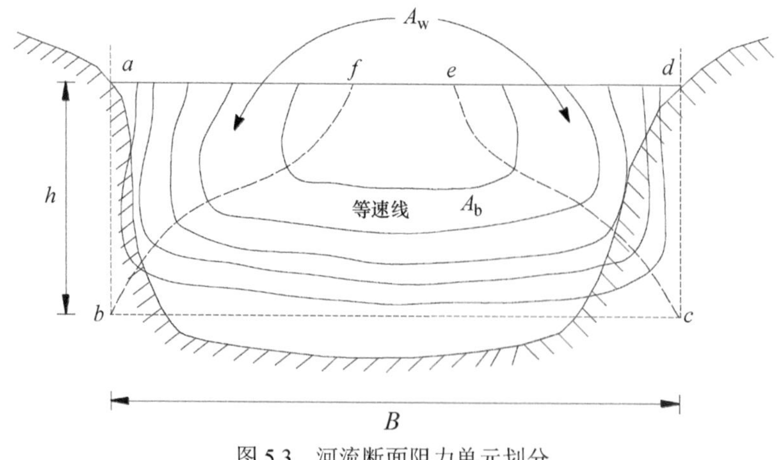

图 5.3　河流断面阻力单元划分

如图 5.3 所示，$abcd$ 部分的平均流速是 v；$bcef$ 的面积为 A_b，该区域的平均速度为

v_b；$bcef$ 的湿周为 B；abf 和 cde 的面积和为 A_w，平均流速为 v_w；abf 和 cde 的湿周为 $2h$。各部分面积和断面总面积 A_t 的关系为

$$A_t = A_b + A_w \tag{5.8}$$

根据断面总流量等于各部分流量之和，有

$$A_t v = A_b v_b + A_w v_w \tag{5.9}$$

两个区域 A_b 和 A_w 可以看作两个独立的平行河道，二者有相同的坡降、不同的糙率（由于河床和河岸组成是不同的），如图 5.4 所示。根据水力半径的定义可知：

$$R_b = \frac{A_b}{B},\ R_w = \frac{A_w}{2h} \tag{5.10}$$

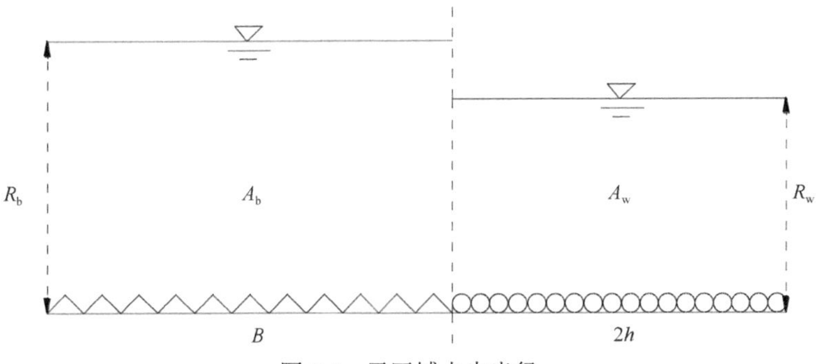

图 5.4　子区域水力半径

应用曼宁阻力公式对这两个子区域进行计算可得

$$v_b = \frac{1}{n_b} R_b^{2/3} J^{1/2},\ v_w = \frac{1}{n_w} R_w^{2/3} J^{1/2} \tag{5.11}$$

式中，n_b 和 n_w 分别为河床和河岸曼宁阻力系数。

由爱因斯坦假设（Einstein，1942）可得

$$v = v_b = v_w \tag{5.12}$$

将式（5.8）～式（5.12）代入式（5.6）和式（5.7），可得

$$\tau_w = \gamma\left(\frac{n_w Q}{BhJ^{1/2}}\right)^{3/2} J$$

$$\tau_b = \frac{\gamma hJ}{B}\left[B - 2\left(\frac{n_w Q}{BhJ^{1/2}}\right)^{3/2}\right] \tag{5.13}$$

式中，砂质河流的河岸曼宁系数通常取 0.027，砾质河流的河岸曼宁系数通常取 0.030（钱宁和万兆慧，1983）。

根据砾质河流（Van den Berg，1995；Hey and Thorne，1986）和砂质河流（Chang，1985，1986；周宜林，1995；张红武，1999；王光谦等，2005）的相关数据，分别以河岸切应力和床面切应力的对数值为横纵坐标绘出图 5.5。

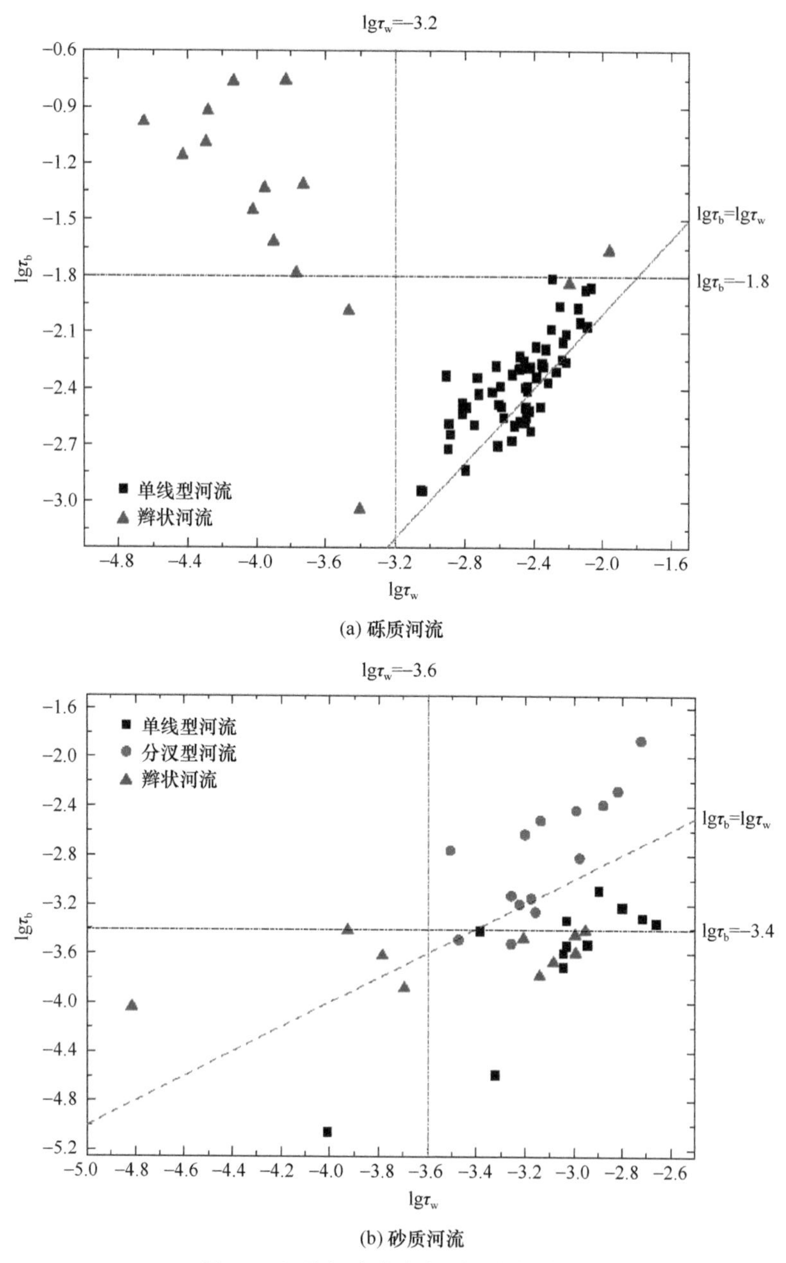

图 5.5 河岸切应力和床面切应力的关系

（a）根据Van den Berg（1995）、Hey和Thorne（1986）中的砾质河流数据绘成；（b）根据Chang（1985，1986）、周宜林（1995）、张红武（1999）、王光谦等（2005）中的砂质河流数据绘成

图 5.5（a）中，所有砾质单线型河流数据落在 $\lg\tau_w \geqslant -3.2$ 和 $\lg\tau_b < -1.8$ 区域，大多数河流的河床剪切力大于河岸剪切力（数据点落于直线 $\lg\tau_b=\lg\tau_w$ 上方）。大多数辫状河流数据落于 $\lg\tau_w < -3.2$ 和 $\lg\tau_b \geqslant -1.8$ 区域，所有这些河流的河床剪切力大于河岸剪切力（数据点落于直线 $\lg\tau_b=\lg\tau_w$ 上方）。单线型河流的河岸剪切力普遍大于辫状河流，大多数辫状河流的河床剪切力大于单线型河流。如图 5.5（b）所示，大多数砂质单线型河流的河岸剪切力大于河床剪切力（数据点落于直线 $\lg\tau_b=\lg\tau_w$ 下方），数据点大多位于

$\lg\tau_w \geqslant -3.6$ 区域，而大多数砂质分汊型河流的数据点落于 $\lg\tau_b \geqslant -3.4$ 且 $\lg\tau_w \geqslant -3.6$ 区域。砂质辫状河流的数据点全部位于 $\lg\tau_b < -3.4$ 区域。对砂质河流来说，分汊型河流的河床剪切力相对大一些。砾质河流的河岸剪切力比砂质河流的河岸剪切力跨度范围大，砂质河流的河床剪切力要比砾质河流的河床剪切力跨度范围大。不同河型河流的河床和河岸剪切力分布遵循一些规律，但各种河型河流的河床剪切力和河岸剪切力没有清晰的分界，不足以根据剪切力找到合适的阈值函数对河流形态进行分类。所以，下面将引入河流活动指标。

2. 河床和河岸活动指标

单元河段 L 的河流活动指标包括河床活动指标和河岸活动指标。床面活动程度可由床面受到的切应力与床面泥沙临界起动切应力的比值反映，将这个比值称为床面活动指标，其表达式如下：

$$\delta_b = \frac{\tau_b}{\tau_{bc}} \tag{5.14}$$

式中，δ_b 为床面活动指标；τ_{bc} 为床沙临界起动切应力。

河岸活动程度可由河岸受到的切应力与河岸泥沙临界起动切应力的比值反映，将这个比值称为河岸活动指标，其表达式如下：

$$\delta_w = \frac{\tau_w}{\tau_{wc}} \tag{5.15}$$

式中，δ_w 为河岸活动指标；τ_{wc} 为河岸泥沙临界起动切应力。

Shields（1936）的研究表明存在一个函数 f，使得

$$\tau_c = (\gamma_s - \gamma) D f\left(\frac{U_* D}{\upsilon}\right) \tag{5.16}$$

式中，τ_c 为起动切应力；D 为泥沙粒径；U_* 为摩阻流速；υ 为水的运动黏度。

许多学者研究过泥沙起动问题。为方便计算，我们采用 Wang 和 Shen（1985）的方法来计算泥沙的临界起动切应力：

$$\tau_{bc} = K^* (\gamma_s - \gamma) d_{50} \tag{5.17}$$

式中，K^* 为泥沙起动系数；d_{50} 为床沙中值粒径。

当河岸泥沙中黏性物质含量很低时，可以忽略黏性力影响。根据张海燕（1990）的计算方法，适用于小倾角的河岸非黏泥沙的临界起动切应力公式可表达为

$$\tau'_{wc} = K^* (\gamma_s - \gamma) d_w \sqrt{\left(1 - \frac{\sin^2\phi}{\sin^2\beta}\right)} \tag{5.18}$$

式中，ϕ 为河岸与水平面夹角；β 为沉积物摩擦角；d_w 为河岸泥沙代表粒径。

天然河流中，除了深切和基岩河道等特殊情况，河岸与河床泥沙组成相似，一般可取河岸泥沙代表粒径 $d_w = \varepsilon d_{50}$，其中 ε 为一常数比例变量。引入系数 $\eta = \sqrt{1 - \sin^2\phi / \sin^2\beta}$，其中 η 为河岸与水平面夹角对临界切应力的影响系数。则式（5.18）可表示为

$$\tau'_{wc} = \eta K^*\left(\gamma_s - \gamma\right)\varepsilon d_{50} \tag{5.19}$$

5.1.2 植被因素影响及量化方法

1. 植被作用的处理方法

植被对于河流活动指标的影响可以看作主要由植被根系对河岸强度的增加作用引起。引入相应的临界剪切力增强系数 μ，将其定义为河岸在有植被和无植被情况下临界剪切力的比值，它体现了河岸植被对沉积物抵抗冲积侵蚀能力的提升作用。河岸植被覆盖类型可大致分为四类：无植被覆盖、草甸、灌木和树木。在统计四种植被覆盖情况的基础上，根据 Hey 和 Thorne（1986）、Julian 和 Torres（2006）的研究对砾质河流和砂质河流的河岸植被进行了分类，并将 μ 的值统计在了表 5.1 中。

表 5.1 临界剪切力增强系数

河流类别	植被组成	覆盖率 /%	μ
砾质河流	草甸	—	0.98
	树木 / 灌木丛	1 ～ 5	1.17
	树木 / 灌木丛	5 ～ 50	1.41
	树木 / 灌木丛	＞ 50	1.92
砂质河流	无	—	1
	草甸	—	1.97
	稀疏树木	1 ～ 50	5.4
	密集树木	＞ 50	19.2

河岸沉积物粒径大小是植被影响河岸沉积物的表现形式之一，将 μ 的意义拓展，认为常数比例变量 ε 可通过 μ 来体现，则式（5.19）中的河岸沉积物临界起动切应力可写为

$$\tau_{wc} = \mu\eta K^*\left(\gamma_s - \gamma\right)d_{50} \tag{5.20}$$

因为天然冲积河流的河岸倾角较小，可以做近似计算，有 $\eta=\sqrt{1-\dfrac{\sin^2\phi}{\sin^2\beta}}\approx 1$，则式（5.20）可以写为

$$\tau_{wc} = \mu K^*\left(\gamma_s - \gamma\right)d_{50} \tag{5.21}$$

2. 遥感方法确定植被覆盖率

对研究河段的卫星遥感图像进行假彩色合成处理来获取植被种类及覆盖程度数据。选取 Landsat 全球合成数据（1984 ～ 1997 年，1999 ～ 2003 年），对 Hey 和 Thorne（1986）所列的砾质河流进行了植被类型和覆盖程度的判别，所得到的植被情况与 Hey 和 Thorne（1986）采用其他方法得到的植被情况相仿，并对 Van den Berg（1995）所列的砾质河流及所选砂质河流图像进行了处理统计。下面以拉凯阿河（Rakaia River）为例

说明具体操作方法。

选取拉凯阿河的 Landsat 卫星影像（条带号 59，行编号 40），利用 ENVI 软件选取其河型特征表现突出的河段，并沿河选取距河岸线 1000m 以内的区域，通过假彩色合成来辨识水体、草甸、树木和陆地，然后采用 ISODATA 方法进行非监督分类、类别定义、合并子类；进而统计不同类别的像元数目及其所占比例，得到河岸草甸及树木覆盖率。

5.1.3　基于阻力参数与活动指标的河型分类方法

1. 河型分类方法

如果水流受到的阻力（作用于河流的剪切力）大于河流的临界承载力（河床和河岸泥沙的起动切应力），河流边界活动性开始体现，包括河床变形（如沙波的产生）、河岸冲刷变化、河流整体的蠕动等。

河流临界活动条件：

$$\tau\chi_{\mathrm{T}} \geqslant \chi_{\mathrm{w}}\tau_{\mathrm{wc}}\delta_{\mathrm{w}} + \chi_{\mathrm{b}}\tau_{\mathrm{bc}}\delta_{\mathrm{b}} \tag{5.22}$$

式中，χ_{T} 为断面湿周；χ_{w} 为河岸剪切力作用湿周；χ_{b} 为床面剪切力作用湿周。

针对图 5.1（b），河流整体段能量方程为

$$z_1 + \frac{p_1}{\gamma} + \frac{v_1^{\ 2}}{2g} = z_N + \frac{p_N}{\gamma} + \frac{v_N^{\ 2}}{2g} + \sum_{i=1}^{N-1} h_{fi} + \sum_{i=1}^{N-1} h_{ji} \tag{5.23}$$

式中，h_j 为局部水头损失；N 为整体段内含有单元段的数量，下标为 N 的反映断面 N 的相应量；i 为单元段序号。整体段水头损失可按下式计算：

$$\begin{aligned}\Delta H &= \sum_{i=1}^{N-1} h_{fi} + \sum_{i=1}^{N-1} h_{ji} = \lambda_t \frac{l}{4\tilde{R}} \frac{\tilde{v}^2}{2g} + \xi_t \frac{\tilde{v}^2}{2g} \\ &= \lambda_{\mathrm{T}} \frac{l}{4\tilde{R}} \frac{\tilde{v}^2}{2g}\end{aligned} \tag{5.24}$$

式中，ΔH 为总水头损失；λ_t 为河流整体段沿程阻力系数；$\tilde{R}$为整条河道的等效水力半径；ξ_t 为河流整体段局部阻力系数；$\tilde{v}$ 为断面平均流速；λ_{T} 为整体段综合阻力系数；河流整体长度为单元长度之和，即 $l = \sum_{i=1}^{N-1} L_i$ 。由式（5.24）可得

$$\lambda_{\mathrm{T}} = \lambda_t + \xi_t \frac{4\tilde{R}}{l} \tag{5.25}$$

参照图 5.1（b），河流整体局部阻力往往源于大的河势单元，如蜿蜒型、分汊型、辫状等。因此，引入河流平面形态参数 φ、河床形态参数 ψ，则有 $\xi_t=\xi_t(\psi, \varphi)$。根据已有的泥沙知识，沿程阻力系数又受水流雷诺数 Re，河流粗糙度（砂粒粗糙度 $d_{50}/\tilde{R}$，植被粗糙度 $\zeta d_{50}/\tilde{R}$，其中 ζ 为一常数比例变量）、河流体积含沙量 S 等的影响。因此，存在函数 F 使得天然河流的综合阻力系数满足下式：

$$\begin{aligned}\lambda_{\mathrm{T}}&=\lambda_t\left(Re,S,\frac{d_{50}}{\tilde{R}},\zeta\frac{d_{50}}{\tilde{R}}\right)+\xi_t(\varphi,\psi)\frac{4\tilde{R}}{l}\\&=F(Re,\frac{d_{50}}{\tilde{R}},\zeta\frac{d_{50}}{\tilde{R}},S,\varphi,\psi)\end{aligned}\tag{5.26}$$

拓展单元河段阻力公式（5.5）到整体河道，将式（5.24）代入可得

$$\tilde{\tau}=\gamma\tilde{R}\tilde{J}=\gamma\tilde{R}\frac{\Delta H}{l}=\rho\cdot\lambda_{\mathrm{T}}\frac{\tilde{v}^2}{8}\tag{5.27}$$

式中，“～”代表河流整体段等效值；ρ 为浑水密度。

将式（5.26）代入式（5.27）得

$$\lambda_{\mathrm{T}}=F(Re,\frac{d_{50}}{\tilde{R}},\zeta\frac{d_{50}}{\tilde{R}},S,\varphi,\psi)=\frac{8\tau}{\rho v^2}\tag{5.28}$$

将式（5.27）和式（5.28）代入式（5.22）可得

$$\begin{aligned}\rho\cdot\lambda_{\mathrm{T}}\frac{v^2}{8}\chi_{\mathrm{T}}&=\rho\cdot\frac{v^2}{8}\chi_{\mathrm{T}}F(Re,\frac{d_{50}}{\tilde{R}},\zeta\frac{d_{50}}{\tilde{R}},S,\varphi,\psi)\\&\geqslant\chi_{\mathrm{w}}\tau_{\mathrm{wc}}\delta_{\mathrm{w}}+\chi_{\mathrm{b}}\tau_{\mathrm{bc}}\delta_{\mathrm{b}}\end{aligned}\tag{5.29}$$

即河流临界活动条件可表示为

$$\rho\cdot\frac{v^2}{8}F(Re,\frac{d_{50}}{\tilde{R}},\zeta\frac{d_{50}}{\tilde{R}},S,\varphi,\psi)\geqslant\frac{\chi_{\mathrm{w}}}{\chi_{\mathrm{T}}}\tau_{\mathrm{wc}}\delta_{\mathrm{w}}+\frac{\chi_{\mathrm{b}}}{\chi_{\mathrm{T}}}\tau_{\mathrm{bc}}\delta_{\mathrm{b}}\tag{5.30}$$

式（5.30）式变形为

$$F(Re,\frac{d_{50}}{\tilde{R}},\zeta\frac{d_{50}}{\tilde{R}},S,\varphi,\psi)\geqslant\frac{\chi_{\mathrm{w}}}{\chi_{\mathrm{T}}}\frac{\tau_{\mathrm{wc}}}{\rho\cdot\frac{v^2}{8}}\delta_{\mathrm{w}}+\frac{\chi_{\mathrm{b}}}{\chi_{\mathrm{T}}}\frac{\tau_{\mathrm{bc}}}{\rho\cdot\frac{v^2}{8}}\delta_{\mathrm{b}}\tag{5.31}$$

由于 $\frac{\chi_{\mathrm{w}}}{\chi_{\mathrm{T}}}\frac{\tau_{\mathrm{wc}}}{\rho\cdot\frac{v^2}{8}}$、$\frac{\chi_{\mathrm{b}}}{\chi_{\mathrm{T}}}\frac{\tau_{\mathrm{bc}}}{\rho\cdot\frac{v^2}{8}}$ 为无量纲系数，由式（5.26）可知存在河流形态临界函数 G 使得

$$G(Re,\frac{d_{50}}{\tilde{R}},\zeta\frac{d_{50}}{\tilde{R}},S,\varphi,\psi,\delta_{\mathrm{w}},\delta_{\mathrm{b}})=0\tag{5.32}$$

天然河流中水流雷诺数 Re 较大，已进入阻力平方区，雷诺数 Re 对综合阻力的影响可忽略；对于低含沙量河流，可以忽略含沙量 S 的影响，则式（5.32）可简化为

$$G(\frac{d_{50}}{\tilde{R}},\zeta\frac{d_{50}}{\tilde{R}},\varphi,\psi,\delta_{\mathrm{w}},\delta_{\mathrm{b}})=0\tag{5.33}$$

（1）对于砂质河流，一系列的床面形态参数如沙波或沙丘的参数可以用河床形态参数 ψ 来描述。

（2）对于砾质河流，河床形态参数将由砾质河床的阻力结构参数表达。

在自然界大型河流中，经多元回归聚类分析知，床面形态对河型的影响较河流活动参数的影响小，所以式（5.33）可简化为

$$G(\frac{d_{50}}{\tilde{R}},\zeta\frac{d_{50}}{\tilde{R}},\varphi,\delta_{\mathrm{w}},\delta_{\mathrm{b}})=0 \tag{5.34}$$

存在函数 g 满足：

$$\varphi=g\left(\frac{d_{50}}{\tilde{R}},\delta_{\mathrm{w}},\delta_{\mathrm{b}}\right) \tag{5.35}$$

由式（5.35）可知，河流平面形态参数是砂粒粗糙度、河床活动指标和河岸活动指标的函数，河流形态特征参数的不同取值将代表不同河型。

2. 砾质和砂质河流分类判别

天然冲积河流分为两大主要类型：单线型和多线型。本研究将顺直和蜿蜒型河流划分为单线型河流（Eaton et al.，2010），将分汊型和辫状河流划分为多线型河流进行研究（Song and Bai，2015；李娇娇等，2015）。从 Leopold 和 Wolman（1957）、Hey 和 Thorne（1986）、Van den Berg（1995）的研究中选取砾质河流（$d_{50}\geqslant 2$mm）数据，从 Chang（1985，1986）、MacDonald 等（1991）、Hydraulics（1995）、周宜林（1995）、张红武（1999）和王光谦等（2005）的研究中选取砂质河流（$d_{50}<2$mm）数据。具体引用数据情况如表 5.2 所示。

表 5.2　引用数据列表

河流类型	数据组数	数据来源
砾质河流	59	Hey and Thorne，1986
	14	Van den Berg，1995
	6	Leopold and Wolman，1957
	共 79	
砂质河流	18	王光谦等，2005
	6	周宜林，1995
	7	张红武，1999
	5	Chang，1985，1986
	6	Hydraulics，1995
	1	MacDonald et al.，1991
	共 43	

为了探索河流平面形态参数 φ 与各参数变量的关系，选取文献（Van den Berg，1995；Hey and Thorne，1986）中的砾质河流数据，分别以相对粗糙度 d_{50}/R 和河床活动指标 δ_{b} 的对数值为横纵坐标绘出图 5.6。

如图 5.6 所示，所有单线型河流数据点都落于（d_{50}/R）>0.01 区域内，很少有辫状河流数据点位于该区域。大多数辫状河流位于（d_{50}/R）<0.01 区域，这表示辫状河流对于 d_{50}/R 敏感，可以得出相对粗糙度影响砾质河流形态的结论。根据 d_{50}/R 的值，砾质河流数据可以分为（d_{50}/R）$\leqslant 0.01$ 和（d_{50}/R）>0.01 两组。图 5.6 中，大多数辫状河流数据点位于（d_{50}/R）$\leqslant 0.01$ 区域，所有这些河流的河型由相对粗糙度决定，不受河流活动指标的影响；单线型河流数据点和少数辫状河流数据点位于（d_{50}/R）> 0.01 区域，故引入河流活动指标来区分它们。分别以 $\lg\delta_w$ 和 $\lg\delta_b$ 为横纵坐标，将区域中砾质河流数据点绘于图 5.7。

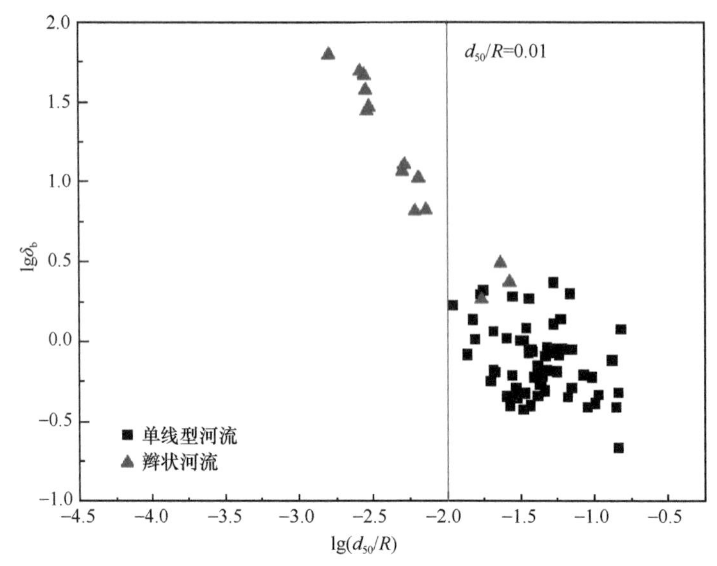

图 5.6　砾质河流 lg（d_{50}/R）和 $\lg\delta_b$ 的关系

以Van den Berg（1995）、Hey和Thorne（1986）中砾质河流的lg（d_{50}/R）和$\lg\delta_b$为数据作图

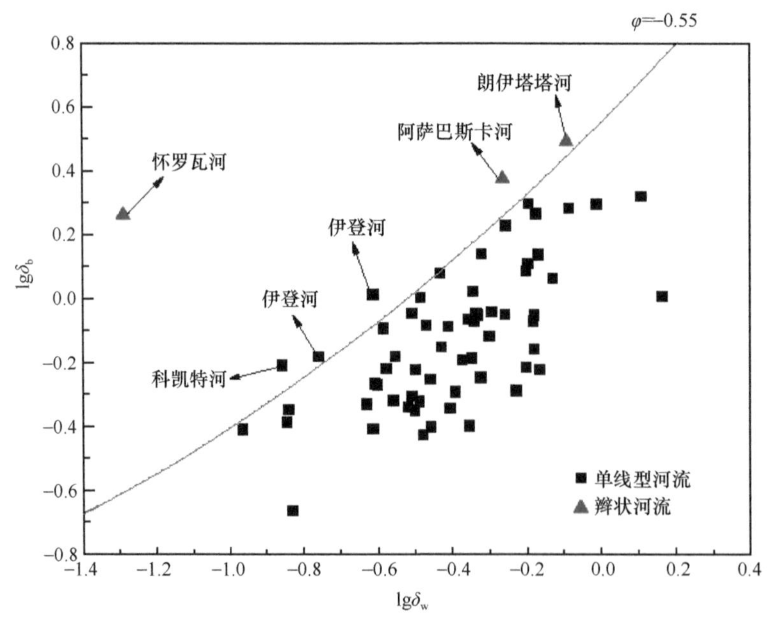

图 5.7　砾质单线型河流与少数辫状河流重分类

通过统计回归区域（d_{50}/R）> 0.01 中的数据，得到阈值曲线可以区分单线型河流和分汊型河流。该阈值曲线方程为

$$\lg\delta_b = 0.21(\lg\delta_w)^2 + 1.17\lg\delta_w + 0.55 \tag{5.36}$$

该方程相应于 $\varphi=-0.55$。

原始数据集（Van den Berg，1995；Hey and Thorne，1986）中的一些单线型和辫状河流数据被重新分类为分汊型河流，如朗伊塔塔河（Rangitata River）、阿萨巴斯卡河（Athabasca River）等，将这些河流信息列入表 5.3，表格中 B-A 表示原始数据集中的辫状河流被重新定义成分汊型河流。

表 5.3　被重新分类河流汇总

河流	类型	河流	类型
（a）怀罗瓦河（Wairoa River）	B-A	（d）伊登河（Eden River）	M-A
（b）朗伊塔塔河（Rangitata River）	B-A	（e）伊登河（Eden River）	M-A
（c）科凯特河（Coquet River）	M-A	（f）阿萨巴斯卡河（Athabasca 河）	B-A

M-A 为河型分类

不止一条河道出现在朗伊塔塔河，伊登河和阿萨巴斯卡河的某些河段，每条河道呈现蜿蜒型，河道间有植被覆盖的岛发育，这三条河流表现出了分汊型河流的特点。科凯特河段河流决口处出现分支，分支段呈现单线型河流的特点，故该河流应被定义为分汊型河流。怀罗瓦河的某些河段和伊登河的某河段有两条汊道，每条汊道沿河道的植被发育良好，并且上下游都为单线型形态，这提示这两条河流应为分汊型河流。由此可见，定义它们为分汊型河流是合理的。

在新的分类系统中，Hey 和 Thorne（1986）研究中的三条单线型河流和 Van den Berg（1995）研究中的三条辫状河流被划分为分汊型河流，通过查看这些河道的卫星遥感图像，这些河流展现出分汊型河流的特点。出现这些离群点很可能是由于在原始数据集中，分汊型河流没有被当作一种独立的河流形态来研究，因此在这些研究中分汊型河流被划分到单线型河流和辫状河流中去了。

选取文献（Chang，1985，1986；周宜林，1995；张红武，1999；王光谦等，2005）中的砂质河流数据，分别以相对粗糙度和床面活动指标的对数值为横纵坐标绘出图 5.8。

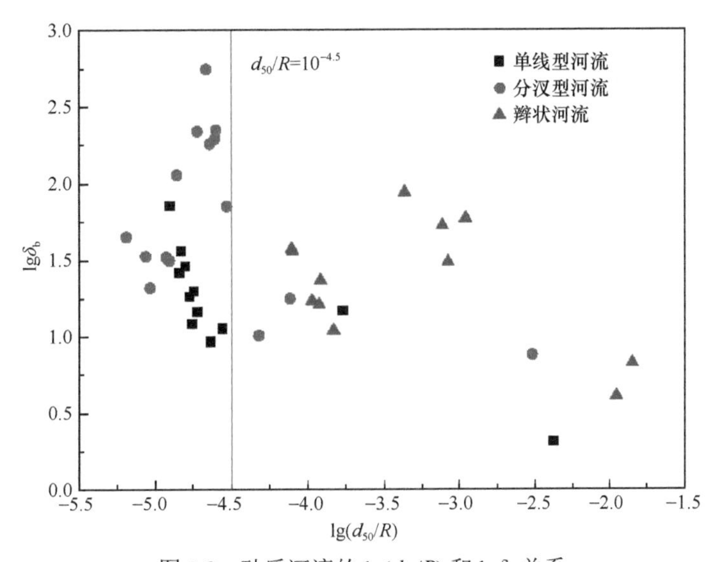

图 5.8　砂质河流的 $\lg(d_{50}/R)$ 和 $\lg\delta_b$ 关系

以Chang（1985，1986）、周宜林（1995）、张红武（1999）、王光谦等（2005）研究中砂质河流的$\lg(d_{50}/R)$和$\lg\delta_b$为数据作图

从图 5.8 可以看出，所有辫状河流位于 $d_{50}/R > 10^{-4.5}$ 区域，说明砂质辫状河流对于 d_{50}/R 值敏感。几条单线型河流和分汊型河流数据也落于此区域。$d_{50}/R \leqslant 10^{-4.5}$ 区域的单线型河流和分汊型河流不能通过相对粗糙度 d_{50}/R 进行有效区分。将砂质河流数据分成 $d_{50}/R \leqslant 10^{-4.5}$ 和 $d_{50}/R > 10^{-4.5}$ 两个数据集合进行研究，对于两个集合内的数据引入河床活动指标区分不同河型。分别以砂质河流集合 $d_{50}/R \leqslant 10^{-4.5}$ 和 $d_{50}/R > 10^{-4.5}$ 中河流河岸活动指标和河床活动指标的对数值为横纵坐标绘出图 5.9。

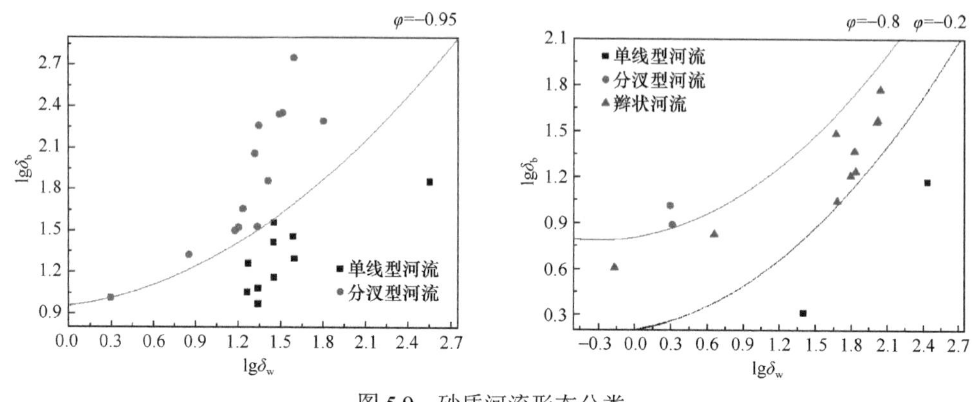

图 5.9　砂质河流形态分类

如图 5.9 所示，通过统计回归图 5.9（a）中砂质河流 $d_{50}/R \leqslant 10^{-4.5}$ 集合中的数据，将 $\varphi=-0.95$ 作为阈值曲线区分此集合内的分汊型河流和辫状河流，其阈值曲线方程为

$$\lg\delta_b = 0.21(\lg\delta_w)^2 - 0.13\lg\delta_w + 0.95 \tag{5.37}$$

同理，将 $\varphi=-0.2$ 作为区分 $d_{50}/R > 10^{-4.5}$ 区域内单线型河流和辫状河流的阈值曲线，其曲线方程为

$$\lg\delta_b = 0.21(\lg\delta_w)^2 + 0.13\lg\delta_w + 0.2 \tag{5.38}$$

在集合 $d_{50}/R > 10^{-4.5}$ 中，阈值曲线 $\varphi=-0.8$ 被用来区分该集合中的分汊型河流和辫状河流，其曲线方程为

$$\lg\delta_b = 0.21(\lg\delta_w)^2 + 0.13\lg\delta_w + 0.8 \tag{5.39}$$

5.1.4　河型分类阈值验证

1. 砾质河流

从 Leopold 和 Wolman（1957）研究中挑选数据点描绘砾质河流河型分类图中，如图 5.10 所示。这些数据点的相对粗糙度 $d_{50}/R > 0.01$。原分类系统中的单线型河流位于新分类方法中的单线型河流区域。值得注意的是，黄石河（Yellowstone River）在原分类系统中被作为辫状河流，但在新方法中被重新定义为单线型河流。从图 5.11 中黄石河的遥感图像可以看到，河漫滩上出现了许多有植被发育的沙坝和废弃河道，河流的河道有不止一条分汊，我们将其定义为分汊型河流，与 Eaton 等（2010）及 Song 和 Bai（2015）

的分类结果一致。黄石河的河岸沉积岩约有几千米厚（Blackstone Jr，1993），这可能大大增加了河流的河岸临界剪切力，从而使得河床活动指标下降，相应的数据点穿过阈值曲线下移到单线型区域。这从另一个角度证明了新分类方法的正确性。

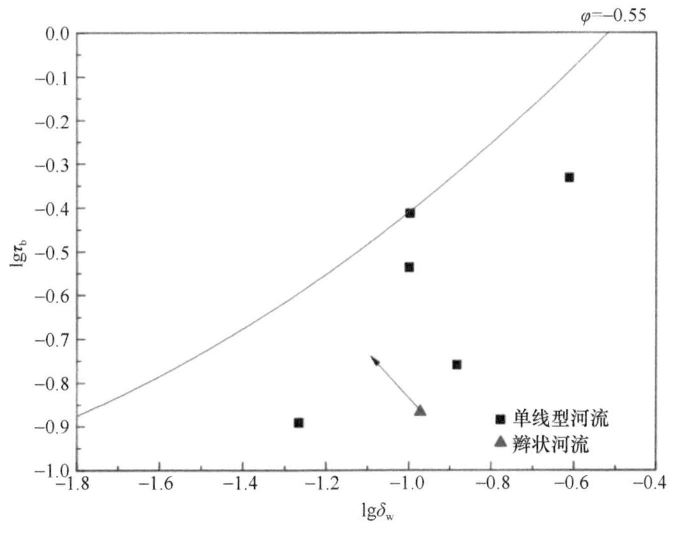

图 5.10　砾质河流形态分类

图 5.11　黄石河的遥感图像

2. 砂质河流

从 Hydraulics（1995）和 MacDonald 等（1991）的研究中选取砂质河流数据点绘于砂质河流河型分类图中，见图 5.12。原分类系统中的单线型河流和辫状河流数据点分别位于新分类系统中的单线型河流和辫状河流区域，证明了 Hydraulics（1995）的河流数据适用于新的分类方法。

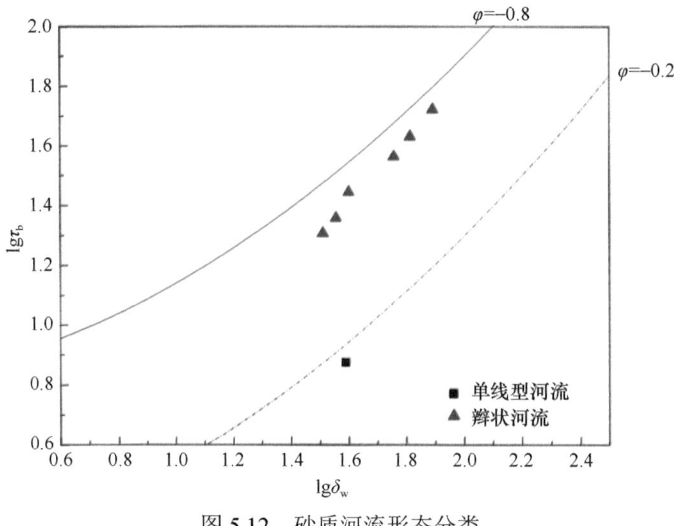

图 5.12 砂质河流形态分类

5.2 河控三角洲水道系统形态分类

5.2.1 浑水极限切应力影响因素分析及计算

河控三角洲是河口区域水动力下降导致的泥沙淤积的产物，故对三角洲的水道活动指标进行分析计算时，要考虑水流中含沙的影响。天然冲积河流床面附近存在一层含沙量很高的浑水，通常认为这层浑水不满足牛顿流体流型的规律，存在一个极限切应力。若使得这层浑水与床面有相对运动，应使床沙对于这层浑水的阻力至少为这层浑水的极限切应力，此时可认为床沙受到的切应力即为这层浑水的极限切应力。

含沙浓度是影响浑水极限切应力的主要因素，以往的浑水极限切应力公式大多只考虑了含沙浓度的影响。实际中，浑水极限切应力受浑水含沙分布特性及床面形态的影响，其中，浑水含沙分布特性包括浑水床面层厚度、含沙浓度和底部含沙分布梯度三个因素。

1）床面层厚度

在挟沙水流中，存在一个高含沙量的近底流层，由于近底流层的水沙运动特点和动力条件与主流区有较大的差别，因此将这一近底流层称为床面层。王尚毅等（1990）认为流速小于一半平均流速的流区内出现流速明显偏离卡门对数分布公式的现象，故取一半平均流速作为床面层上界面的流速，则床面层厚度的计算公式可写为

$$\delta = h \times 10^{-\frac{1}{2.3}\left(\frac{Ku}{2u_*}+1\right)} \tag{5.40}$$

式中，δ 为床面层厚度；h 为水深；u 为平均流速；u_* 为摩阻流速；K 为挟沙水流卡门常数，可由式（5.41）计算（Wang，1981）：

$$\frac{1}{K} = \frac{1}{K_w} + 1.14\frac{\gamma_s - \gamma_w}{\gamma_w}\frac{W_s - uJ}{u_* J}C \tag{5.41}$$

式中，K_w 为清水卡门常数，取为 0.4；C 为含沙浓度；W_s 为悬移质沉速，可按式（5.42）计算（钱宁和万兆慧，1983）：

$$W_s=W_{so}(1-\beta_* C)^{2.5} \tag{5.42}$$

式中，$\beta_*=1/C_m$，W_{so} 为单一颗粒泥沙的静水沉速，可按式 $W_{so}=0.564g(\gamma_s/\gamma-1)d_s^2$ 进行计算（钱宁和万兆慧，1983），其中 d_s 为悬沙中值粒径。

2）浑水含沙浓度

含沙浓度被认为是影响极限切应力的主要因素。各家宾汉极限切应力公式的形式略有不同，但极限切应力大小都可以写成与含沙量的高次方成正比的形式，指数 n 为 3 ～ 5.4（钱宁和万兆慧，1983）。故选取床面层的含沙浓度作为影响宾汉极限切应力的一个因素。冲积河流中，挟沙水流床面层含沙浓度 C_B 近似取浑水极限含沙浓度 C_m，可按式（5.43）进行计算（白玉川等，2005）：

$$C_B=C_m=0.755+0.222\lg d_{50} \tag{5.43}$$

式中，d_{50} 为床沙中值粒径。

3）底部含沙分布梯度

床面层内的浑水含沙浓度沿水深不均匀分布，存在分布梯度（钱宁和万兆惠，1965），故计算床面层浑水极限切应力需考虑这一含沙分布梯度的影响。假设 C_o、i_o 分别为临近床面层表面的上下两侧的同种泥沙含量，二者比值可以反映床面层内浑水的含沙分布梯度，根据 Lane 和 Kalinske（1939）的理论，有

$$C_o/i_o=f(W_t/u_*) \tag{5.44}$$

式中，W_t 为推移质沉速，与悬移质沉速的计算方法相同。选取 W_t/u_* 作为反映浑水含沙分布梯度的变量。

4）床面形态

随着水流泥沙特性的改变，床面会形成沙纹、沙垄和沙浪等常见的形态。根据白玉川等（2015）的研究可知，不同床面形态由无量纲参数 S/Fr^2 和综合雷诺数 Re_d 共同决定，其中 S 为水流能量坡度，Fr 为弗劳德数；综合雷诺数 $Re_d=Re\times(d_{50}/R)$，其中 Re 为雷诺数，d_{50} 为泥沙中值粒径，R 为水力半径。选取无量纲参数 S/Fr^2 和综合雷诺数 Re_d 作为反映床面形态对浑水极限切应力影响的变量。

5.2.2　浑水极限切应力影响因素相关程度判定

自然界中变量出现次数的分配规律比较接近对数正态分配曲线（沙玉清，1965），因此取以上各变量的对数值作为分析的数据。各变量与浑水极限切应力之间的相关程度可用相关系数 r 表示。Y 与 X_1 两变量的相关系数 r_1 可按式（5.45）计算：

$$r_1=\frac{\sum\left(Y-\overline{Y}\right)\left(X_1-\overline{X_1}\right)}{\sqrt{\sum\left(Y-\overline{Y}\right)^2\sum\left(X_1-\overline{X_1}\right)^2}} \tag{5.45}$$

通过对文献（韩其为等，1983）中的天然实测资料（均为平衡稳定状态）进行分析，计算浑水极限切应力与各变量间的相关系数，结果列入表 5.4。

表 5.4 浑水极限切应力与相关变量间的相关系数及相关程度

变量	相关系数	相关程度	变量	相关系数	相关程度
$\lg C_m$	0.7475	强	$\lg(S/Fr^2)$	0.3103	中
$\lg\delta$	0.0027	无	$\lg Re_d$	0.5383	强
$\lg(W_t/u_*)$	−0.0619	弱			

表 5.5 浑水极限切应力相关变量分类

变量分类	变量名称
主要变量	$\lg C_m$，$\lg Re_d$
次要变量	$\lg(S/Fr^2)$、$\lg(W_t/u_*)$
无关变量	$\lg\delta$

可以依据各变量对浑水极限切应力的影响程度，将变量分为主要变量、次要变量和无关变量，将变量分类和变量名称列入表 5.5 中。

以下将选取表 5.5 相关变量中的主要变量和次要变量作为浑水极限切应力的影响变量进行计算。

5.2.3 三角洲平原水道活动指标计算

假定浑水极限切应力与所选定的 4 个变量 $\lg C_m$、$\lg(W_t/u_*)$、$\lg(S/Fr^2)$、$\lg Re_d$ 存在函数关系：

$$\tau_b = f'\left(\lg C_m, \lg(W_t/u_*), \lg\left(S/Fr^2\right), \lg Re_d\right) \tag{5.46}$$

将式（5.46）无量纲化，方程左侧除以 τ_{bc}，其中 τ_{bc} 为床面泥沙的起动切应力。根据 Wang 和 Shen（1985）的研究，τ_{bc} 可按式（5.47）计算：

$$\tau_{bc} = K_*\left(\gamma_s - \gamma_w\right)d_b \tag{5.47}$$

式中，K_* 为泥沙起动系数；d_b 为床沙中值粒径。则式（5.46）变形为

$$\tau_b/\tau_{bc} = f\left(\lg C_m, \lg(W_t/u_*), \lg\left(S/Fr^2\right), \lg Re_d\right) \tag{5.48}$$

通过对文献（韩其为等，1983）中的数据进行回归分析，可得到回归方程：

$$\lg\left(\tau_b/\tau_{bc}\right) = 2.444\,83\lg C_m - 0.011\,18\lg\left(W_t/u_*\right) + 0.402\,98\lg\left(S/Fr^2\right) + 0.376\,59\lg Re_d - 1.680\,96 \tag{5.49}$$

将式（5.49）化为真数关系：

$$\tau_b/\tau_{bc} = \frac{C_m^{2.444\,83}\left(S/Fr^2\right)^{0.402\,98} Re_d^{0.376\,59}}{47.968\,9\left(W_t/u_*\right)^{0.011\,18}} \tag{5.50}$$

与河流的形成演变过程相似，三角洲水道的形成演变过程中，含沙水流对于泥沙颗粒的切应力作用与泥沙颗粒的起动切应力的对比关系，反映了含沙水流塑造水道的能力。在计算三角洲水道活动指标时，不考虑植被对水道岸壁土体临界剪切力的影响，以及黏性成分对水道底面和岸壁土体临界剪切力的影响，故可近似认为含沙水流对于水道底部泥沙颗粒的切应力与泥沙颗粒的起动切应力的比值和含沙水流对于水道岸壁泥沙颗粒的切应力与泥沙颗粒起动切应力的比值相等，结合 5.1.1 小节的研究结果，可认为水道底面活动指标（δ_b）和水道岸壁活动指标（δ_w）相等，将二者统称为三角洲水道活

动指标（δ）。

选取几何结构简单的弯曲状水道三角洲（尼罗河三角洲）、几何结构复杂的具有多分支水道的树枝状水道三角洲（密西西比河三角洲、赣江三角洲）和网状水道三角洲（珠江三角洲）数据（Wolff，1959；White and El Asmar，1999；Coleman et al.，1998；Fisk et al.，1954；Schalk and Jacobson，1997；金振奎等，2014；黄镇国等，1982）计算三角洲水道活动指标，计算结果列入表 5.6。

表 5.6　三角洲水道活动指标计算

三角洲	$\lg\delta$
尼罗河三角洲	−2.043 0
密西西比河三角洲	−1.324 7
赣江三角洲	−1.334 6
珠江三角洲	−1.238 4

5.2.4　三角洲平原水道分形维度

在计算河流分形维数时，可采用计盒维数法进行计算。利用某一比例尺的流域图，采用一定长度的尺子沿河流测量，在该比例尺下尺子代表的实际距离 r_0 趋向于零时，可由测量次数 N_0 和 r_0 得出河流长度 L_0：

$$L_0 = \lim_{r_0 \to 0} N_0 r_0 \tag{5.51}$$

令 r_0 的指数为 d，可得

$$L_0 = N_0 r_0^{\ d} \tag{5.52}$$

Mandelbrot（1983）称式（5.52）中的 d 为分形维数。对式（5.52）两边取对数可得

$$\ln N_0 = -d \ln r_0 + C \tag{5.53}$$

式中，C 为常数项。

通过点绘若干组（r_0，N_0）值，利用最小二乘法可估算 d 值。

类似于河流分维计算方法，利用上式可得到三角洲分流水道的分形维数。实际应用过程中，可以使用网格覆盖法计算三角洲分流水道的分形维数。使用一定边长的网格（相当于一定长度的尺子）覆盖分流水道，统计含有水道的网格数。变化网格边长可得到不同数量的含有水道的网格数（相当于 N_0），进行一元线性回归可得到分流水道分形维数。分形维数可以反映水道的复杂程度，水道的分支越多，水道体系的复杂程度越高，分形维数越大（冯平和冯焱，1997）。

三角洲水道的分形特征可以通过水道的分形维数来反映，水道的分形维数能够定量地划分水道的几何结构复杂程度。下面采用网格覆盖法来计算所选取的三角洲平原水道的分形维数，首先提取所选河控三角洲在某一比例尺下的三角洲平原遥感图像。然后，提取以上三角洲平原水道体系平面结构图，见图 5.13。

通过网格分析，可得出各三角洲水道在不同边长网格下的覆盖网格数量，一元线性回归后得到各三角洲水道的分形维数 d 及拟合优度 R^2（表 5.7）。

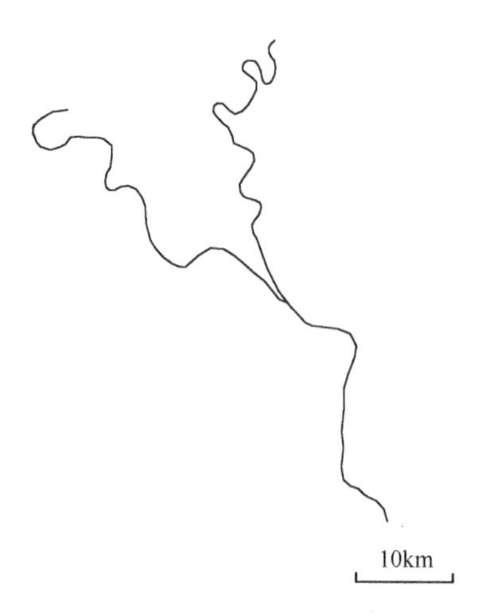

(a) 尼罗河三角洲水道体系

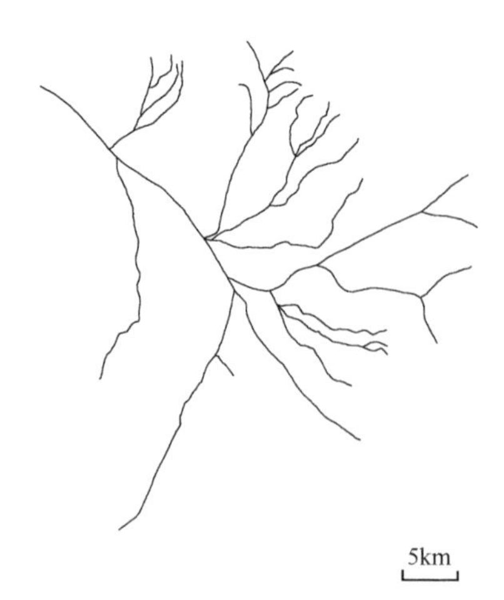

(b) 密西西比河三角洲水道体系

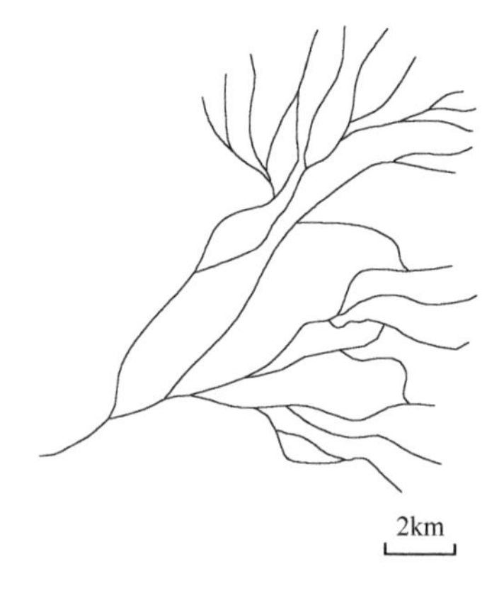

(c) 赣江三角洲水道体系

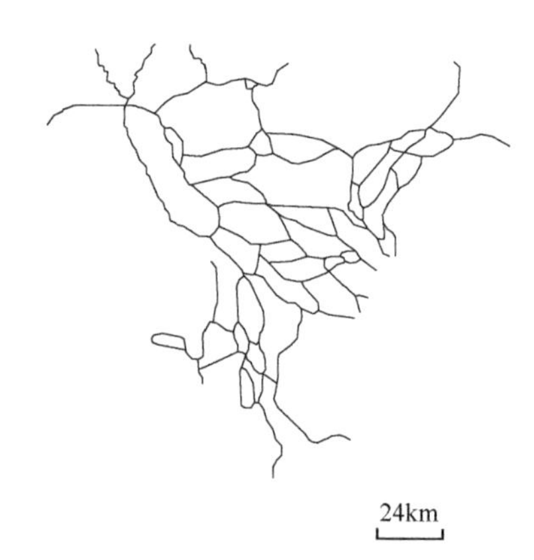

(d) 珠江三角洲水道体系

图 5.13 三角洲平原水道体系平面结构图

以Google Earth卫星图片为基础，参考文献资料（董宇和路秀琴，1996；White and El Asmar，1999；Day et al.，2014；冯文杰等，2017；张哲源等，2017）进行水道体系提取

表 5.7 三角洲水道分形维数

三角洲水道分形维数	单位网格	覆盖网格数量	三角洲水道分形维数	单位网格	覆盖网格数量
尼罗河三角洲（d=1.0695，R^2=0.9998）	1 000	469	赣江三角洲（d=1.3691，R^2=0.995）	1 000	424
	3 000	149		2 000	195
	5 000	86		3 000	115
	8 000	51		5 000	50
	10 000	40		10 000	19
密西西比河三角洲（d=1.3356，R^2=0.9965）	1 000	520	珠江三角洲（d=1.4564，R^2=0.9962）	10 000	106
	2 000	229		15 000	58
	3 000	139		20 000	36
	5 000	68		25 000	29
	10 000	24		30 000	21

由表 5.7 中的计算结果可知，尼罗河三角洲水道（弯曲状水道体系）的分形维数较低，为 1.069 5，密西西比河三角洲水道、赣江三角洲水道（树枝状水道体系）的分形维数高于弯曲状水道体系，分别为 1.335 6 和 1.369 1，珠江三角洲水道（网状水道体系）具有较高的分形维数，为 1.456 4，这与水道活动指标计算结果的趋势相同，见表 5.8。以上计算结果表明，弯曲状水道体系的几何结构较简单，水道活动性较低，具有较高分形维数的网状水道体系的几何结构较复杂，水道活动性较高，具有中等分形维数的树枝状分流水道的几何结构复杂程度位于二者之间，水道活动性也位于二者之间，即三角洲水道活动指标可以反映水道的几何结构复杂程度。

表 5.8　三角洲水道活动指标和分形维数的计算结果对比

三角洲	活动指标	分形维数	三角洲	活动指标	分形维数
尼罗河三角洲	–2.043 0	1.069 5	赣江三角洲	–1.334 6	1.369 1
密西西比河三角洲	–1.324 7	1.335 6	珠江三角洲	–1.238 4	1.456 4

5.2.5　三角洲平原水道分类判别

由式（5.35）可知，水道平面形态参数 φ 和活动指标 δ 之间存在函数关系：

$$\varphi=g\left(\frac{d_{50}}{\tilde{R}},\ \delta\right) \tag{5.54}$$

分别以所选三角洲相对粗糙度和水道活动指标对数值为横纵坐标作图 5.14。可以看出，三种水道的活动指标分区分布明显，对比图 5.8，这种分布形式与砂质河流数据点分布形式非常相似。由现有计算数据可知，网状水道数据点落于 $\lg(d_{50}/R) > -4.211$ 一侧，弯曲状水道数据点落于 $\lg(d_{50}/R) \leqslant -4.211$ 一侧，该线两侧都有树枝状水道数据点分布。在 $\lg(d_{50}/R) > -4.211$ 一侧，网状水道与树枝状水道的分类阈值范围为 $-1.325 < \lg\delta < -1.238$，网状水道位于该区域上方，树枝状水道位于该区域下方；在 $\lg(d_{50}/R) \leqslant -4.211$ 一侧，弯曲状水道与树枝状水道分类阈值范围为 $-2.043 < \lg\delta < -1.335$，树状水道位于该区域上方，弯曲状水道位于该区域下方。

5.2.6　三角洲水道分类阈值验证

由对第 7 章入湖三角洲实验中工况 1 ～工况 5 的水道平面形态进行的观测和分析可知，在工况 1 ～工况 5 的条件下，水道平面形态呈现树枝状。分别以工况 1 ～工况 5 条件下的相对粗糙度和水道活动指标对数值为横纵坐标作图 5.15（计算所需变量值取各工况下 1h 末在紧邻人工水道出口处的堆积体与人工水道中轴线交点处的变量值）。

几组工况条件下相对粗糙度的对数值 $\lg(d_{50}/R)$ 计算范围为 $-1.082\ 7 \sim -0.643\ 3$，数据点位于 $\lg(d_{50}/R) > -4.211$ 区域；水道活动指标对数值 $\lg\delta$ 计算范围为 $-2.137\ 9 \sim -1.700\ 2$，位于区域 $-1.325 < \lg\delta < -1.238$ 下方，证明了分类阈值范围的正确性。

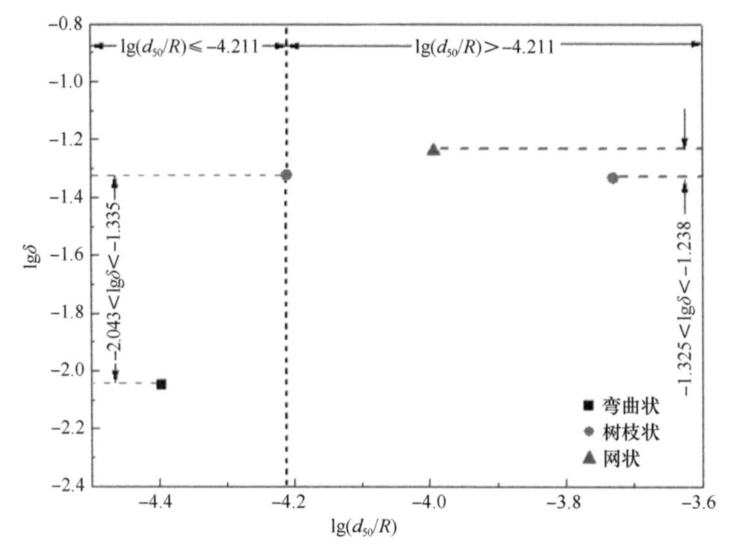

图 5.14　所选三角洲水道相对粗糙度和活动指标数据图

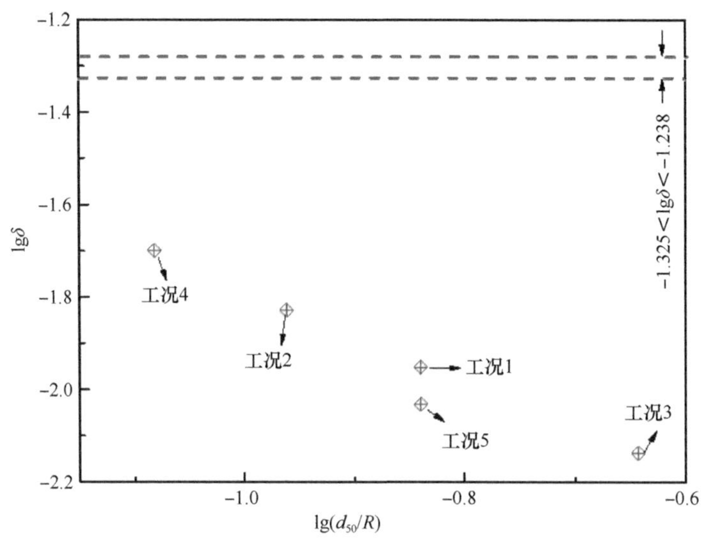

图 5.15　树枝状水道工况 1～工况 5 相对粗糙度和活动指标数据图

结合工况条件分析（工况 1 为对照工况），当加沙速率增大时，水道活动指标增大，当加沙速率减小时，水道活动指标减小；下游湖水位升高，水道活动指标增大，湖水位降低，水道活动指标减小。对比工况 1、工况 2 和工况 3，这三组工况中的唯一条件变量为加沙速率，增大加沙速率使得入口处的堆积体生长迅速，新生成的堆积体十分松软，加之入口处水流的动能很大，对松软堆积体的切割作用很强，这使得工况 2 条件下顶点处的水深较大，顶点水深的变化对活动指标计算结果的影响较大。对比工况 1、工况 4 和工况 5，这三组工况中的唯一条件变量为湖水位，下游湖水位对于入口处的水深有一定影响，尤其是在高水位情况下，下游的高水位一定程度上增大了顶点处的水深，使得活动指标增大。可以看到，当加沙速率或下游湖水位变化时，入口处水深对于水道活动指标的影响都很大。

其他条件不变时，单独改变流量、坡降、泥沙粒径会对三角洲水道活动指标造成影响。以入湖三角洲实验中的工况 1 为基础，单独改变流量、坡降、泥沙粒径，每个变量选择四个值（包括工况 1 条件）来计算三角洲水道活动指标，以观察不同变量取值对活动指标变化趋势的影响，变量取值见表 5.9。

表 5.9　实验三角洲水道活动指标计算

流量/(cm^3/s)	坡降	含沙量/(kg/m^3)	粒径/mm	流量/(cm^3/s)	坡降	含沙量/(kg/m^3)	粒径/mm
50	0.001 25	0.002	0.15	150	0.005	0.008	0.4
100	0.002 5	0.004	0.2	200	0.01	0.016	0.62

各单一变量取不同值（其他变量按工况 1 条件取值）时三角洲水道活动指标变化趋势如图 5.16 所示。

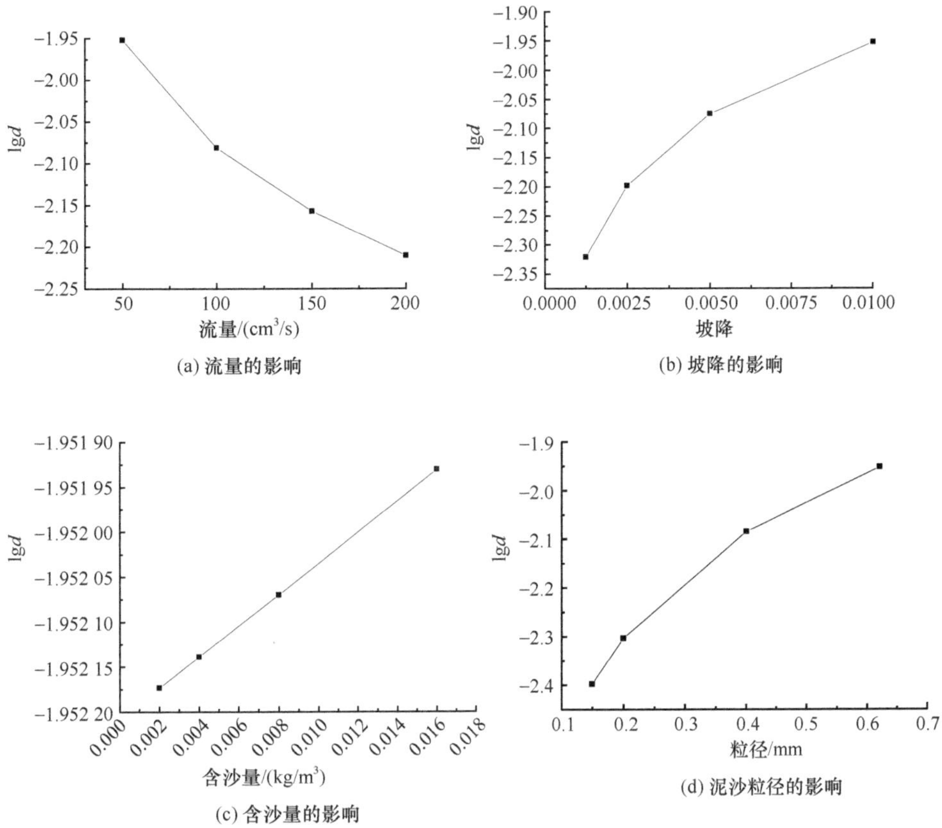

(a) 流量的影响

(b) 坡降的影响

(c) 含沙量的影响

(d) 泥沙粒径的影响

图 5.16　三角洲水道活动指标影响因素分析

从图 5.16 可以看到，随着流量增大，活动指标呈减小趋势。流量增大提升了水流的深切能力，也就意味着削弱了其通过分汊、决口等方式产生复杂水系结构的能力；随着坡降增大，活动指标呈增大趋势，这与第 7 章实验现象所反映的规律相同；随着含沙量增大，活动指标呈增大趋势。含沙量增大更有利于泥沙落淤形成松软堆积体，有利于水流对其切割形成复杂水系，这一点在第 7 章的实验中都有所体现。随着泥沙粒径增大，活动指标呈增大趋势。泥沙粒径增大更有利于泥沙淤积，从而有利于堆积体的形成和发育，这是水流切割堆积体形成水道的基础。

认识不同变量对于三角洲水道活动指标的影响，对于探究三角洲水道形态发展趋势和实验室内控制实验条件以塑造不同的三角洲水道形态有很大帮助。

参考文献

白玉川, 顾元棪, 邢焕政. 2005. 水流泥沙水质数学模型理论及应用. 天津: 天津大学出版社.

白玉川, 王令仪, 杨树青. 2015. 基于阻力规律的床面形态判别方法. 水利学报, (6): 707-713.

董宇, 路秀琴. 1996. 分流水道类型特征及意义. 沉积学报, (3): 164-170.

冯平, 冯焱. 1997. 河流形态特征的分维计算方法. 地理学报, 64(4): 324-330.

冯文杰, 吴胜和, 张可, 等. 2017. 曲流河浅水三角洲沉积过程与沉积模式探讨——沉积过程数值模拟与现代沉积分析的启示. 地质学报, 91(9): 2047-2064.

韩其为, 向熙珑, 王玉成. 1983. 床沙粗化 // 第二次河流泥沙国际学术讨论会文集. 北京: 水利电力出版社: 356-367.

黄镇国, 李平日, 张仲英, 等. 1982. 珠江三角洲形成发育演变. 广州: 科学普及出版社广州分社.

金振奎, 李燕, 高白水, 等. 2014. 现代缓坡三角洲沉积模式——以鄱阳湖赣江三角洲为例. 沉积学报, 32(4): 710-723.

李娇娇, 白玉川, 徐海珏. 2015. 基于河流阻力规律的砂砾质河型分类方法研究. 中国科学: 技术科学, 45(7): 721-736.

钱宁, 万兆惠. 1965. 近底高含沙量流层对水流及泥沙运动影响的初步探讨. 水利学报, 4: 1-20.

钱宁, 万兆慧. 1983. 泥沙运动力学. 北京: 科学出版社.

沙玉清. 1965. 泥沙运动学引论. 北京: 中国工业出版社.

王光谦, 张红武, 夏军强. 2005. 游荡型河流演变及模拟. 北京: 科学出版社.

王尚毅, 顾元棪, 郭传镇. 1990. 河口工程泥沙数学模型. 北京: 海洋出版社.

张海燕. 1990. 河流演变工程学. 北京: 科学出版社.

张红武. 1999. 河流力学研究. 郑州: 黄河水利出版社.

张哲源, 徐海珏, 白玉川, 等. 2017. 基于卫星遥感技术的赣江尾闾河势演变分析. 水利水电技术, 48(7): 20-27.

周宜林. 1995. 游荡性河段漫滩水流特性试验研究. 武汉水利电力大学硕士学位论文.

Blackstone Jr D L. 1993. Precambrian basement map of Wyoming: Outcrop and structural configuration. Geological Society of America Special Paper, 208: 335-338.

Chang H H. 1985. River morphology and thresholds. Journal of Hydraulic Engineering, 111(3): 503-519.

Chang H H. 1986. River channel changes: Adjustments of equilibrium. Journal of Hydraulic Engineering, 112(1): 43-55.

Chang H H. 1988. Fluvial Processes in River Engineering. New York: John Wiley and Sons.

Coleman J M, Walker H J, Grabau W E. 1998. Sediment instability in the Mississippi River delta. Journal of Coastal Research, 14(3): 872-881.

Day J W, Kemp G P, Freeman A M, et al. 2014. Perspectives on the restoration of the Mississippi Delta: The once and future delta. New York: Springer.

Eaton B C, Millar R G, Davidson S. 2010. Channel patterns: Braided, anabranching, and single-thread.

Geomorphology, 120: 353-364.

Einstein H A. 1942. Method of calculating the hydraulic radius in a cross section with different roughness. Appen. Ⅱ of the paper "Formulas for the transportation of bed load": 107.

Fisk H N, Kolb C R, McFarlan E, et al. 1954. Sedimentary framework of the modern Mississippi Delta. Journal of Sedimentary Research, 24(2): 76-99.

Hey R D, Thorne C R. 1986. Stable channels with mobile gravel beds. Journal of Hydraulic engineering, 112(8): 671-689.

Hydraulics D. 1995. Indus basin river regime study, phase 1—Data collection and preliminary guidelines. Netherlands: Delft: 1511.

Julian J P, Torres R. 2006. Hydraulic erosion of cohesive riverbanks. Geomorphology, 76(1-2): 193-206.

Lane E W, Kalinske A A. 1939. The relation of suspended to bed material in rivers. Eos, Transactions American Geophysical Union, 20(4): 637-641.

Leopold L B, Wolman M G. 1957. River channel patterns: Braided, meandering, straight. US Government Printing Office.

MacDonald T E, Parker G, Luethe D P. 1991. Inventory and analysis of stream meander problems in Minnesota. Project Report, Minnesota, USA: St. Anthony Falls Hydraulic Laboratory: 1-36.

Mandelbrot B B. 1983. The Fractal Geometry of Nature. New York: WH Freeman.

Schalk G K, Jacobson R B. 1997. Scour, Sedimentation, and Sediment Characteristics at Six Levee-Break Sites in Missouri from the 1993 Missouri River Flood. Missouri: US Department of the Interior, US Geological Survey.

Shields A. 1936. Anwendung der Aehnlichkeitsmechanik und der Turbulenzforschung auf die Geschiebebewegung. Berlin: Der Preuβ ischen Versuchsanstalt für Wasserbau und Schiffbau.

Song X, Bai Y. 2015. A new empirical river pattern discriminant method based on flow resistance characteristics. Catena, 135: 163-172.

Van den Berg J H. 1995. Prediction of alluvial channel pattern of perennial rivers. Geomorphology, 12: 259-279.

Wang S Y, Shen H W. 1985. Incipient sediment motion and riprap design. Journal of Hydraulic Engineering, 111(3): 520-538.

Wang S Y. 1981. Variation of Karman constant in sediment-laden flow. Journal of the Hydraulics Division, 107(4): 407-417.

White K, El Asmar H M. 1999. Monitoring changing position of coastlines using Thematic Mapper imagery, an example from the Nile Delta. Geomorphology, 29: 93-105.

Wolff H. 1959. Niger Delta languages I: classification. Anthropological linguistics, (1): 32-53.

第 6 章　入湖三角洲初始段动力演进理论模式及其验证

目前关于入湖三角洲的理论研究对于泥沙以推移质形式运动的三角洲初始段形成过程研究较少。水流挟沙入湖过程相当于一种射流运动，本章依据入湖三角洲形成过程的这一特征，基于平面湍动射流基本理论，针对初始段特点，建立入湖三角洲初始段形成演进理论模式，对基本方程进行合理简化，采用相似解法，先求得轴线流速沿程变化关系式，后推导得到平面流场分布，最后由床面变形通用方程求解出床面变形速率。通过实验数据验证和与其他理论的对比，表明本章的计算方法是合理的，且计算结果优于 Wang（1984）和四川大学水力学与山区河流开发保护国家重点实验室（2016）的结果。

6.1　入湖三角洲初始段平面射流理论模型

若射流初始入射速度为 u_0，在卷吸与掺混作用下流速小于 u_0 的部分即射流核心与静止液体之间的部分，称为射流边界层。纵向流速不等于零的射流区是以中心线为界的上下两个边界层的组合，如图 6.1 所示。

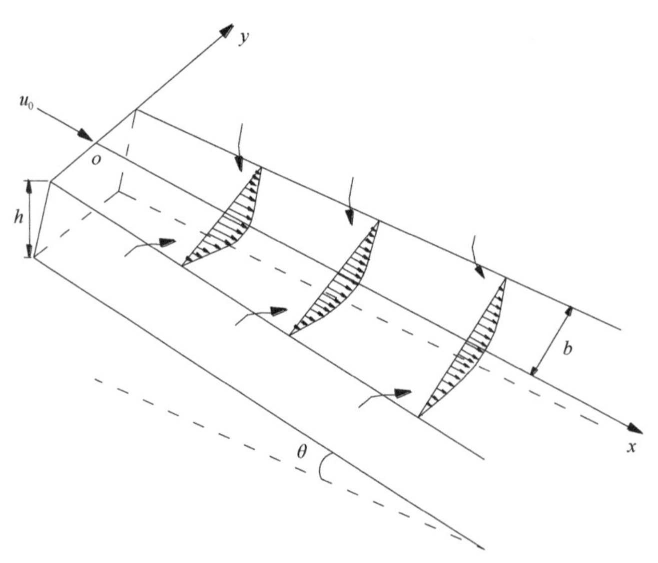

图 6.1　三角洲初始段平面射流边界层示意图

浅水条件下，水深相对于水面区域尺度而言是小量，即垂向尺度远小于水平尺度，根据浅水问题特点，采用浑水积深浅水方程来描述水流运动过程（谢鉴衡，1990）。

连续方程

$$\frac{\partial}{\partial t}\left(h\rho_{\mathrm{m}}\right)+\frac{\partial}{\partial x}\left(hu_{x}\rho_{\mathrm{m}}\right)+\frac{\partial}{\partial y}\left(hu_{y}\rho_{\mathrm{m}}\right)-\frac{\partial}{\partial x}\left(h\varepsilon_{x}\frac{\partial S}{\partial x}\right)-\frac{\partial}{\partial y}\left(h\varepsilon_{y}\frac{\partial S}{\partial y}\right)+\rho_{0}\frac{\partial h_{0}}{\partial t}=0 \qquad (6.1)$$

动量方程

$$\frac{\partial}{\partial t}\left(hu_x\rho_{\mathrm{m}}\right)+\frac{\partial}{\partial x}\left(hu_x^2\rho_{\mathrm{m}}\right)+\frac{\partial}{\partial y}\left(hu_xu_y\rho_{\mathrm{m}}\right)-\rho_{\mathrm{m}}f_xh$$
$$=-\rho_{\mathrm{m}}gh\left(\frac{\partial h}{\partial x}+\frac{\partial y_0}{\partial x}\right)-g\frac{\Delta\rho}{\rho_{\mathrm{s}}}\frac{h^2}{2}\frac{\partial S}{\partial x}+\rho_{\mathrm{m}}h\upsilon\left(\frac{\partial^2u_x}{\partial x^2}+\frac{\partial^2u_x}{\partial y^2}\right)+\tau_{sx}-\rho_{\mathrm{m}}gh\frac{n^2\sqrt{u_x^2+u_y^2}u_x}{h^{4/3}} \tag{6.2}$$

$$\frac{\partial}{\partial t}\left(hu_y\rho_{\mathrm{m}}\right)+\frac{\partial}{\partial x}\left(hu_xu_y\rho_{\mathrm{m}}\right)+\frac{\partial}{\partial y}\left(hu_y^2\rho_{\mathrm{m}}\right)-\rho_{\mathrm{m}}f_yh$$
$$=-\rho_{\mathrm{m}}gh\left(\frac{\partial h}{\partial y}+\frac{\partial y_0}{\partial y}\right)-g\frac{\Delta\rho}{\rho_{\mathrm{s}}}\frac{h^2}{2}\frac{\partial S}{\partial y}+\rho_{\mathrm{m}}h\upsilon\left(\frac{\partial^2u_y}{\partial x^2}+\frac{\partial^2u_y}{\partial y^2}\right)+\tau_{sy}-\rho_{\mathrm{m}}gh\frac{n^2\sqrt{u_x^2+u_y^2}u_y}{h^{4/3}} \tag{6.3}$$

式中，u_x、u_y 分别为 x、y 方向的流速；h 为水深；ρ_{m}、ρ_{s}、$\Delta\rho$、ρ_0 分别为浑水密度、泥沙密度、泥沙与清水的密度差及床沙与饱和孔隙水的混合密度；y_0 为床沙底面高度；h_0 为淤积体高度；S 为过水断面平均含沙量；ε_x、ε_y 分别为 x、y 方向的紊流扩散系数；f_x、f_y 分别为 x、y 方向的单位质量力；υ 为动力黏滞系数；τ_{sx}、τ_{sy} 分别为 x、y 方向的风应力；n 为糙率。

需要说明的是，在对方程时均化时，通常不考虑三阶关联项，在冲淤体积中不考虑对流运动和紊流脉动，脉动乘积项的时均值 $\overline{\rho_{\mathrm{m}}'u_x'}$ 和 $\overline{\rho_{\mathrm{m}}'u_y'}$ 可以分别看作紊流脉动在 x、y 方向引起的扩散，将其与时均参数相联系，设定 $\overline{\rho_{\mathrm{m}}'u_x'}=-\varepsilon_x\dfrac{\partial\overline{\rho_{\mathrm{m}}}}{\partial x}$、$\overline{\rho_{\mathrm{m}}'u_y'}=-\varepsilon_y\dfrac{\partial\overline{\rho_{\mathrm{m}}}}{\partial y}$（谢鉴衡，1990）。

对式（6.1）～式（6.3）进行如下假定：恒定流动条件下，忽略流速对时间的变化率；浅水条件下，忽略压力变化；不计风应力的影响；紊流脉动项、地转偏向力忽略不计；浑水不可压缩，则 ρ_{m} 为常数。则连续方程、动量方程简化为

$$\frac{\partial}{\partial x}\left(hu_x\right)+\frac{\partial}{\partial y}\left(hu_y\right)=0 \tag{6.4}$$

$$\frac{\partial}{\partial x}\left(hu_x^2\right)+\frac{\partial}{\partial y}\left(hu_xu_y\right)-hf_x=\upsilon h\left(\frac{\partial^2u_x}{\partial x^2}+\frac{\partial^2u_x}{\partial y^2}\right)-gh\frac{n^2\sqrt{u_x^2+u_y^2}u_x}{h^{4/3}} \tag{6.5}$$

$$\frac{\partial}{\partial x}\left(hu_xu_y\right)+\frac{\partial}{\partial y}\left(hu_y^2\right)-hf_y=\upsilon h\left(\frac{\partial^2u_y}{\partial x^2}+\frac{\partial^2u_y}{\partial y^2}\right)-gh\frac{n^2\sqrt{u_x^2+u_y^2}u_y}{h^{4/3}} \tag{6.6}$$

水深 h 是关于 x 的一维函数（Wang，1984），三角洲形成初始阶段，当底床坡度较小时，水深 h 对 x 的导数项可忽略，且此时冲淤刚刚开始，水深 h 可视为常数，则上式可继续简化：

$$\frac{\partial u_x}{\partial x}+\frac{\partial u_y}{\partial y}=0 \tag{6.7}$$

$$u_x\frac{\partial u_x}{\partial x}+u_y\frac{\partial u_x}{\partial y}-f_x=\upsilon\left(\frac{\partial^2 u_x}{\partial x^2}+\frac{\partial^2 u_x}{\partial y^2}\right)-g\frac{n^2\sqrt{u_x^2+u_y^2}u_x}{h^{4/3}} \tag{6.8}$$

$$u_x\frac{\partial u_y}{\partial x}+u_y\frac{\partial u_y}{\partial y}-f_y=\upsilon\left(\frac{\partial^2 u_y}{\partial x^2}+\frac{\partial^2 u_y}{\partial y^2}\right)-g\frac{n^2\sqrt{u_x^2+u_y^2}u_y}{h^{4/3}} \tag{6.9}$$

平面内几何尺度和流动尺度分别为L、U_∞（无穷远处来流流速），垂向几何尺度为εL（$\varepsilon<<1$），将式（6.7）～式（6.9）进行无量纲化处理：

$$\frac{\partial u_x^*}{\partial x^*}+\frac{\partial u_y^*}{\partial y^*}=0 \tag{6.10}$$

$$u_x^*\frac{\partial u_x^*}{\partial x^*}+u_y^*\frac{\partial u_x^*}{\partial y^*}-\frac{f_x^*L^2}{T^2U_\infty^2}=\frac{1}{Re}\left(\frac{\partial^2 u_x^*}{\partial x^{*2}}+\frac{\partial^2 u_x^*}{\partial y^{*2}}\right)-\frac{g^*L^2}{T^2}\frac{n^2\sqrt{u_x^{*2}+u_y^{*2}}u_x^*}{\left(h^*\varepsilon L\right)^{4/3}} \tag{6.11}$$

$$u_x^*\frac{\partial u_y^*}{\partial x^*}+u_y^*\frac{\partial u_y^*}{\partial y^*}-\frac{f_y^*L^2}{T^2U_\infty^2}=\frac{1}{Re}\left(\frac{\partial^2 u_y^*}{\partial x^{*2}}+\frac{\partial^2 u_y^*}{\partial y^{*2}}\right)-\frac{g^*L^2}{T^2}\frac{n^2\sqrt{u_x^{*2}+u_y^{*2}}u_y^*}{\left(h^*\varepsilon L\right)^{4/3}} \tag{6.12}$$

当$Re>>1$时，式（6.10）～式（6.12）可近似为

$$\frac{\partial u_x^*}{\partial x^*}+\frac{\partial u_y^*}{\partial y^*}=0 \tag{6.13}$$

$$u_x^*\frac{\partial u_x^*}{\partial x^*}+u_y^*\frac{\partial u_x^*}{\partial y^*}-\frac{f_x^*L^2}{T^2U_\infty^2}+\frac{g^*L^2}{T^2}\frac{n^2\sqrt{u_x^{*2}+u_y^{*2}}u_x^*}{\left(h^*\varepsilon L\right)^{4/3}}=0 \tag{6.14}$$

$$u_x^*\frac{\partial u_y^*}{\partial x^*}+u_y^*\frac{\partial u_y^*}{\partial y^*}-\frac{f_y^*L^2}{T^2U_\infty^2}+\frac{g^*L^2}{T^2}\frac{n^2\sqrt{u_x^{*2}+u_y^{*2}}u_y^*}{\left(h^*\varepsilon L\right)^{4/3}}=0 \tag{6.15}$$

x方向的单位质量力为$g\sin\theta$，则式（6.13）～式（6.15）写回有量纲形式为

$$\frac{\partial u_x}{\partial x}+\frac{\partial u_y}{\partial y}=0 \tag{6.16}$$

$$u_x\frac{\partial u_x}{\partial x}+u_y\frac{\partial u_x}{\partial y}-g\sin\theta+g\frac{n^2\sqrt{u_x^2+u_y^2}u_x}{h^{4/3}}=0 \tag{6.17}$$

$$u_x\frac{\partial u_y}{\partial x}+u_y\frac{\partial u_y}{\partial y}+g\frac{n^2\sqrt{u_x^2+u_y^2}u_y}{h^{4/3}}=0 \tag{6.18}$$

6.2 模型相似解法

自相似现象是一种随时间发展的现象，通过彼此间的相似变换，可以得到系统性质在不同时刻、不同空间位置上的分布（Barenblatt，1996）。自相似可以简化计算和对现

象性质的描述，可以经过所选自相似变量，将一群随机的经验数据点转化到一条曲线或一个面上，相似解法可以将偏微分方程简化为常微分方程。

相似解存在于某些具有特定物理对称性的流体问题中，对于所示的三角洲初始段形成过程，流速应存在相似解。实验资料亦表明，平面射流不同断面流速分布具有相似性（四川大学水力学与山区河流开发保护国家重点实验室，2016）。对于图 6.1，每一个 x 处都存在相应的速度分布，它们的共同特征是，射流边界层外缘速度为零，轴线处速度最大，射流各横截面上的速度分布具有相似性，即存在函数 f 满足下式：

$$\frac{u_x}{u_{\mathrm{m}}}=f\left(\frac{y}{b}\right) \tag{6.19}$$

式中，b 为射流断面的特性半厚度，取为流速 $u_x=\frac{u_{\mathrm{m}}}{\mathrm{e}}$ 处的 y 值，根据射流边界沿直线扩散的特性可以得到：$b=\varepsilon x$。由前人实验结果得到：$\varepsilon=0.154$（四川大学水力学与山区河流开发保护国家重点实验室，2016）。

根据实验资料和对紊流随机性质的考虑，式（6.19）中的函数多采用高斯正态分布的形式（余常昭，1992；Shirazi and Davis，1972），即：

$$u_x=u_{\mathrm{m}}\exp\left(-\frac{y^2}{b^2}\right) \tag{6.20}$$

设 $\eta=-\frac{y^2}{b^2}$，令 $\varphi(\eta)=\exp(\eta)$，则式（6.20）可表达为

$$u_x=u_{\mathrm{m}}\varphi(\eta) \tag{6.21}$$

引入流函数 ψ，根据流函数定义有 $u_x=\frac{\partial\psi}{\partial y}$，将式（6.21）代入可得

$$\psi=\int u_x\mathrm{d}y=-\frac{\varepsilon^2x^2u_{\mathrm{m}}}{2y}\int\varphi(\eta)\mathrm{d}\eta \tag{6.22}$$

令式（6.22）中的 $f(\eta)=\int\varphi(\eta)\mathrm{d}\eta$，由流函数定义可得

$$u_y=-\frac{\partial\psi}{\partial x}=\frac{\varepsilon^2\mathrm{e}^{\eta}}{2y}\left[u_{\mathrm{m}}\left(2x+x^2\right)+x^2u'_{\mathrm{m}}\right] \tag{6.23}$$

根据射流对称性，射流轴线处的动量方程可简化为

$$\frac{\mathrm{d}u_{\mathrm{m}}}{\mathrm{d}x}=\frac{g\sin\theta}{u_{\mathrm{m}}}-\frac{gn^2u_{\mathrm{m}}}{h^{4/3}} \tag{6.24}$$

代入式（6.23）可得

$$u_y=-\frac{\partial\psi}{\partial x}=\frac{\varepsilon^2\mathrm{e}^{\eta}x}{2y}\left[u_{\mathrm{m}}(2+x)+gx\left(\frac{\sin\theta}{u_{\mathrm{m}}}-\frac{n^2u_{\mathrm{m}}}{h^{4/3}}\right)\right] \tag{6.25}$$

对（6.24）式两边积分可得

$$\ln\left(g\sin\theta-\frac{gn^2u_{\mathrm{m}}^2}{h^{4/3}}\right)=-\frac{2gn^2}{h^{4/3}}x+\ln C \tag{6.26}$$

即：

$$u_{\mathrm{m}}=\frac{h^{2/3}}{n}\sqrt{\frac{1}{g}C\mathrm{e}^{-\frac{2gn^2}{h^{4/3}}x}+\sin\theta} \tag{6.27}$$

式中，C 为常数。

由原点流速 $u_{\mathrm{m}}=u_0$ 可得 $C=g\left(\frac{u_0^2n^2}{h^{4/3}}-\sin\theta\right)$，代入式（6.27）得到轴线流速沿程变化关系式：

$$u_{\mathrm{m}}=\frac{h^{2/3}}{n}\sqrt{\left(\frac{u_0^2n^2}{h^{4/3}}-\sin\theta\right)\mathrm{e}^{-\frac{2gn^2}{h^{4/3}}x}+\sin\theta} \tag{6.28}$$

则流场分布公式为

$$u_x=u_{\mathrm{m}}\mathrm{e}^{-\left(\frac{y^2}{\varepsilon^2x^2}\right)} \tag{6.29}$$

$$u_y=\frac{\varepsilon^2x\mathrm{e}^{-\left(\frac{y^2}{\varepsilon^2x^2}\right)}}{2y}\left[u_{\mathrm{m}}\left(2+x-\frac{xgn^2}{h^{4/3}}\right)+\frac{xg\sin\theta}{u_{\mathrm{m}}}\right] \tag{6.30}$$

由式（6.29）、式（6.30）可得

$$\frac{\partial u_x}{\partial x}=\mathrm{e}^{-\left(\frac{y^2}{b^2}\right)}\frac{h^{2/3}}{n}\left\{\frac{2y^2}{\varepsilon^2x^3}\sqrt{\left(\frac{u_0^2n^2}{h^{4/3}}-\sin\theta\right)\mathrm{e}^{-\frac{2gn^2}{h^{4/3}}x}+\sin\theta}+\frac{\left(\sin\theta-\frac{u_0^2n^2}{h^{4/3}}\right)\frac{gn^2}{h^{4/3}}\mathrm{e}^{-\left(\frac{2gn^2}{h^{4/3}}x\right)}}{\sqrt{\left(\frac{u_0^2n^2}{h^{4/3}}-\sin\theta\right)\mathrm{e}^{-\frac{2gn^2}{h^{4/3}}x}+\sin\theta}}\right\} \tag{6.31}$$

$$\frac{\partial u_x}{\partial y}=\frac{-2yh^{2/3}}{\varepsilon^2x^2n}\mathrm{e}^{-\left(\frac{y^2}{\varepsilon^2x^2}\right)}\sqrt{\left(\frac{u_0^2n^2}{h^{4/3}}-\sin\theta\right)\mathrm{e}^{-\frac{2gn^2}{h^{4/3}}x}+\sin\theta} \tag{6.32}$$

$$\frac{\partial u_y}{\partial x}=\frac{\varepsilon^2\mathrm{e}^{-\left(\frac{y^2}{\varepsilon^2x^2}\right)}}{2y}\left\{\begin{array}{l}\left(\frac{2y^2}{\varepsilon^2x^2}+1\right)\left[u_{\mathrm{m}}(2+x)+gx\left(\frac{\sin\theta}{u_{\mathrm{m}}}-\frac{n^2u_{\mathrm{m}}}{h^{4/3}}\right)\right]+\\ x\left(\frac{g\sin\theta}{u_{\mathrm{m}}}-\frac{gn^2u_{\mathrm{m}}}{h^{4/3}}\right)\left[3+x-xg\left(\frac{\sin\theta}{u_{\mathrm{m}}^2}+\frac{n^2}{h^{4/3}}\right)\right]+xu_{\mathrm{m}}\end{array}\right\} \tag{6.33}$$

$$\frac{\partial u_y}{\partial y}=-\left[u_{\mathrm{m}}\left(2+x-\frac{xgn^2}{h^{4/3}}\right)+\frac{xg\sin\theta}{u_{\mathrm{m}}}\right]\frac{\mathrm{e}^{-\left(\frac{y^2}{\varepsilon^2x^2}\right)}\left(2y^2+\varepsilon^2x^2\right)}{2xy^2} \tag{6.34}$$

6.3　床面冲淤变形计算

针对以推移质运动为主的三角洲或泥沙中以推移质形式运动的部分，床面变形方程为

$$C_{\mathrm{m}}\frac{\partial z_{\mathrm{s}}}{\partial t}+\frac{1}{\gamma_{\mathrm{s}}}P_{\mathrm{b}l}\left(\frac{\partial q_{\mathrm{b}lx}}{\partial x}+\frac{\partial q_{\mathrm{b}ly}}{\partial y}\right)=0 \tag{6.35}$$

式中，$P_{\mathrm{b}l}$ 为第 l 组泥沙的组分；γ_{s} 为泥沙的相对密度；C_{m} 为浑水保持流体特性的最高含沙量，可按式（6.36）计算（钱宁和万兆慧，1983）：

$$C_{\mathrm{m}}=0.755+0.222\lg d_l \tag{6.36}$$

式中，d_l 为泥沙粒径（mm）；$q_{\mathrm{b}lx}=q_{\mathrm{b}l}\dfrac{u_x}{\sqrt{u_x^2+u_y^2}}$，$q_{\mathrm{b}ly}=q_{\mathrm{b}l}\dfrac{u_y}{\sqrt{u_x^2+u_y^2}}$，其中 $q_{\mathrm{b}l}$ 为第 l 组推移质输沙率，可按列维的方法进行计算（钱宁和万兆慧，1983）：

$$q_{\mathrm{b}l}=2d_l\left(\frac{U}{\sqrt{gd_l}}\right)^3\left(U-u_{l\mathrm{c}}\right)\left(\frac{d_l}{h}\right)^{0.25} \tag{6.37}$$

式中，$U=\sqrt{u_x^2+u_y^2}$；$u_{l\mathrm{c}}$ 为第 l 组推移质泥沙的起动流速，可按式（6.38）计算（钱宁和万兆慧，1983）：

$$u_{l\mathrm{c}}=\left(h/d_l\right)^{0.14}\sqrt{17.6\left(\gamma_{\mathrm{s}}-\gamma\right)d_l/\gamma+0.000\ 000\ 605\left(10+h\right)/d_l^{0.72}} \tag{6.38}$$

式中，γ 为水的相对密度；列维计算公式的适用范围为：d_l=0.25 ～ 23mm，h/d_l=5 ～ 500，$U/u_{l\mathrm{c}}$=1 ～ 3.5。则有

$$\frac{\partial q_{\mathrm{b}lx}}{\partial x}=\frac{2d_l}{\left(\sqrt{gd_l}\right)^3}\left(\frac{d_l}{h}\right)^{0.25}\left\{2\left(u_x\frac{\partial u_x}{\partial x}+u_y\frac{\partial u_y}{\partial x}\right)\left(U-u_{l\mathrm{c}}\right)u_x+U^2\left[\frac{u_x}{U}\left(u_x\frac{\partial u_x}{\partial x}+u_y\frac{\partial u_y}{\partial x}\right)+\left(U-u_{l\mathrm{c}}\right)\frac{\partial u_x}{\partial x}\right]\right\}$$

$$\frac{\partial q_{\mathrm{b}ly}}{\partial y}=\frac{2d_l}{\left(\sqrt{gd_l}\right)^3}\left(\frac{d_l}{h}\right)^{0.25}\left\{2\left(u_x\frac{\partial u_x}{\partial y}+u_y\frac{\partial u_y}{\partial y}\right)\left(U-u_{l\mathrm{c}}\right)u_y+U^2\left[\frac{u_y}{U}\left(u_x\frac{\partial u_x}{\partial y}+u_y\frac{\partial u_y}{\partial y}\right)+\left(U-u_{l\mathrm{c}}\right)\frac{\partial u_y}{\partial y}\right]\right\} \tag{6.39}$$

由床面变形方程可得

$$\begin{aligned}\frac{\partial z_{\mathrm{s}}}{\partial t}&=\frac{-P_{\mathrm{b}l}}{\gamma_{\mathrm{s}}C_{\mathrm{m}}}\left(\frac{\partial q_{\mathrm{b}lx}}{\partial x}+\frac{\partial q_{\mathrm{b}ly}}{\partial y}\right)\\&=\frac{-P_{\mathrm{b}l}}{\gamma_{\mathrm{s}}C_{\mathrm{m}}}\frac{2d_l}{\left(\sqrt{gd_l}\right)^3}\left(\frac{d_l}{h}\right)^{0.25}\left\{\begin{aligned}&\left\{2\left(u_x\frac{\partial u_x}{\partial x}+u_y\frac{\partial u_y}{\partial x}\right)\left(U-u_{l\mathrm{c}}\right)u_x+U^2\left[\frac{u_x}{U}\left(u_x\frac{\partial u_x}{\partial x}+u_y\frac{\partial u_y}{\partial x}\right)+\left(U-u_{l\mathrm{c}}\right)\frac{\partial u_x}{\partial x}\right]\right\}+\\&\left\{2\left(u_x\frac{\partial u_x}{\partial y}+u_y\frac{\partial u_y}{\partial y}\right)\left(U-u_{l\mathrm{c}}\right)u_y+U^2\left[\frac{u_y}{U}\left(u_x\frac{\partial u_x}{\partial y}+u_y\frac{\partial u_y}{\partial y}\right)+\left(U-u_{l\mathrm{c}}\right)\frac{\partial u_y}{\partial y}\right]\right\}\end{aligned}\right\}\end{aligned} \tag{6.40}$$

将所求得平面内的流场分布代入式（6.40）可求得淤积速度，即最初瞬间三角洲冲淤变化。在水力要素不变时，式（6.40）反映了淤积厚度沿程变化的特性。

6.4　模型验证

选取入湖三角洲形成演变实验对照组工况 1 的 1h 末沉积地形对模型进行验证，x 轴设置见图 6.1，以人工河道中轴线及其延长线作为 y 轴。实验中堆积体在纵向上可测得的

地形变化范围约为0.5m，纵向上每0.1m设置一个断面，横断面上以y轴为基准每0.05m设置一个验证点，不计泥沙分组对计算结果的影响，泥沙各断面地形z_s/t的计算值和z_s的实测值如图6.2所示。

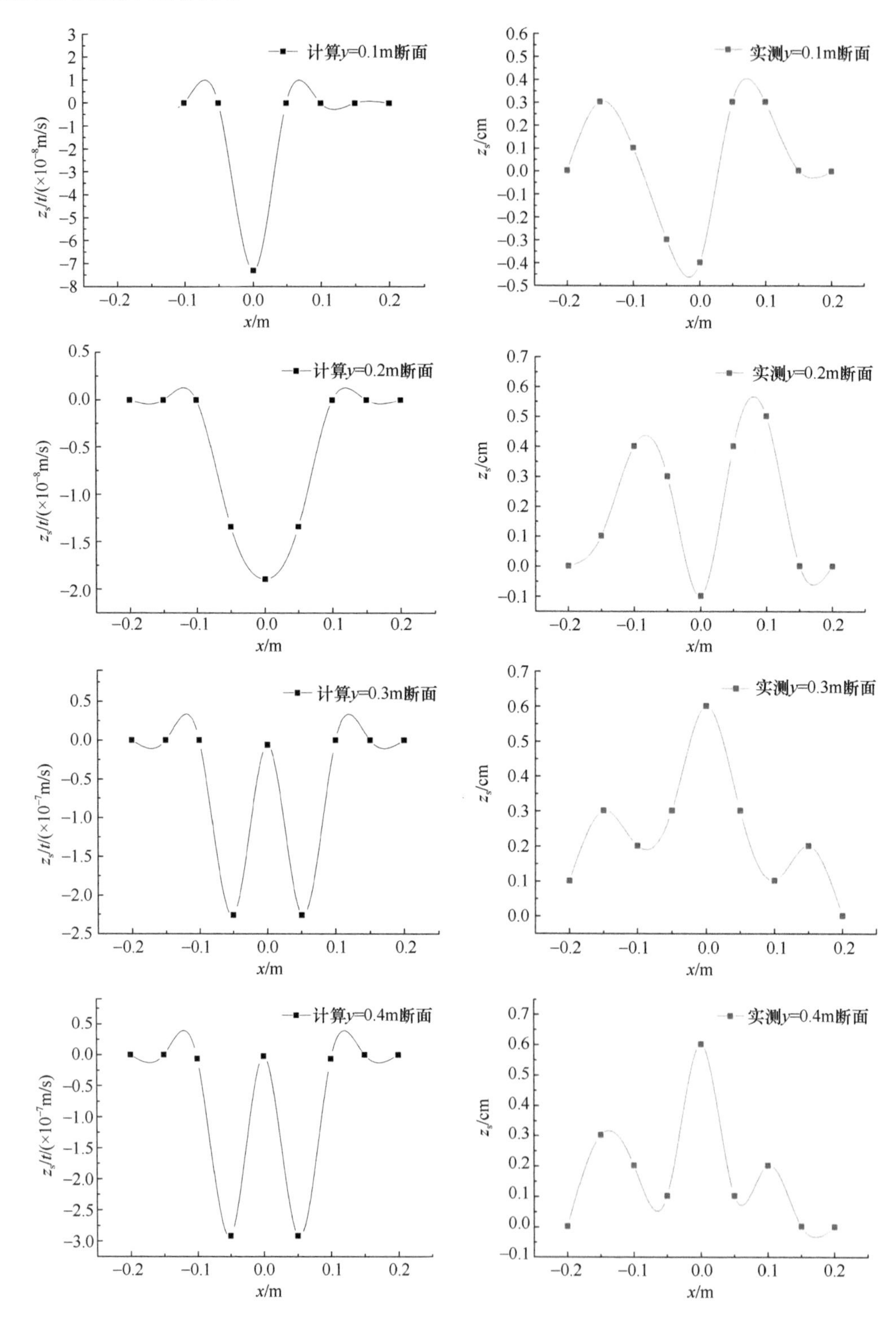

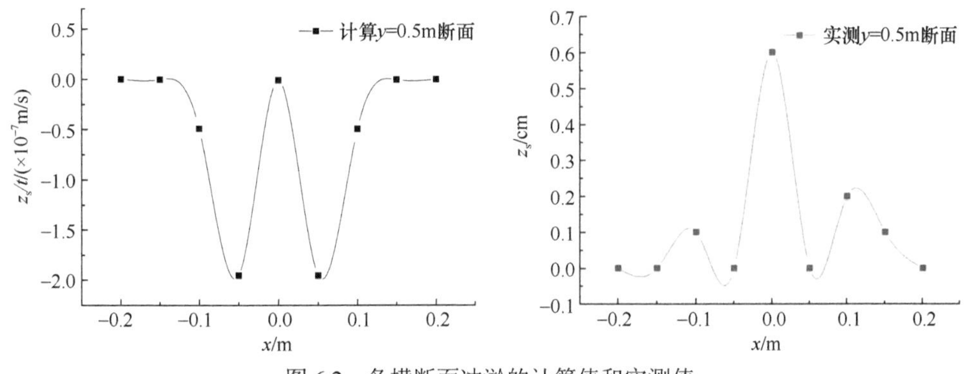

图 6.2　各横断面冲淤的计算值和实测值

断面 y=0.1m 的冲淤计算结果显示，此断面在 y 轴处的冲刷程度最大，在 x=0m 到 x=±0.05m 的过程中 z_s/t 的计算值有较快增长，之后向 x 轴两侧发展过程中 z_s/t 的计算值增长缓慢，即从 x=0m 到 x=±0.2m 的过程中冲刷程度逐渐减小。由断面 y=0.1m 的冲淤实测值可知，断面在接近 x=0 处的冲刷最剧烈，与计算结果吻合，从此点向外延展的过程中实测值呈先增大后减小的趋势。可见，z_s 实测值从 x=0m 到 x=0.05m 的过程中迅速增大，在 x ＞ 0.1m 和 x ＜ –0.15m 范围内 z_s/t 实测值为零；z_s/t 计算值在 x=0m 到 x=±0.05m 的范围内也迅速增大，在 x=±0.05m 到 x=±0.2m 的范围内增速趋缓并逐渐接近于零 mm。对比结果表明计算值与实测值发展趋势基本一致。

由断面 y=0.2m 的床面变形速率计算结果可以看出，x=0m 处冲刷程度最大，从 x=0m 到 x=±0.1m 的过程中 z_s/t 大幅增加，从 x=±0.1m 到 x=±0.2m 的过程中地形变化速率增速逐渐放缓并趋于零。由该断面的实测值可知，x=0m 处产生的冲刷程度最大，与计算结果一致，从 x=0m 到 x=±0.1m 过程中实测值大幅增加，从 x=±0.1m 到 x=±0.2m 过程中 z_s 值减小为零。对比结果表明计算值与实测值整体发展趋势基本一致。

断面 y=0.3m 的计算结果显示，z_s/t 极小值出现在 x=±0.05m 处，冲刷程度最大，从 x=0m 到 y=±0.05m 的过程中 z_s/t 大幅减小，从 x=±0.05m 到 x=±0.2m 的过程中冲刷程度先迅速减弱后变化趋缓并接近零。由断面实测结果可知，从 x=0m 到 x=±0.1m 的过程中 z_s 的实测值大幅减小，从 x=±0.1m 到 x=±0.2m 的过程中实测值略有增加然后减小。与计算结果相比，实测 y=0.3m 断面 z_s 极小值点向外延展，产生在 x=0.1m 处，计算极小值处 x=±0.05m 成为过渡点，从 x=±0.1m 到 x=±0.2m 的过程中，z_s/t 计算值先增大后减小。对比结果表明计算值和实测值整体发展趋势较为一致。

从断面 y=0.4m 的计算结果可以看到，在从 x=0m 到 x=±0.05m 的过程中冲刷程度增强，x=±0.05m 处为 z_s 的极小值，之后 z_s 值持续增大并趋于零。实测结果显示，x=0m 处 z_s 值最大，从 x=0m 到 x=±0.05m 过程中 z_s 值减小，从 x=±0.05m 到 x=±0.2m 过程中 z_s 值先增大后减小至零。计算值和实测值的主要发展过程都包含先减小后增大且最后趋于零的过程。

由断面 y=0.5m 的计算结果可知，从 x=0m 到 x=±0.05m 的过程中 z_s 值减小，极小值产生在 x=±0.05m 处，从 x=±0.05m 到 x=±0.2m 的过程中，计算值增大并趋于零。实测结果中，x=0m 处产生了于该断面来说较大的淤积，从 x=±0m 到 x=±0.05m 的过程中 z_s 值减小，从 x=±0.05m 到 x=±0.2m 的过程中，实测值先增大后减小至零。计算值和实测值主要阶段的发展趋势都为先减小后增大，计算值与实测趋势发展趋势基本一致。

理论解和实验结果在趋势上较为一致，但在量级上有所差别，故有必要将理论解和实验结果与前人的研究成果进行对比研究。首先，利用上述实验数据，使用本章提出的计算方法与文献（四川大学水力学与山区河流开发保护国家重点实验室，2016）的平面湍动射流的流场计算方法计算轴线上 x=0.4 ～ 1m[文献（四川大学水力学与山区河流开发保护国家重点实验室，2016）中的轴线流速针对主体段，实验验证中的初始段长约 0.3m，故将计算范围设定为 x=0.4 ～ 1m] 的理论冲淤速率，计算结果见图 6.3。

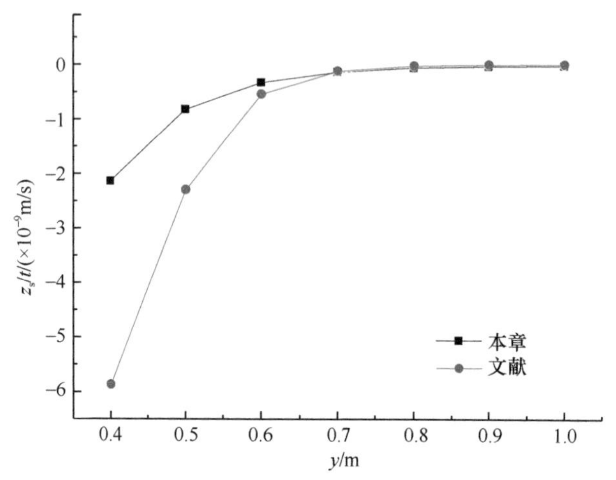

图 6.3　本章和文献（四川大学水力学与山区河流开发保护国家重点实验室，2016）中轴线冲淤速率计算结果对比

由图 6.3 可见，两种计算方法所得的 y=0.4 ～ 1m 的轴线上的冲淤速率结果属于同一量级且数值比较接近。

对比本章实验三角洲地形数据与白玉川等（2018）的研究中实验三角洲对照组地形数据，二者水沙条件不同，但都是在实验室内模拟以推移质为主的入湖三角洲形成演变过程，对比两次实验 1h 末时 y=0.1 ～ 0.5m 的轴线冲淤量，结果见图 6.4。

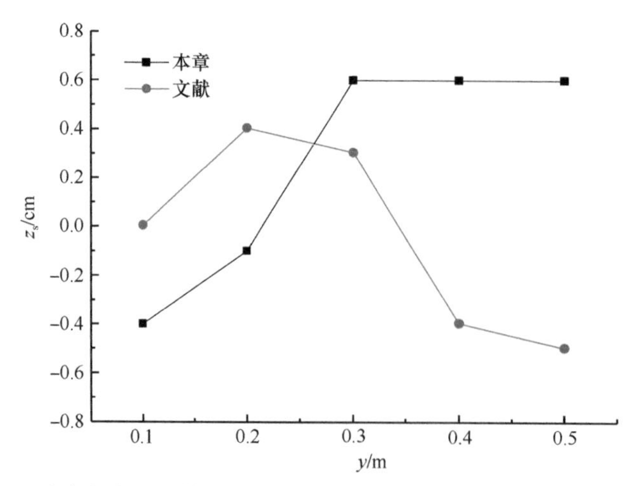

图 6.4　本章与白玉川等（2018）的研究中三角洲 1h 末轴线冲淤量对比

由图6.4可见，两次实验的地形冲淤量在同一数量级，只是由于水沙条件不同，两组实验轴线上的冲淤量数值有所不同。

基于以上对比，进一步分析可知，出现底床冲淤理论值变化幅度小，与实验值有量级上的区别，应是由于理论值较小，受限于实测精度，因此实测值量级较大。但将理论值和实测值的发展趋势加以对比，若较为一致，则能够说明理论方法的正确性。

综上，y=0.1m到y=0.5m断面底床变形速率的计算值和冲淤量实测值的发展趋势较为一致。其中，断面y=0.1m计算和实测趋势整体呈“v”形；y=0.2m到y=0.5m计算和实测趋势整体呈“w”形；相较于计算结果，实测地形发展较为平缓，多个断面出现明显的不对称发育现象。

6.5 对比研究

利用上述实验数据，分别使用本章提出的计算方法与Wang（1984）的研究中平面湍动射流的流场计算方法计算流场分布，使用相同的床面变形方程计算底床变形速率，两种方法计算的冲淤速率结果如图6.5所示。

由图6.5可知，两种算法下y=0.1m和y=0.2m断面计算值的发展趋势比较相似，但y=0.3m、y=0.4m和y=0.5m断面两种算法的计算值发展趋势相差较大，文献（Wang，1984）对于这三个断面计算值极大值点的预测与实测值相差较大。结合实测地形数据分析，本章的计算结果更加合理。

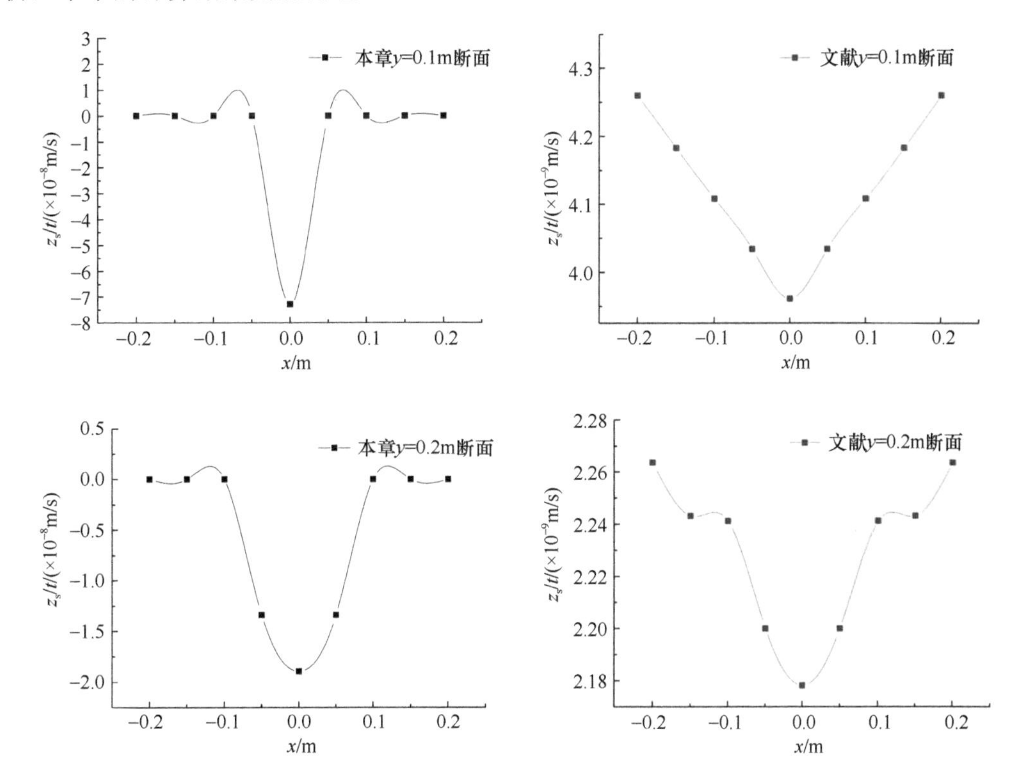

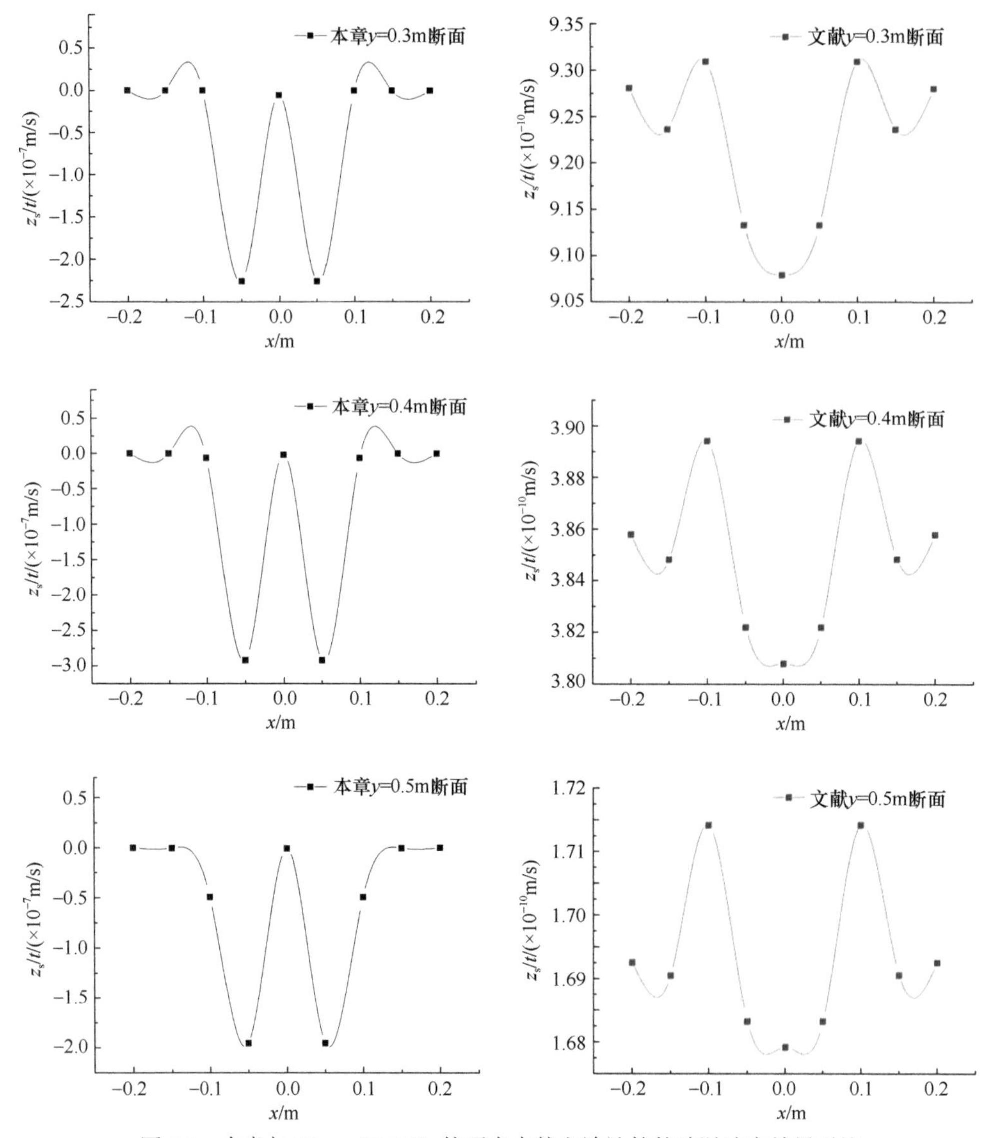

图 6.5　本章与 Wang（1984）的研究中的方法计算的冲淤速率结果对比

利用上述实验数据，分别使用本章提出的计算方法与文献（四川大学水力学与山区河流开发保护国家重点实验室，2016）中的平面湍动射流的流场计算方法计算流场分布，使用相同的床面变形方程计算底床变形，比较两种方法计算的床面变形结果。文献（四川大学水力学与山区河流开发保护国家重点实验室，2016）中的轴线流速针对主体段（$y>0.3$m），故分别使用两种计算方法计算 y=0.4m 和 y=0.5m 断面的冲淤速率，结果如图 6.6 所示。

由图 6.6 可知，两种算法下 y=0.4m 和 y=0.5m 断面计算值的发展趋势大体一致，主要区别在于极小值点的位置有所不同：文献（四川大学水力学与山区河流开发保护国家重点实验室，2016）计算的极小值点出现在 $x=\pm0.1$m，本章计算的极小值点位于 $x=\pm0.05$m。实验实测数据显示，y=0.4m 断面床面变形极小值点出现在 $x=\pm0.05$m 而非

$x=\pm0.1$m，$y=0.5$m 断面 z_s 的极小值也位于 $x=\pm0.05$m 而非 $x=\pm0.1$m。结合实验数据分析，本章的计算结果更加合理。

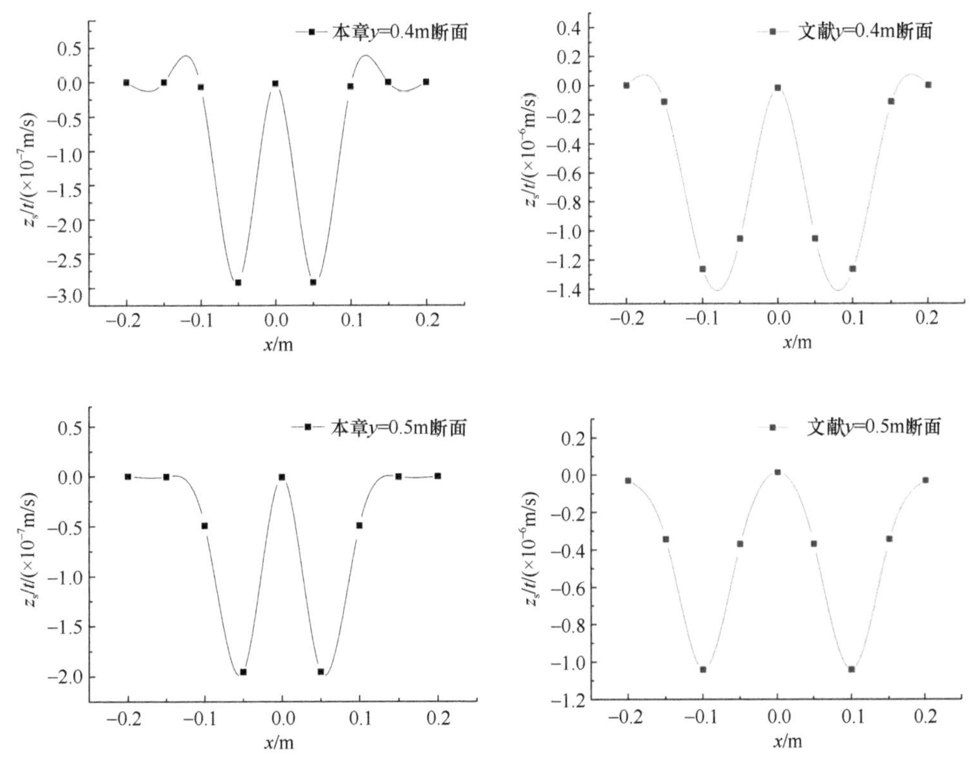

图 6.6　本章与文献（四川大学水力学与山区河流开发保护国家重点实验室，2016）计算的冲淤速率结果对比

6.6　理论解影响因素分析

由床面变形速率计算过程可知，影响床面变形速率的因素有流量、水深、泥沙粒径、糙率、坡降。以下将流量、水深、泥沙粒径、糙率和坡降设定为对床面变形速率产生影响的主要因素。以工况 1 的工况条件为基础，在其他条件不变的情况下，每个影响因素设置 4 个值（包括工况 1 条件）来探究影响因素对各纵断面（以人工水道中轴线为 y 轴，x 方向上在 0 ～ 0.2m 处每隔 0.05m 设置一纵断面）在 y 方向上 0 ～ 1m（每隔 0.1m 设置一测点）变形速率理论解的影响，各变量取值见表 6.1。

表 6.1　各变量取值

流量 /（cm^3/s）	水深 /cm	泥沙粒径 /cm	糙率	坡降
50	0.2	0.03	0.015	0.0005
60	0.5	0.04	0.02	0.001
70	1.0	0.05	0.03	0.005
80	1.5	0.062	0.04	0.01

图 6.7 为不同流量条件下纵断面床面变形速率沿 y 向的分布。可以看出，在所选流量范围内，流量的变化对 x=0m 入口附近的变形速率影响较大，对其他纵断面的影响不明显。在 x=0m 上，随着流量的增大，靠近入口处的测点冲刷程度加剧，各种流量条件下，冲刷程度都随着 y 的增加而减小，在 y > 0.4m 后，各条件下计算结果区别不明显。

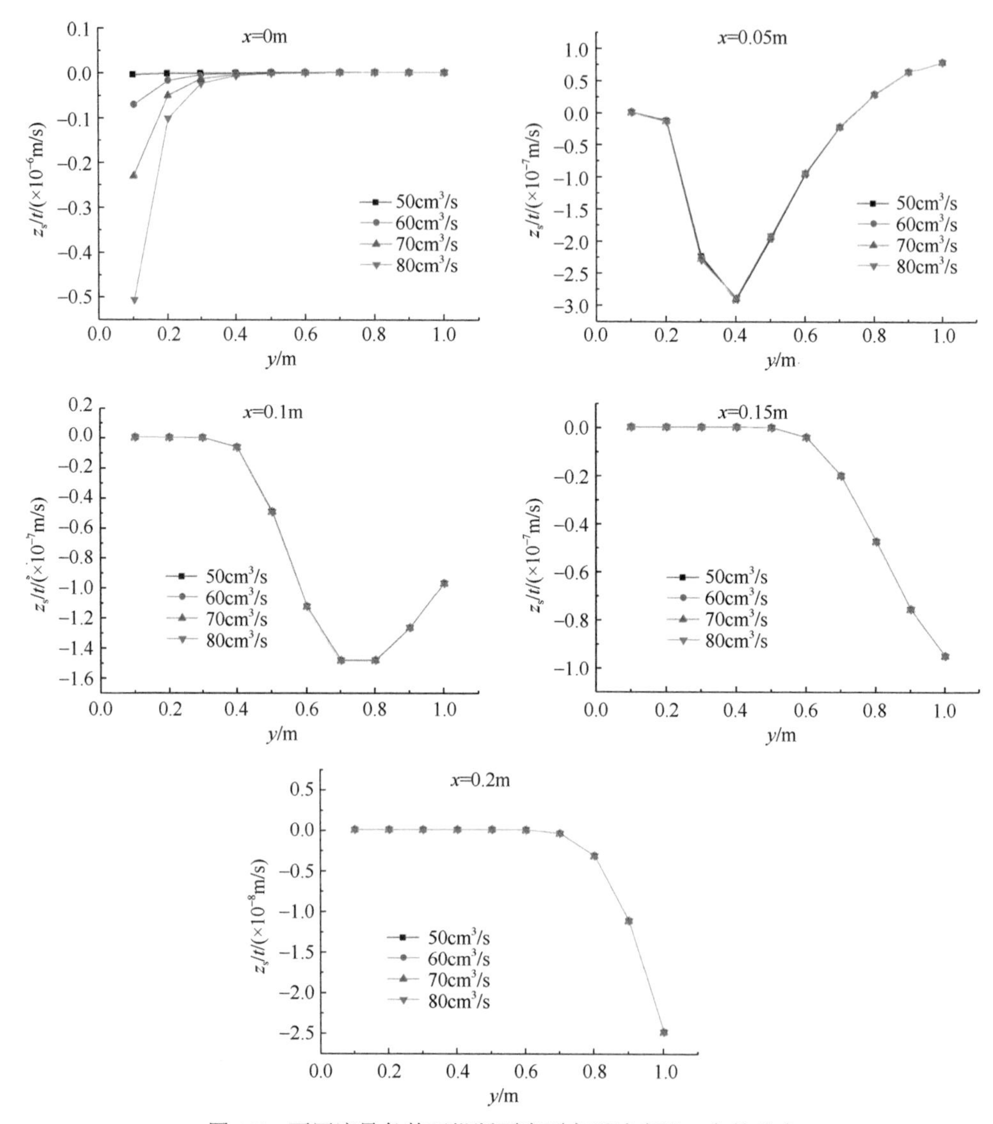

图 6.7　不同流量条件下纵断面床面变形速率沿 y 向的分布

图 6.8 为不同水深条件下纵断面床面变形速率沿 y 向的分布。可以看出，水深的变化对各纵断面床面变形速率计算结果影响较为显著。在 x=0m 上，水深较小时（水深为 0.002m 和 0.005m 时），二者的计算值在整体上比较接近，但在 y ≤ 0.2m 范围内发展趋势不同，当水深从 0.002m 上升至 0.005m 时，y ≤ 0.2m 范围内计算值小幅减小。当水深继续增大至 0.010m 时，计算值整体增大，证明水深的增加有利于床面淤积活动的进行，从 y=0.1m 到 y=0.2m 计算值小幅增大后随着 y 值增加，计算值不断下降，这个变化

过程可以理解为顶托效应已经显露。当水深增大至 0.015m 时，计算值整体明显增大，从 y=0.1m 到 y=0.4m 范围内，计算值随 y 值增大而增大，当 y > 0.4m 时，计算值随 y 值增大而减小，顶托效应显著。在 x=0.05m 上，随着 y 值增大计算值经历了先减小后增大再减小的过程，水深越大计算值沿 y 向呈减小和增大的程度也越大的趋势发展，当水深为 0.015m 时，计算值第二次减小的幅度很大。在 x=0.1m 上，随着 y 值增大计算值经历了先减小后增大的过程，水深越大计算值沿 y 向减小和增大的幅度越大。在 x=0.15m 上，水深为 0.002m、0.005m 和 0.010m 时，计算值沿程减小，水深为 0.015m 时，计算值在减小到 y=0.9m 后反弹上升。x=0.2m 上的计算值沿 y 变化情况与 x=0.15m 上的计算值变化趋势较相似，但在水深为 0.015m 时，计算值的反弹过程消失。

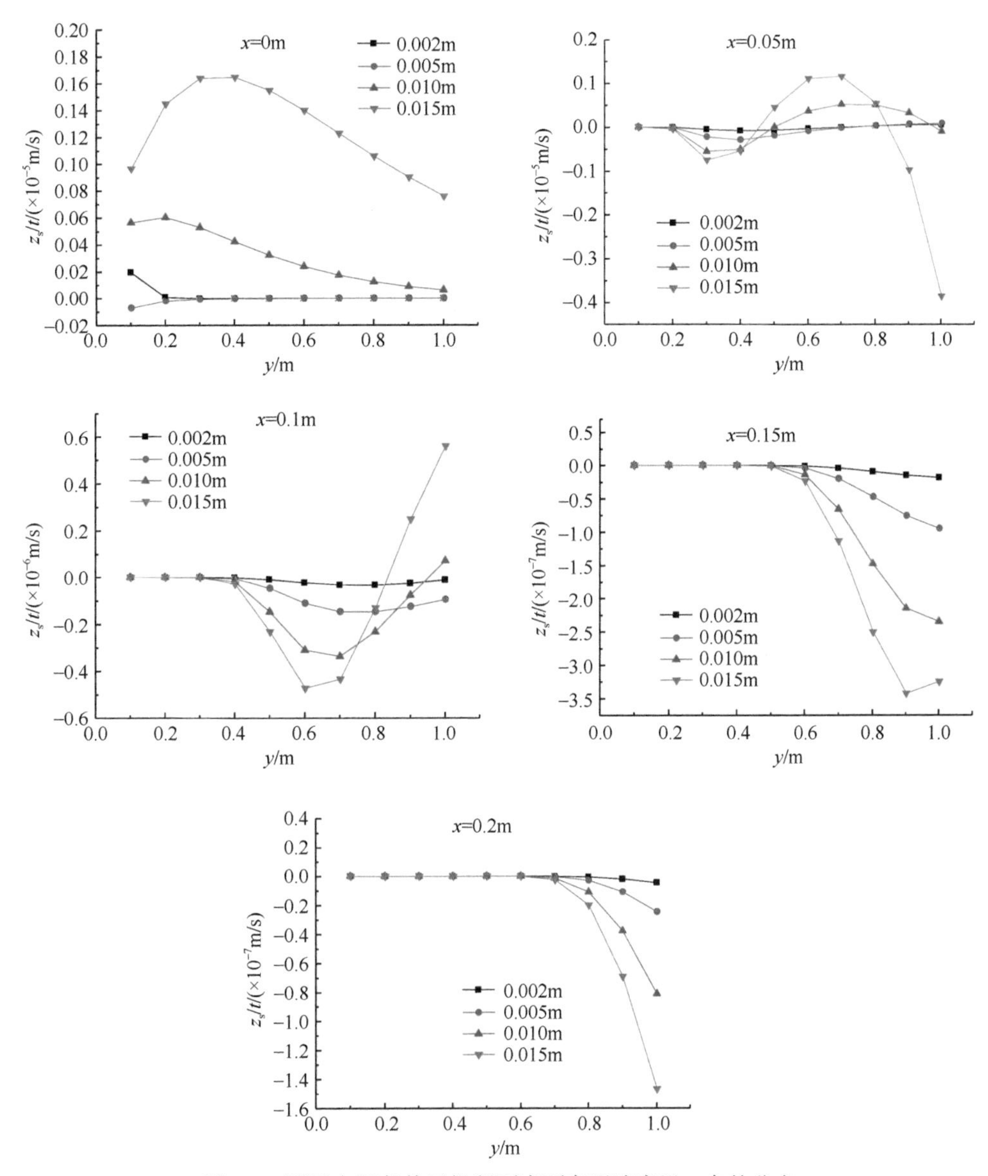

图 6.8　不同水深条件下纵断面床面变形速率沿 y 向的分布

图6.9为不同泥沙粒径条件下纵断面床面变形速率沿y向的分布。可以看出，粒径条件变化对于x=0m、x=0.05m和x=0.1m几个纵断面影响较显著。在x=0m上，不同粒径条件下，计算值沿y向均呈不断增大后趋于不变的趋势。随着泥沙粒径增大，计算值呈整体增大的趋势。x=0m上的结果表明，泥沙粒径增大有利于泥沙的淤积。在x=0.05m上，计算值沿y向呈先减小后增大的趋势。在x=0.1m上，各条件下计算值在y=0.1m～0.7m呈减小趋势，在y=0.7～1.0m呈增大趋势，随着泥沙粒径增大增大幅度减小。在x=0.15m和x=0.2m上泥沙粒径对于计算值影响较小。

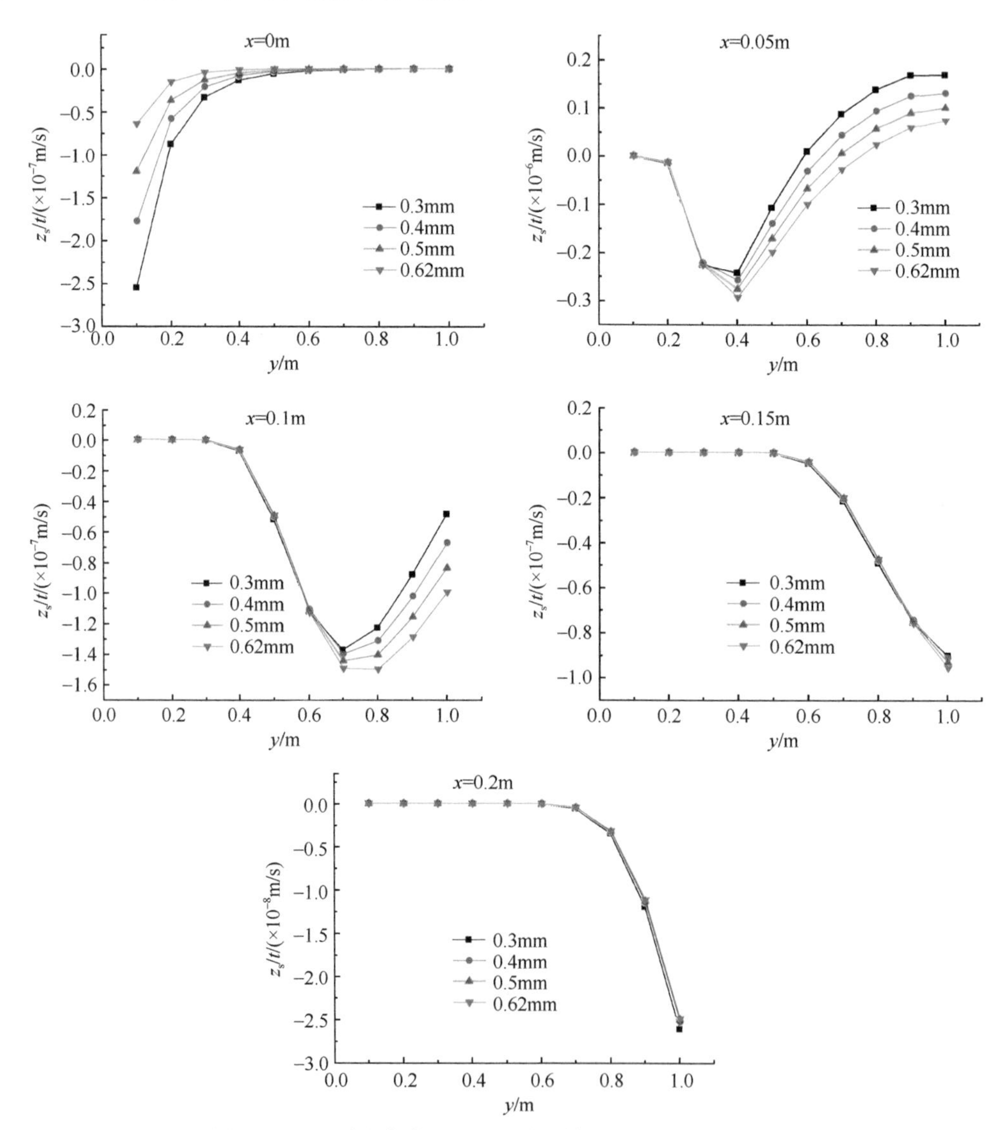

图6.9　不同粒径条件下纵断面床面变形速率沿y向的分布

图6.10为不同糙率条件下纵断面床面变形速率沿y向的分布。可以看出，糙率对各纵断面床面变形速率计算值影响较显著。在x=0m上，糙率对计算结果的影响主要表现在$y \leqslant 0.4$m范围，$y > 0.4$m时床面变形速率趋于零。糙率为0.02时，$y \leqslant 0.4$m范围内

随 y 的增大冲刷程度逐渐减小，糙率为 0.03 ～ 0.05 时，$y \leqslant 0.4$m 范围内随 y 的增大淤积程度逐渐减小。在 x=0.05m 上，各糙率条件下，床面变形速率均呈先减小后增大的趋势，当糙率为 0.02 时，减小和增大幅度更大。在 x=0.1m 上，各条件下计算值均呈先减小后增大的趋势，与 x=0.05m 相比，转折点 y 值增大。在 x=0.15m 上，糙率对计算值的影响主要体现在 $y > 0.6$m 范围，在此范围内各糙率条件下的计算值均随 y 值增大而减小，且糙率越小减小幅度越大。在 x=0.2m 上各糙率条件下的计算值沿 y 向发展规律与 x=0.15m 基本一致，这两个纵断面上糙率越大，计算值随 y 值变化而变化的幅度越小。

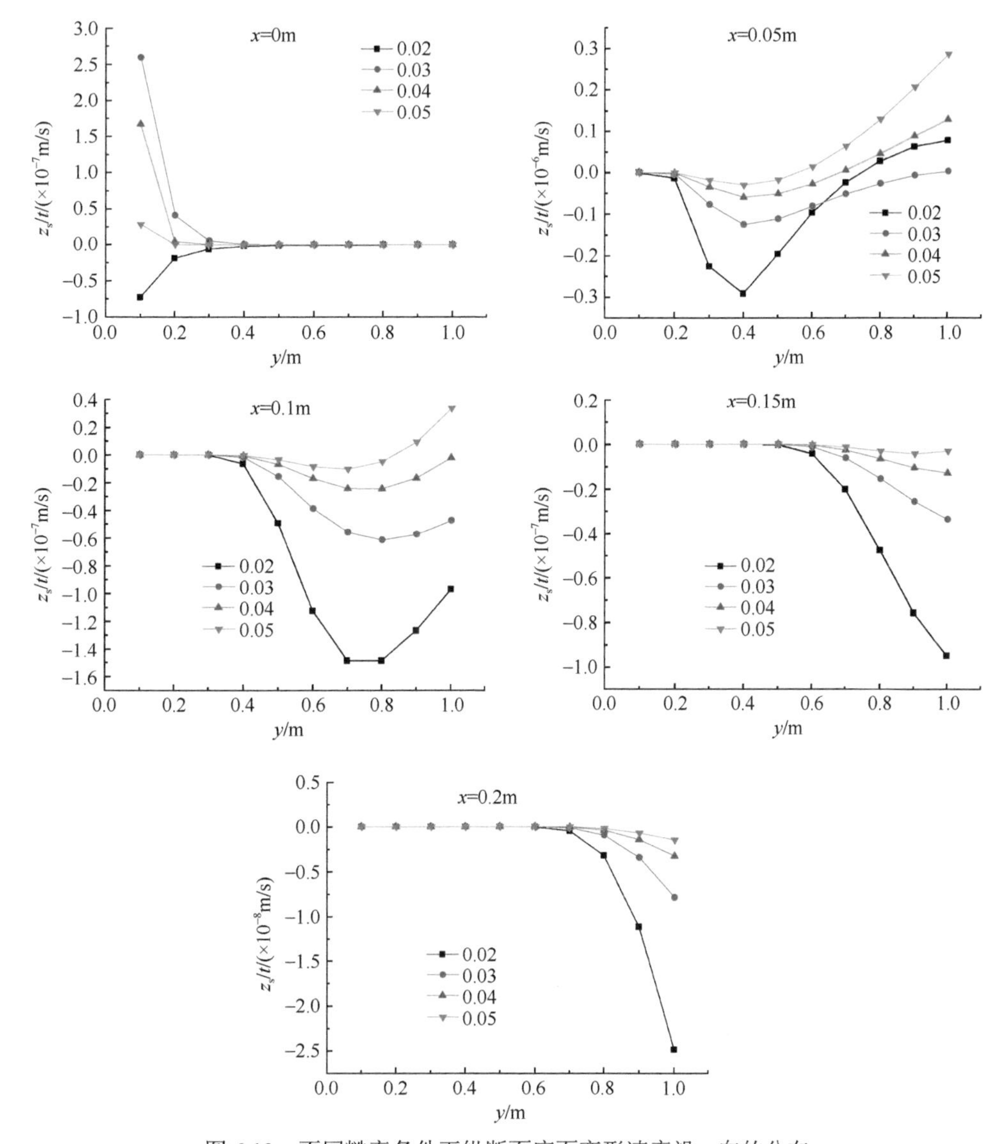

图 6.10　不同糙率条件下纵断面床面变形速率沿 y 向的分布

图 6.11 为不同坡降条件下纵断面床面变形速率沿 y 向的分布。可以看出，坡降对各纵断面床面变形速率计算值的影响较显著。在 x=0m 上，坡降较小时（0.0005 和 0.001），河道出口处的计算值较大，并随着 y 值增大而减小，最后趋于零；当坡降增大到 0.005

和 0.01 时，计算值先增大后减小，最后趋于零；坡降越小，整体的床面变形速率计算值越大。在 x=0.05m 上，坡降较小时（0.0005 和 0.001），计算值变化幅度较小，整体趋势为随 y 增大计算值先小幅减小再小幅增大；坡降较大时（0.005 和 0.01），计算值先减小再增大，其中坡降为 0.01 时计算值增大的幅度很大。在 x=0.1m 上，坡降较小时（0.0005 和 0.001），计算值沿程减小，且坡降为 0.0005 的计算值整体大于坡降 0.001 的计算值；坡降较大时，计算值先减小后增大，拐点位于 y=0.8m 处，且坡降为 0.01 的计算值整体小于坡降为 0.005 的计算值。在 x=0.15m 和 x=0.2m 纵断面上，计算值随 y 值增大而减小，且坡降越大计算值越小。

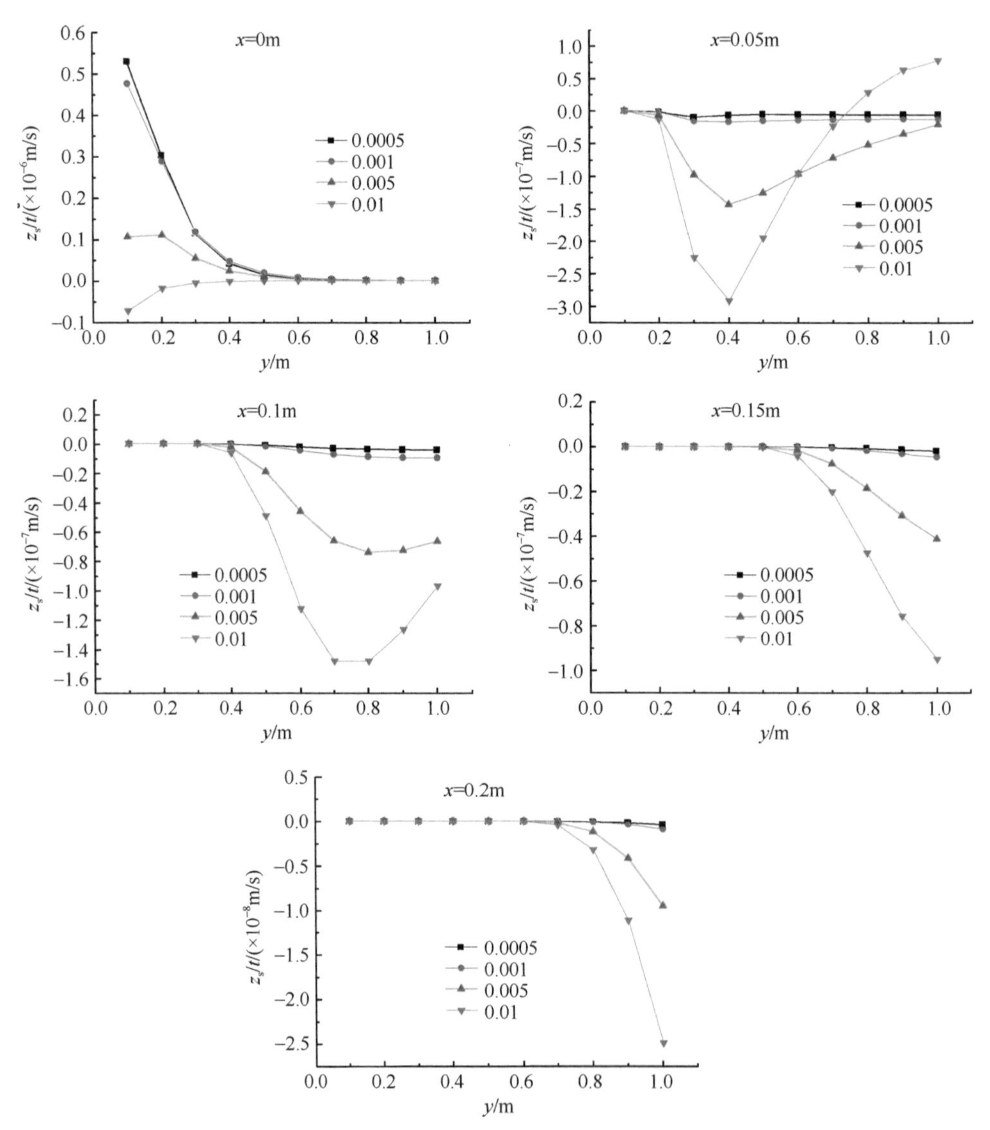

图 6.11 不同坡降条件下纵断面床面变形速率沿 y 向的分布

参考文献

白玉川，胡晓，徐海珏，等. 2018. 入湖浅水三角洲形成过程实验模拟分析. 水利学报, 49(5): 549-560.

钱宁，万兆慧. 1983. 泥沙运动力学. 北京：科学出版社.

四川大学水力学与山区河流开发保护国家重点实验室. 2016. 水力学. 北京：高等教育出版社：211-216.

谢鉴衡. 1990. 河流模拟. 北京：水利电力出版社.

余常昭. 1992. 环境流体力学导论. 北京：清华大学出版社.

Barenblatt G I. 1996. Scaling, Self-similarity, and Intermediate Asymptotics: Dimensional Analysis and Intermediate Asymptotics. Cambridge: Cambridge University Press.

Shirazi M A, Davis L R. 1972. Workbook of Thermal Plume Prediction. Oregon: Government Press.

Wang F C. 1984. The dynamics of a river-bay-delta system. Journal of Geophysical Research: Oceans, 89(C5): 8054-8060.

第7章　不同因素对入湖三角洲形成演变过程影响的实验研究

为研究实验条件下，不同因素对入湖三角洲水道演进和沉积过程的影响，本章采用物理实验的方法，通过设计不同来沙量和湖水位的对比实验及相同条件下的重复实验，来探究不同外界条件对入湖三角洲形成演变过程的影响，以及三角洲形态的随机表达过程。本次实验过程中，发现三角洲的水道演进和沉积形态等的发展表现出一定的相似性，表现为在不同组次实验的演化过程中，三角洲水道形态和堆积体空间结构具有相似性，其间水道系统动力演化、水流流态的周期性转变、沉积过程和形态方面表现出的规律对研究三角洲的演变具有重要的意义。同时，从微观角度看，泥沙分布和水流作用的随机性导致三角洲演变在实验室尺度上表现出了随机特征。例如，相同条件的不同组次下床面冲出的第一条水道的位置、深度和发展趋势及沉积形态都不相同，这种区别可以在对照组和重复组实验中观察到，7.6节研究了为何会出现这种随机改变，以及这种随机性如何影响三角洲的演化方式。

7.1　实验装置

入湖浅水三角洲实验可以塑造出与真实环境下三角洲演变过程相似的现象，其间可观察、记录概化水槽中的实验现象和过程。通过合理的实验设计，可以缩短实验时长，有利于在可控的时间空间范围内研究三角洲系统。三角洲形态与系统泥沙补给及湖水位等因素相关（Postma，1990；Harvey，2005），本实验过程主要研究泥沙补给和湖水位对三角洲形成演变的影响，对照组和重复组实验为研究入湖浅水三角洲形态的随机性表达提供依据。

实验装置包括流量和坡降都可调的水槽（3.6m长，1.7m宽，0.2m高）、储水箱、实验区和循环系统，见图7.1。

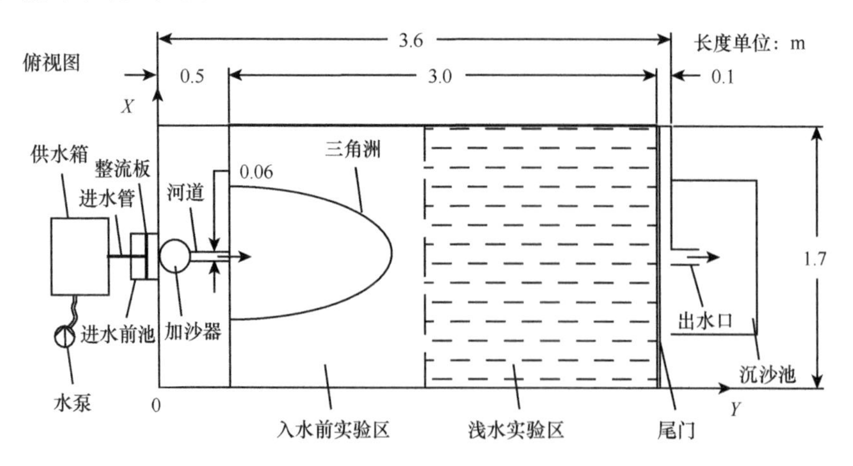

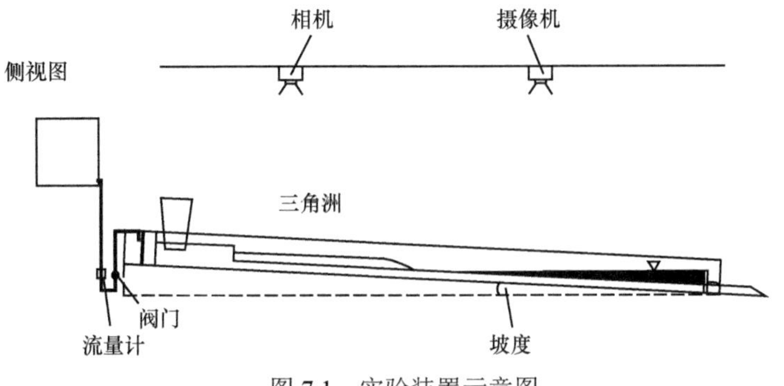

图 7.1　实验装置示意图

通过调节水槽末端底部高度可以得到相应的实验坡度，各组实验取坡度为 1%。加沙系统可向河道入口以预定的速率加沙，泥沙与水在河道入口处混合，挟沙水流将被输运到三角洲顶点处。水槽底部铺 5cm 厚沙（本实验中的入口加沙和水槽底部铺沙都采用中值粒径 d_{50}=0.62mm、密度 ρ_s=2650kg/m^3 的无黏性天然沙），铺沙厚度经预实验验证可防止水流侵蚀到底部，泥沙粒径分布如图 7.2 所示。

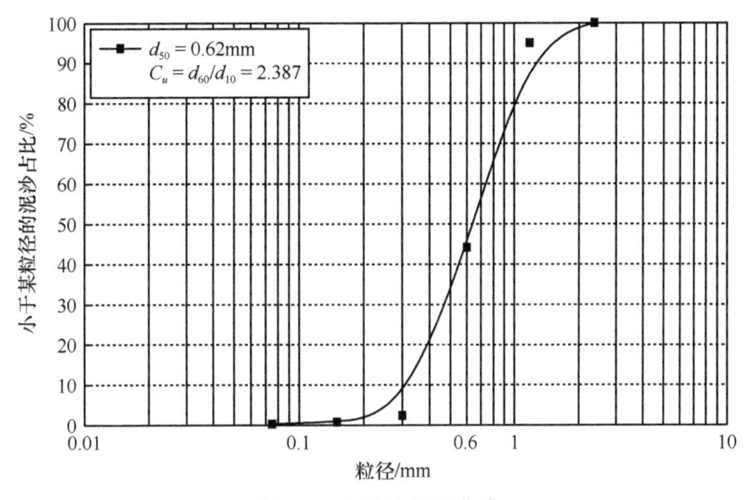

图 7.2　实验沙级配曲线

7.2　实验方法

本章中的三角洲实验用来观察水道演进、水流流态、泥沙输移和沉积过程中的主要趋势，并重现与天然入湖三角洲演变过程中出现的相似的现象，这要求实验过程中水流有一个较小的弗劳德数（密西西比河三角洲的弗劳德数约为 0.1，赣江三角洲的弗劳德数约为 0.12，本次实验中的弗劳德数约为 0.09），并且泥沙主要以推移质形式运动。这意味着实验系统的尺寸、动能特征等与原型之间不必严格遵循一定的比尺，但遵循胡克（Hooke，1968）的过程相似原则。最终实验条件的选择是基于前人实验、实验条件、天然大尺度入湖三角洲特征及预实验结果的综合考量，保证可以展现三角洲演变过程中的表面过程和形态结构。

实验过程中，在设计实验流量下，泥沙主要以推移质形式运动，就像自然环境中以推移质运动为主的三角洲。泥沙粒径的确定主要考虑到若泥沙粒径过小，泥沙极易发生絮凝，由前人实验可知（Hoyal and Sheets，2009；白玉川等，2018），粒径为 0.5 ～ 0.65mm 的泥沙易形成树状三角洲和分流水道，且水道的合并重组和流态的转换现象也更易观察到，因此本章实验的实验泥沙选择了中值粒径 d_{50}=0.62mm 的天然沙。若实验流量过大，易造成床面入口处冲深严重，影响下游三角洲淤积体生长发育，若流量过小，不能使大部分泥沙起动，将导致三角洲不能在预计时间内呈现明显的演化过程，基于以上考虑将实验流量确定为 50cm^3/s。前人浅水三角洲实验的泥沙加沙速率通常设置在 0.1cm^3/s 左右（Hoyal and Sheets，2009；Clarke et al.，2010），同时，考虑到自然条件下浅水三角洲上游来沙量通常很小，本实验中对照组的泥沙加沙速率设置为 0.1cm^3/s。预实验结果表明，实验坡降过大会导致河道的深切程度加剧，这不利于沉积物形成和对水沙运动的观测，基于此将实验坡降确定为 1%。为充分利用水槽长度和湖区面积且使得工况 1、工况 4 和工况 5 条件下的尾门高度差别尽量明显，将这三组工况下尾门高度分别设置为 2cm、2.5cm 和 1.5cm。

实验共进行 6 组，工况 1 作为对照组实验，其中工况 1 和工况 1-a 在相同条件下进行；工况 1、工况 2 和工况 3 加沙速率不同，工况 2 加沙速率为工况 1 的 2 倍，工况 3 加沙速率为工况 1 的 75%；工况 1、工况 4 和工况 5 尾门高度不同，工况 4 尾门高度为 2.5cm，工况 5 尾门高度为 1.5cm，实验工况设计见表 7.1。研究主要集中在工况 1、工况 1-a，工况 1、工况 2 和工况 3，工况 1、工况 4 和工况 5 之间。每组实验进行到三角洲前积速率下降为零为止，即加入三角洲系统的泥沙覆盖到之前形成的三角洲堆积体之上不再向前发展为止。

表 7.1　实验工况设计

工况	流量 /（cm^3/s）	加沙速率 /（cm^3/s）	坡度 /%	尾门高度 /cm	时长 /h
1	50	0.1	1	2	30
1-a	50	0.1	1	2	30
2	50	0.2	1	2	17
3	50	0.075	1	2	30
4	50	0.1	1	2.5	20
5	50	0.1	1	1.5	30

实验通过在河道入口上方倾撒 0.5mm 直径泡沫小球作为示踪粒子，位于水槽上方的录像机记录示踪粒子随水流运动的视频，利用 PTV 软件处理流场视频得到流场（Bai and Xu，2007）。通过固定精度为 1mm 的激光测距仪到初始床面的距离来测量地形数据。三角洲演化过程中，位于水槽上方的数字相机每 5min 拍照一次，录像机在实验每小时末拍摄流场视频，每 3h 停水进行地形测量。每组实验的持续时长见表 7.1（工况 2 的加沙速率较大，实验进行到 17h 时停止；工况 4 下的高湖水位限制了三角洲的前积作用，实验进行到 20h 时前积速率下降至零），不包括每小时末流场测量和每 3h 地形测量所需的暂停时间。

7.3　实验现象

实验过程中，三角洲的形成演变主要经历了6个阶段，但每种工况下各阶段所经历时长不同。以工况1条件下三角洲的演化过程（图7.3～图7.8）为例进行说明。

（1）流态以片流为主，堆积体表面平滑，没有明显的水道和分汊产生。在人工河道上端，泥沙以一定的补给速率落入河道与水流混合，水流挟带泥沙向实验区运动。受到窄细河道的约束，水沙具有较大的能量。冲出河道后，由于失去了地形约束，水沙运动速度迅速降低，导致了堆积体的快速生长。河道入口处向前的水流相较两侧水流具有更大能量，泥沙可以被向前运动的水流挟带至较远的地方，此时的堆积体边界和表面都较为平滑，形态呈长舌状。此时，三角洲堆积体的堆积高度还较低，水流能够覆盖三角洲堆积体表面，且无水道产生，水流呈片流状态。泥沙颗粒已表现出分选，三角洲中上部的颗粒粒径较小，中部至前缘表现出明显向上粗化的趋势，与Ogami等（2015）的观察一致。图7.3为工况1条件下1h末的形态。

（2）水道形成。随着水流与泥沙的作用时间增长，堆积体在垂向逐渐累积，以三角洲堆积体顶端为起点的辐射状细沟逐渐产生。水沙继续相互作用，细沟在水沙作用下加深或合并后继续发展，深切始于下游并逐渐向上部扩展，出现了几个不稳定的较浅河道。三角洲中上部两翼处和下部中间部分的沉积物出现向上粗化的现象。

当水流处于片流状态时，沉积体面积增加，需要更多的泥沙来维持深切所需坡度。在入口泥沙补给速率一定的情况下，则需要更多的时间来获得足够的泥沙达到想要的坡度。所以从片流到渠化水流的转化周期应该更长。图7.4为工况1条件下4h末的形态。

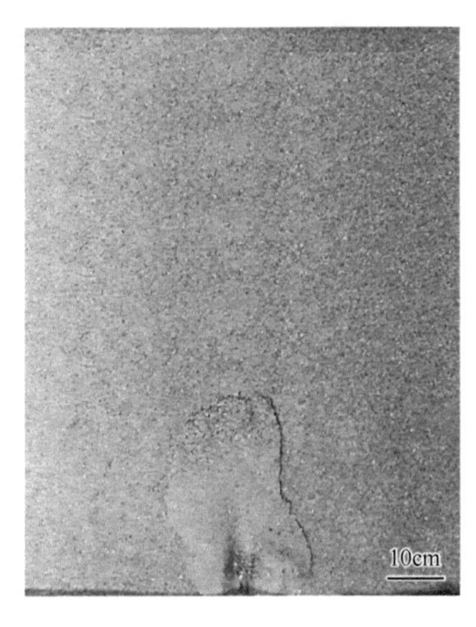

图7.3　工况1条件下1h末的形态

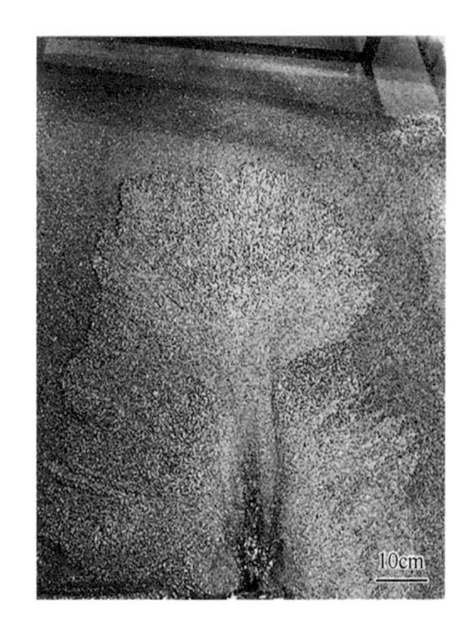

图7.4　工况1条件下4h末的形态

（3）上游中间单一主水道确立，侧向水道消失。从河道冲出的水流由于惯性作用，向前的速度较大，两肩的速度较小，水流向前方冲刷床面的程度更为剧烈，天然堤逐渐发育，居中顺直主水道形成。堆积体上部水流转为渠化状态，下部水流仍然呈现明显的片流特点。随着水沙继续相互作用，堆积体表面被突出水面的沙体切割成了若干块小的区域，中部天然堤的决口和下游河口沙坝的形成，将水流分割为分汊水流，河道在这里形成。之后，规模较小的渠化水流在堆积体前缘附近形成，这与 Bryant 等（1995）的观察结果一致。三角洲上部垂向向上粗化的现象逐渐消失，中部两翼及前缘中部有明显的向上粗化的趋势。图 7.5 为工况 1 条件下 9h 末的形态。

（4）回填。堆积体前缘不断淤积抬高，下游出现侧流，随着淤积抬高程度加大，侧流覆盖面积逐渐增大，下游河道分汊点不断上移，使得水流对上游来沙向下游输运的能力下降，堆积体上部河道开始回填，此过程与 Hoyal 和 Sheets（2009）研究中描述的相似。随着回填过程的进行和下游侧流覆盖面积的增大，水流逐渐转为片流状态，与 Clarke 等（2010）在实验中观察到的现象相似。三角洲中部两翼及河道回填沉积物向上粗化明显。至此，泥沙颗粒有逐渐向堆积体轮廓边缘粗化的趋势。图 7.6 为工况 1 条件下 14h 末的形态。

图 7.5　工况 1 条件下 9h 末的形态

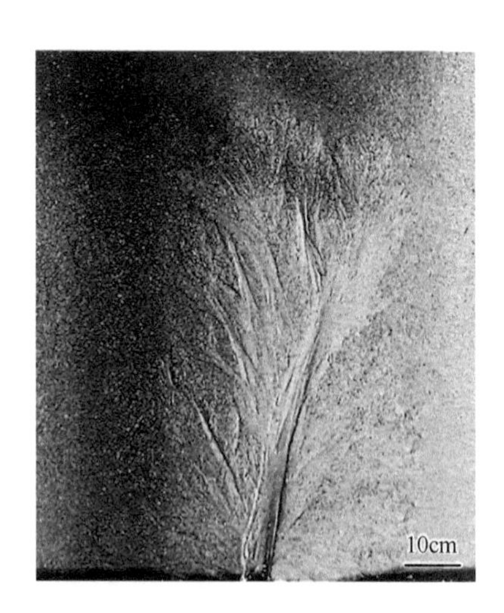

图 7.6　工况 1 条件下 14h 末的形态

（5）随着中上部泥沙不断淤积，坡降不断增大，为下一次的深切做准备。前缘坝口淤积，阻碍前缘处水流向前继续发展，水流转向周边。中部天然堤决口位置变化和下游新旧河口沙坝的更迭交替导致分汊水流的分汊点位置和流向不断变化。此时由于堆积体高度发展，出露水面的河口沙坝面积增大，分割水流使下游水流分汊，同时下游水流分汊也促进了河口坝的淤积。

三角洲堆积体发展到湖区后，泥沙随水流冲出遇到湖水的阻力，速度迅速下降，导致三角洲前积速率下降，由于中部流速较大，三角洲前缘发展较快，逐渐淤积高出湖面后，挟沙水流向前运动受阻，河道向两侧改道。此时，堆积体高出水面，前缘几乎不再发展，水深极小，下部水流呈渠化状态。决口扇和河口坝的形成切割堆积体，沉积物不再连续，此时出露水面的堆积体和坝体表面零散分布颗粒较大的沙体，见图 7.7。

（6）堆积体前积速率逐渐下降为 0，入口水流挟带的泥沙淤积在已形成的堆积体上部，系统进入了强淤积阶段，见图 7.8。

图 7.7　工况 1 条件下 25h 末的形态

图 7.8　工况 1 条件下 30h 末的形态

7.4　水道系统动力演进过程及水流流态转变周期分析

7.4.1　水道系统动力演进过程分析

为探寻三角洲水道的演进规律，勾画出工况 2 和工况 4 每隔 5h 和实验结束时刻（0 ～ 5h 视为三角洲水道发展的前期，10 ～ 15h 视为其发展的中期，15h 至实验结束为其发展的后期）主要水道的形态，以及工况 3 和工况 5 10h 末（前期）、20h 末（中期）和 30h 末（后期）的主要水道形态，如图 7.9 ～图 7.12 所示。

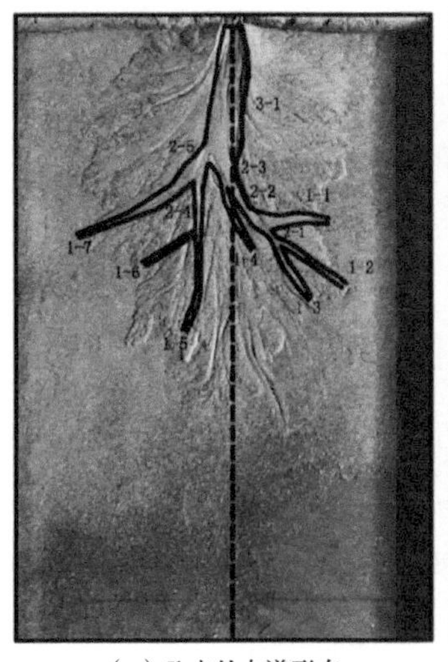

（a）5h末的水道形态

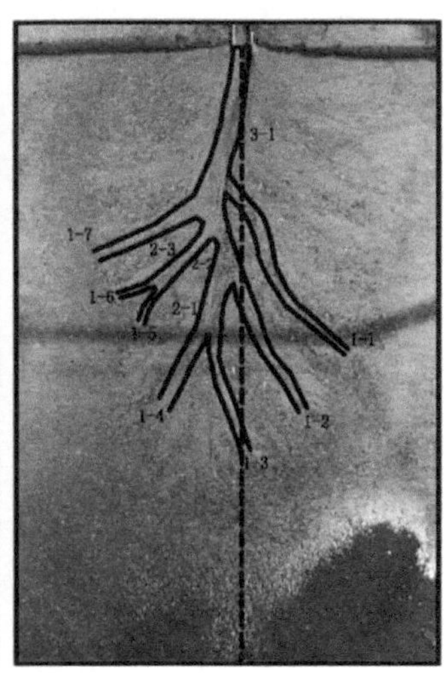

（b）10h末的水道形态

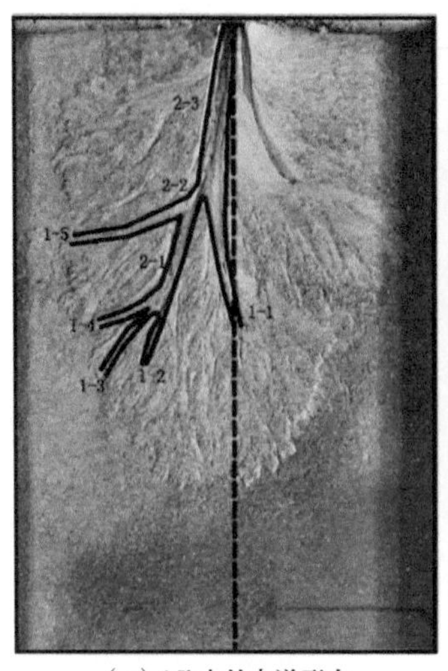

（c）15h末的水道形态

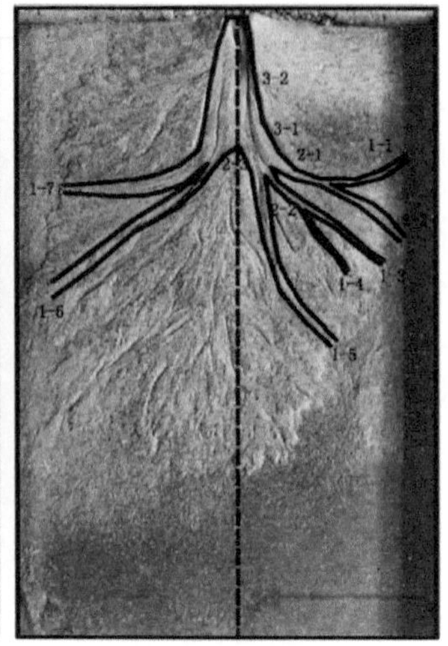

（d）17h末的水道形态

图 7.9　工况 2 条件下（大加沙速率）水道演进过程图

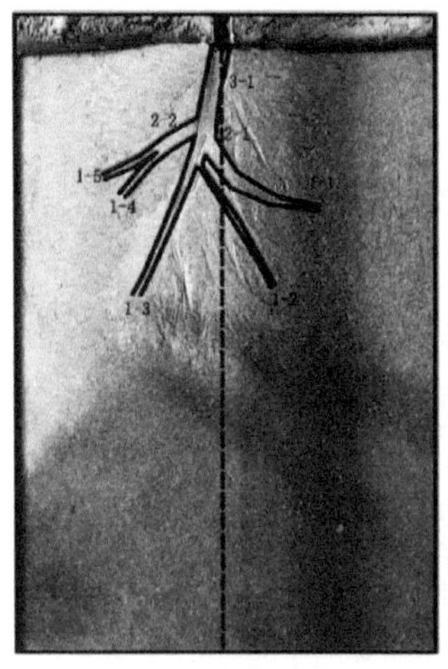

（a）10h末的水道形态

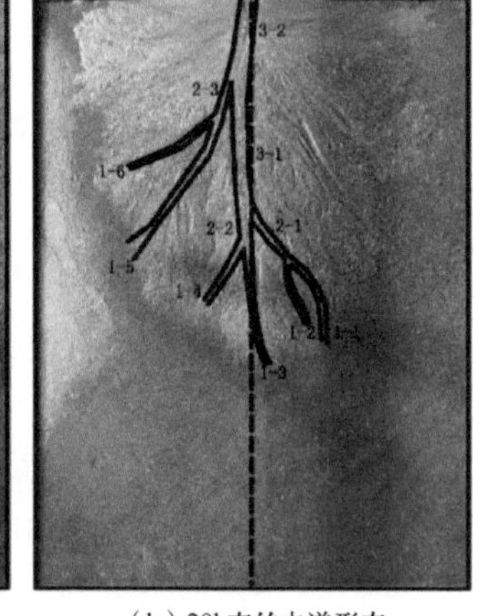

（b）20h末的水道形态

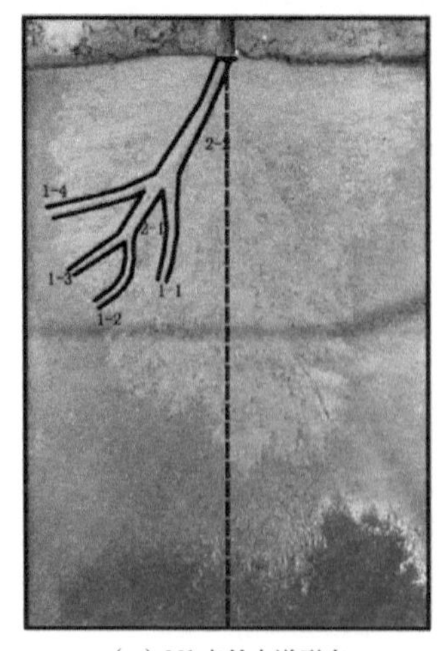

（c）30h末的水道形态

图 7.10　工况 3 条件下（小加沙速率）水道演进过程图

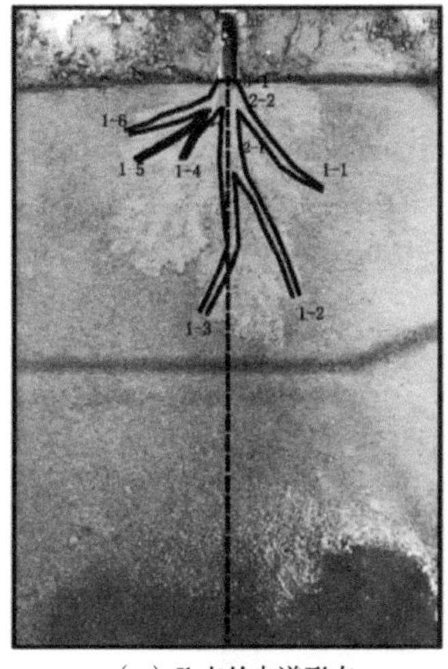

（a）5h末的水道形态

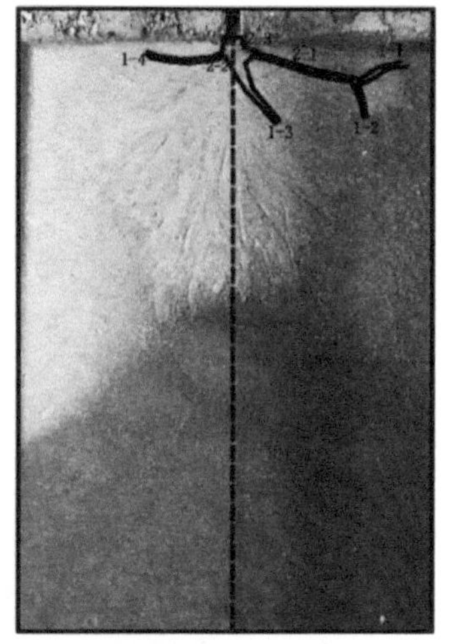

（b）10h末的水道形态

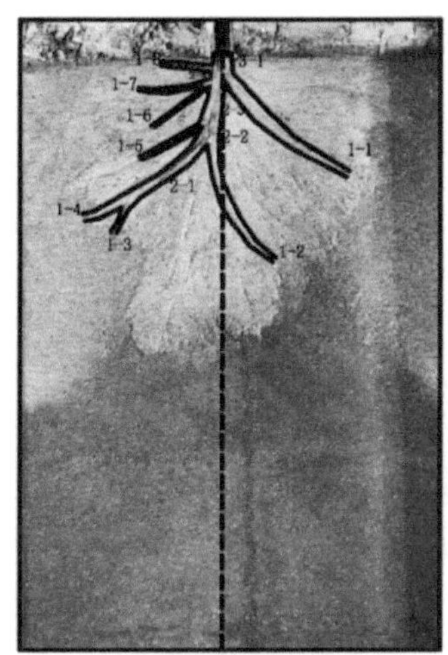

（c）15h末的水道形态

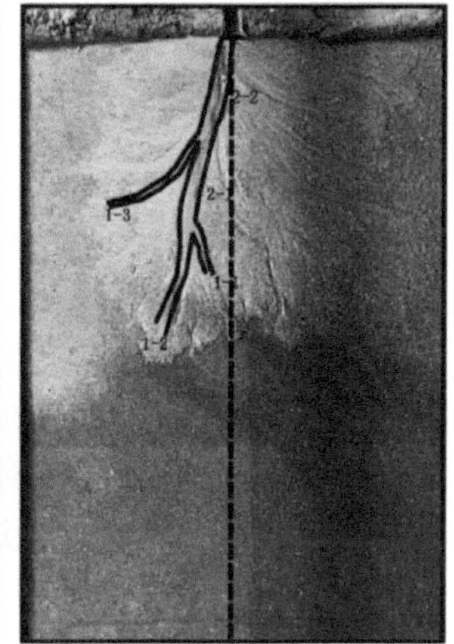

（d）20h末的水道形态

图 7.11　工况 4 条件下（高湖水位）水道演进过程图

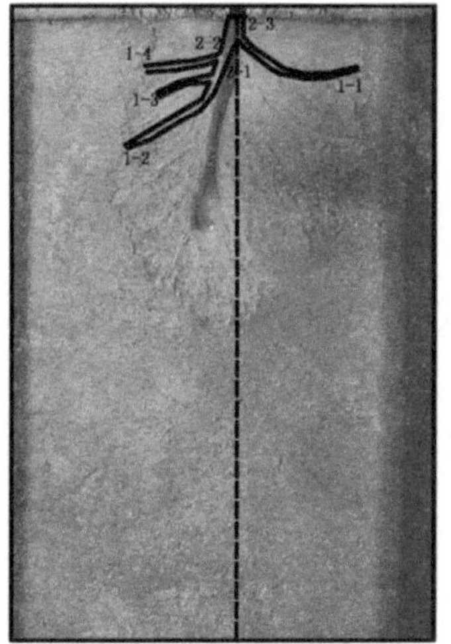

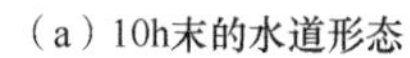

（a）10h末的水道形态

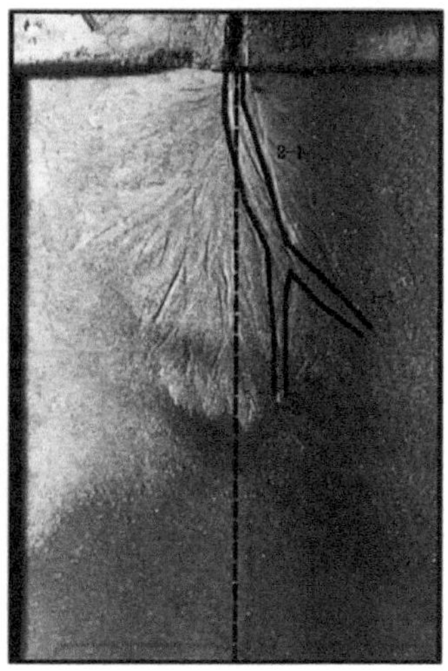

（b）20h末的水道形态

（c）30h末的水道形态

图 7.12　工况 5 条件下（低湖水位）水道演进过程图

按照 Horton-Strahler 的水系形态分类方法，认为最小的不分枝的水道属于第一级，仅接纳第一级支流的属于第二级，接纳一级、二级支流的属于第三级等（钱宁等，1987），将分流水道进行分级并编号，例如“1-2”代表 1 级水道中的第 2 条水道，统计不同工况不同阶段的各级分流水道的数量；结合流场视频中的示踪粒子数量和运动轨迹观察，统计能够向三角洲岸线方向输运足够多的水沙以引起三角洲形态改变的水道（输运少量水沙但未参与三角洲动态演进的水道不统计在内）；将人工河道中轴线设定为 0° 线，水道中轴线位于 0° 线右侧时记此时水道中轴线与 0° 线的夹角（下文中统称水道角度）为正，水道中轴线位于 0° 线左侧时记此时水道角度为负，分别统计不同工况条件下不同时刻 0° 线左右两侧主要分流水道角度并分左右两侧计算角度均值，再计算左侧角度均值的绝对值和右侧角度均值的平均值，测量和计算结果总结如表 7.2 所示。

表 7.2　水道信息统计

工况	时间 /h	水道分级	水道数量 / 条	角度 / (°)	角度均值 / (°)
2	5	1	7	−62 ~ 91	47.25
		2	5	−29 ~ 44	24.915
		3	1	−8	8
	10	1	7	−71 ~ 36	36.75
		2	3	−45 ~ 7	18.5
		3	2	−12 ~ 9	10.5
	15	1	5	−74 ~ 10	29.875
		2	3	−7 ~ 37	21.66
	17	1	7	−77 ~ 107	60.05
		2	3	−40 ~ 67	48.25
		3	2	−2 ~ 26	14

续表

工况	时间 /h	水道分级	水道数量 / 条	角度 / (°)	角度均值 / (°)
3	10	1	5	−62 ～ 62	45
		2	2	−58 ～ −7	32.5
		3	1	−14	14
	20	1	6	−61 ～ 23	29.665
		2	3	−1 ～ 39	24.5
		3	2	−8 ～ 4	6
	30	1	4	−74 ～ −5	41
		2	3	−54 ～ −26	37
4	5	1	6	−71 ～ 45	38.875
		2	2	3 ～ 19	11
		3	1	−10	10
	10	1	4	−90 ～ 108	71.67
		2	3	1 ～ 75	40.33
	15	1	8	−95 ～ 52	52.34
		2	4	−67 ～ −11	36.5
		3	1	−2	2
	20	1	3	−54 ～ 18	26.25
		2	2	−9 ～ −4	6.5
5	10	1	4	−82 ～ 76	77.5
		2	3	−29 ～ −6	20.67
	20	1	2	0 ～ 47	23.5
		2	1	15	15
	30	1	2	0 ～ 38	19
		2	1	15	15

大加沙速率（工况 2）条件下前期 1 级水道的角度范围大于小加沙速率（工况 3）条件下的角度范围，角度均值相差 2.25°，工况 2 前期 2 级水道角度范围仍大于工况 3，但角度均值小于工况 3，均值相差 8° 左右；进入中期后，工况 2 的 1 级水道角度范围和均值发展呈逐渐减小的趋势，工况 3 的 1 级水道角度范围和均值减小，工况 2 的 2 级水道角度范围明显减小，均值变化不大，工况 3 的 2 级水道角度范围和均值都减小；进入后期后，工况 2 的 1 级水道角度范围和均值都大幅增加，而工况 3 条件下的 1 级水道角度范围下降、角度均值增加，最大角度与工况 2 后期的 1 级水道最大角度相比小了近 30.8%。观察两种工况下干流的摆动情况可知，工况 2 条件下，干流在 0° 线左侧摆动，摆动的最大幅度为 12°；工况 3 条件下，干流始终在 0° 线左侧摆动，摆动的最大幅度为 14°，工况 3 条件下 3 级水道较工况 2 条件下摆动更加活跃。可见大加沙速率有利于水道角度的保持和进一步发展，使得相应工况下的 1 级水道先迅速发展又缓慢衰退再急速发展，而小加沙速率在 1 级水道经历衰退后再发展的幅度较小。工况 2 和工况 3 条件下的 2 级水道发展规律相似，两种工况下的 2 级水道发展到中期时，夹角的范围和均值都

减小，到后期夹角范围和均值都增加。

综上，小加沙速率使得水道在后期发展减缓，但由于来沙量较小，淤积坡度较小，因此挟沙水流所具有的能量较小，不利于水道的维持和继续发育。大加沙速率能够使水流在单位时间内带来更多的沙，易形成松软的堆积体，有利于水流侵蚀堆积体形成水道，为水道的形成发育提供良好的受体条件。且大加沙速率也有利于形成大的斜坡地形，使得相同入射水流条件下的水流具有更大的能量，为水道的形成发育提供较为良好的动力条件。

工况 4（高湖水位）和工况 5（低湖水位）条件下前期 1 级水道的角度范围相差较大，角度均值相差也较大；发展到中期时，低湖水位条件下的水道角度范围和均值大幅减小，而高水位条件下水道角度范围增加幅度较大，10h 末 1 级水道角度均值增加了近 33°，15h 末 1 级水道角度均值也比 5h 末增加了 13° 左右，工况 4 条件下中期 1 级水道角度最大值比工况 5 中期 1 级水道最大角度大约 130%；进入后期后，高湖水位和低湖水位条件下 1 级水道角度范围和均值都继续减小，但高湖水位条件下 1 级水道的角度范围和均值仍大于低湖水位条件下的，高湖水位条件下 1 级水道角度均值亦比 15h 末减小了 26° 左右。工况 4 和工况 5 条件下 2 级水道发展规律不尽相同。工况 4 条件下 2 级水道角度范围和均值均呈先增大后减小的趋势，工况 5 条件下 2 级水道角度范围和均值呈先减小后不变的趋势。干流水道中轴线与 0° 线夹角的变化可以体现干流的摆动范围。工况 4 条件下，前期干流在 0° 线左侧摆动，中期在 0° 线附近小幅摆动，后期回到 0° 线左侧，摆动的最大幅度为 14°。工况 5 条件下，干流中轴线首先位于 0° 线左侧，后穿过 0° 线摆动到其右侧，摆动最大幅度为 15°。

综上，水流挟沙运动进入湖区时，湖区水体使得挟沙水流损失大量能量，同时限制了河道向前发展，水流泥沙只能选择侧向甚至横向继续运动，下游湖区水位越高，这种能量损失越明显，水流泥沙的侧向、横向运动的可能性越大，这使得高水位条件下形成的水道与 0° 线的夹角较大，但高水位不利于干流的摆动。由于高湖水位一定程度上限制了水沙向前运动，在入口加沙速率不变的情况下，相同时间内高水位工况下形成的堆积体长度较短，故其厚度更大，厚度较大的松软堆积体更有利于形成连续水道。

分别统计几组工况下三角洲发展的前期、中期和后期的水道夹角，按照夹角大小分为 0° ～ 30°、30° ～ 60°、60° ～ 90° 三个范围，分别统计各工况各阶段每个夹角范围内角度出现的频率，绘于图 7.13 中。

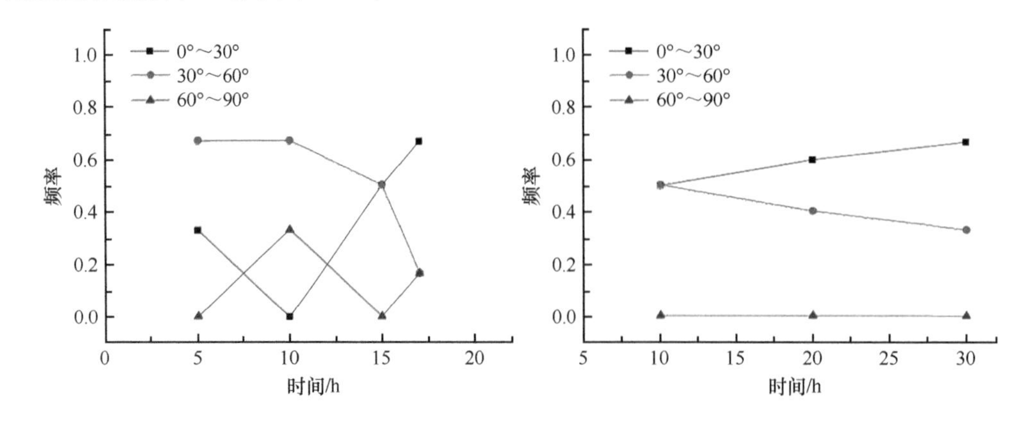

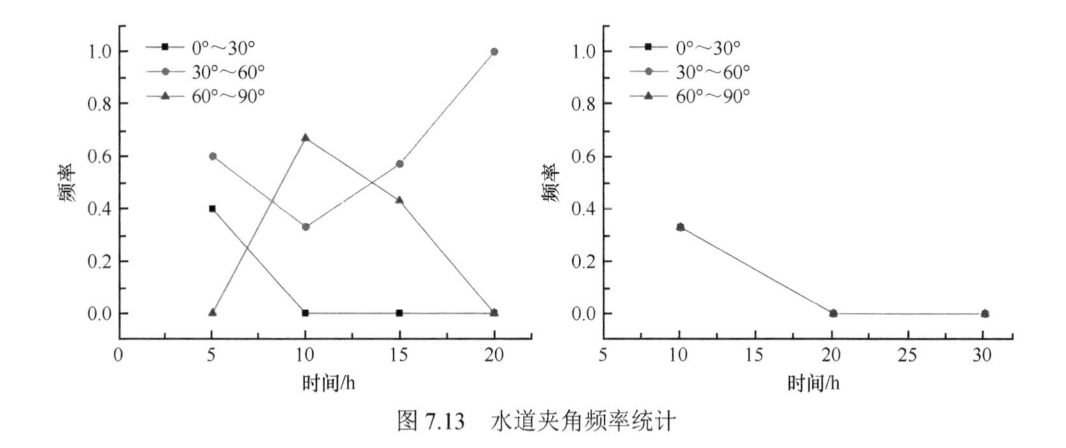

图 7.13　水道夹角频率统计

从图 7.13 可以看到，工况 2 和工况 3 相比，大加沙速率下的前期和中期水道夹角出现在 30° ～ 60° 的频率最高，到后期时略有下降，小加沙速率下水道夹角出现在 0° ～ 30° 的频率最高，且实验全程没有大于 60° 的水道夹角出现。工况 4 和工况 5 相比，高湖水位工况下的前期水道夹角以小于 60° 为主，中后期 30° ～ 60° 的夹角频率不断上升直到 100%，低湖水位工况下三个范围内的夹角频率发展趋势相同，都呈不断衰减的状态。

7.4.2　水流流态的周期性转变及周期预测

实验中每组实验都可以观察到片流与渠化水流交替出现的现象，与 Van Dijk 等（2012）的观察一致。以工况 1 为例，讨论水流流态发生改变的影响因素及流态转变周期的估算方法。

将堆积体的形状概化为一个矩形，如图 7.14 所示，p 为三角洲前缘到顶点的最大距离；B 为三角洲中部宽度，即距离三角洲顶点 0.5p 位置处的三角洲宽度；b 为中部水道宽度，即距离三角洲顶点 0.5p 位置处的水道宽度。

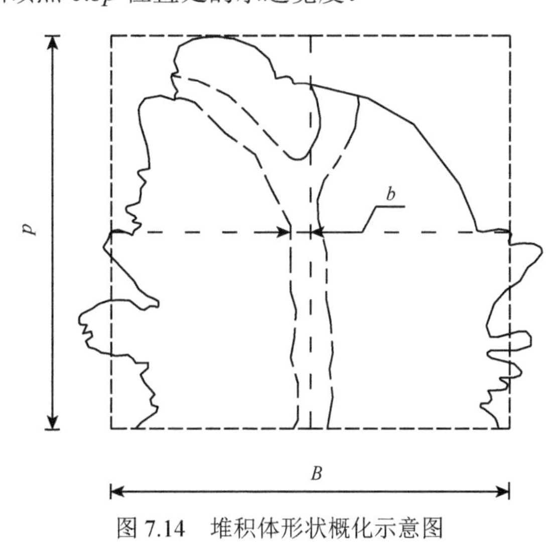

图 7.14　堆积体形状概化示意图

实验初始阶段，三角洲通过片流形成堆积体。工况 1 中，在第 4 小时左右，片流转为渠化水流的趋势增强，在第 6 小时左右水流逐渐由渠化水流转为片流。观察表明，一方面流态由片流转换为渠化水流时，水道逐渐形成并纵向深切，与 Fisher 等（2007a，2007b）和 Clarke 等（2010）的观察相似；另一方面渠化水流向片流转化时，深切作用减弱，展宽能力提高，水道逐渐变得宽且浅，有利于流态向片流进一步转化。可见，水流横向扩展能力大于地形的约束能力，有利于流态向片流转化，反之，则有利于形成渠化水流。定义相对河道宽度为 b/B，可以认为当相对河道宽度达到极大值时，即是水流达到了阶段性的片流最大状态；当相对河道宽度达到极小值时，为水流达到阶段性的渠化水流最大状态；从极小值向极大值过渡的过程为渠化水流转向片流的过程，同理，从极大值向极小值过渡的过程为片流向渠化水流转化的过程。至此，可以同时从视觉和相对河道宽度两个角度区分三角洲的水流状态。

以加沙速率不同的工况 1、工况 2 和工况 3，湖水位不同的工况 1、工况 4 和工况 5 为例，从各工况产生明显流道的时间起，将距离堆积体顶点 0.5p 处的河道宽度 b 和扇体宽度 B 的比值绘入图 7.15。

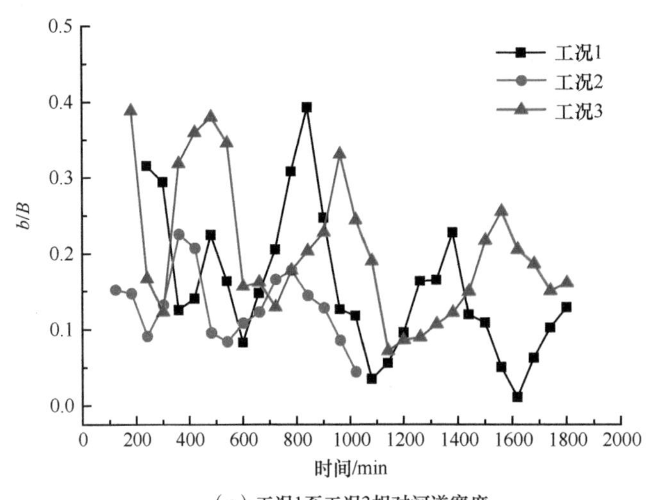

（a）工况1至工况3相对河道宽度

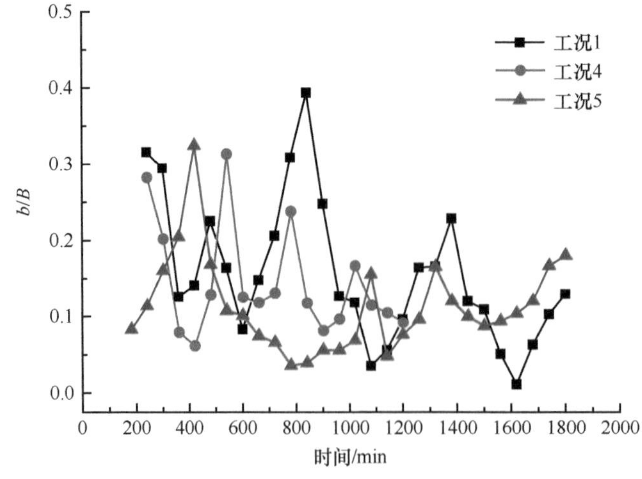

（b）工况1、工况4、工况5相对河道宽度

图 7.15　相对河道宽度

如图 7.15（a）所示，分别和工况 1 同时段流态转换周期相比，在工况 2（大加沙速率）条件下，当前缘在 4 ～ 5h 发展到湖区时，流态从片流转为渠化水流的周期延长，处于片流状态的时间增加；当加沙速率较小时，流态从渠化水流转为片流的周期延长，处于片流的时间减少。所以，大加沙速率不利于河道维持，小加沙速率能够促进深切和渠道化。如图 7.15（b）所示，高湖水位能够缩短流态转换的周期，而低湖水位对周期没有明显影响。

当泥沙不断淤积，淤积体表面抬升至水面附近时，这种泥沙表面的起伏会引起水流的转向或分汊，水沙继续作用后，水流便展现渠化水流特点（片流—渠化水流）；当含沙水流持续作用于出露水面的堆积体，泥沙被回填到河道中，地形和水流条件不利于维持渠化水流，水流展现片流特点（渠化水流—片流）。图 7.16 分别为这两个过程的示意图。

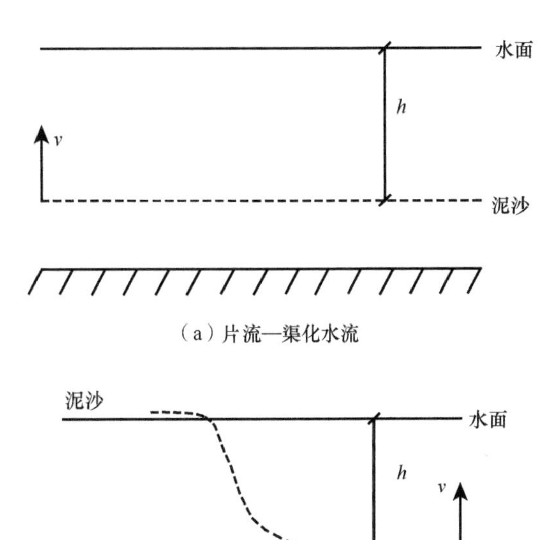

图 7.16　流态转换过程示意图

根据图 7.16 可估算水流流态转化（片流—渠化水流，渠化水流—片流）周期，即泥沙淤积的时间等于垂向水深和垂向淤积速度的比值。流态从片流到渠化水流和从渠化水流到片流的周期 T 为

$$T = \frac{h}{v} \tag{7.1}$$

式中，h 为水深；v 为泥沙垂向淤积速率，其等于入口处单位时间内的加沙体积与泥沙淤积面积的比值：

$$v = \frac{Q_s}{Bp} \tag{7.2}$$

式中，Q_s 为入口处加沙速率；B 和 p 的定义见图 7.14，二者可通过直接测量获得。

因为实验过程中的水深较小，不易直接测量，我们认为水流主要通过水道输运，流量等于水道过水断面面积与水流流速的乘积，则水深可通过下式估算：

$$h = \frac{Q}{bv_f} \tag{7.3}$$

式中，Q 为水流流量；b 为中部水道宽度（图 7.14），通过直接测量获得；v_f 为中部水道处的水流流速，取距端点 $0.5p$ 处断面河道中轴处流速的平均值，流速由基于示踪粒子测速技术得到的流场分布情况获得，图 7.17 为工况 1 条件下 10h 末流场等高线图。

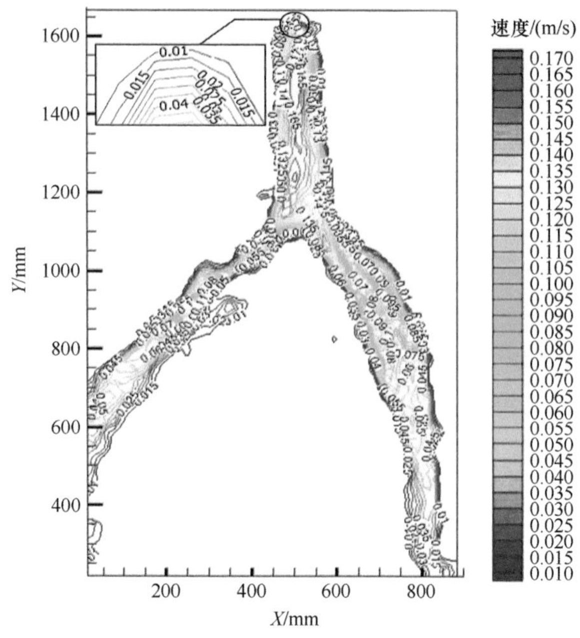

图 7.17　工况 1 条件下 10h 末流场等高线图

以工况 1 为例说明计算过程。实验开始阶段的前 3 小时处于典型的片流阶段，没有明显的水道产生，故从第 4 小时开始计算。由图 7.15（a）可知，由于流场是在每小时末测量，故从第 4 小时开始，第一次出现渠化水流的极限状态应在 6 ～ 7h。第 4 小时到第 6 小时左右之间的间隔是水流流态从片流转为渠化水流过程的持续时间，记为 $\Delta T \approx 2 \sim 3$h。基于实验测量结果得到的预测间隔时间为 $\Delta T \approx 7844.35\text{s} \approx 2.1790\text{h}$（$t$=240min 时：$h$=0.2958cm，$B$=39.9549cm，$p$=65.0451cm，$Q_s$=0.098cm^3/s）。同理可计算图 7.15（a）中的其他各点及间隔时间。

7.5　三角洲沉积过程和形态分析

7.5.1　三角洲前缘特性分析

测量和分析前缘位置是定量研究三角洲长度演变的有效方法。如图 7.18 所示，各组实验中前缘位置的增长有相似的趋势：实验初始阶段，增长的速度较大，随着实验的进行，增长速率趋缓，与 Swenson 等（2000）得到的结论一致。这是由于随着堆积体面积的不断增大，想要维持前缘的增长速率不变，单位时间就需要更多的泥沙补给。实际上每组实验过程中水沙条件是一定的，故前缘位置的增长速率逐渐减小。从图 7.18 可以看出，工况 2 在前期的增长大于工况 1 和工况 3，6 ～ 20h 工况 3 的增长大于工况 1，20h 之后工况 3 的发展程度大于工况 1。由此可见，大的加沙量在前期有利于三角洲在长度方向上的发展，但是由于水流纵向向前的动力大于侧流，来沙量较小时，水流可将沙向前挟带到更远的地方落淤，而来沙量大时，水流的挟沙能力成为三角洲后期纵向发展的限制因素，泥沙更易在堆积体中上部淤积。由图 7.18 中工况 1、工况 4 和工况 5 的前缘位置可知，高湖水位限制了三角洲向下游发展，水深越大，三角洲的纵向长度越短。这是由于水流流入湖区后，短时间内损失了较多的能量，泥沙迅速落淤形成前缘朵体，这与 Hoyal 和 Sheets（2009）、Van Dijk 等（2012）的实验结论一致。

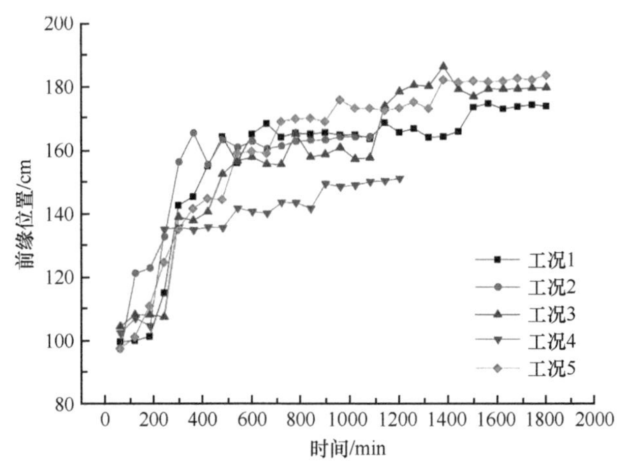

图 7.18　三角洲前缘增长随时间的变化

7.5.2　三角洲岸线弯曲度分析

借鉴河道蜿蜒度定义（Crosato，2011），定义三角洲岸线弯曲度为三角洲堆积体轮廓的每个弯曲处的弯曲长度和与弯曲处起点和终点连线长度和的比值。较大的岸线弯曲度代表沉积边缘变化偏差较大，一定数量的水道能够延伸到三角洲岸线附近，这些水道能够将泥沙输送到岸线附近形成朵体，岸线附近沉积活动活跃。岸线弯曲度可作为反映岸线附近沉积活动活跃程度的有效指标。测量并计算不同工况条件下三角洲岸线弯曲度，意在研究不同加沙速率或湖水位对三角洲岸线周边沉积活动的影响。勾勒不同工况条件下实验结束时三角洲沉积体的岸线，如工况 5 的岸线与各弯曲处起点和终点连线如图 7.19 所示。

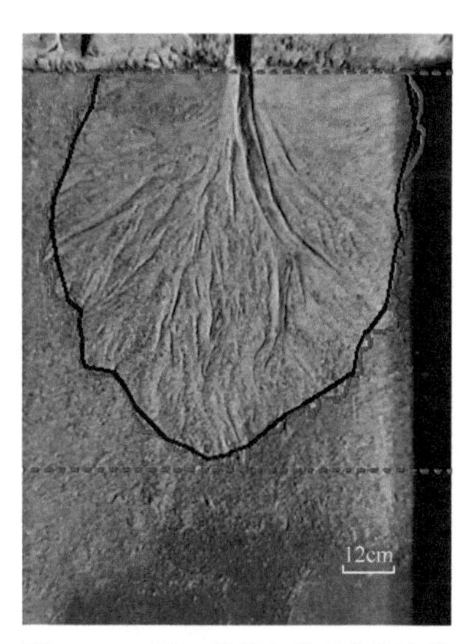

图 7.19　工况 5 岸线与各弯曲处连线

将各工况下三角洲岸线弯曲度计算结果列入表 7.3。岸线弯曲度的计算结果显示，四种工况下的岸线弯曲度为 1.30 ～ 1.34，与 Caldwell 和 Edmonds（2014）的研究中所测得的表征三角洲前缘弯曲程度的指标范围接近，所测结果中小加沙速率下得到的弯曲度最小，高湖水位下得到的弯曲度最大。其中，大加沙速率工况下弯曲度大于小加沙速率工况下的，证明相同条件下大加沙速率可以为岸线沉积活动提供更好的沉积物质来源，增大岸线附近淤积的活跃程度；高湖水位条件下得到的弯曲度大于低湖水位条件下的，可见，虽然高湖水位一定程度上限制了三角洲向前的淤积发展，但也同时促进了其向两侧发展，这使得淤积体可以在纵向长度较短的情况下将更多能量用于横向发展，高湖水位非但没有减弱三角洲边缘的淤积活动，反而使得其岸线周围整体的淤积活动更活跃。

表 7.3　三角洲岸线弯曲度

工况	工况 2	工况 3	工况 4	工况 5
岸线弯曲度	1.33	1.30	1.34	1.32

7.5.3　三角洲沉积形态分析

根据工况 1 条件下每 3h（或 2h）测量的地形数据绘制三角洲地形 3D 等高线图，见图 7.20。

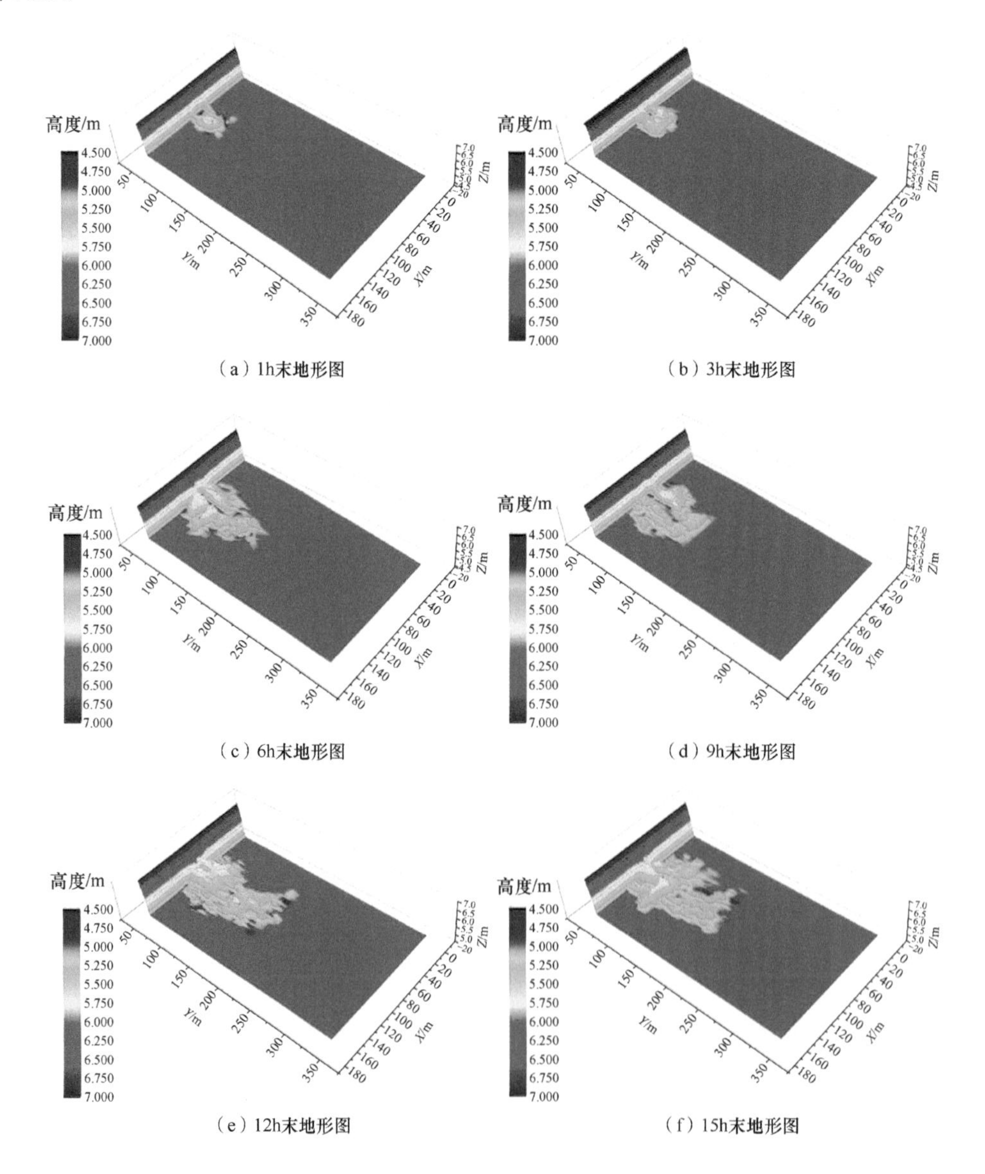

（a）1h末地形图　（b）3h末地形图

（c）6h末地形图　（d）9h末地形图

（e）12h末地形图　（f）15h末地形图

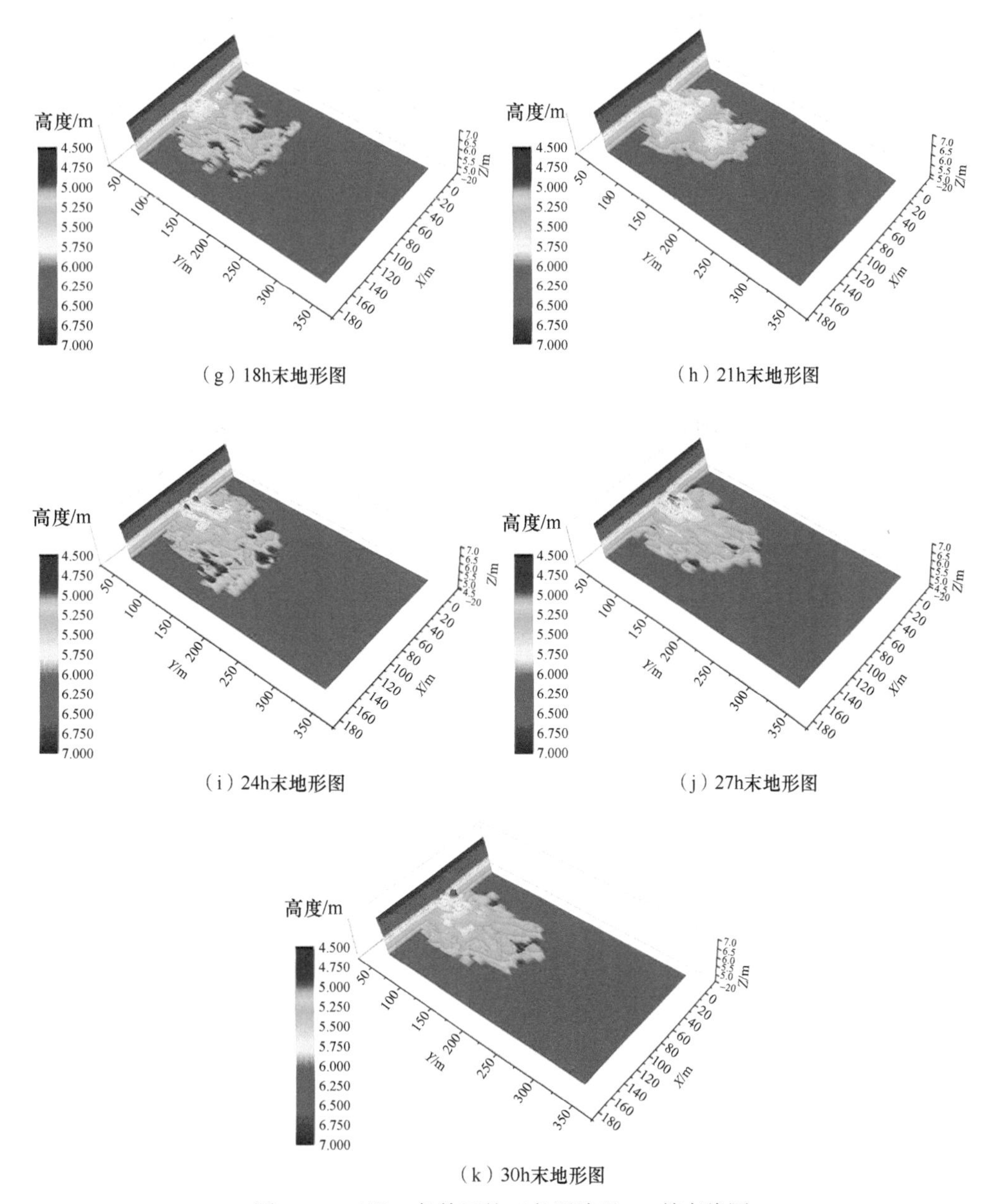

（g）18h末地形图

（h）21h末地形图

（i）24h末地形图

（j）27h末地形图

（k）30h末地形图

图 7.20　工况 1 条件下的三角洲地形 3D 等高线图

随着时间的推进，三角洲不断向前方和两侧推进，垂向淤积同时发生。将地形和之前分析的水流流态结合分析，发现二者互为因果。1h 末至 3h 末水流呈典型的片流特点，泥沙淤积高度较低且表面较均匀，虽入口附近有冲刷现象，但没有明显的河道产生。6h 末，河槽内泥沙溯源淤积，泥沙回填，上游向下游的输沙能力减弱，河槽两侧淤积高度增大。9h 末的地形图显示，堆积体中部河道明显展宽，河道两侧淤积高度减小，下游至前缘部分的淤积程度增加。12h 末河道完成回填，上部淤积明显，同时，前缘淤积明显，横向变窄，堆积体好似从中部断开。由此可判断，此时的上部淤积主要来自入口水流挟沙，中部以下的堆积体为三角洲向前发展提供了泥沙支持。之后堆积体呈现块状分布，也正是河口坝高度发育和堆积体不断淤高出露水面的阶段。后期三角洲的前积速率大大下降，这是由于随着堆积体长度的不断增加，泥沙向下输运的阻力增大，水沙条件不变的情况下前积动力减弱，更多的泥沙落淤在堆积体表面，这样可以增大纵向坡降，增大水流速度。流速恢复后，泥沙下泄速度增大，前积动力得以恢复。这种水流、泥沙、地形耦合联动的作用机制，体现了三角洲系统的平衡趋向性。

为更好地对比几种工况条件下的三角洲形态特点，总结了工况 2、工况 3，工况 4、工况 5 条件下三角洲沉积形态的概化模型，见图 7.21。各组实验在演变过程稳定后，表现出结构特点的空间相似性（树型），同时也表现出了形态上的差异性。

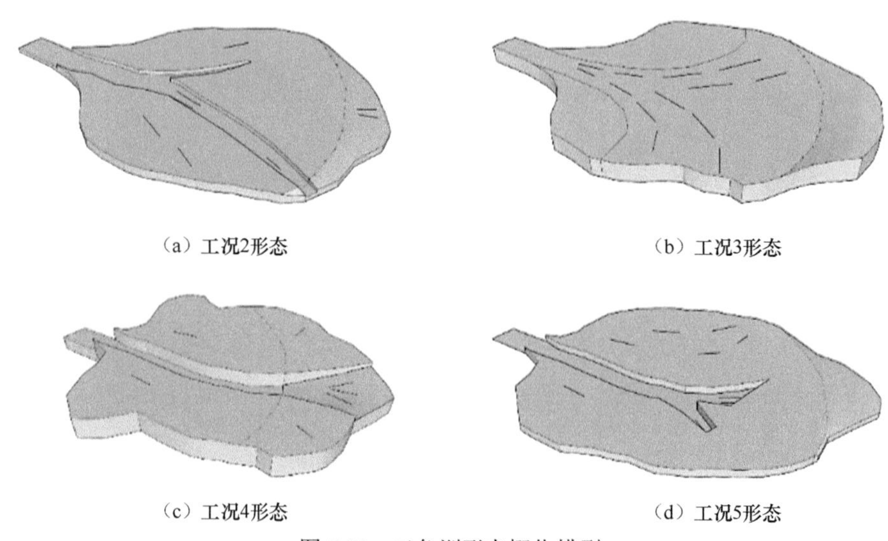

（a）工况2形态　　（b）工况3形态

（c）工况4形态　　（d）工况5形态

图 7.21　三角洲形态概化模型

与小加沙速率（工况 3）相比，大加沙速率（工况 2）条件下，沉积厚度和纵向长度都很大，宽度也有小幅增大。中部到下部的堆积体宽度变化较大，前缘较厚且突出、光滑。顶点两翼没有明显淤积。主河道不能到达前缘，表面出现连续放射性细沟和河道。可见，大加沙速率可以增大泥沙横纵向活动范围和垂向淤积厚度，同时可促进河道连续性深切。

低湖水位（工况 5）条件下湖岸线刚刚达到三角洲前缘，与之相比，高湖水位（工况 4）条件下几乎淹没到了三角洲中部。湖水位高，三角洲长度和宽度较小，淤积厚度较大。中部到下部的宽度变化不大，顶端两翼横向淤积明显，前缘光滑且较厚，主河道能够扩展至前缘，堆积体表面出现了一定数量不连续放射状细沟和河道。因此，高湖水位可以同时限制泥沙在横纵向的运动，但引发河道深切的能力不如低湖水位。当纵向坡降和水流能量形成的联合机制不能将水流挟带的泥沙输运到离端点更远的地方，泥沙将落淤在三角洲的上部。

7.6　对照组和重复组对比实验分析

工况 1 与工况 1-a 两组实验在可观察到的精度条件下保持相同的实验条件，虽然实验中两组工况存在很多相同的发展规律，但在某一时刻的水流流态、水道的产生、泥沙输移沉积的位置和程度，以及由此表现出来的三角洲沉积形态都不尽相同，这种现象即为三角洲形态的随机表达。为方便对比，分别将工况 1 和工况 1-a 下每小时三角洲沉积岸线轮廓绘于图 7.22 中（其中工况 1 的 14h、22h、26h、27h 和 29h，工况 1-a 的 26h 堆积体轮廓被覆盖）。

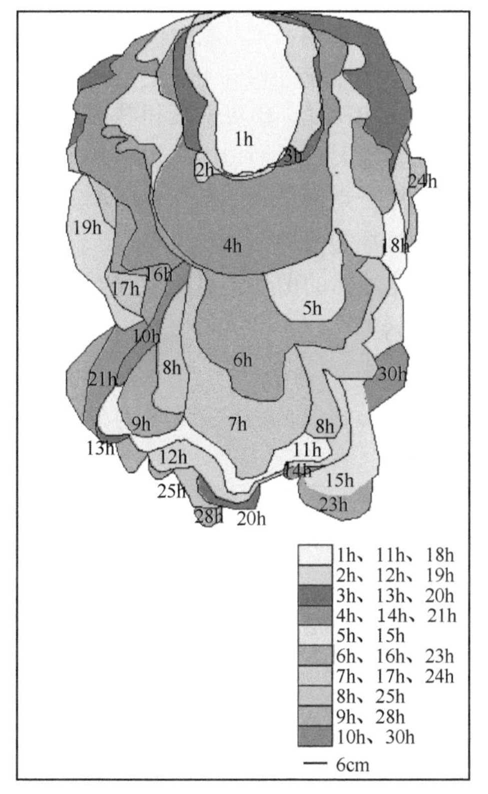

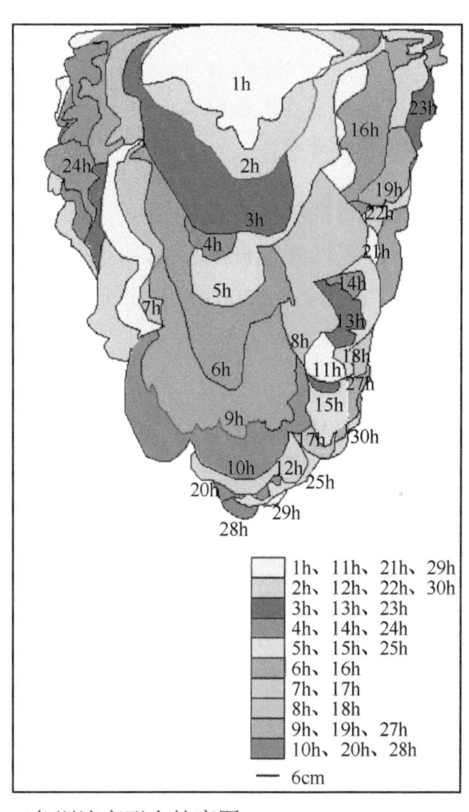

图 7.22　工况 1 和工况 1-a 三角洲演变形态轮廓图

从微观角度来看，水道是否在某一时刻出汊和改道由床面上的某撮泥沙的抗冲特性和河道内某股水流对泥沙的冲刷特性决定，此过程如图 7.23 所示。假定将实验中的床面泥沙分为 n 个正方形，每个正方形内含一小撮泥沙，白色正方形为可以随水流运动的泥沙，黑色正方形为不能运动的泥沙，箭头示意水流方向。对于白色正方形，水流的冲刷作用大于其本身的抗冲刷作用，泥沙可以随水流运动，白色正方形连接起来将形成流路。对于黑色正方形内的泥沙，水流的冲刷作用小于其抗冲刷作用，泥沙不能随水流移动。微观上流路的选择和生成决定了水流的流向和流态、流路的合并重组、沉积体的形态特征等，是流路自组织性的体现。

对泥沙抗冲能力和水流冲刷能力的随机性进行讨论将对探究三角洲形态随机表达

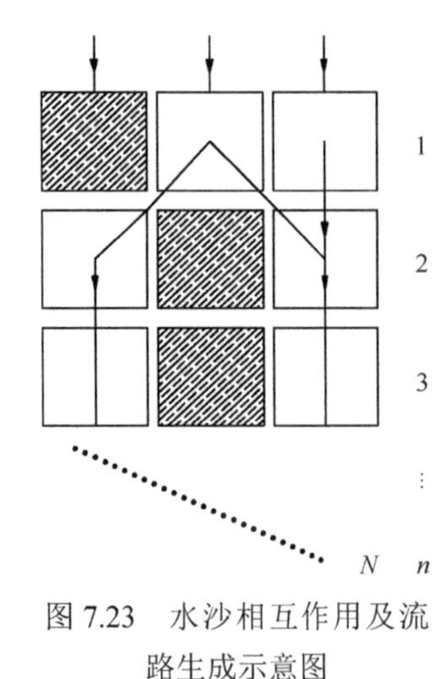

图 7.23　水沙相互作用及流路生成示意图

的影响因素有所帮助。

假设水流强度相同，则泥沙起动与否取决于床面泥沙粒径分布和泥沙颗粒间的衔接力（或黏结力）。对于该实验中采用的无黏性泥沙，其临界切应力公式可按 Wang 和 Shen（1985）与张海燕（1990）的方法计算：

$$\tau_{\mathrm{c}} = K^{*}\left(\gamma_{\mathrm{s}} - \gamma\right)d\sqrt{\left(1 - \frac{\sin^{2}\phi}{\sin^{2}\beta}\right)} \qquad (7.4)$$

式中，τ_{c} 为起动切应力；K^{*} 为泥沙起动系数；ϕ 为斜坡和水平面的夹角；β 为沉积物摩擦角；d 为泥沙代表粒径。

由上述研究可知，当水流条件相同且 ϕ 很小时，可认为临界切应力大小主要由泥沙粒径、相对密度和摩擦角等性质控制。本实验使用的泥沙为天然不均匀沙，实验开始前水槽底部所铺沙的性质在水槽的横向、纵向及垂向上的每一点都是不同的，挟沙水流中的泥沙落淤后，泥沙在横向、纵向和垂向的每一点上的性质也是不同的。

根据 Ferguson（2003）的研究，水流作用于单元沙体的剪切力可按式（7.5）计算：

$$\tau_{\mathrm{p}} = \rho g\left(\frac{qS}{C_{\mathrm{s}}}\right)^{0.67} \qquad (7.5)$$

式中，τ_{p} 为流体剪切力；ρ 为流体密度；q 为单元沙体接收到的能量；S 为单元沙体坡度；C_{s} 为谢才系数。

由上述研究可知，假设各单元沙体所接收到的流体的密度和谢才系数相同，但单元沙体接收到的流量和坡度都随沙体单元所处位置的变化而变化，故某撮泥沙从某股水流处接收到的剪切力也不同。

综合以上分析可知，泥沙的不均匀特征和流体作用于泥沙的随机特征对三角洲形态的塑造起着不可替代的作用。

参考文献

白玉川，胡晓，徐海珏，等. 2018. 入湖浅水三角洲形成过程实验模拟分析. 水利学报，49(5): 549-560.

钱宁，张仁，周志德. 1987. 河床演变学. 北京：科学出版社：271-312.

张海燕. 1990. 河流演变工程学. 北京：科学出版社.

Crosato A. 2011. 河流蜿蜒分析与模拟. 郑州：黄河水利出版社.

Bai Y C, Xu D. 2007. Study on particle tracking velocity measurement in complex surface flow field. The 20th National Symposium on Hydraulics: 9.

Bryant M, Falk P, Paola C. 1995. Experimental study of avulsion frequency and rate of deposition. Geology, 23(4): 365-368.

Caldwell R L, Edmonds D A. 2014. The effects of sediment properties on deltaic processes and morphologies: A numerical modeling study. Journal of Geophysical Research: Earth Surface, 119(5): 961-982.

Clarke L, Quine T A, Nicholas A. 2010. An experimental investigation of autogenic behaviour during alluvial fan evolution. Geomorphology, 115(3-4): 278-285.

Ferguson R I. 2003. The missing dimension: effects of lateral variation on 1-D calculations of fluvial bedload transport. Geomorphology, 56(1-2): 1-14.

Fisher J A, Nichols G J, Waltham D A. 2007a. Unconfined flow deposits in distal sectors of fluvial distributary systems: Examples from the Miocene Luna and Huesca Systems, northern Spain. Sedimentary Geology, 195(1-2): 55-73.

Fisher J A, Waltham D, Nichols G J, et al. 2007b. A quantitative model for deposition of thin fluvial sand sheets. Journal of the Geological Society, 164(1): 67-71.

Harvey A M. 2005. Differential effects of base-level, tectonic setting and climatic change on Quaternary alluvial fans in the northern Great Basin, Nevada, USA. Geological Society, London, Special Publications, 251(1): 117-131.

Hooke R L. 1968. Model geology: Prototype and laboratory streams: Discussion. Geological Society of America Bulletin, 79(3): 391-394.

Hoyal D, Sheets B A. 2009. Morphodynamic evolution of experimental cohesive deltas. Journal of Geophysical Research: Earth Surface, 114: F02009.

Ogami T, Sugai T, Fujiwara O. 2015. Dynamic particle segregation and accumulation processes in time and space revealed in a modern river-dominated delta: A spatiotemporal record of the Kiso River Delta, central Japan. Geomorphology, 235: 27-39.

Postma G. 1990. An analysis of the variation in delta architecture. Terra Nova, 2: 124-130.

Swenson J B, Voller V R, Paola C, et al. 2000. Fluvio-deltaic sedimentation: A generalized Stefan problem. European Journal of Applied Mathematics, 11(5): 433-452.

Van Dijk M, Kleinhans M G, Postma G, et al. 2012. Contrasting morphodynamics in alluvial fans and fan deltas: Effect of the downstream boundary. Sedimentology, 59(7): 2125-2145.

Wang S Y, Shen H W. 1985. Incipient sediment motion and riprap design. Journal of Hydraulic Engineering, 111(3): 520-538.

第 8 章　入湖三角洲阶段性演变过程实验研究

现有对于入湖三角洲物理实验的研究设计中缺乏对研究背景的设定，很少在具体的研究背景下设计工况以考察入湖三角洲在设计工况下的阶段性演化中所表现出的水动力和泥沙淤积的耦合响应规律。本章针对赣江三角洲年内来水来沙特点和湖水位变化规律设计工况，考察入湖三角洲在两个周期八个阶段内的实验现象，以及在水道动力演进、泥沙沉积过程中所表现出的特点和规律，经与赣江三角洲年内演变过程作对比分析，二者在相应阶段表现出了相似的演化规律。

8.1　研 究 背 景

赣江三角洲由赣江挟带泥沙入鄱阳湖沉积而形成，顶点位于南昌八一大桥附近，平面呈扇形，前缘呈弧形向鄱阳湖湖盆延伸生长，弧的两个端点分别位于吴城镇和三江口，总面积约为 1600km^2（邹才能等，2008），是鄱阳湖内面积最大的三角洲（孙廷彬等，2015）。每年的 4 ～ 6 月为赣江洪水期，通过统计 1966 ～ 2008 年外洲站的径流和泥沙数据可知，赣江输沙量年内分配与径流量基本一致，但输沙的不均匀程度超过径流。

鄱阳湖位于江西省北部，为典型的吞吐型、季节性浅水湖泊，年内季节性水位落差大，有“洪水一片，枯水一线”的地理特征。鄱阳湖湖水位受入湖河流和长江双重影响，其中赣江是入湖河流中最大的一条（马逸麟和危泉香，2002）。每年 4 ～ 6 月湖水位随入湖河流洪水上涨，7 ～ 9 月长江洪水顶托或倒灌使湖区维持高水位，10 月后长江洪水结束时湖水位降落（罗恒，2017）。

8.2　实验装置及方法

实验于天津大学进行。物理模型实验可很大程度上将研究区域的空间尺寸缩小、时间尺度缩短，并抽取影响体系发展的主要因素，建立实验模型与原型之间应满足的对应量间的相似关系。考虑水沙运动相似时，除了要保证不可压缩黏性液体运动相似（弗劳德数、欧拉数、雷诺数和斯特劳哈尔数四个相似准数必须同时相等），还要保证泥沙运动相似。

然而，对于具体的课题或流场中某个区域来说，往往只有一种或几种参量起主要作用（颜大椿，1992），例如，黏性影响起主要作用时应重点考虑雷诺相似律，重力影响占主导时应重点考虑弗劳德相似律。针对本章的研究课题来说，挟沙水流入湖的过程大致可以分为两个阶段，第一阶段为挟沙水流的入射动量起支配作用的阶段，第二阶段为挟沙水流在重力为主导作用下继续运动扩散的阶段。针对这个运动过程的特点，第一阶段应重点考虑使模型和原型的雷诺数（*Re*）相等，第二阶段应倾向于考虑使模型和原型的弗劳德数（Fr）相等。然而，在同一个模型实验中要同时保证二者相等是很难做到的（Mandelbrot，1983；Crosato，2011），本实验过程保证了模型和原型的弗劳德数（Fr）近似相等：由第 5 章对照组实验可知河道出口处水流流速约为 20cm/s，实际赣江下游流速为 1 ～ 2.5m/s（Fisk et al.，1954），即应保证实验水深为实际水深的 1% 左右；鄱阳湖的平均水深为 8.4m（邹才能等，2008），假设水深从入湖口到三角洲前缘线性增加，结合第 5 章实验将水位确定为 2 ～ 4cm。

为了还原动床地形变化过程、体现入湖三角洲冲淤形态，还着重考虑了泥沙运动的相似，要求模型和原型的无量纲谢尔兹数 $\tau^*=\tau/(\rho\Delta gd)$（其中 τ 为床面剪切力，$\Delta=\rho_s/\rho-1$，d 为泥沙粒径，g 为重力加速度）和颗粒雷诺数 $Re_d=\sqrt{\Delta gd^3}/v$（其中 v 为水的运动黏度）分别相等。实验泥沙选择了赣江中支河床质泥沙，级配曲线见图 8.1。

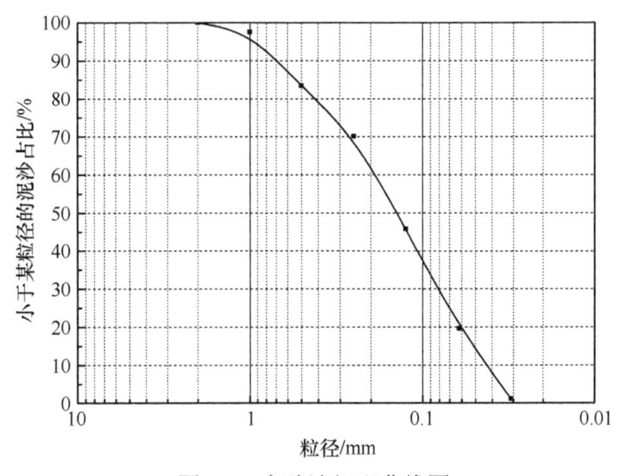

图 8.1　实验沙级配曲线图

由于所选泥沙为赣江中支河床质泥沙，在考虑使模型和原型的无量纲谢尔兹数相等时，主要考虑使二者的床面剪切力相等。如前所述，已确定实验水深为实际水深的 1% 左右，同时赣江下游（丰城以下河段）的纵坡降约为万分之 0.7（刘益辉和邓必荣，2004）（近似取万分之一），则可确定实验坡降为 1%。由所选泥沙级配可以满足模型和原型的颗粒雷诺数相等。

根据以上条件设计实验工况的同时，考虑本章实验仪器与第 7 章相同，故在设计本实验工况时参考了第 7 章中的实验工况，并着重以赣江三角洲来水来沙和其受水体水位变化为研究重点，将实验分为两个周期，每个周期分为四个阶段，每阶段持续时间 3h，实验共包含有八个阶段，具体工况条件已列入表 8.1。

表 8.1　实验工况设计

阶段	时间 /h	流量 /（cm^3/s）	加沙速率 /（g/s）	湖水位 /cm	坡降 /%
1	1 ～ 3	50	0.26	2	1
2	4 ～ 6	100	0.52	2	1
3	7 ～ 9	50	0.26	4	1
4	10 ～ 12	50	0.26	2	1

续表

阶段	时间 /h	流量 /（cm^3/s）	加沙速率 /（g/s）	湖水位 /cm	坡降 /%
5	13 ～ 15	50	0.26	2	1
6	16 ～ 18	100	0.52	2	1
7	19 ～ 21	50	0.26	4	1
8	22 ～ 24	50	0.26	2	1

其中，实验工况中每一阶段内的来水来沙和湖水位条件重点体现赣江三角洲年内水沙变化和鄱阳湖年内水位变化特点：赣江枯期（1 ～ 3 月），赣江洪水期（4 ～ 6 月），长江洪水期（7 ～ 9 月），长江枯期（10 ～ 12 月）。

水槽底部铺 5cm 厚沙，人工河道两侧铺 10cm 厚沙。实验通过在人工河道入口上方倾撒 0.5mm 等直径泡沫小球作为示踪粒子，水槽上方的录像机每小时末拍摄示踪粒子随水流运动的视频，根据示踪粒子数量和运动轨迹，可以判断水道的位置及其承担输运水沙任务的多少。位于水槽上方的数字相机每小时末拍摄三角洲淤积形态。通过固定精度为 1mm 的激光测距仪到初始床面的距离来测量地形数据，每 3h 停水测量一次地形，实验的持续时长见表 8.1，持续时长不包括拍照、每小时末拍摄视频及地形测量所需的暂停时间。

8.3 实验现象

第一阶段（1 ～ 3h）：1h 末，堆积体呈长舌状，边界和表面都较平滑，无水道产生。2h 末堆积体面积略有增大，边缘不再光滑，出现了曲折，有比较明显的水道发育，这比第 7 章中对照组中水道的出现要早。2h 末产生的主水道方向基本为三角洲顶点与前缘的连线方向，除主水道外，堆积体下部两翼处也可观察到部分示踪粒子运动，上部左翼处有少量示踪粒子运动，此处产生了两到三条较小的侧向水道，而上部右翼因有天然堤的阻挡未有侧向分流水道产生，如图 8.2 所示。3h 末堆积体边缘轮廓明显曲折，前缘淤积高度增大，2h 末堆积体下部中间的主水道废弃，在下部中央处发生了决口，发育了两条分流水道，中上部主水道与 2h 末相比，没有太大变化。中上部泥沙淤积伴生决口发育了数条较细的侧向分流水道，分流水道与人工水道中轴线夹角从上部到下部基本呈逐渐减小的趋势，下部水道与人工河道中轴线夹角为 30° 左右，见图 8.3。

第二阶段（4 ～ 6h）：此阶段，流量和加沙速率都为第一阶段的 2 倍，体积含沙量不变。此阶段的主要特点为堆积体面积和厚度迅速增长。第一阶段形成的分流水道、天然堤等发生席状化改造，堆积体右侧分流水道由上到下逐渐被废弃，如图 8.4、图 8.5 所示。

第三阶段（7 ～ 9h）：此阶段，湖水位为第一、第二阶段的 2 倍，流量和加沙量与第一阶段相同。这一阶段最大特点是产生了堆叠的复合堆积体。7h 开始，第一、第二阶段产生的堆积体在高水位情况下被水淹没，新的来沙堆积在原有的堆积体上，产生了明显的分层堆积，前两个阶段形成的水道被大量泥沙充填，见图 8.6。主水道方向与人工河道中轴线夹角大约为 0°，新的堆积体中上部发育横向分流水道，由于湖水阻挡，水流沿水道运动在堆积体边缘产生平面涡旋，同时，堆积体与床面的高度差使得平面涡旋继续在三维空间内运动，这使得堆积体边缘出现数个冲刷坑，如图 8.7 所示。

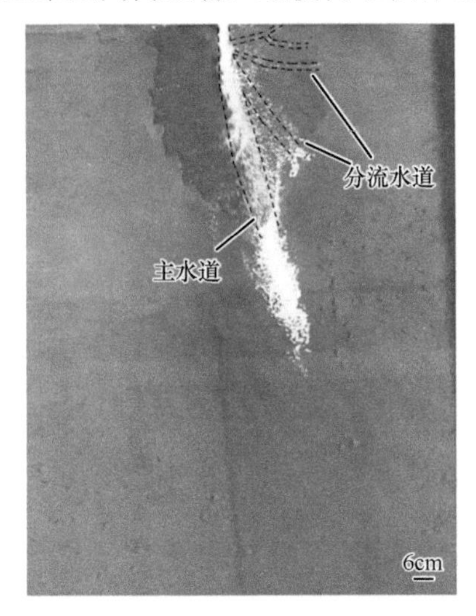

图 8.2　2h 末水道形态图

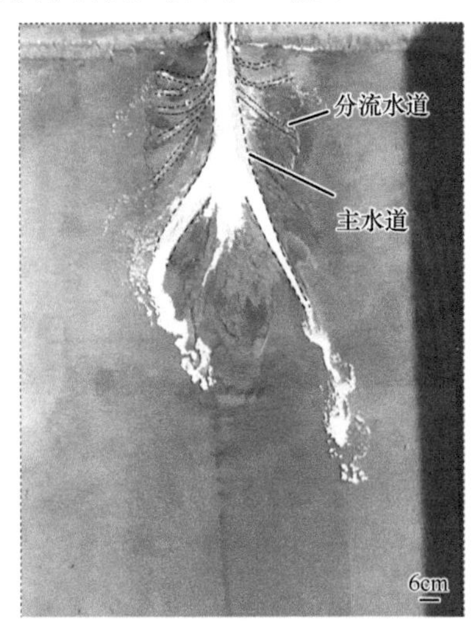

图 8.3　3h 末水道形态图

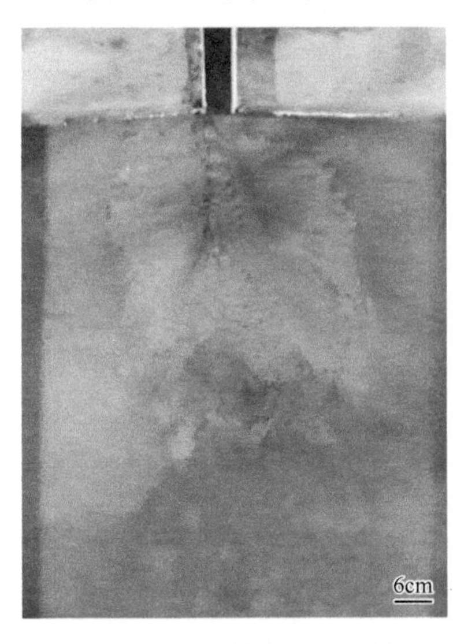

图 8.4　4h 末堆积体形态图

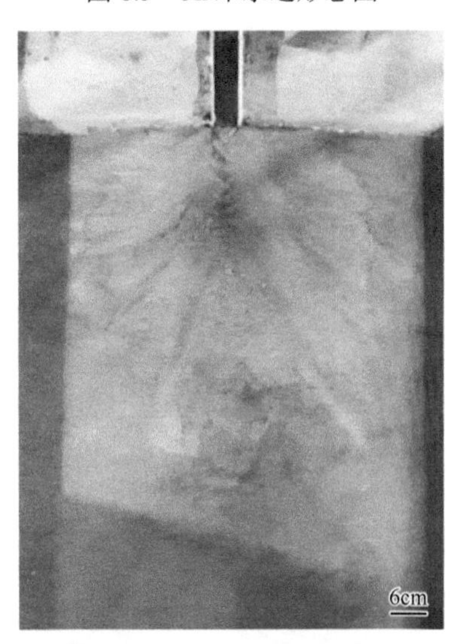

图 8.5　5h 末堆积体形态图

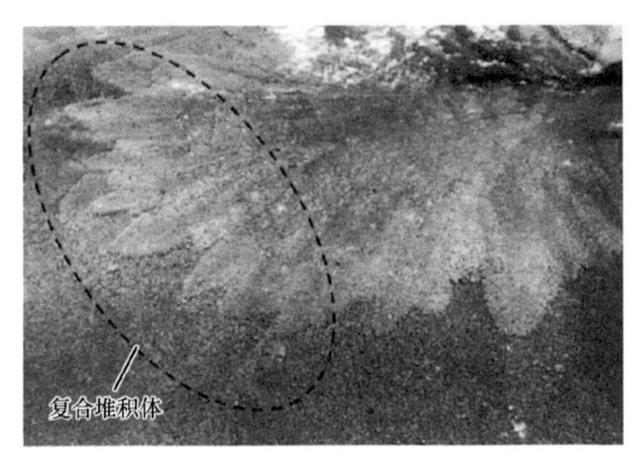

图 8.6　分层堆积现象

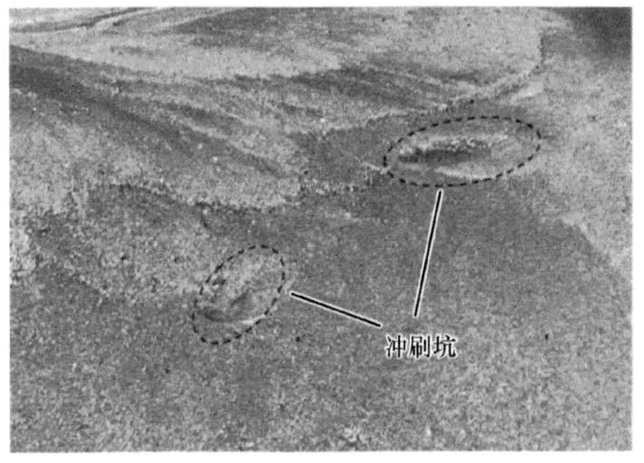

图 8.7　冲刷坑

第四阶段（10 ～ 12h）：此阶段，流量、加沙速率和湖水位恢复为与第一阶段相同。最大的特点为，在水沙的切割作用下形成了一个心滩。第三阶段形成的堆叠的复合堆积体为第四阶段水流切割沉积体提供了物质基础。在 10h 末，出现了汊口滩、心滩和指状坝等砂体沉积形式，如图 8.8 所示。汊口滩等沉积形式也出现在赣江三角洲沉积系统中，如图 8.9 ～图 8.11 所示。

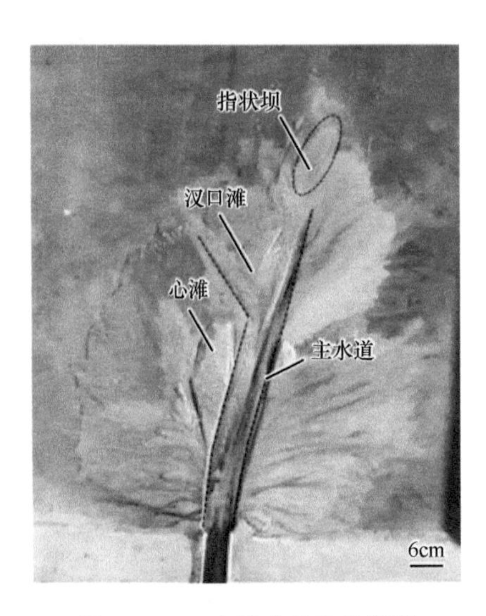

图 8.8　10h 末形成的砂体类型

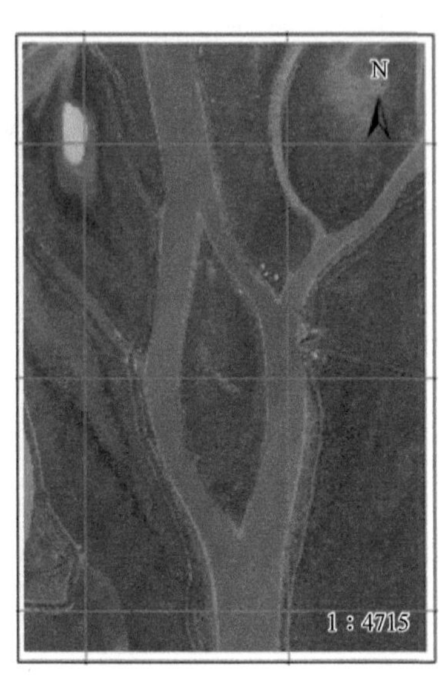

图 8.9　赣江三角洲汊口滩

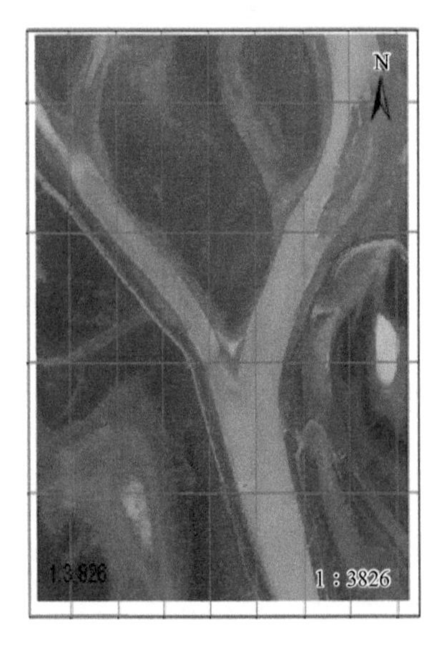

图 8.10　赣江三角洲心滩

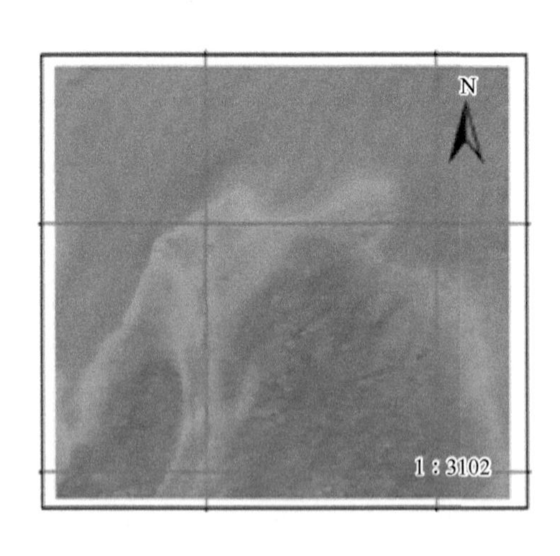

图 8.11　赣江三角洲指状坝

汊口滩的形成是由水流流速在水道分汊点处下降引起的；第三阶段的堆积体相对松软，有利于水流切割重塑堆积体形成心滩；由于挟沙水流向正前方向的水动力最强，侧缘方向水动力逐渐减弱，因此落淤泥沙呈指状并不断向前生长形成指状坝。11h 末出现的河口心滩分汊与赣江中支下游河道处的分汊现象相似，见图 8.12 和图 8.14，二者都是由水流运动至河口，失去侧向束缚动力减弱而形成的。10 ～ 12h 末三角洲上部主河道稳定，下部主河道横向摆动，伴生水道决口产生了若干决口河道，图 8.12 展示了 11h 末一处因决口产生的水道。到 12h 末，三角洲中下部主河道频繁决口，生成大量分流水道，如图 8.13 所示，这与赣江三角洲下游河道决口频繁、分汊河道增多非常相似。结合图 8.8、图 8.12 和图 8.13 可以看到堆积体下部主河道横向摆动过程。堆叠的复合堆积体在这一阶段继续快速发育，面积不断增大。

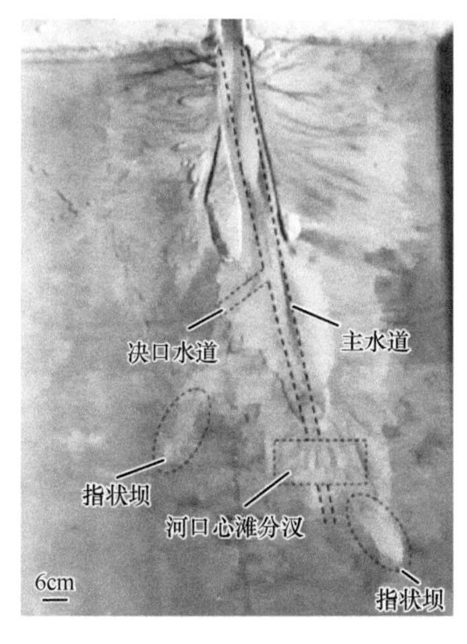

图 8.12　11h 末水道形态和砂体沉积

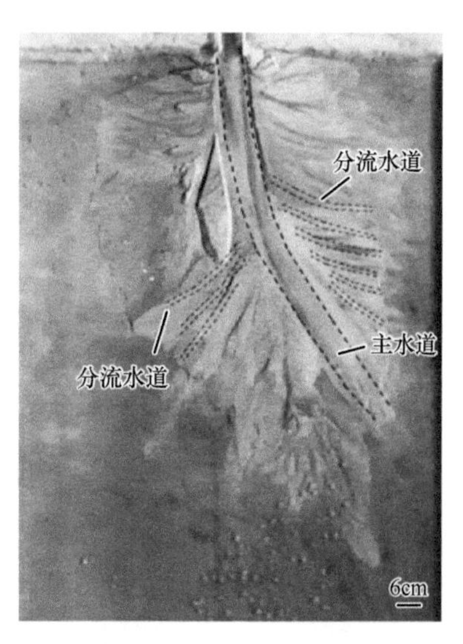

图 8.13　12h 末水道形态

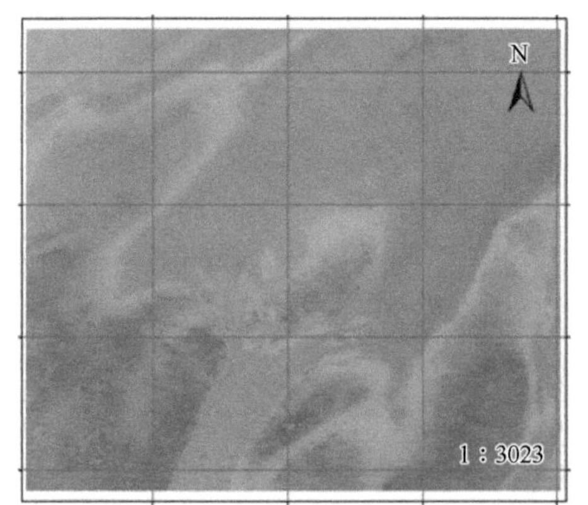

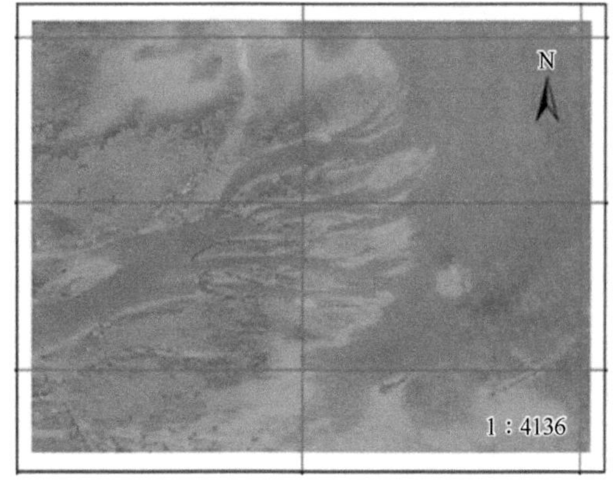

图 8.14　赣江中支下游河口心滩分汊

第五阶段（13 ～ 15h）：13h 末只有人工水道入口附近的主河道天然堤发育较好，14 ～ 15h 堆积体下部的主水道天然堤逐渐发育，第三阶段水流对上部堆积体切割的痕迹依然存在，14h 末随着主水道天然堤向下发育，在主水道一侧因决口产生了几条细小的分流水道，见图 8.15。15h 末主水道末端发育了典型的河口坝，见图 8.16，与文献（冯文杰等，2017）中的河口坝形态极为相似。

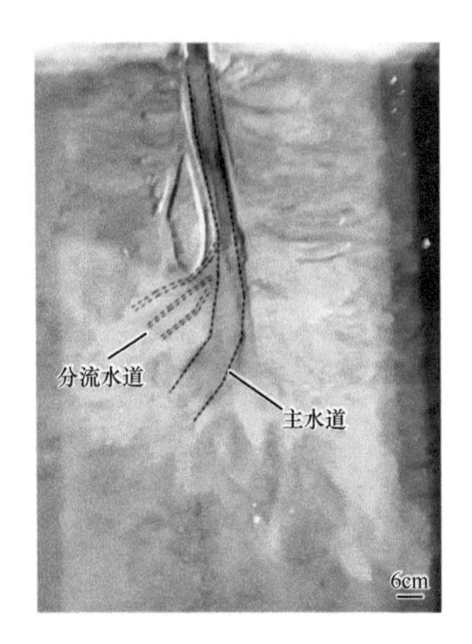

图 8.15　14h 末水道形态图

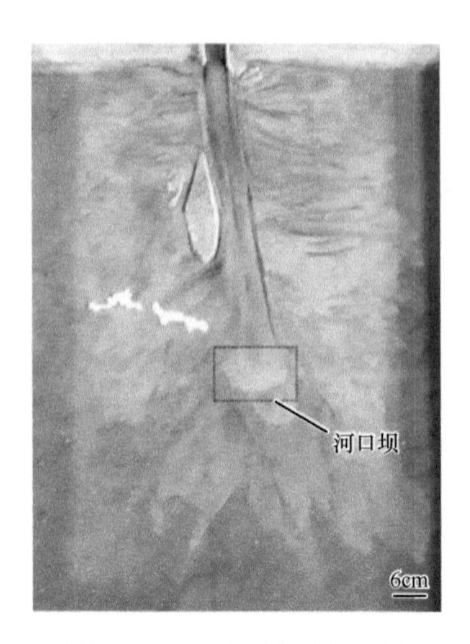

图 8.16　15h 末发育的河口坝

第六阶段（16 ～ 18h）：此阶段与第二阶段的发展规律相似，堆积体厚度增长迅速，16h 末主水道方向在人工水道中轴线方向右侧，主水道两侧因决口产生一些分流水道，17 ～ 18h 过程中分流水道被废弃，主水道深切、天然堤发育，主水道方向摆动到人工水道中轴线附近。

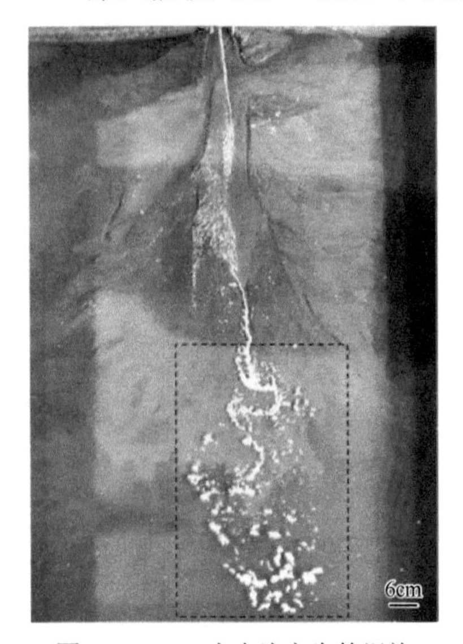

图 8.17　20h 末水流产生的涡旋

第七阶段（19 ～ 21h）：与第三阶段的发展规律相似，在高湖水位工况下，产生了较为明显的分层堆积。19h 末主水道中轴线与人工河道中轴线夹角约为 0°，之后新堆积体上部主水道两侧时有决口产生了决口水道；由于较高湖水位产生了明显的顶托作用，运动水流在与湖水交界周围产生涡旋，如图 8.17 所示，三角洲边缘朵体周围再度出现冲刷坑。

第八阶段（22 ～ 24h）：与第四阶段发展特点相似，此阶段内水沙切割堆积体形成了心滩、河口心滩分汊、指状坝等，如图 8.18 所示。22h 末，堆积体上部主河道右侧发生几处决口产生了决口水道，23h 末靠近人工水道入口处的几条决口水道被废弃，24h 末主水道向左侧摆动，其右侧决口水道几乎被全部填充废弃，其左侧新形成几处决口产生分流水道，由 22 ～ 24h 示踪粒子的运动轨迹可观察出水道的摆动过程。

由八个阶段的演变特点可以看出，虽然前一阶段遗留的床面形态不尽相同，相同来水来沙和湖水位条件下（第一阶段与第五阶段、第二阶段与第六阶段、第三阶段与第七阶段、第四阶段与第八阶段），三角洲及其水道系统演变特点非常相似。

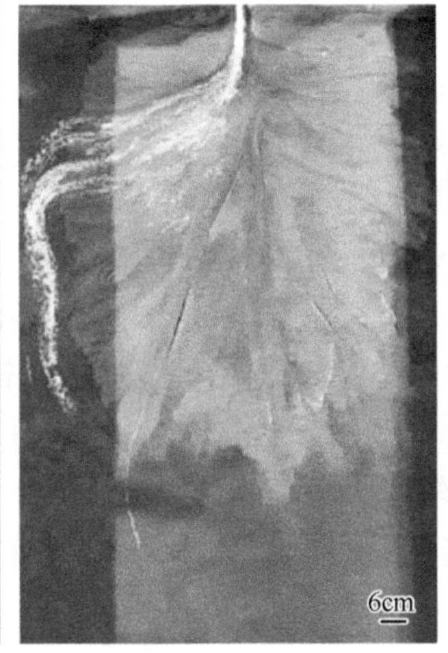

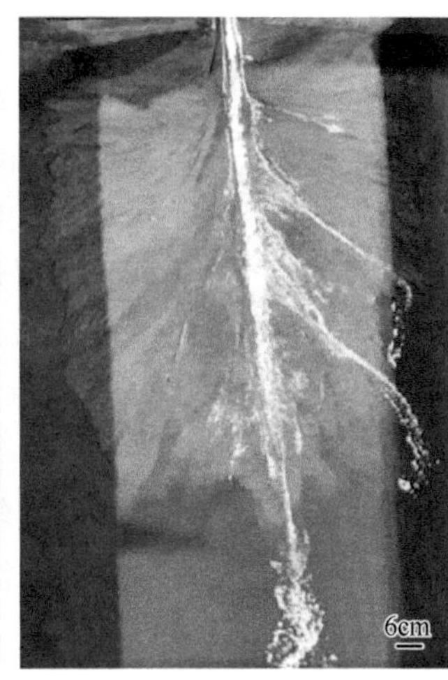

图 8.18　22 ～ 24h 示踪粒子运动轨迹

8.4　水道系统动力演进过程分析

实验过程中，随着来水来沙和湖水位条件不同，各阶段三角洲水道系统在分流水道数量、水道角度、水道宽度和分汊点位置等方面表现出不同的特点，为便于对比分析各阶段水道系统特点，分别将每一阶段最终的水道形态绘于图 8.19 和图 8.20。

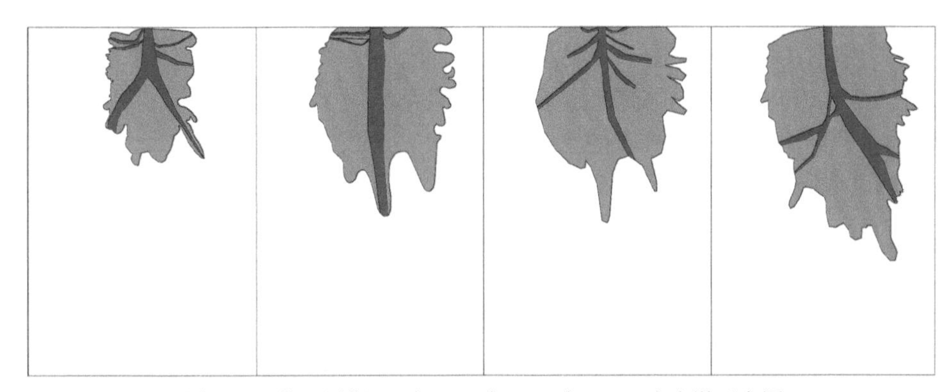

图 8.19　第一周期 3h 末、6h 末、9h 末、12h 末水道形态图

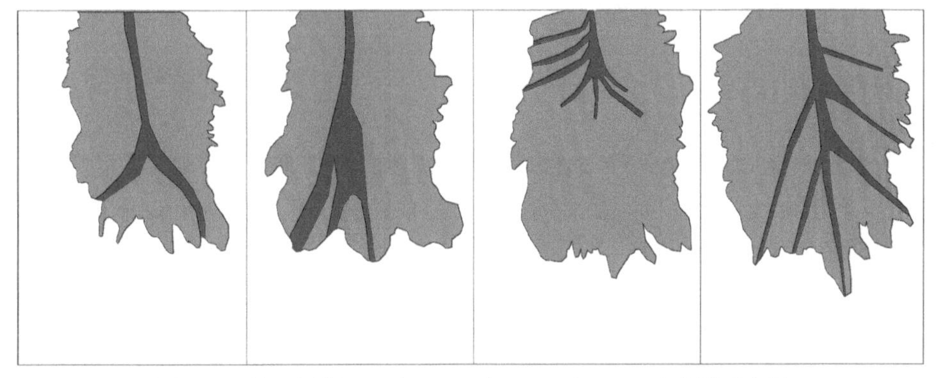

图 8.20　第二周期 15h 末、18h 末、21h 末、24h 末水道形态图

由图 8.19 可见，第一阶段末，除主水道外，堆积体上还生成了一定数量的分流水道。主水道在堆积体中部处分汊，上部主水道两侧产生了约 4 条发育较好的分流水道，上部分流水道与人工水道中轴线夹角较大，夹角平均值约为 74.29°；下部有两条分流水道，分流水道与人工水道中轴线夹角平均值约为 30°。第二阶段，来水来沙量增大，对第一阶段生成的水道和天然堤进行了明显的席状化改造，分流水道数量减少，堆积体上部仅保存了 3 条细小的分流水道，与人工水道中轴线夹角加大，夹角平均值约为 94°；下部分流水道消失，仅剩主水道，主水道与人工水道中轴线夹角约为 2°，主水道宽度较上一阶段增大。第三阶段，来水来沙量减少，湖水位升高，水道分汊点都位于堆积体上部，分流水道与人工水道中轴线夹角基本遵循由上到下依次减小的原则，平均夹角约为 66.86°，共有 8 条主要的分流水道产生，较上一阶段有了比较大的增长。第四阶段，湖水位降低，水道决口处较上一阶段下移至堆积体中部，可以看到主水道在中部以下决口，产生了约 4 条发育较好的决口水道，主水道向左侧摆动，摆动后的夹角约为 22°。

进入第二周期，第五阶段主水道于堆积体中下部分汊产生分流水道，较上一阶段分汊点继续下移，上部主水道向左侧摆动，摆动角度约为 8°，下部产生了两条主要的分流水道，平均夹角为 36°。第六阶段，主水道在堆积体中部发生分汊，分汊后的水道宽度较大，较大的来水来沙量再次对堆积体进行了席状化改造，堆积体下部分片的席状沙使得水流再次分汊，上部主水道向右侧摆动，摆动角度约为 8°。第七阶段，受下游水位顶托作用，水道只在堆积体上部产生，靠近入口处，主水道左侧处有几处决口产生水道，共发育了约 7 条较细的分流水道，平均夹角约为 47.57°。第八阶段，湖水位下降，主水道在上部、中部和下部都产生了分汊，较上一阶段，中部和下部堆积体受冲刷重新形成了水道，生成共约 6 条主要的分流水道，平均夹角约为 33.14°。

测量实验结束时即 24h 末时的水道分汊角度，分汊角度范围为 22° ～ 56°，与孙廷彬等（2015）所测赣江三角洲分支河道的分汊角度范围接近。

8.5　三角洲沉积过程分析

实验过程中，泥沙主要以推移质形式运动，在挟沙水流持续冲刷和泥沙不断落淤的作用下，堆积体在纵向、横向和垂向上不断生长，下面将从纵向、横向、垂向及堆积体轮廓四个方面描述各阶段堆积体的发育特点，并对各阶段的生长发育过程加以对比。

8.5.1　纵向生长

三角洲纵向生长速率随水沙条件和湖水位条件的改变而变化，前缘发展呈现阶段性特点，将三角洲堆积体前缘位置随时间的变化和前缘生长速率分别绘于图 8.21 和图 8.22 中。第一阶段来水来沙量较小，但在 0 ～ 1h 前缘迅速生长，1h 后前缘生长速率趋于稳定；第二阶段来水来沙量都较大，前缘处于较高的生长水平，5 ～ 6h 的前缘生长速率约为 0.266m/h；第二阶段到第三阶段前缘生长速率下降，第三阶段的来水来沙量较小，湖水位高，这一阶段的前缘生长速率较小，平均生长速率为 0.006m/h；第四阶段前缘生长速率整体处于较高水平，虽然此阶段的来水来沙量小，但较低的湖水位使得第三阶段淤积的大量泥沙可以被水流挟带向前运动，因此三角洲前缘得以快速生长，10 ～ 11h 的生长速率可以达到 0.167m/h；第五阶段与第四阶段的水沙条件和湖水位条件相同，但与前一阶段相比，高湖水位条件下淤积的较多泥沙已在上一阶段消化，第五阶段的前缘生长速率与前一阶段相比有明显下降，前缘平均生长速率为 0.013m/h；第六阶段的来水来沙量大，与第二阶段相近，前缘生长速率又经历了一次较高水平的发展，16 ～ 17h 的前缘生长速率可达到约 0.077m/h；第七阶段的高湖水位条件使得前缘生长速率呈下降趋势；第八阶段的前缘生长速率呈上升趋势。第二周期内各阶段的前缘生长速率普遍低于第一阶段，主要因为三角洲下部淤积高度增加使得堆积体整体的坡降减小，水流将泥沙输运到前缘的难度增大。

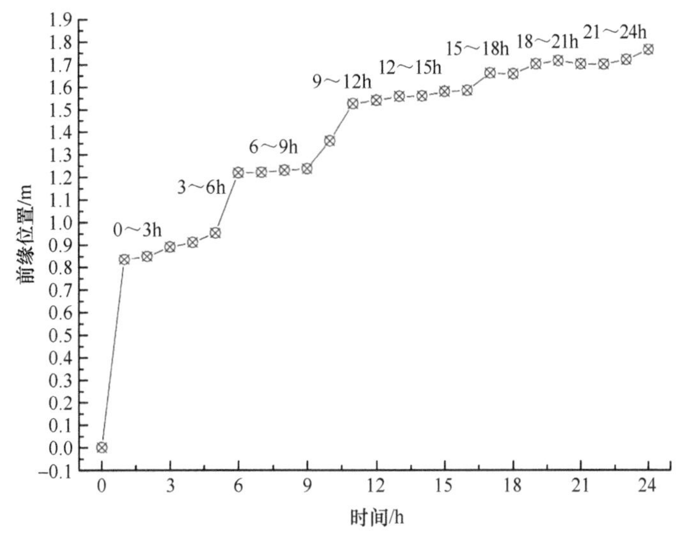

图 8.21　三角洲堆积体前缘位置随时间的变化

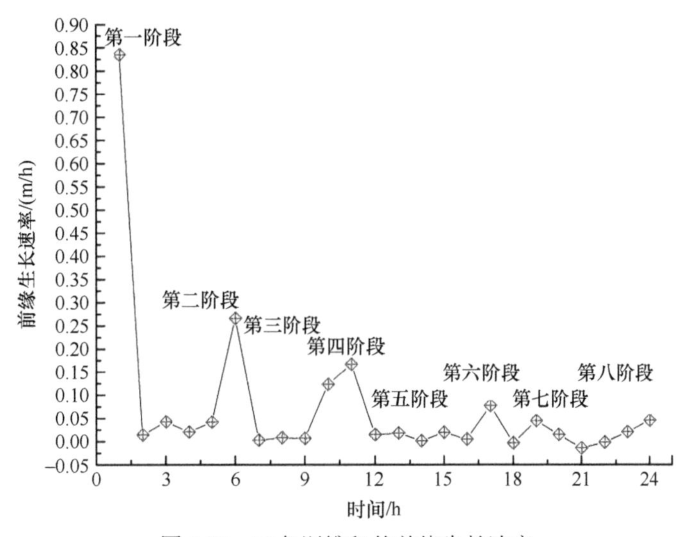

图 8.22　三角洲堆积体前缘生长速率

8.5.2 横向生长

*Y*向上每隔10cm设置一个测量断面，测量堆积体各断面的淤积宽度，为了更清晰地展现各断面淤积宽度随时间的变化情况，分别将*Y*=60～100cm断面和*Y*=110～160cm断面的淤积宽度随时间的变化绘于图8.23中。可以看到，第一阶段，靠近河道出口处的三个断面宽度变化不大，略有增大后又减小，靠后的90cm和100cm断面经历了宽度减小又增大的过程，可以看到60～80cm断面和90～100cm断面的宽度变化的“互补”关系。这是因为实验的第1小时水流具有较大能量，床面较光滑，有利于水流将泥沙输运到较远的位置；第2小时，上游水流挟带的泥沙有效支持了60～80cm断面宽度的增长，由于距离较远，入口来沙还未有效补给90～100cm断面，但这两个断面在向前水流的作用下不断向下游发育，故产生了2h末这两个断面宽度下降的现象；第3小时，经过调整，上游来沙和60～80cm断面淤积的泥沙可以对下游断面进行补给，此时上部断面宽度略有减小，下部断面宽度增加。第二阶段，来水来沙量较大，各断面宽度均以较大的速度增长。第三阶段，各断面宽度增速明显放缓，结合前文可见，湖水的顶托作用不仅限制了淤积体纵向上的生长，还在一定程度上限制了淤积体的横向发展，此时上游来沙很大程度上以垂向淤积的方式来支持三角洲的生长发育。第四阶段，湖水位降低，有利于三角洲的发展演化，值得注意的是，第三阶段垂向上保留的泥沙为这一阶段淤积体的快速发展提供了良好的物质基础，故这一阶段各断面宽度增加的幅度大。第五阶段60～100cm断面宽度增速缓慢，110～150cm断面宽度增速仍较大，这是因为下游断面在继续消化第三阶段的泥沙，延续了第四阶段的快速增长。第六阶段来水来沙量大使得断面宽度持续增大，数据显示，这种作用对于淤积体下部断面（110～160cm）更为明显。第七阶段的高湖水位对于大多数的断面宽度发展的抑制作用显而易见，但80～100cm三个断面的宽度仍有小幅增长，可以理解为，在湖水顶托作用下，入口挟沙水流具有的能量只能将泥沙向下输运到100cm断面左右。第八阶段的发展与第四阶段的发展很相似，第七阶段积攒的垂向淤积的大量泥沙在水流作用下输运到各断面，使得各断面宽度增加，这种作用对于靠近人工河道口的断面更为明显。

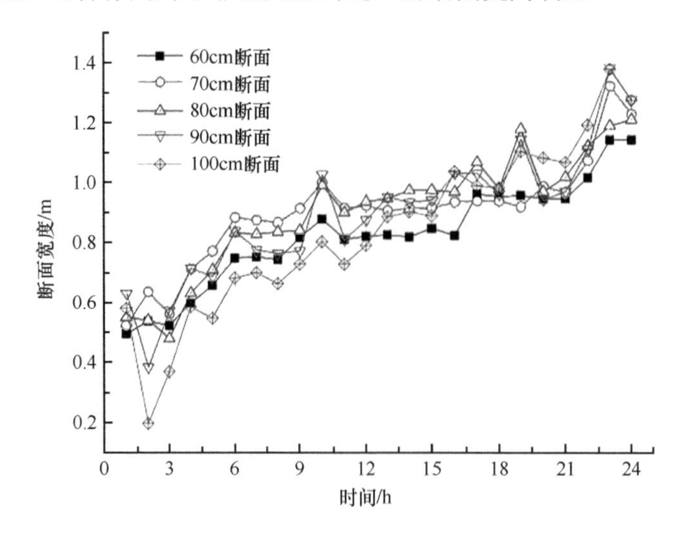

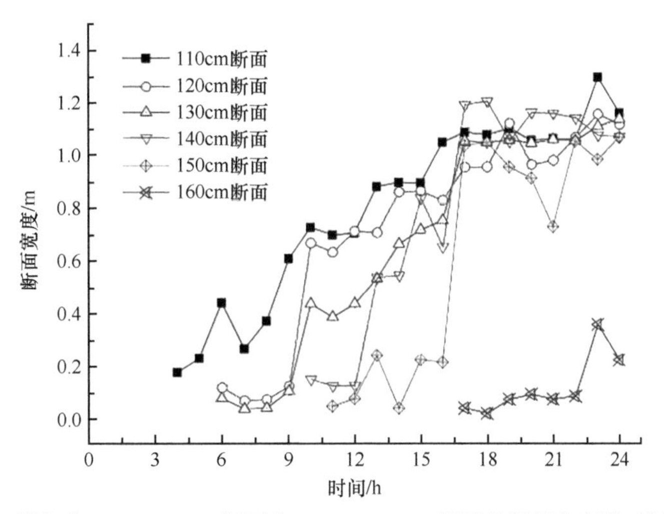

图 8.23 堆积体 60 ～ 100cm 断面和 110 ～ 160cm 断面的淤积宽度随时间的变化

8.5.3 垂向生长

根据三角洲发展范围和各断面在两周期内的演化情况，从堆积体上部、中部和下部分别选取一个代表断面，分析不同水沙条件或湖水位条件下各断面在不同阶段的加积特点。选取 Y=70cm 断面为上游代表断面、Y=110cm 断面为中游代表断面、Y=150cm 断面为下游代表断面。代表断面各阶段末垂向淤积厚度发展情况见图 8.24。

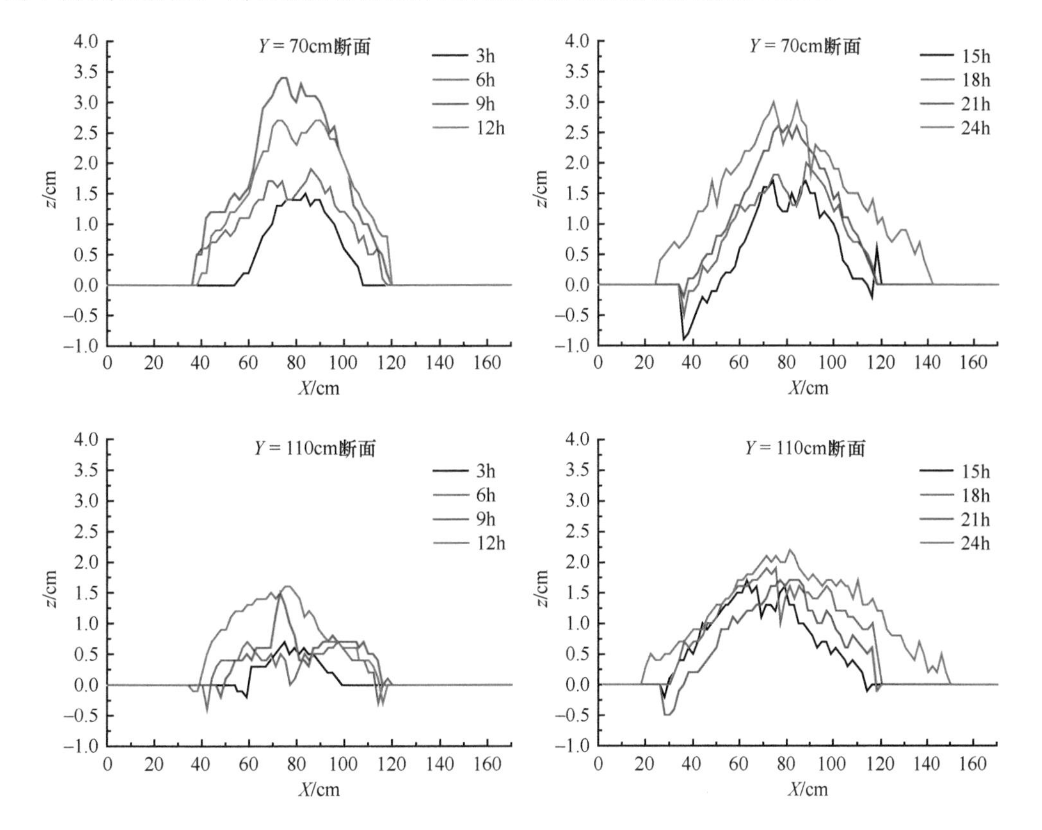

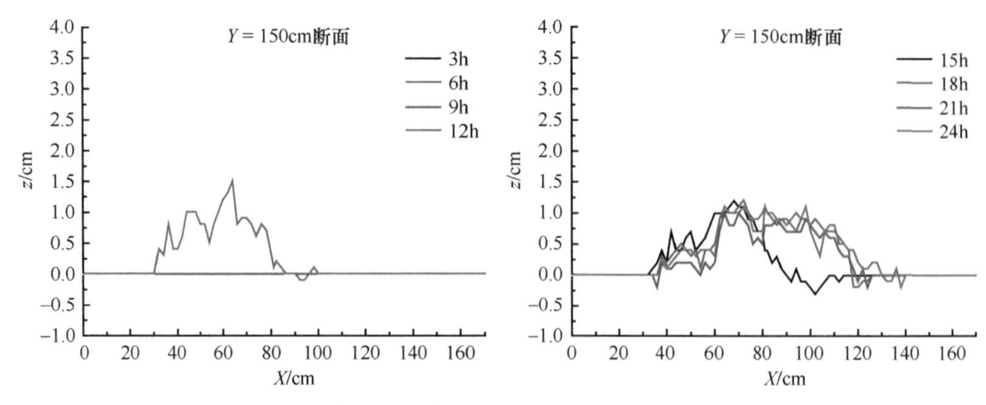

图 8.24 代表断面各阶段末垂向淤积厚度发展情况

位于堆积体上部的 Y=70cm 断面在 0 ～ 3h 淤积厚度迅速增长；4 ～ 6h 经历了大的来水来沙，断面淤积厚度增长却放缓，结合前缘位置随时间的变化情况和 70cm 断面宽度随时间的变化情况来看，这一阶段虽然来沙量增大但同时流量也增大，大量的泥沙并没有在此断面留存而被输运到下游支撑前缘生长及用于断面的横向生长；7 ～ 9h 高湖水位限制了三角洲的平面扩张，淤积体淤积厚度显著增大，增速远大于第二阶段，此时 70cm 断面宽度只略有增加，前缘进积作用微弱；10 ～ 12h 三角洲淤积厚度减小，此时断面宽度增大，前缘进积作用明显；第二周期内 70cm 断面发展规律与第一周期基本相似，只有第八阶段与第四阶段有所不同，第八阶段的淤积厚度较第七阶段仍有一定幅度的增加，这说明此时水流向下游输运泥沙的能力减弱，大量泥沙落淤在堆积体上部。经以上分析可知，较大的来水来沙量会小幅提升上部断面垂向加积作用，下游湖水位对上部断面加积作用影响显著，上部断面平面扩张和垂向淤积作用此消彼长。

Y=110cm 断面位于堆积体中部，断面在 0 ～ 3h 以较快速度淤积；6h 末淤积体两翼处淤积厚度有所增长，中间部分淤积厚度减小，结合前缘位置随时间的变化情况和 110cm 断面宽度随时间变化情况来看，此阶段内前缘位置向湖增长明显，断面宽度增大；7 ～ 9h 下游湖水位升高，两翼处堆积体厚度变化较小，中间部位淤积体厚度大幅增长，此时断面宽度快速增长，前积作用微弱；10 ～ 12h 断面淤积厚度大幅增长，断面宽度小幅增长，前积作用显著。第二周期内第五阶段到第六阶段，断面淤积厚度略有增长，此时断面宽度增长显著，前积作用明显；第六阶段到第七阶段在高湖水位影响下，淤积厚度减小，断面宽度减小，前积作用显著；第七阶段到第八阶段，断面淤积厚度增长明显，宽度增长显著，前缘位置小幅前移。综合以上分析可知，中部断面在应对湖水位变化时，断面的淤积厚度和断面宽度似乎组合联动做出相似的反应，在应对水沙条件改变时，断面宽度又和前积作用组合共同对水沙条件的改变做出相似反应。

Y=150cm 断面作为堆积体下部代表断面垂向上的淤积在两个周期内表现出不同的规律。11h 末三角洲前缘刚发展到 150cm 断面，故从第二周期开始分析。第六阶段来水来沙量增大，断面淤积厚度整体增长，断面宽度增长，前积作用明显；第七阶段，湖水位升高，该断面淤积厚度减小，该阶段此断面宽度减小，前积作用微弱；相较于上一阶段，第八阶段断面淤积厚度小幅增加，断面宽度增加，前积作用较明显。综合以上分析可知，堆积体下部代表断面在应对水沙条件和湖水位条件改变时，断面淤积厚度、断面宽度和前积作用组合联动对外界条件的改变做出相似反应。

将三角洲淤积坡度定义为：三角洲顶点和淤积体前缘点之间的线性坡度。三角洲淤积坡度是由泥沙的不均匀淤积产生的，假设淤积体表面坡度中没有强烈的凹陷，动力平衡阶段，通过对表面坡度的平均得到一个具有代表性的淤积坡度。三角洲顶点高程取 60cm 断面与人工河道中轴线交点周围 60cm 断面上 6 个地形测点的高程平均值，淤积体前缘点高程取测量的最前缘断面各点高程的平均值，计算各阶段末三角洲淤积坡降并绘入图 8.25。

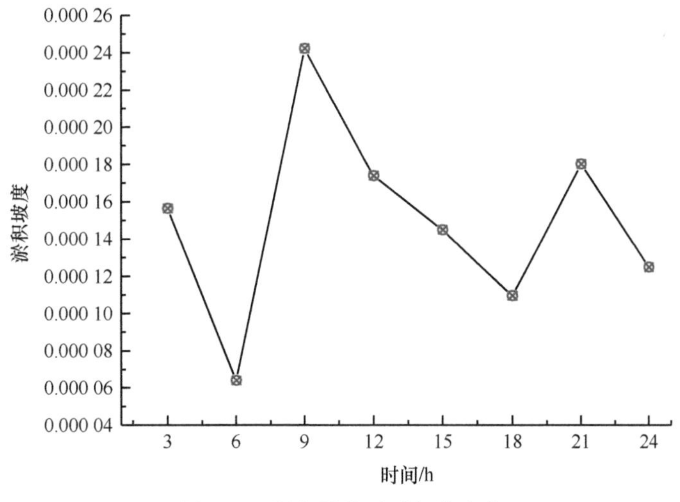

图 8.25　淤积坡降随时间的变化

由图 8.25 中的数据可知，实验过程中未发生逆坡淤积。3h 末，在失去河道约束后，水流速度下降，泥沙快速落淤，人工河道入口处淤积幅度更大，此时淤积坡降约为 0.000 156；4 ～ 6h 过程中，随着来水来沙量加大，三角洲纵向坡降大幅减小，虽然来水来沙量同时加倍，入口处水流含沙浓度不变，但流量增大的作用更为突显，较大的来水量将泥沙向下游输运，导致淤积坡度大幅减小；7 ～ 9h 过程中，下游水位的顶托作用突显，显然这种作用对于淤积体的下游区域更加显著，这会使得泥沙在下游区域的淤积比上一阶段更加困难，来沙更多地淤积在上游，淤积坡度大幅增大；10 ～ 12h 与上一阶段相比来水来沙条件相同，湖水的顶托作用大大削弱，有利于泥沙向下游输运，故淤积坡度减小；13 ～ 15h 与上一阶段的水沙条件和湖水位条件相同，淤积坡度继续减小；16 ～ 18h 来水来沙量比上一阶段增大一倍，参考 4 ～ 6h 的过程，流量的增大作用又占据主导，坡度继续减小；19 ～ 21h 过程中，虽然水沙量比上一阶段减半，但湖水位的影响作用更明显，与 7 ～ 9h 淤积坡度变化特点相似；22 ～ 24h 过程中，水沙量保持不变，湖水位降低产生的影响显著，淤积坡度在这一阶段减小。

8.5.4　岸线弯曲度

测量计算不同阶段三角洲岸线弯曲度，意在研究不同阶段三角洲岸线周边沉积活动活跃程度，将计算结果绘入图 8.26。

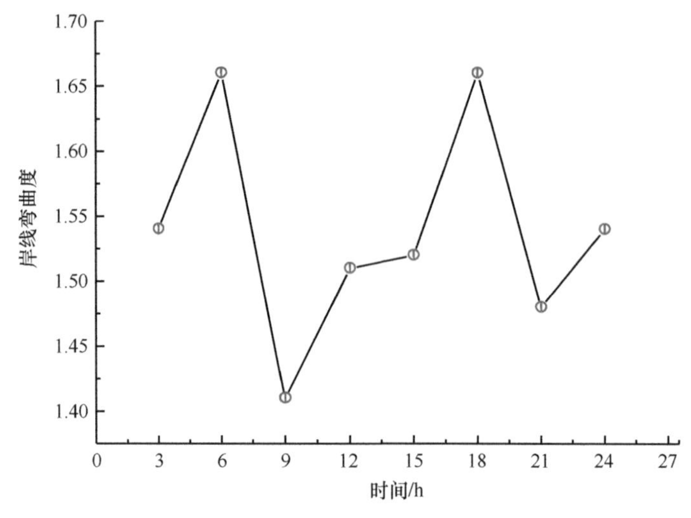

图 8.26 岸线弯曲度随时间的变化

岸线弯曲度计算结果显示，两个周期八个阶段的岸线弯曲度计算结果范围为 1.41 ～ 1.66，这比第 7 章各工况下的岸线弯曲度计算范围 1.30 ～ 1.34 增大较多。其中 0 ～ 3h 的工况条件与上一节实验对照组工况相比，唯一工况条件的改变量为泥沙粒径，计算对照组岸线弯曲度约为 1.32，此次 3h 岸线弯曲度为 1.54，远远高于上一节实验对照组工况下的岸线弯曲度，且远高于上一节实验中各工况条件下三角洲岸线弯曲度计算范围，这说明其他条件相同时，泥沙粒径减小有利于水流将泥沙输运到岸线边缘，提高三角洲淤积体边缘的沉积活动活跃程度。结合 3h 末的水道形态来看，堆积体上部主水道发育良好，水道宽度较大，有利于水流将泥沙沿主水道向下输运，主水道两侧生成了数条细小分流水道，有利于将泥沙向堆积体上部两侧输运形成朵体，堆积体下部的分汊水道发育较好，水道延伸至岸线边缘，有利于承接上部主水道运送来的泥沙并将其输送到下部岸线处。

4 ～ 6h 末，水沙量增大，岸线弯曲度明显增大，这是由于大水沙条件一方面为边缘沉积提供了丰富的物质基础，另一方面也为边缘沉积活动提供了较好的动力支持，这两方面保证了边缘朵体的顺利生成发育。结合 6h 末的水道形态图可知，主水道发育良好，水道宽度大且延伸至三角洲前缘处，此时主水道的输运能力很强，有利于在三角洲前缘处发育长度较大的朵体。上部主水道两侧有几条细小的分流水道，可将少量泥沙向入口处堆积体两侧输运。

7 ～ 9h 岸线弯曲度明显下降，这是因为下游高水位从堆积体前方和侧方同时提高水流输运泥沙到岸线的难度，限制了堆积体边缘的沉积活动。结合 9h 末水道形态图来看，下游高水位的顶托作用明显，主水道萎缩，其水道宽度明显减小，且不再能延伸到三角洲前缘，不利于前缘处的朵体生长。主水道两侧生成的分流水道发育不良，宽度较小且大部分不能延伸到三角洲岸线处，同时决口点位置偏上，不利于泥沙向堆积体下部和两侧输运。

10 ～ 12h 摆脱了下游水位的限制，水流输运泥沙到三角洲岸线变得较为容易，且上一阶段淤积的大量泥沙也为岸线附近朵体的淤积生长提供了泥沙来源，故岸线弯曲度有所增长。12h 末的水道形态图显示，主水道宽度增大，分流水道的数量增多且能延伸到岸线附近，其决口位置也向中下部移动，有利于中部和下部朵体生长发育。

13 ～ 15h 岸线弯曲度略有增大，究其原因应是水流在继续消化第二、第三阶段淤积的泥沙，将其向岸线处输运。由 15h 末的水道形态图可见，主水道发育良好，分汊后的水道发育较好，其水道宽度较宽且延伸向岸线附近，有利于泥沙向下游输运并在前缘处生成朵体。

16 ～ 18h 来水来沙量翻倍，与 4 ～ 6h 相似，在泥沙和动力条件都处于优良状态时，水流能顺利地将泥沙向岸线处输运，形成朵体，三角洲快速发育。18h 末的水道形态图显示，主水道较为粗壮，延伸至三角洲前缘，分汊河道发育良好，分汊点位于堆积体中部，其所控制的水面面积较大，有利于泥沙向岸线附近输运，可以看到较上一阶段，三角洲堆积体快速发育，尤其是在水道尽头处，堆积体快速生长。

19 ～ 21h 下游升高的水位再次全面限制了三角洲淤积体岸线附近的淤积活动，此阶段岸线弯曲度明显下降。21h 末的水道形态图显示，较上一阶段，主水道严重萎缩，宽度减小，且只能延伸至堆积体长度约 1/3 处，侧向发育了 3 条细小的分流水道，能够延伸至岸线附近，向下游方向生成的分流水道发育不良，水面细窄且延伸距离短。水道的整体发育情况不利于堆积体岸线周围的泥沙淤积，由图 8.20 可见，18h 末三角洲前缘处泥沙淤积形成的较为饱满的岸线在 21h 末已萎缩。

22 ～ 24h 下游湖水位下降，有利于水流将第六、第七阶段淤积的泥沙继续向岸线处输运，岸线弯曲度增大。结合 24h 末的水道形态图可以看出，主水道发育良好，可延伸至三角洲前缘并直接支持水道末端处的朵体生长，水道决口点位置较为分散，从堆积体上部至下部都分布有决口水道，决口水道发育良好，绝大多数可延伸至岸线附近并支持其附近的朵体生长，有利于三角洲岸线弯曲度的增大。

由以上分析可见，较大的来水来沙条件有利于三角洲岸线附近的沉积活动顺利进行，而下游较高的湖水位则不利于泥沙向岸线附近输运沉积形成朵体。同时，岸线弯曲度与三角洲水道系统的状况直接相关，宽度大、能延伸至岸线附近的水道有利于水流将泥沙向岸线附近输运，提升岸线弯曲度。

8.6　赣江三角洲年内发展变化特征

在赣江中支控制下生成的三角洲发育完善、面积广阔，具有反映赣江三角洲演变规律的代表性，故选取赣江中支入湖形成的三角洲的遥感影像进行研究。选取美国陆地卫星 Landsat-8 卫星数据作为数据源，数据通过地理空间数据云（http：//www.gscloud.cn）获得。考虑到研究内容和图像数据完整程度，从 2016 年每个季度内选取一张少云状态下的清晰影像，重点对比几张图像所反映的三角洲及其水道的年内演变特点，见图 8.27。赣江中支入湖位置在朱港农场附近（28°58′57.5″N，116°13′21.9″E），由入湖处向东发育三角洲。

根据对赣江三角洲遥感图像的解译，基于赣江三角洲每年不同时期的水道演进和沉积特点，可将赣江三角洲年内发展演化过程划分为四个阶段。第一阶段为枯水期，来水来沙量较小，湖水位低，水流挟带泥沙运动并淤积形成分流水道、天然堤、决口扇等砂质沉积；第二阶段为汛期，来水来沙量骤增，砂体沉积形式发生席状化改造，泥沙大面积淤积分布，此时水道数量减少；第三阶段为长江汛期，湖水位升高，受湖水顶托作用，泥沙大量淤积在之前形成的水道、堤坝等地区，堆积体向湖方向发展受限，观察河道分汊位置可知分汊点位置向上游回退；第四阶段枯水期来临，湖水面下降，水道内的河水冲刷第二、第三阶段沉积的泥沙，淤积体得以继续快速生长发育，泥沙向湖进积显著，水道数量回升，分汊位置向下游移动。

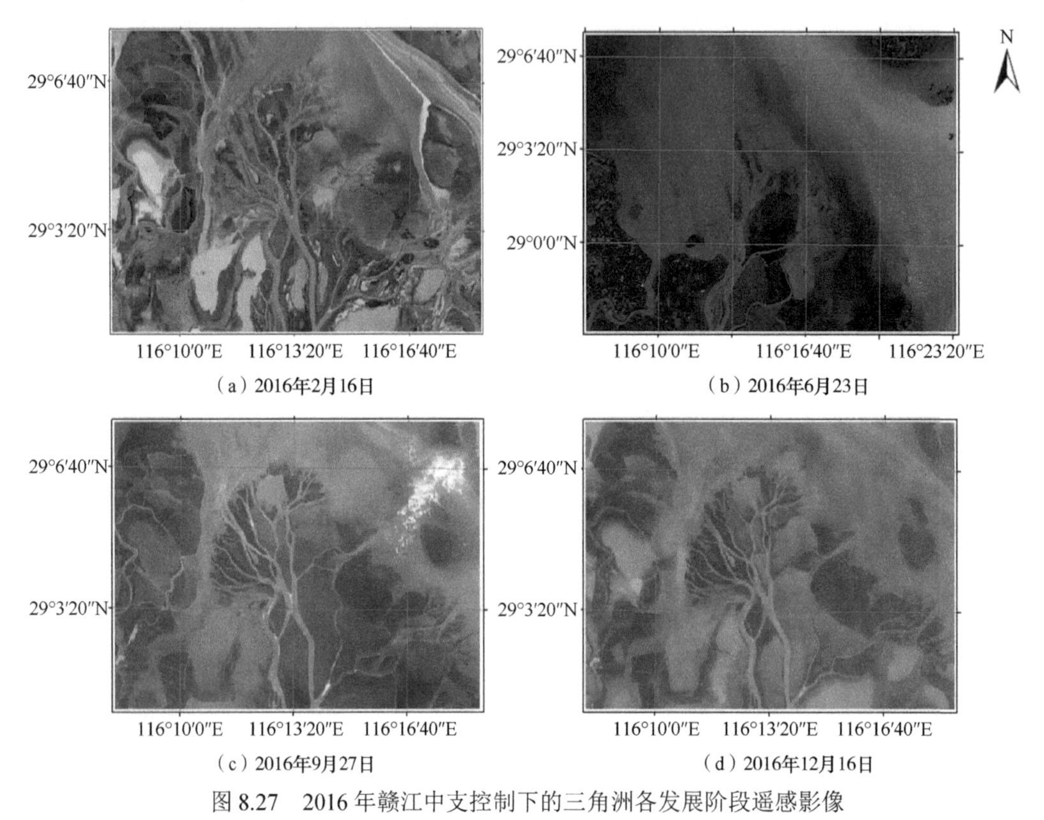

图 8.27　2016 年赣江中支控制下的三角洲各发展阶段遥感影像

8.7　实验三角洲与赣江三角洲演变过程对比分析

对比实验结果可见，实验过程中一个周期内三角洲表现出的阶段性演变特点与赣江三角洲年内演变特点相似。枯水期的特点为来水来沙量小，湖水位低，有利于水流挟带泥沙运动、泥沙落淤及挟沙水流与堆积体的相互作用等过程的进行，这一阶段易形成各种形式的砂体沉积类型。年内包含两个枯水期（实验的一个周期内包含有两个枯水期），第二个枯水期与第一个枯水期的区别在于，二者从上一个枯水期到两个阶段所承接的床面形态不同，第二个枯水期往往承担着将大量泥沙向下游输运的任务。这一过程特点在实验过程中和赣江三角洲年内演化过程中都有所体现。洪水期的来水来沙量都很大，枯水期形成的一系列砂体沉积类型会经历席状化改造，大量泥沙淤积分布于堆积体之上。席状化改造现象在实验三角洲和赣江三角洲遥感影像上都可以观察到。高湖水位时期，受湖水顶托作用，实验三角洲在横向和纵向上的生长同时受限，而赣江三角洲遥感影像上顶托作用对于三角洲纵向上的生长限制更为明显。湖水顶托作用还会使得水道分汊点有明显向顶点方向移动的趋势，这一现象在实验和遥感图像中都可以观察到。且在实验设定的两个周期中，三角洲及其水道系统在对应的阶段，即在相同的水沙条件和湖水位条件下，三角洲在生成分流水道数量、分汊角度及分汊位置等方面表现出了相似的演变规律，堆积体纵向、横向和垂向上的生长规律相似。对比研究说明，实验室内分阶段控制水沙条件和湖水位条件所塑造的三角洲形成演变过程能够体现赣江三角洲年内水道演进和泥沙冲淤的阶段性特点，实验尺度下分阶段控制来水来沙条件和湖水位条件以探究赣江三角洲在自然条件下的演化规律是合理可行的。

参考文献

冯文杰，吴胜和，张可，等 . 2017. 曲流河浅水三角洲沉积过程与沉积模式探讨——沉积过程数值模拟与现代沉积分析的启示 . 地质学报，91(9): 2047-2064.

刘益辉，邓必荣 . 2004. 赣江下游河道变迁及对环境的影响 . 东华理工学院学报，27(2): 162-165.

罗恒 . 2017. 基于数学模型的赣江尾闾河段整治前后的对比分析 . 天津大学硕士学位论文 .

马逸麟，危泉香 . 2002. 赣江三角洲的沉积机制及生长模式 . 中国地质灾害与防治学报，(4): 1-10.

孙廷彬，国殿斌，李中超，等 . 2015. 鄱阳湖浅水三角洲分支河道分布特征 . 岩性油气藏，(5): 144-148.

颜大椿 . 1992. 实验流体力学 . 北京：高等教育出版社 .

邹才能，赵文智，张兴阳，等 . 2008. 大型敞流坳陷湖盆浅水三角洲与湖盆中心砂体的形成与分布 . 地质学报，82(6): 813-825.

Crosato A. 2011. 河流蜿蜒分析与模拟 . 郑州：黄河水利出版社 .

Fisk H N, Kolb C R, McFarlan E, et al. 1954. Sedimentary framework of the modern Mississippi Delta. Journal of Sedimentary Research, 24(2): 76-99.

Mandelbrot B B. 1983. The Fractal Geometry of Nature. New York: WH freeman.

第 9 章　区域水道整治

9.1　水道整治现状

9.1.1　水系现状

赣江下游地区河流纵横交错，湖泊星罗棋布，主要河流水系还有抚河、清丰山溪等，南昌城区还有玉带河、朝阳洲水系、城南护城河等内河。主要湖泊还有南昌市昌南城区的象湖、青山湖、艾溪湖、南塘湖、瑶湖、梅湖及东湖、南湖、西湖、北湖等。历史上，该地区水系复杂，水流极为紊乱，大部分区域为洪泛区，区域洪涝灾害频发，为满足沿岸居民耕种和居住需要，历经多年治理，通过修筑水利工程、堵支并圩、河流改道和截流等措施，形成了目前的水系格局，为保障区域居民安居乐业和生产发展起到了重要作用。但堵支并流、河流改道或截堵等，使得水系连通条件弱化，河湖破碎化，也给区域水环境改善和水资源利用带来诸多不利因素。

9.1.2　水质现状

赣江主支、北支、中支水质较好，全年均在Ⅲ类或以上。然而，南支水质汛期和非汛期差别较大，每年的 4 ～ 11 月水质较好，而 12 月至次年的 3 月水质较差。赣江南支南昌饮用水源区 2012 年 1 月、3 月水质分别为劣Ⅴ类和Ⅳ类，2013 年 1 月和 2 月水质为Ⅴ类，超标项目主要为氨氮、粪大肠菌群；赣江南支南昌工业用水区 2014 年 1 月和 2 月水质均为劣Ⅴ类，超标项目为氨氮、总磷。赣江南支是南昌市的主要纳污水体，南支污染主要原因在于城市工业布局不合理、排污口过于集中、部分未处理的工业污水与生活污水直排等。

9.1.3　防洪现状

经历年工程建设，赣江尾闾地区现已初步形成了以圩堤为基础和主体，配合水库和蓄滞洪区的防洪工程体系。在易受洪水威胁的沿河两岸台阶地和冲积平原，大多已初步形成由地方保护的规模不等、防洪能力不同的防护圈。

9.1.4　存在的问题

（1）水系连通性差，河湖水面不断萎缩，水体交换能力减弱，水质恶化。受堤防和城市建设及河湖水面开发利用等人类活动影响，区域内河流、湖泊不断被人为侵占，部分河道、湖泊被缩窄、阻断甚至消亡。近年来，随着发展理念的转变，侵占、堵塞河湖水面的现象已有所遏制，但是内河、湖泊大多已成为切断与外河联系的人工控制湖泊，使得内河、故道等河流不畅、湖泊封闭，河湖水系连通性和水体交换条件变差。

（2）枯水期骨干河道水位持续下降，水面面积锐减，水景观效果和通航条件变差，水资源利用困难。近年来，鄱阳湖水文节律已发生变化，连续出现枯水期提前、枯水期延长、枯水位超低等现象，造成赣江尾闾河道枯水期水位逐年走低。此外，赣江尾闾受河床下切、水资源开发利用等综合影响，四支枯水期分流比发生了大的变化，枯水期赣江主支过流达到 80% 以上，而其他三汊过流明显减小，部分河段甚至出现断流。河道低枯水位，导致枯水期水体缩小问题愈加突出，造成区域枯水期水环境承载力降低，加之河网水系连通受阻严重，水体交换能力和自净能力下降，河湖水体水质恶化。此外，枯水期提前、枯水位降低、枯水期低水位持续时间延长等情况，还造成航道缩窄、水深变浅、过航能力受限、大型船舶航行困难，甚至发生堵航现象。并且区域内河道水域面积锐减，岸滩、洲滩大面积裸露，甚至干裂，水景观效果变差，进而引起赣江尾闾地区连年出现引水、提水不便，造成区内城镇供水、农业灌溉取水困难，使得直接以赣江河道为水源的地区存在季节性缺水和区域性缺水，造成水资源利用困难，进一步加剧了水资源供需矛盾，枯水期水资源承载能力不足的问题凸显。

（3）区域防洪保安任务重，防洪能力不足等问题依然存在。鄱阳湖水系降雨量大，但降雨年内分布不均匀，具有明显的季节性，降雨一般集中在 3 ～ 6 月，占全年降雨量的 57.2%，极易出现高洪水位。而在 7 ～ 9 月，随着长江水位的上涨，鄱阳湖因长江洪水顶托或倒灌又会出现高洪水位，威胁湖区防洪安全。并且下游地区圩堤数量多、堤线长，部分河段仍存在迎流顶冲、急流傍岸、卡口、淤积，以及部分圩堤防洪能力不足等问题。

9.1.5　整治的必要性

赣江尾闾整治工程是一项系统治理工程，对于保障尾闾区域防洪安全、供水安全、粮食安全和生态安全，以及促进区域水资源空间均衡、改善水环境和水景观、优化区域功能等有着重要的作用，将为区域经济社会发展提供水利基础支撑和安全保障，是区域经济社会发展基础设施建设的重要组成部分。通过实施疏浚和兴建水利枢纽等工程，能够很好地改善河湖水系连通性，调控枯水期水位，提高通航能力，增加水面面积，改善水景观，提高水体交换能力。所以，赣江尾闾系统整治是促进当地水运经济发展的必要举措。

9.2　尾闾四支整治结果分析

赣江尾闾四支整治的具体方案已在 4.4.4 小节详细介绍，并且相关的数学模型理论及验证也在第 3 章进行了详细叙述，此处不再重复介绍。下面主要对工程模拟结果进行对比分析。

9.2.1　冲淤变化分析

图 9.1 为不同工况下赣江尾闾四支冲刷三年后的冲淤变化图。通过对比可以得出，在未实施整治工程的情况下，冲淤变化比较明显，尤其是主支、中支和北支下游都有明显的淤积；而实施方案一的整治工程后，相较未实施整治工程，冲淤变化明显减小，各支淤积

程度都有明显减轻；实施方案二的整治工程后，相较未实施整治工程，冲淤变化程度要小，尤其是中支和南支，淤积明显得到缓解，但是相较方案一，冲淤变化程度明显增大。

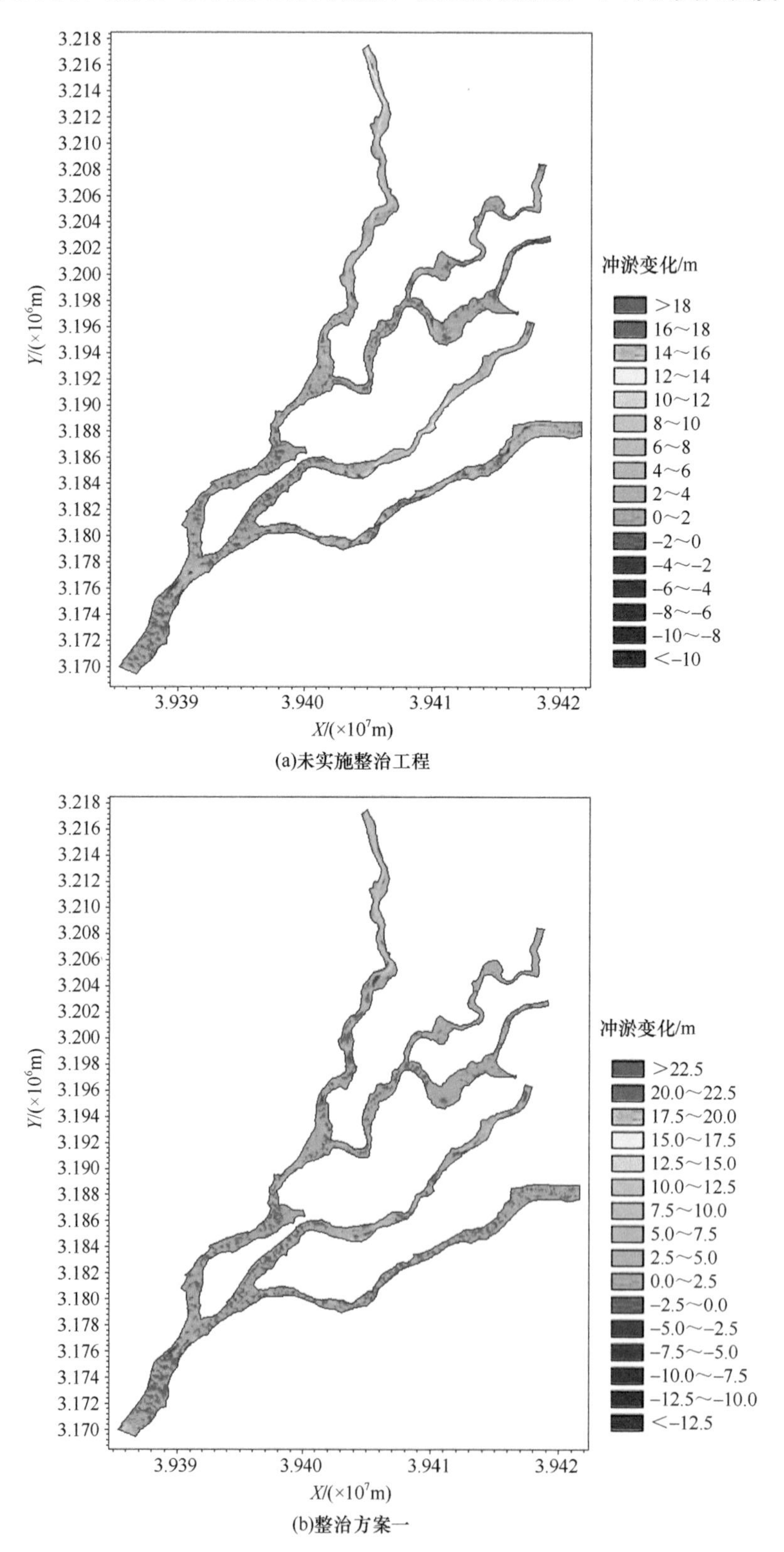

(a)未实施整治工程

(b)整治方案一

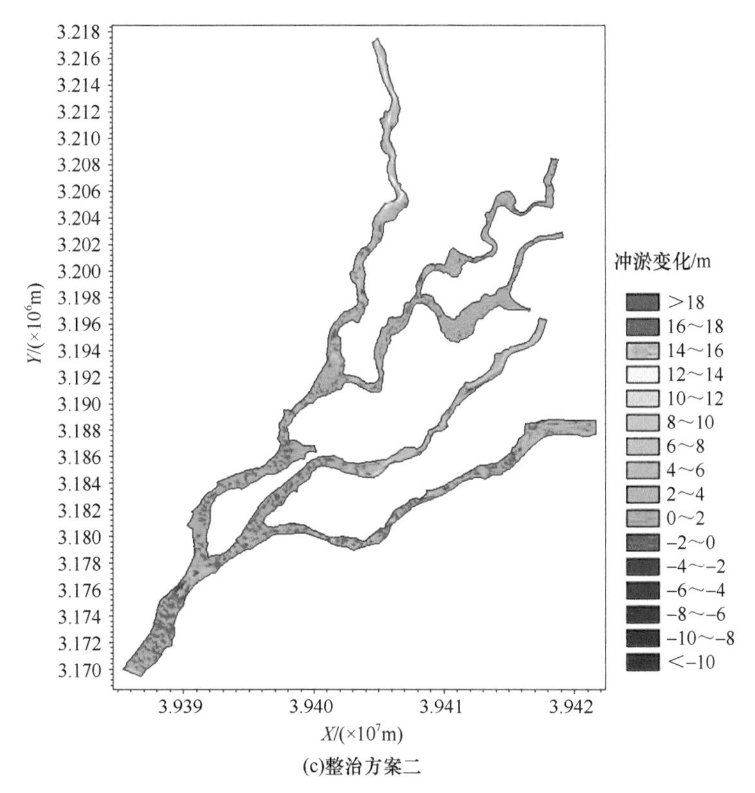

(c)整治方案二

图 9.1　赣江尾闾四支冲刷三年后的冲淤变化图

冲淤变化结果说明在稳定河床、减少河床泥沙冲淤方面，方案一效果更好。进而说明，河道的疏浚工程和水利枢纽共同作用，能够很好地控制泥沙的冲淤。当疏浚工程实施后，河道地形产生了一些变化，碍航的地形明显减少，再加上水利枢纽的蓄水作用，能够一定程度上减小水流流速，从而缓解水流对河床泥沙的输移作用。所以，在具有水利枢纽工程控制的情况下，合适的疏浚河段地形能够保持相当长一段时间，河床演变不会很剧烈。对比图 9.1（a）和图 9.1（c），中支南新枢纽和南支吉里枢纽能够有效地缓解各支汊的河床演变，尤其是中支南新枢纽的中下游河段的泥沙淤积幅度明显减小，南支吉里枢纽位置接近入湖口，所以对支汊河床的影响不是很大，作用没有中支南新枢纽那么明显。之前通过历年实测资料的统计分析，已得出赣江下游河床演变遵循“洪冲枯淤”的规律。现在通过分析水利枢纽对河床的作用，发现实施水利枢纽工程后的河床变化也是符合这条规律的。各支的枢纽能够很好地控制各支枯水期的枯水位，有效地提高各支最低水位，缩短枯水期，从而缩短泥沙淤积的时长，减轻各支汊河床的淤积。总之，无论是方案一还是方案二的整治工程，对稳定河床都有一定的效果，并且在水利枢纽控制水流的条件下，疏浚之后河床短期内不会出现大的变化，能够维持在相对稳定的状态。

9.2.2　枯水水位分析

图 9.2 ～图 9.4 分别为赣江尾闾主支、中支和南支在枯水情况下的水面线图，反映了

不同支汊在不同整治方案下同未实施整治工程状况下的水位变化。各支汊水利枢纽闸前控制水位分别为：主支象山枢纽闸前水位 14.70m，北支入口控制枢纽闸前水位 15.20m，中支南新枢纽闸前水位 15.30m，南支吉里枢纽闸前水位 15.40m。

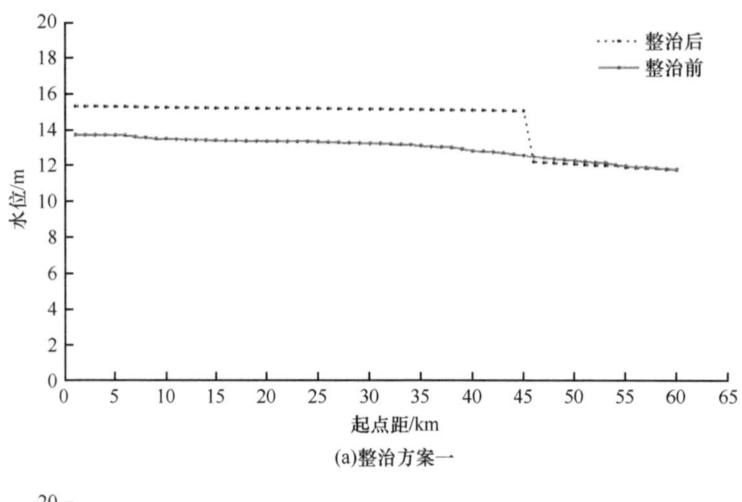

(a)整治方案一

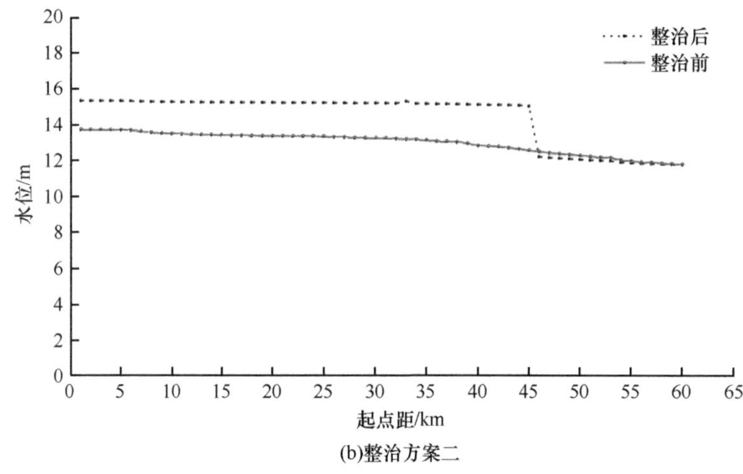

(b)整治方案二

图 9.2　主支整治前后枯水位

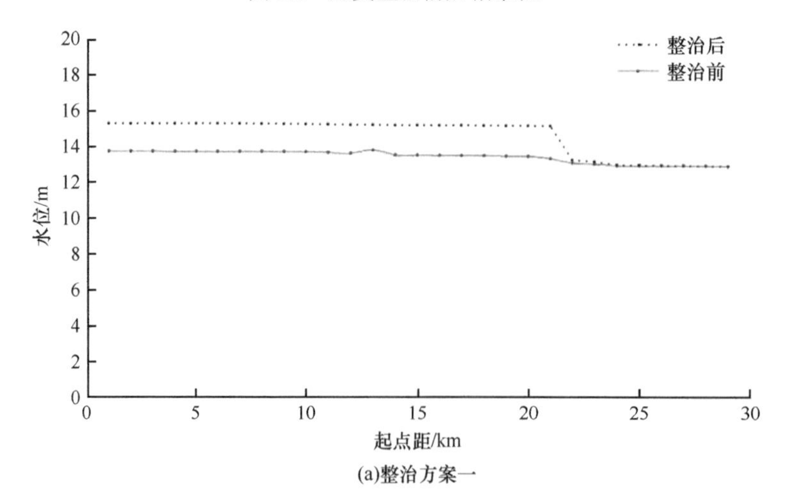

(a)整治方案一

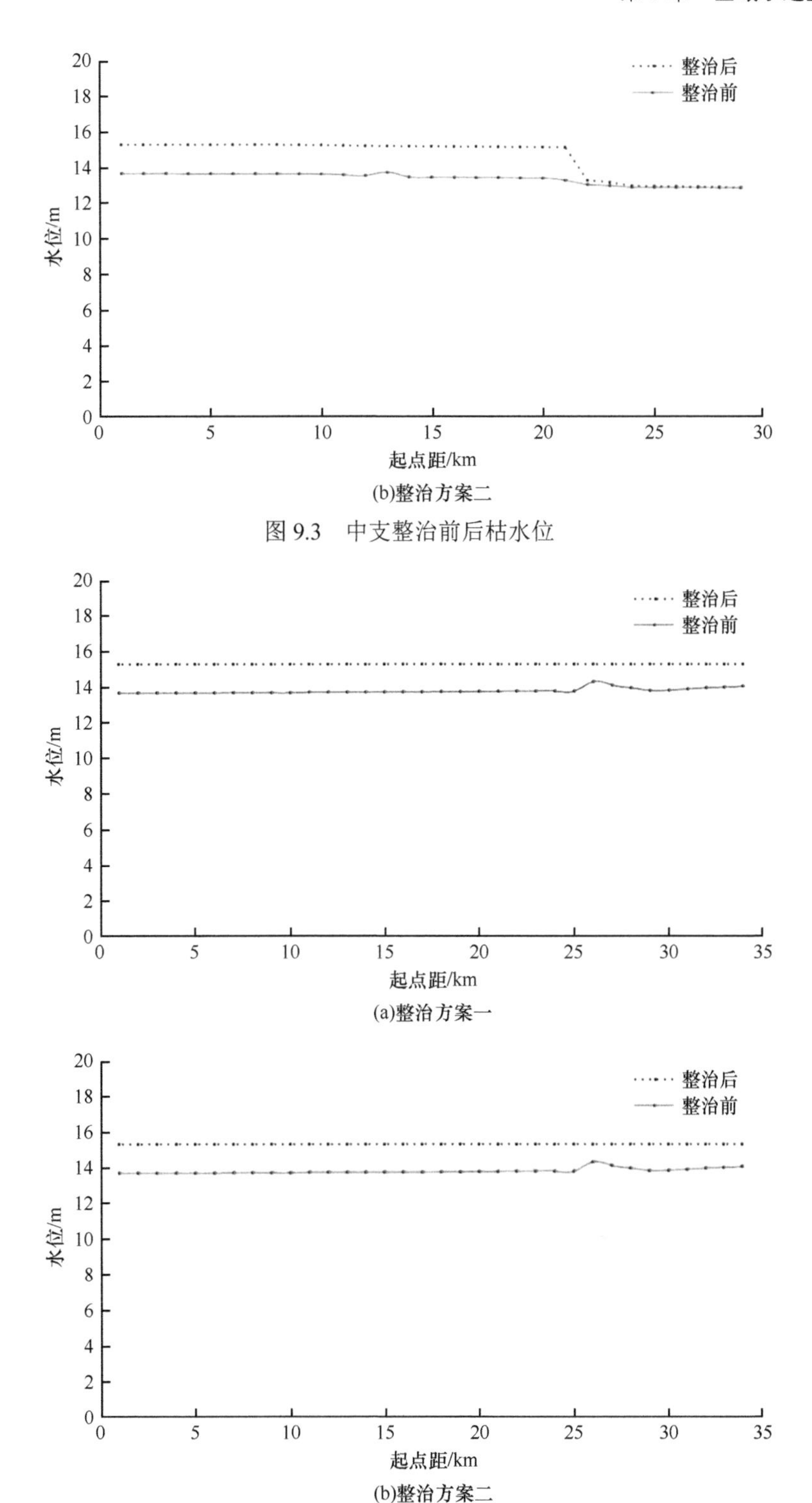

(b)整治方案二

图 9.3　中支整治前后枯水位

(a)整治方案一

(b)整治方案二

图 9.4　南支整治前后枯水位

由各支汊整治前后的沿程水面线变化可以得出，水利枢纽工程能够很好地控制枢纽上游枯季水位，按照各支汊枢纽闸前水位控制基本能够满足上游南昌附近水位 15.5m 的要求。并且各支枢纽上游的水位沿程坡降不明显，能够很好地减小水面流速。对比各支汊方案一和方案二的水面线，能够得到疏浚对各支汊的水位影响不大，那么从经济角度来考虑，可以先不对各支汊进行疏浚。总之，各支汊水利枢纽综合控制，能够保证枯期水位，提高枯季水资源承载能力，改善枯水期的水景观水环境。

由表 9.1 可知，当下游各支闸前水位都提升一定值时，外洲水位也提升相同数值。当其他支汊闸前水位保持不变，主支象山枢纽闸前水位提升 10cm 时，外洲水位提升了 6cm，即上升 60%；中支南新枢纽闸前水位提升 10cm 时，外洲水位提升了 5cm，即上升 50%；南支吉里枢纽和北支入口枢纽闸前水位提升 10cm 时，外洲水位都提升了 1cm，都只上升 10%。由于枯季水面线沿程梯度很小，因此南昌附近河段水位和外洲站水位相差不大，即各支水位调控对南昌河段水位的影响，与外洲站基本一致。所以，各支闸前水位控制对南昌河段影响最大的是主支象山枢纽，其次是中支南新枢纽，最后是南支吉里枢纽和北支进口控制枢纽，所以抬高南昌河段枯季水位，调控主支和中支枢纽闸前水位是关键，提升效果更好。

表 9.1　水位调控关系　（单位：m）

	调控方案				外洲水位	
	主支闸前	北支闸前	中支闸前	南支闸前	整治前	整治后
闸前初始水位	14.70	15.20	15.30	15.40	11.94	15.50
各支提升 0.05m	14.75	15.25	15.35	15.45	11.94	15.55
各支提升 0.10m	14.80	15.30	15.40	15.50	11.94	15.60
主支提升 0.10m	14.80	15.20	15.30	15.40	11.94	15.56
北支提升 0.10m	14.70	15.30	15.30	15.40	11.94	15.51
中支提升 0.10m	14.70	15.20	15.40	15.40	11.94	15.55
南支提升 0.10m	14.70	15.20	15.30	15.50	11.94	15.51

9.3　尾闾主支整治效果分析

9.3.1　主支模型计算区域

模型计算区域以赣江大桥所在断面为上游边界，下游边界为昌邑站下游 11km 处的主 CS50 断面，北支边界取入口附近蒋埠站所在断面，如图 9.5 所示。计算区域采用非结构三角形网格进行剖分，共划分为 21 137 个节点、40 056 个网格。计算所采用的初始地形为 2013 年实测 1 ∶ 5000 的河道地形图。

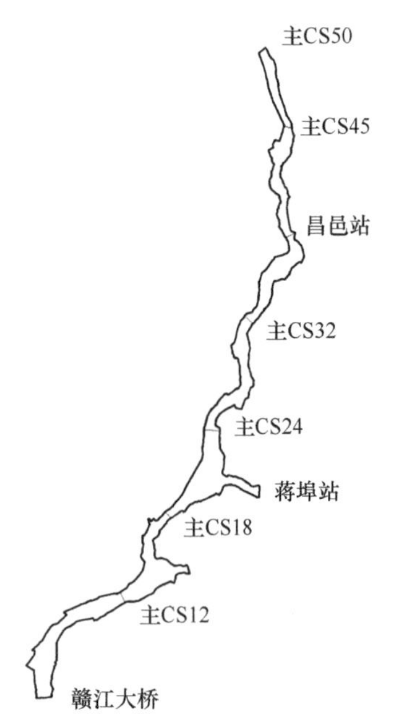

图 9.5　模型计算区域断面布置图

9.3.2　模型的验证

1）水位验证

模型验证计算采用了该河段 2013 年 5 月（流量

$2160m^3/s$）、7 月（流量 $1190m^3/s$）和 9 月（流量 $510m^3/s$）三个测次的实测水位资料，分别代表洪水、中水、枯水三种情况，并且选取典型断面进行验证，计算结果如表 9.2 所示，各断面计算绝对误差在 10cm 以内，满足模型计算精度的要求。

表 9.2　水位验证表　（单位：m）

断面号	5 月（$2160m^3/s$）			7 月（$1190m^3/s$）			9 月（$510m^3/s$）		
	实测值	计算值	误差	实测值	计算值	误差	实测值	计算值	误差
主 CS12	17.41	17.45	0.04	16.38	16.42	0.04	14.92	14.97	0.05
主 CS18	17.30	17.33	0.03	16.32	16.34	0.02	14.86	14.93	0.07
主 CS24	17.20	17.16	–0.04	16.25	16.20	–0.05	14.84	14.83	–0.01
主 CS32	16.82	16.85	0.03	15.78	15.82	0.04	14.48	14.52	0.04
昌邑	16.57	16.51	–0.06	15.45	15.40	–0.05	14.25	14.21	–0.04
主 CS45	16.20	16.23	0.03	14.96	15.03	0.07	13.88	13.93	0.05

2）流速验证

图 9.6 给出了入口流量为 $4320m^3/s$ 和 $1020m^3/s$ 的情况下，昌邑断面的计算流速和实测流速分布。可以看出，计算的断面流速分布与实测值基本符合，误差在 $0.1m^3/s$ 以内。

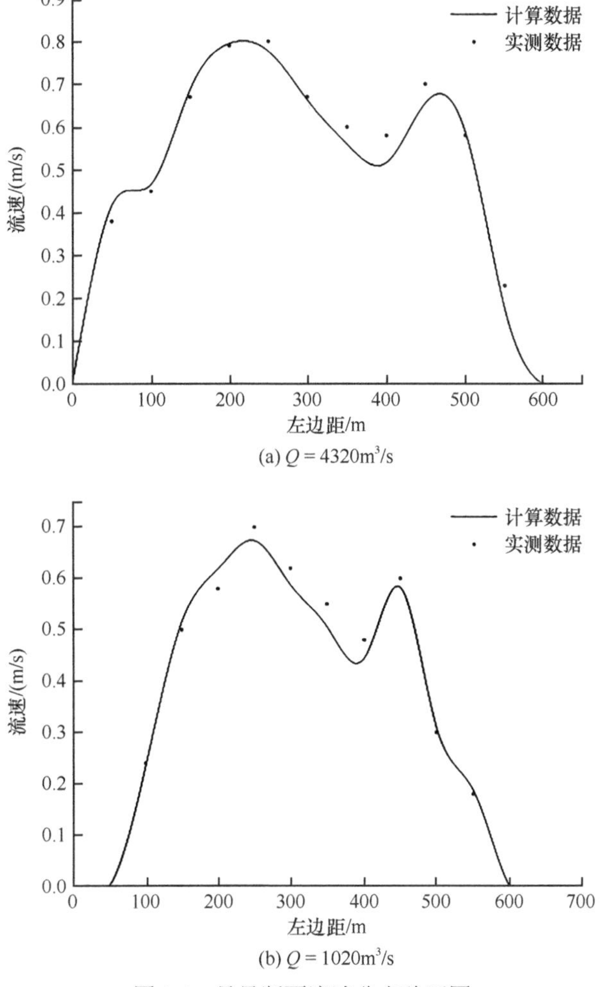

图 9.6　昌邑断面流速分布验证图

9.3.3 工程应用

表 9.3 边滩护岸设计 （单位：m）

	设计洪水位	设计堤顶高程
会龙摆	21.26	22.96
杨柳州	20.92	22.62
横大滩地	20.90	22.40

规划对碍洪的河道中心洲和滩地进行疏浚，疏浚河段总长 28km。自堤脚 50m 外进行疏挖，边坡按 1 ∶ 5 控制，疏浚后河道底高程 12.0m 左右。滩地利用总共 3 处，分别为会龙摆、杨柳州和横大滩地，总面积约 4273 亩，边滩护岸设计见表 9.3，设计堤顶高程分别为 22.96m、22.62m、22.40m。主要工程布置，图中绿色区域为规划疏浚河段，蓝色区域为滩地利用河段。

9.3.4 结果分析

1）冲淤变化分析

图 9.7 为整治工程实施前后主支河道三年冲淤变化图。由图 9.7（a）可看出，在未实施整治工程的情况下，主支河道以淤积为主，尤其是主支下游河段，淤积相当明显，在北支入口以上河段，冲刷和淤积相互交替，变化不明显。然而，由图 9.7（b）可看出，在实施整治工程后，研究河段没有出现大面积的淤积，在主支下游河段出现了连续的冲刷河道，北支入口以上河段除了入口处有一定的淤积，同整治前变化不大。对比说明整治工程的实施可以有效地缓解下游河段泥沙的淤积，尤其是象山枢纽以下河段。

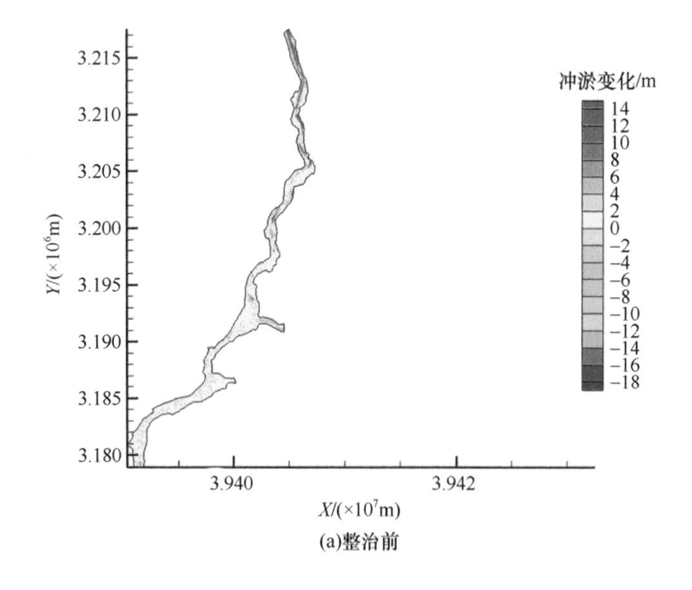

(a)整治前

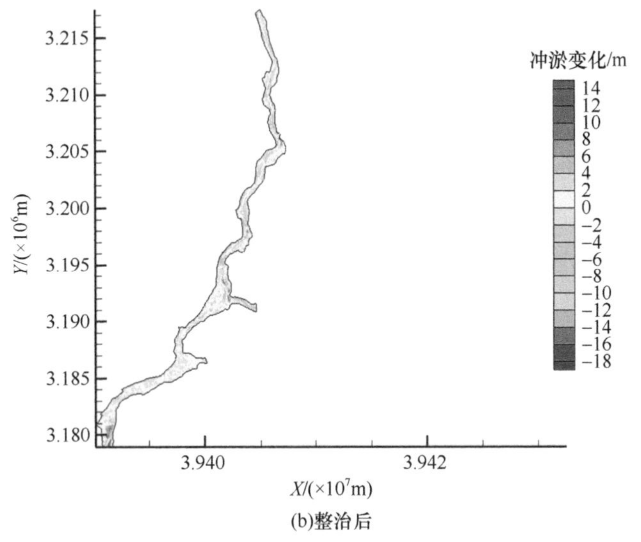

(b)整治后

图 9.7　整治工程实施前后主支河道冲淤变化图

2）水面线分析

图 9.8 为整治工程实施前后赣江主支河道在洪水和枯水情况下的水面线图。洪水进口流量为 9476m^3/s，枯水进口流量为 516m^3/s。由图 9.8（a）可看出，在洪水情况下，整治工程实施后，水位较整治前出现了一定幅度的下降，最大降幅达到 0.45m，并且在起点距 36km 左右的象山枢纽附近没有出现明显的壅水，说明在开闸泄洪的情况下，枢纽对主支水位影响不大，河道疏浚降低水位效果明显。由图 9.8（b）可看出，在象山枢纽闸前控制水位为 14.10m 时，上游河段水位能控制在 15.5m 左右，相较未实施整治工程的情况水位提升超过了 1m。说明象山枢纽能够很好地控制枢纽上游河段的枯水位，保证相应的通航水深，维持良好的水域面积和水景观。

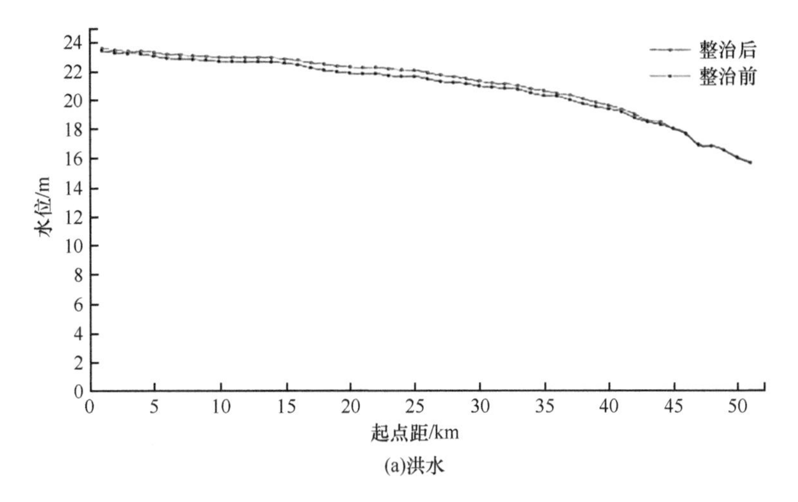

(a)洪水

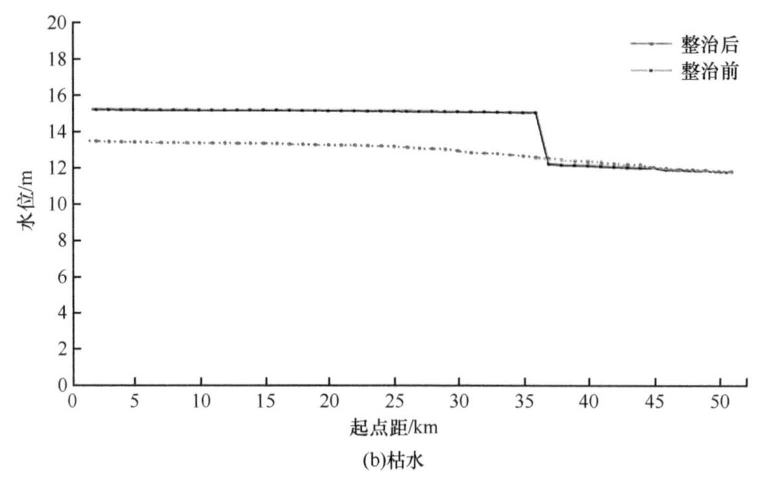

(b)枯水

图 9.8 整治工程实施前后主支河道水面线图

3）航道水深分析

图 9.9 为模拟三年后整治工程实施前后枯水期航道水深变化图。由图 9.9（a）可看出，整治工程实施前，主支上游航道水深在枯水期基本能控制在 10m 左右，而下游由于泥沙淤积，航道水深明显减小，严重影响船舶航行。相比之下，由图 9.9（b）可看出，整治工程实施后在枯水期整个研究河段航道水深能保持在 8m 以上，接近出口河段航道淤积现象不明显，能够很好地改善通航条件，保证通航能力。

4）边滩安全分析

表 9.4 为不同频率洪水条件下，主支河道在整治工程实施前后边滩附近洪水水位变化。可以看出，整治工程实施后，边滩水位都有所下降。在不同频率洪水条件下，会龙摆水位平均下降 0.25m，杨柳州水位平均下降 0.38m，横大滩地水位平均下降 0.41m。整治后，会龙摆和杨柳州滩地能够抵御 5% 频率的洪水，横大滩地基本能够抵御 2% 频率的洪水。因此，河道整治工程提高了边滩的防洪能力，提高了边滩的利用率，保障了主支河道附近的农业经济发展。

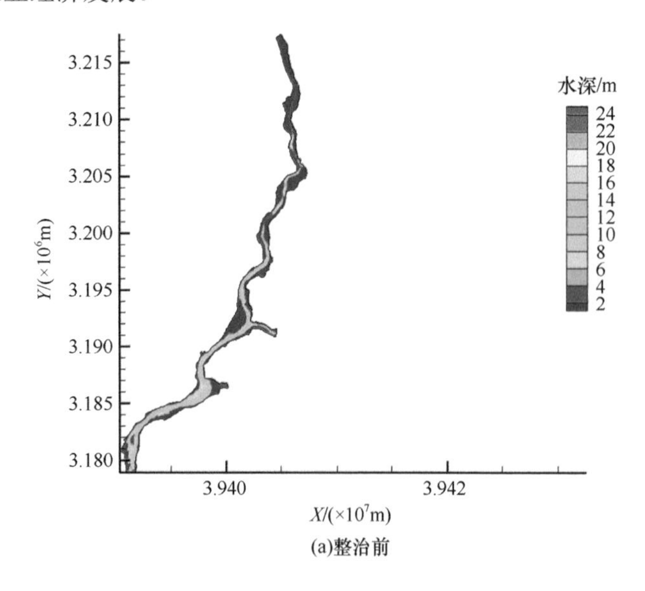

(a)整治前

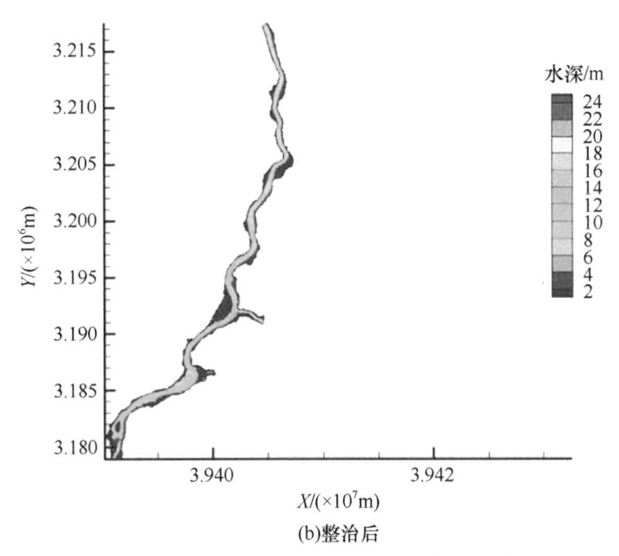

(b)整治后

图 9.9　整治工程实施前后枯水期航道水深变化图

表 9.4　边滩洪水水位变化　（单位：m）

	P=1%		P=2%		P=5%		P=10%	
	整治前	整治后	整治前	整治后	整治前	整治后	整治前	整治后
会龙摆	24.04	23.79	23.60	23.34	22.95	22.69	22.40	22.15
杨柳州	23.32	22.96	22.93	22.55	22.35	21.97	21.84	21.45
横大滩地	22.67	22.27	22.28	21.87	21.73	21.31	21.25	20.83

9.3.5　小结

通过建立该区域的平面二维水流泥沙数学模型，选取 2013 年的水沙数据对尾闾主支河段进行了整治工程实施前后的数值模拟计算，探讨了象山水利枢纽工程、疏浚工程和边滩防护工程对主支河床演变、防洪能力、枯期航道水深和边滩安全的影响。

（1）整治工程的实施，能够有效减轻主支边滩泥沙的冲刷，从而减少下游河床泥沙的淤积，有利于河道的稳定。

（2）主支象山枢纽在泄洪时水闸全开，对洪水阻碍作用很小，疏浚工程能够有效地降低主支河道的洪水水位，提高河道的防洪能力。

（3）在枯水期，象山枢纽工程能够很好地控制枢纽上游水位，提升航道水深，保障通航能力，增加水域面积，改善水景观水环境，有利于水运经济发展。

（4）疏浚工程和边滩防护工程，能够有效地提高会龙摆、杨柳州和横大滩地的防洪和水土保持能力，约增加土地利用面积 4273 亩，对促进两岸的农业经济发展意义重大。

9.4 尾闾分汊河段整治效果分析

赣江自南昌以下进入尾闾地区，干流在扬子洲处分为东西两河，东河和西河又分别于焦矶头和樵舍处分为中、南、主、北四支注入鄱阳湖。赣江尾闾河段为典型的分汊型河流，上游来沙条件的改变会使主汊、支汊河道冲淤消长交替，对河道的堤防安全、取水保证及航运畅通等产生重大影响。近年来，受河床下切、水资源开发利用等综合影响，下游四支枯水期分流比发生了重大变化，枯水期赣江主支过流达80%以上，而其他三支过流明显减小，部分河段甚至出现断流。为理顺水流，稳定分流比、洲头岸坡与河势，规划对洲头实施控导工程。

9.4.1 流线变化分析

图9.10是在外洲站流量为4320m^3/s的情况下，洲头控导工程实施前后尾闾分汊河段的流线分布。由图9.10（a）可以看出，在没有实施控导工程的情况下，洲头两侧的流线弯曲不规则，尤其是扬子洲洲头左侧，岸线极为弯曲，岸滩受水流作用强烈，不利于岸滩和岸线的保持。与此相反，从图9.10（b）可以看出，实施洲头控导工程后，洲头两侧流线变得更加顺直，扬子洲的两侧及焦矶头的左侧效果最为明显，不存在水流垂直冲刷边滩，近岸流线基本平行于岸线。此外，实施控导工程后洲头两侧的流线更加集中密集，流速增大，能有效减缓洲头两侧河道泥沙的淤积，有利于稳定河势和水运发展。

上述现象表明，洲头控导工程能够很好地导顺水流，减少水流对洲头边滩的冲刷，减缓洲头岸线的侵蚀。还能一定程度上束窄水流，使流线变得更加密集，流速增大，挟沙能力增强，减缓洲头两侧河道泥沙的淤积，有利于两侧航运的发展。水流动力轴线更加稳定顺直，不会存在过大的摆动，这样还能保证各支汊的分流比控制在相对稳定状态。

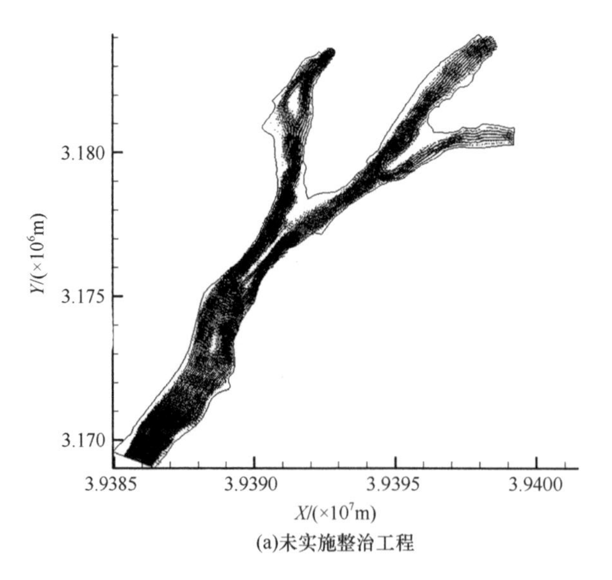

(a)未实施整治工程

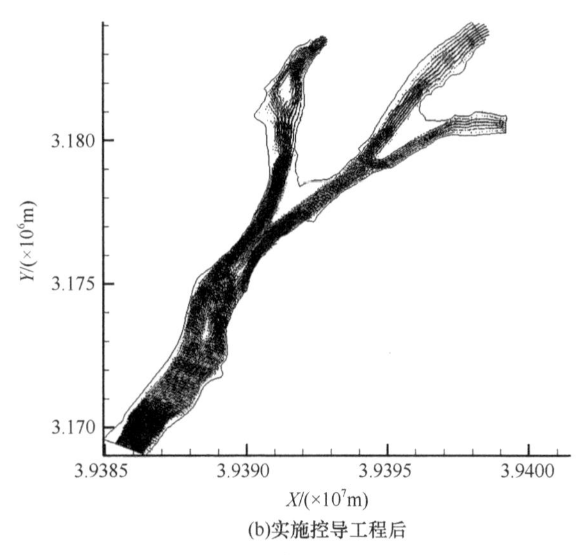

(b)实施控导工程后

图 9.10　洲头控导工程实施前后尾闾分汊河段流线分布

9.4.2　河床岸线变化

图 9.11 为未实施洲头控导工程和实施过控导工程两种情况下，冲刷三年之后的河床地形图。从图 9.11（a）可以看出，在没有实施控导工程的情况下，扬子洲两侧岸线崩退明显，冲刷严重，岸线不规整。并且洲头堤内高程低，不利于丰水期洲头的水土保持，更不利于以后大流量情况下东河、西河的分流和导流。同样焦矶头两侧也受到了不同程度的侵蚀，岸线崩退严重，洲头中部甚至有被冲刷分裂成两段的发展趋势。与此相反，由图 9.11（b）可看出，在实施控导工程后，洲头地势变化不大，岸线发展依旧稳定，崩退现象不明显，与水流方向基本平行。尤其是焦矶头滩地保护较好，没有出现分裂的趋势。

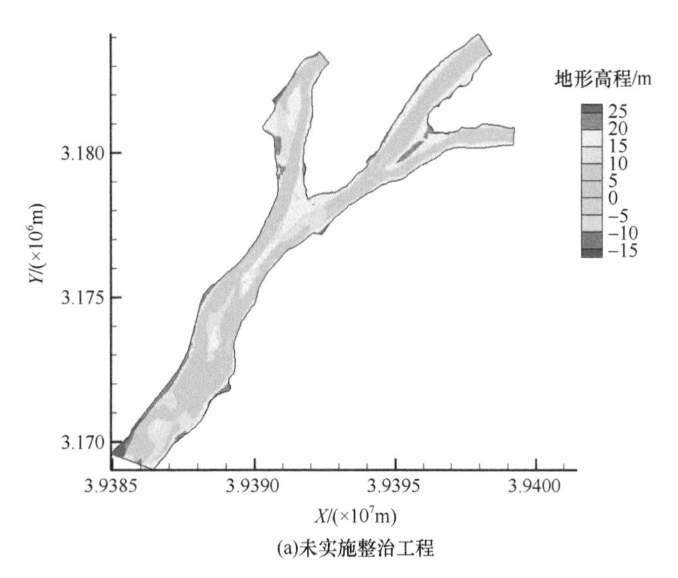

(a)未实施整治工程

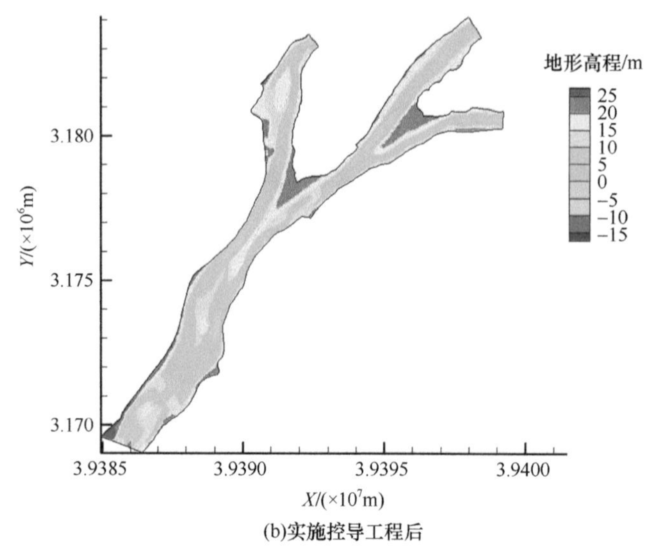

(b)实施控导工程后

图 9.11 洲头控导工程实施前后尾闾分汊河段地形分布

根据上述结果，对比分析可知洲头控导工程通过导顺水流，能够减少水流对洲头边滩的冲刷，保护岸线。此外，通过修筑护堤，提高扬子洲和焦矶头的防洪能力，增强了丰水情况下的分流稳定性，有效地减少了洲头的水土流失。因此，洲头控导工程不仅能够提高洲头岸滩的利用率，还保证了洲头能够较稳定地发挥分流和导流的作用。

9.4.3 洲头冲淤变化分析

图 9.12 为未实施洲头控导工程和实施过控导工程两种情况下，经历洪水、中水、枯水三年之后的河道冲淤变化。从图 9.12（a）可以看出，模拟三年水流冲刷后，在没有实施控导工程的情况下，整个区域出现了较多范围的淤积，尤其是西河和中支，外洲站附近也出现了明显的回淤。扬子洲洲头和焦矶头头部左侧出现了较大强度的冲刷，而右侧都出现了一定程度的淤积。其他河段以淤积为主，深槽间出现了散乱的浅滩，导致深槽不连续，不利于水运航行。由图 9.12（b）可知，在实施过控导工程的情况下，整个区域淤积现象不明显，扬子洲基本保持目前的形态，两侧没有明显的冲淤变化。焦矶头左缘有一定程度的冲刷，右缘基本保持稳定。相对于未实施控导工程的情况，扬子洲、焦矶头除洲头部分出现了少量的淤积以外，其余部分基本保持不变，扬子洲左侧深槽冲刷现象明显，原本散乱的浅滩出现了不同程度的冲刷，深槽有逐渐相连成整体的趋势。焦矶头除洲尾中支处仍有少量的淤积以外，其余部分深槽均以冲刷为主，尤其是南支深槽的冲刷，改善了其原本较差的航道条件。并且，扬子洲和焦矶头处稳定的河势减缓了主汊、支汊的交替变化，保证了下游各支汊水流泥沙条件的稳定发展。

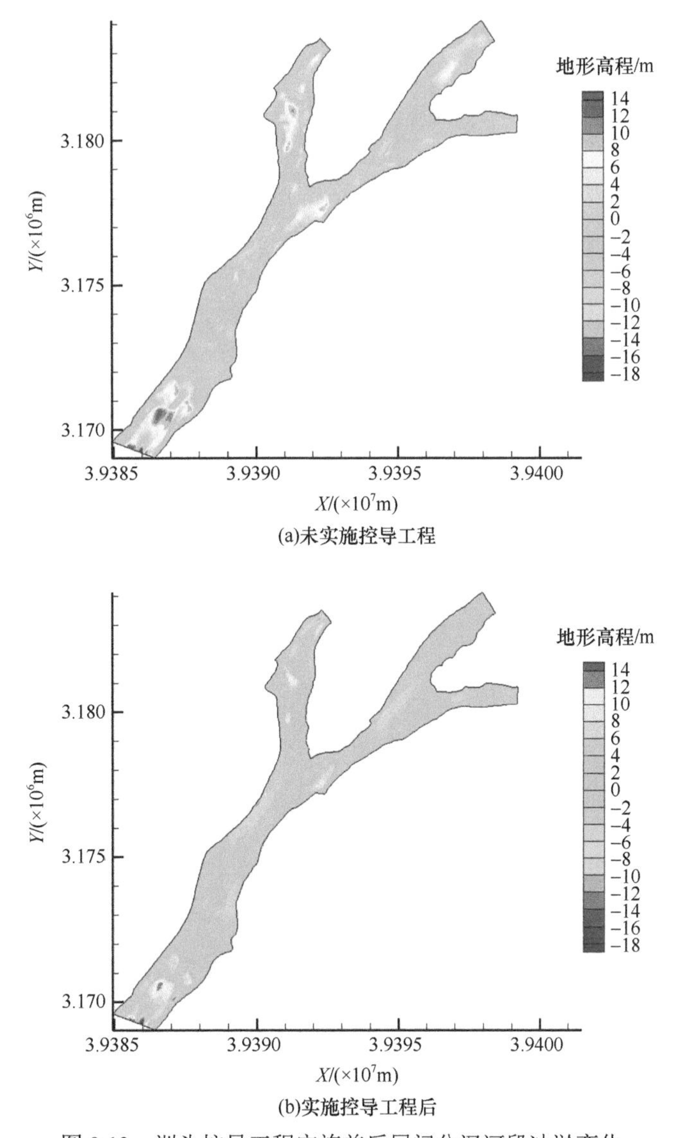

(a)未实施控导工程

(b)实施控导工程后

图 9.12　洲头控导工程实施前后尾闾分汊河段冲淤变化

9.4.4　分流比变化分析

图 9.13 为各支汊河流的分流比随外洲站流量的变化。东西河的分流比主要受裘家洲和扬子洲共同的分流作用，中支和南支主要受焦矶头的分流作用。从图 9.13（a）可以看出，当外洲站流量低于 5000m^3/s 时，实施洲头控导工程对东西河的分流比影响不大，分流比随外洲站流量变化的趋势基本一致；当外洲站流量高于 5000m^3/s 时，实施控导工程后的东西河分流比基本保持一个相对稳定的值，而没有实施控导工程情况下的东西河分流比出现了明显较大的波动。从图 9.13（b）可以看出，当外洲站流量低于 4000m^3/s 时，实施洲头控导工程对中南支的分流比影响不大，实施控导工程前后分流比随流量的变化趋势基本保持一致；当外洲站流量高于 4000m^3/s 时，实施控导工程之后中南支的分

流比仍有增大的趋势，但增大的幅度明显减小，最后处于相对稳定的区间。

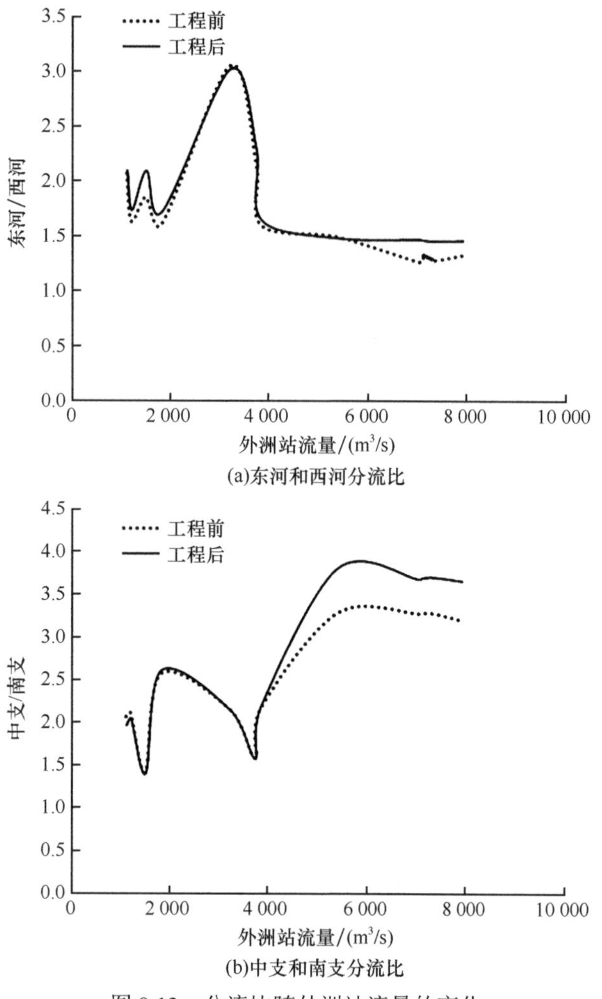

(a)东河和西河分流比

(b)中支和南支分流比

图 9.13 分流比随外洲站流量的变化

根据上述现象可以得出，在小流量情况下，东西河分流主要受裘家洲影响，而在大流量情况下，扬子洲的分流作用占主导。通过提高扬子洲岸滩护堤的高程，来增加扬子洲在更大来水条件下对东西河分流的稳定性。中支和南支的分流比变化可能受水流结构的影响比较大，不同流量情况下，中支和南支分汊口水动力变化比较大，从而引起分流比变化。因此，扬子洲的护堤工程对东西河分流比的稳定有一定的效果，焦矶头护堤工程对中南支的分流比稳定作用很小。

9.5 典型河段效果分析

9.5.1 江心洲地形变化分析

江心洲是分汊河道中顶部出露于水面的成型泥沙堆积体，将河流分成几股汊道，是各汊道间相互联系相互作用的纽带。其形态多种多样，并且在一定程度上能够反映出洲体发育的时期，椭圆形洲体一般是江心洲发育的早期形态，竹叶型洲体多为洲体发育的稳定形态。江心洲的大小与所在河道的平滩流量有关，一般由汊道分流点到汇流点的长度决定（韩剑桥等，2013）。

江心洲两侧汊道的水沙分配比例是河道床面形态、河势及两岸抗冲性对比关系等因素综合作用的结果，会直接引起江心洲形态发生调整。也就是说，床面形态与河势会受到水沙条件的影响而发生实时调整，而两岸抗冲性的对比关系会对汊道产生持续作用，从而影响江心洲的形态。通常情况下，若两岸都具有较强的抗冲性，无论水沙条件如何变化，形成的江心洲形态一般比较窄长，洲体的长度比较大，如长江中游的城陵矶—赤壁河段；若两岸抗冲性差距较大，例如，一侧为抗冲性强的基岩阶地，另一侧为冲积平原，容易形成鹅头形汊道，且无论水沙条件如何变化，这种汊道的平面形态不会发生大的调整，经过几次汊道周期演变后，江心洲适中呈现出长宽比小的形态。因此，江心洲的形态在一定程度上能够反映出两河岸的抗冲性大小关系（刘晓芳等，2014）。

本小节以赣江主支河道的独洲为研究对象，根据不同整治方案下的地形变化，探讨不同工况下两侧的水力要素变化情况。图 9.14 为模拟三年后独洲的地形。在未实施整治工程的情况下，经过多年的水沙演变，独洲右岸顺直，左岸呈椭圆形，几乎呈鹅头形。这说明，在未实施整治工程的情况下，独洲右侧水流顺直，流速相对左侧要大，而左侧呈典型的河湾，根据凹岸冲刷、凸岸淤积的规律，独洲左岸会继续呈淤积发展趋势。由实施整治方案一的图 9.14（b）可以看出，独洲两侧基本都呈椭圆形，根据形态可以判断其处于初期发育阶段。也就是说，水流作用对独洲产生的演变不大，还处于初期变化阶段，江心洲的高程也要高出 2m 以上。所以，在整治方案一实施的条件下，减缓了独洲的侵蚀速度，演变相对变慢，形态发展更加稳定。最后，由图 9.14（c）可以看出，独洲地形在整治方案二与未实施整治工程情况下的变化并不大，说明水利枢纽工程对江心洲地形的影响很小。

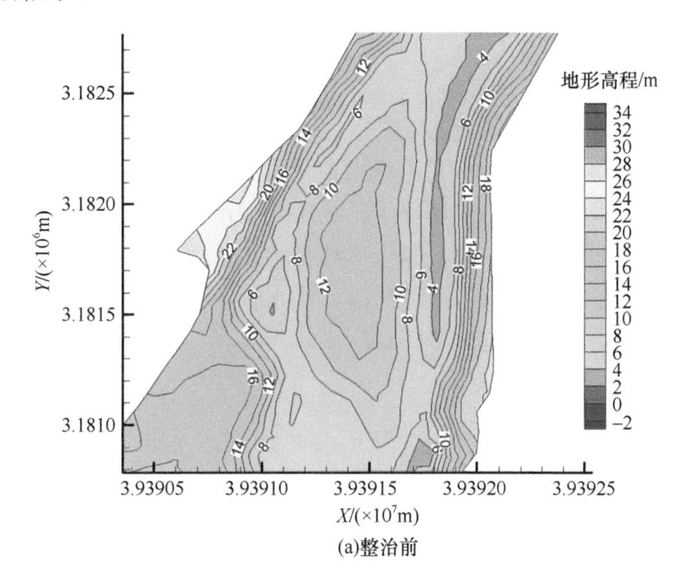

(a)整治前

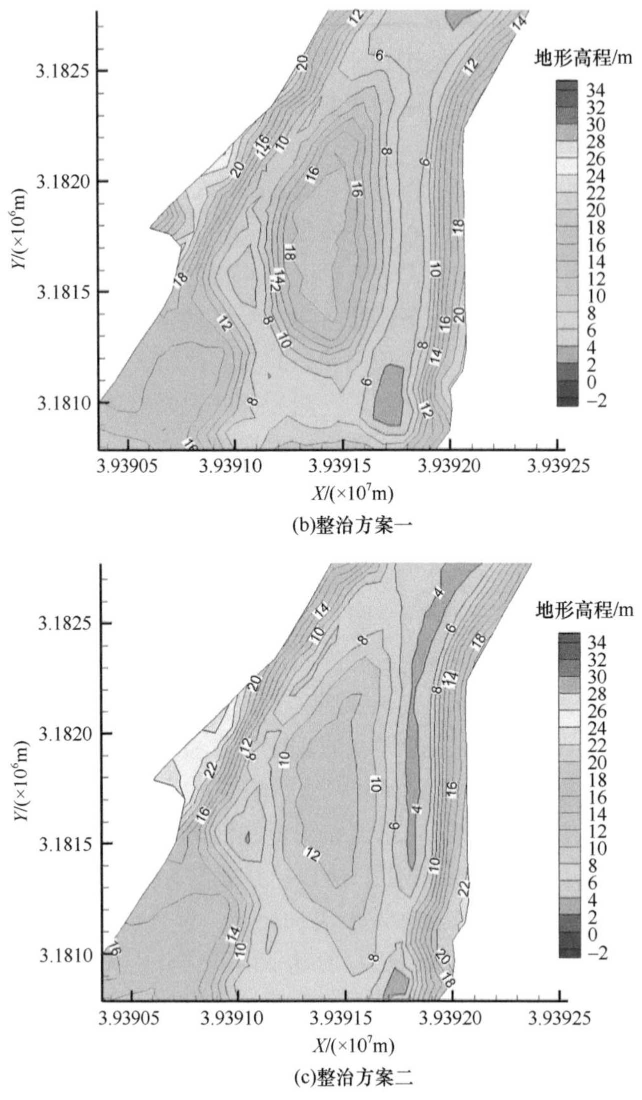

(b)整治方案一

(c)整治方案二

图 9.14　整治工程实施前后独洲地形变化

由上述现象对比可以得出，水利枢纽主要是调节尾闾河段的枯季水位，而枯季水位对江心洲的侵蚀程度很小。在洪水情况下，水闸全力泄洪，与建闸前江心洲附近的洪水位差别不大，所以独洲在整治方案二和未实施整治工程情况下的演变效果基本一致。然而，在整治方案一的条件下，由于河道疏浚，洪水位下降，减缓了水流对独洲的侵蚀，江心洲地形及两侧河势保持良好。

9.5.2　河漫滩地形变化分析

河漫滩是紧靠河床两侧的一部分河谷谷底，并高出河流平水位，洪水期河水泛滥时才被淹没，故又称为洪水河床。河漫滩的宽度往往比河床宽度大几倍到几十倍。山区河流的河漫滩不普遍，即便有，宽度一般也比较窄，相对高度也较平原河流的河漫滩高。

平原河流的河漫滩不但普遍，而且面积宽广，甚至有可能发展成为极其宽广的冲积平原或泛滥平原（陈立等，2008）。

河漫滩是在河流侧向侵蚀和河床迁移过程中形成的。在侧向侵蚀作用下，谷坡不断后退，谷底遂展宽，河床在谷底横向摆动。在河床的凸岸首先形成雏形边滩。随着侧蚀作用的不断推进，凹岸继续后退，凸岸处雏形浅滩不断加宽，发展成为雏形河漫滩。随后雏形河漫滩在洪水期间不断地沉积细小的悬移质冲积物，形成一层覆盖层，即河漫滩相冲积物，这样雏形河漫滩就发展成为真正的河漫滩。然后，随着河流弯曲度越来越大，河流裁弯取直。废弃的河湾就会演变成牛轭湖，发生大量堆积，形成河漫滩。河漫滩形成后，如果河床横向摆动继续进行，则为河漫滩的发展提供新的发展空间条件，原来的河床边滩又会发展成为新的河漫滩（王梅力等，2015；吉顺莉等，2006）。

以主支河道的会龙摆滩地为研究对象，分析不同工况下的滩地地形变化情况，如图 9.15 所示，河道深槽右侧滩地即为会龙摆滩地。由对比可以得出，在未实施整治工程和实施整治方案二后的会龙摆滩地冲刷严重，滩顶高程变为 14m 左右，而实施整治方案一的情况下，滩顶高程还能保持在 18m 左右。并且从图 9.15 可以看出，左边的边滩冲刷的程度有一定的差别，但是边滩的高程变化不大，都维持在 6 ～ 8m。这说明不同工况下，凸岸边滩的演变规律基本一致，也就表明河道疏浚和水利枢纽所引起变化的水位，不会使凸岸边滩的水力条件产生变化。而方案一中的疏浚工程和护岸防护工程能降低洪水水位，且提高会龙摆滩地的防洪安全水位，从而减缓了滩地的侵蚀。

综合上述可得，对于保护边滩、提高滩地利用率、防止滩地土地流失，方案一整治效果很好。会龙摆滩地的侵蚀主要是受洪水的影响，疏浚工程和护岸工程实施后，能降低洪水水位，抬高滩地的过流水位，对保护滩地具有重要意义。并且，只有水利枢纽工程的方案二，对于滩地保护效果不佳，由于没能降低洪水期水位，对保护岸滩基本无影响。根据此原理，同会龙摆滩地一样，其他支汊的岸滩防护效果与整治方案之间的关系与其基本一致，提升岸滩能承受的洪水水位成为保护岸滩和防止岸滩水土流失的根本措施。

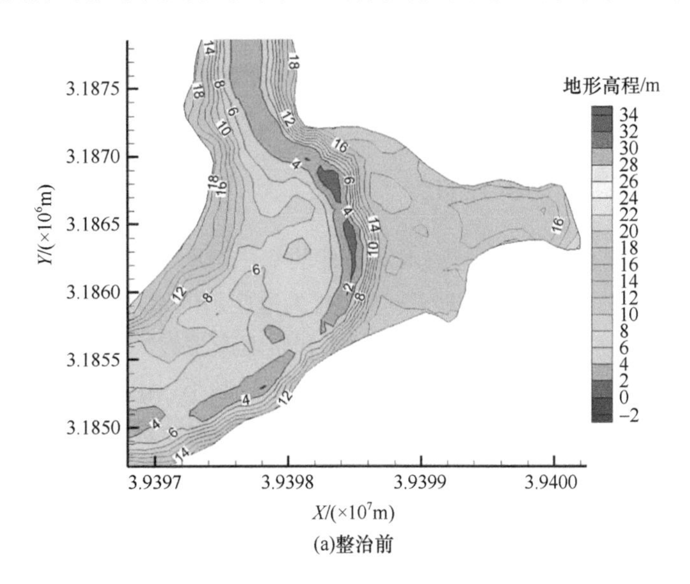

(a)整治前

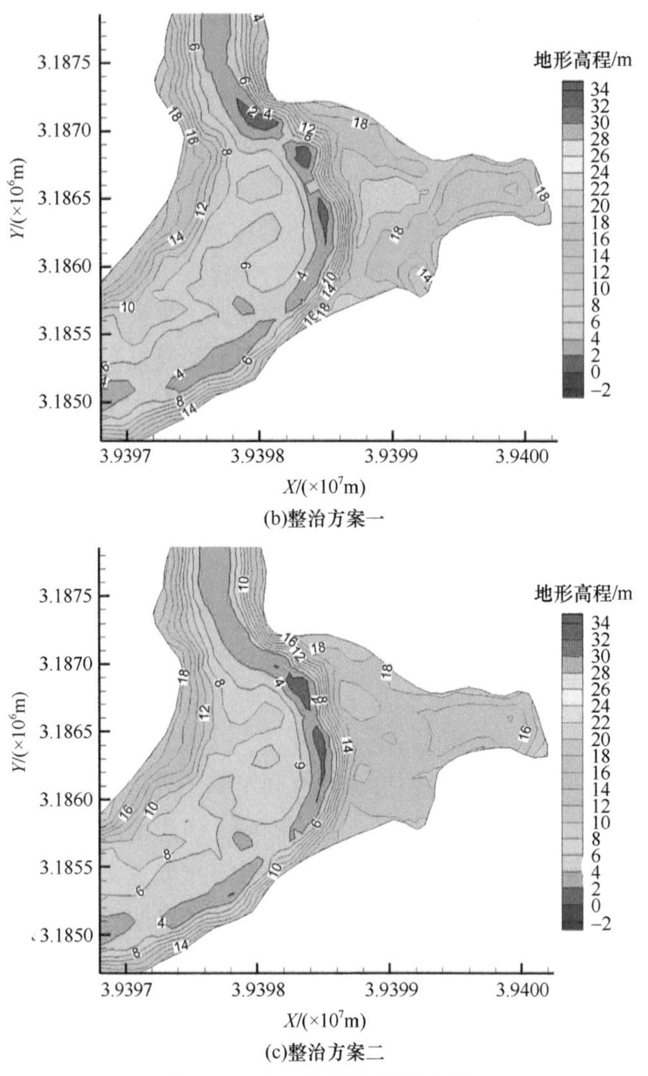

(b)整治方案一

(c)整治方案二

图 9.15　会龙摆滩地地形变化

9.5.3　枢纽下游弯道地形变化分析

水利枢纽的修建会引起下游河道水沙条件的变化，尤其是水利枢纽对河流泥沙的拦蓄作用，打破了下游河道原有的相对平衡状态。为适应新的水沙条件，河道将发生冲淤调整，导致下游河势、河型变化，对下游的防洪和航运产生较大的影响。水利枢纽会改变下游河道水沙量的大小和分布，具体表现为洪峰流量减小，出现频率降低，小流量变幅明显增大，大流量变幅调平，中水流量持续时间增加，枯水流量加大，年内流量变幅减小，下游输沙量和含沙量均大幅减小，泥沙组成变细。一般而言，下游河道在枢纽刚开始运行时会呈冲刷趋势，泥沙沿程粗化，随着河床抗冲性提高，冲刷逐渐减弱。水库下游在有支流泥沙补给的局部河段由于水动力减弱，还会发生淤积（张燕菁等，2010）。

由于坝下游河道沿程河床抗冲性、支流的泥沙情况和平面形态的差异，下游河道沿程呈现不同的冲刷变形特点。下游河道发生冲刷，河道纵向比降总体变缓，横断面发生纵向下切或横向展宽。河岸不稳定的河道以横向崩退为主，河岸抗冲性强的河道以下切为主，下游支流入汇有泥沙补给的河段出现主槽淤积萎缩的现象。然而，弯曲河段在水库运行后的冲刷过程中的河床变形，与弯曲河道的边界条件密切相关，但至多发生顶冲点下移，弯段缩短，更加弯曲，一般不会发生河型变化（唐从胜等，2001）。

本小节通过研究赣江尾闾流水洞河弯段在不同工况下的地形变化，来探讨水利枢纽对下游河段的影响，图 9.16 为该河段不同工况下的地形。对比图 9.16（a）和图 9.16（c），可以看出水利枢纽工程的实施，会加剧下游河道的冲刷。在该弯道中，具体表现为弯道入口左岸地形出现了明显差别，整治方案二实施后，深槽直接连通到了左岸边界，且右边凹岸边滩近河床底部位置冲刷更严重，深槽连通范围更广。然后对比图 9.16（a）和图 9.16（b），实施整治方案一后，在水利枢纽工程、疏浚工程和边滩防护工程的共同作用下，

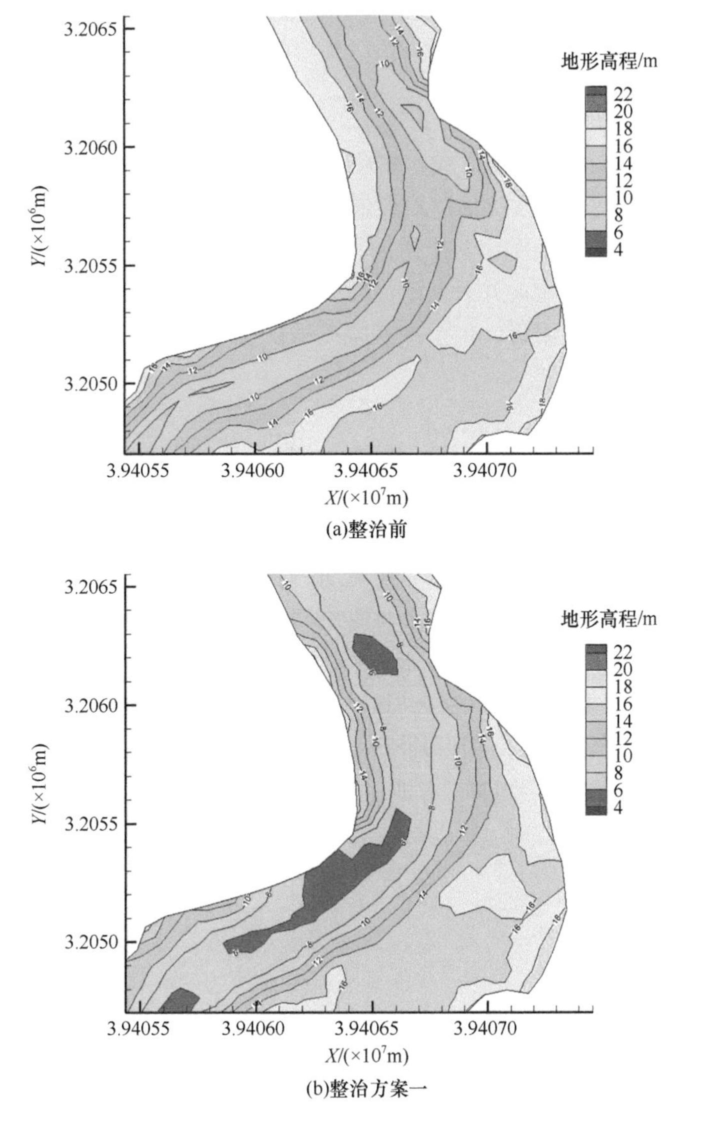

(a)整治前

(b)整治方案一

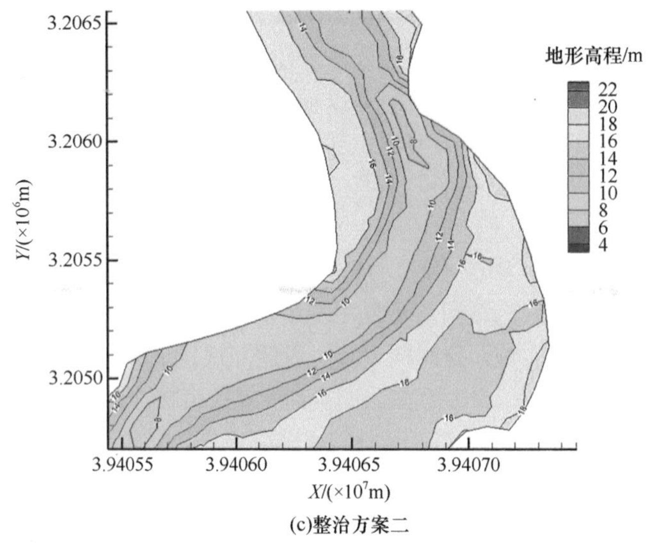

(c)整治方案二

图 9.16　枢纽下游弯道地形变化

枢纽下游河段冲刷幅度更大。相较于方案二，河床下切更严重，深槽范围更广，可能与上游疏浚和滩地防护减少了来沙量有关。并且，工程整治后，下游弯道河床凹岸冲刷的趋势更明显，研究河段为两个连续弯道，地形最低的位置都分别在凹岸的下游附近。

综上所述，水利枢纽确实会对下游河道的演变产生一定的影响，上游来沙减少，河床以冲刷为主，下切更严重。并且，疏浚工程和护岸防护工程的实施，会加剧枢纽下游河道的冲刷，尤其是弯道附近，由于冲刷幅度的加剧，应该做好凹岸边滩护岸防护措施来保护岸滩，稳定河型。

参考文献

陈立, 冯源, 吴娱, 等. 2008. 武桥水道水动力特性与汉阳边滩演变. 武汉大学学报(工学版), 5: 1-4, 39.

韩剑桥, 孙昭华, 冯秋芬. 2013. 江心洲头部冲淤动力临界特性. 水科学进展, 6: 842-848.

吉顺莉, 周晶晶, 金鹰. 2006. 南汇边滩的泥沙特性实验分析. 中国水运(学术版), 10: 75-76.

刘晓芳, 黄河清, 邓彩云. 2014. 江心洲平衡形态水动力条件的理论分析. 水科学进展, 4: 477-483.

唐从胜, 宋世杰, 王维国, 等. 2001. 葛洲坝枢纽运行对下游河段影响的监测研究. 人民长江, 11: 11-13, 56.

王梅力, 陈秀万, 王平义, 等. 2015. 长江上游边滩形态及与河道的关系. 武汉大学学报(工学版), 4: 466-470.

张燕菁, 胡春宏, 王延贵. 2010. 国外典型水利枢纽下游河道冲淤演变特点. 人民长江, 24: 76-80, 85.